现代声学科学与技术丛书

Acoustic Metamaterials: Negative Refraction, Imaging,
Lensing and Cloaking

声学超构材料
——负折射、成像、透镜和隐身

〔英〕Richard V.Craster 〔法〕Sébastien Guenneau 编

阚威威 吴宗森 黄柏霖 译

科 学 出 版 社

北 京

图字号: 01-2018-6960

内 容 简 介

本书是一本介绍声学超构材料的著作,全书共 12 章。第 1 章介绍了等效近似方法等相关理论,第 2 章分析了周期阵列中声表面波的传播特性,第 3 章分析了在周期性及准周期性结构中预应力对弯曲波禁带和滤波特性的影响,第 4 章探讨了亚波长孔阵列的反常透射现象,第 5 章和第 6 章分别探讨了医学成像、逆散射以及基于时间反转的超分辨率聚焦等问题,第 7~12 章都是关于声隐身以及坐标变换的基本理论及近年的研究成果。

本书可作为声学超构材料领域的教师和科研人员的参考书,也可作为相关专业的研究生和高年级本科生教材。

First published in English under the title
Acoustic Metamaterials: Negative Refraction, Imaging, Lensing and Cloaking
edited by Richard V. Craster and Sébastien Guenneau
Copyright ©Springer Science+Business Media Dordrecht, 2013
This edition has been translated and published under licence from
Springer Nature B.V..

图书在版编目(CIP)数据

声学超构材料: 负折射、成像、透镜和隐身/ (英)理查德 V.C. (Richard V. Craster), (法)圣巴斯帝安 G. (Sébastien Guenneau)编; 阚威威, 吴宗森,黄柏霖译. —北京: 科学出版社, 2019.5
(现代声学科学与技术丛书)
书名原文: Acoustic Metamaterials: Negative Refraction, Imaging, Lensing and Cloaking
ISBN 978-7-03-061209-0

Ⅰ. ①声… Ⅱ. ①理…②圣…③阚… ④吴… ⑤黄… Ⅲ. ①声学材料Ⅳ. ①TB34

中国版本图书馆 CIP 数据核字(2019) 第 090036 号

责任编辑: 刘凤娟 孔晓慧 /责任校对: 杨 然
责任印制: 赵 博 /封面设计: 陈 敬

科学出版社 出版
北京东黄城根北街 16 号
邮政编码: 100717
http://www.sciencep.com
中煤 (北京) 印务有限公司印刷
科学出版社发行 各地新华书店经销

*

2019 年 5 月第 一 版 开本: 720 × 1000 1/16
2025 年 1 月第五次印刷 印张: 19 3/4
字数: 398 000
定价: 139.00 元
(如有印装质量问题, 我社负责调换)

原书序言 I

什么是声学超构材料？超构材料这一术语最先由 R. M. Walser 于 2000 年提出*，至今已沿用了将近十年。他和追随者一再强调，超构材料是人为构造的，具有原自然界不存在的超常特性，可以通过不同组分材料形成原本由于经典物理规律制约而不会在相应组分中出现的新特性。就这个意义而言，清楚地表明，声学超构材料，不论是在空气中还是在水中传播的声波，也不论是在固体中的体波还是表面弹性波，或其他类型的机械波，都必须具有非同寻常的声学特性。

人们感兴趣的业已迅速发展的声学超构材料，以类似电磁超构材料的波动物理为基础。在负的折射系数、亚波长成像、时间反转技术、变换光学等方面，声学都有与之对应。声学超构材料可以说是电磁超构材料在声学中的类比。这方面的研究活动日益增加，以至于召开了诸多关于声学超构材料的专题会议，而且诸多学术杂志也发行了几个相关主题的特别专刊。然而我们不得不说，对于研究人员，特别是后起之秀，要跟上这个迅猛发展的领域是十分困难的。

因此，该书格外受到重视，因为它是第一本全面介绍声学超构材料研究的书籍，尤其适合没有声学超构材料背景的科学家、工程师和数学家。该书共 12 章，都是由本领域最著名的学者领衔撰写的，一般说来它们都属于综述文章。这种形式的文章使有一些声学理论和应用背景的读者能迅速理解声学超构材料的各种现象、应用和相关理论。该书编者 Richard Craster 和 Sébastien Guenneau 都深入研究过这方面的课题，他们进行过大量理论和实验研究，对声学超构材料研究的发展做出了重要的贡献。当他们自己熟悉的领域在快速发展时，他们意识到需要一个单一的信息来源，让对此感兴趣的科学家能够迅速地从广泛的课题，如动态均一化、亚波长声成像和变换声学中，找到自己所需要的信息。在此之前没有任何现成的教科书可以如此方便地让人获取所有这些信息。我要感谢该书作者们合作所完成的综述文章，感谢他们对当前声学超构材料的研究做了相当深入和广泛的介绍。

声学超构材料融合了多种学科，提出了许多富有趣味性和挑战性的问题。例如，变换声学与声隐身密切相关，该问题涉及微分几何、偏微分方程、实验声学、连续介质力学、各向异性、等效介质、多重散射、数值模拟、材料制造等。在其中任何领域有背景的研究人员将会找到他们所感兴趣的课题。我发现在课题涵盖的

---

* Walser R M. Metamaterials: What are they? What are they good for? APS March Meeting Abstracts, 2000: 5001

方面来看，声学超构材料是最令人兴奋和值得赞扬的。我希望读者看完该书之后，会和我一起分享对声学超构材料的这份热情。

Andrew Norris 教授

罗格斯大学, 皮斯卡塔韦, 新泽西州, 美国

原书序言 II

超构材料的研究通常被认为仅仅和以前所未有的方式构建装置与系统来控制电磁波和光的传播相关。的确，正是由于这种创新和奋进的观念，John Pendry 爵士引起了全世界的科学家、数学家和工程师对此的兴趣。

然而，逐渐变得明显的是，从超构材料的研究中出现的新概念和技术不仅限于电磁学的领域，事实上，我们正在目睹与波动有关的整个科学领域的一场革命。正是这本书的及时出版，使人们第一次能够全面了解超构材料概念对控制声波和弹性波的影响。

对于那些已经知道声波或弹性波与结构化系统的相互作用的人，无需告诉他们该书有多么重要。而对于那些正在考虑投身于这个领域的人来说，则有许多的理由劝说他们为什么应该开始从事这个领域的研究。该书的确是一个不可多得的有关声学超构材料的指南。首先，值得一提的是 Edmund Hillary 爵士的经典理由："事出有因"。声学超构材料领域相对来说还在发展之中，却有更丰富的挑战和机会。其次，在光学超构材料研究中遇到的许多困难不一定会出现在声学超构材料中。例如，为了在光学特性中实现强对比度，通常需要使用金属，这伴随着强烈且不希望的能量消耗或损失。在声学和弹性动力学中容易实现强对比度和弱能量耗散的组合。声学超构材料的制造也比光学超构材料容易得多。其他的动机和原因可望在该书的不少章节中有所涉及。

该书的主要作者和贡献者不少是这个新领域里国际知名的和受人尊敬的研究人员。他们利用广博的知识和丰富的经验，组成一个著名的作家团队，把一篇篇优美的文章和一幅幅精巧的图片说明结合在一起，把该领域的基本概念和最新的惊人发展呈现给需要了解这个领域的读者。

该书的出版正值其研究领域发展的激动人心的时期，我们所做的不仅仅是在此领域发展的一个关键阶段，将越来越多的相关研究记录下来，其中包含的思想和技巧将使其在未来几年内成为声波、电磁波等领域科学家图书馆中不可或缺的元素。

Ross McPhedran *教授*
澳大利亚悉尼大学物理学院，CUDOS

前　言

　　1931 年在苏格兰物理学家和数学家麦克斯韦诞辰一百周年之际，爱因斯坦发表纪念文章赞扬麦克斯韦是牛顿以来最具洞察力和成果最丰富的物理学家。爱因斯坦把麦克斯韦和法拉第以及牛顿的照片并排地悬挂在他书房的墙上。

　　麦克斯韦最出名的工作是建立了一套完整的经典电磁场理论体系。他把之前没有被联系起来的电、磁和光学的实验观察与方程综合在一起，用了四个偏微分方程揭示了电磁场的本质。重要的是，麦克斯韦方程组保留了它们在坐标变换后的形式不变性，催生了广义相对论的爱因斯坦场方程。1915 年以一个简约的形式发表的爱因斯坦的方程组，将 10 个耦合的非线性方程集合于一体，描述了物质和能量造成时空弯曲的引力的基本相互作用。这些张量公式经几何变换能保持形式不变。在广义坐标系统中，如非欧几里得矩阵，它们把光表达为沿测地线的弧形轨迹。这样，光在时空会被大规模的宇宙物体弯折，如重行星或黑洞 (在后一种情况下，光如果进入所谓的视界最终被吞噬，但那是另一回事)。英国物理学家 John Pendry 爵士的贡献是他在 2006 年认识到，在实验室尺度中通过合理设计超构材料，介电常数和磁导率使光线在电磁空间弯曲，可以极大地提高对光的控制，而时间变量只起一个参数的作用。这种创造性提议打开了光子学新的远景，如快速发展的隐身技术。

　　此外，麦克斯韦在其他方面也有开创性的工作，比如他在 1861 年英国皇家学会关于色彩理论的演讲时呈现的第一张耐用的彩色照片 (使用三基色分析和合成颜色，几乎成为所有后续光化学和电子色彩学方法的基础)。麦克斯韦为后人所认可的还有，例如，在许多桥梁上可以见到的杠杆–铰链结构刚度方面的基础工作。他较后期的科学遗产也许鲜为人知，却为电磁和声学超构材料的平行发展奠定了基础，因此也极为重要。连续介质力学基于牛顿在 1687 年出版的《自然哲学的数学原理》，这比麦克斯韦在固体力学方面的工作早了两个世纪，并奠定了大多数经典力学的基础。在这种开创性的工作中，牛顿描述了万有引力定律和运动三大定律。同时，牛顿对光理论也饶有兴趣：他建造了第一架实用反射式望远镜，并且基于三棱镜将白光分解成多种颜色，形成了可见光谱理论。在数学上，牛顿和莱布尼茨一起发展了微积分，它无可否认地成为现代分析的中心。

　　牛顿第一定律 (惯性定律) 指出，如果没有外力干预，一个处于静止状态的物体会继续保持静止，而匀速运动的物体倾向于维持它的匀速运动。这个定律的意义是参考系 (称为惯性系) 的存在使处于参考系中的物体在不受到外力作用的情况下

匀速运动 (静止状态是其特例)。该定律是伽利略和洛伦兹力学的核心。在第 1 章，我们在电磁波和机械波之间做出一些有用的类比，使得在转换坐标系后能控制它们的轨迹。变换光学和声学是一个非常热门的话题，并将在第 7~12 章中进一步讨论。牛顿第二定律进一步指出，施加给物体的力等于其质量乘以它的加速度。对于刚性固体而言，该定律依然有效，只是人们该考虑的是固体的质量中心。第 1 章由 Guenneau 和 Craster 撰写。这一章强调牛顿第二定律是一个非常精准的定律，它在电磁超构材料和声学超构材料之间起了一个桥梁性的作用，可以把这两种超构材料近似地看作通过弹簧连接起来的分立的质量系统。利用 20 世纪 90 年代后期由 Kozlov、Movchan 和 Mazy 提出和发展的多结构概念，对开环谐振器组成的局域谐振结构的平均性能 (谐振时有效负磁导率或密度) 进行了详细的动态分析。在小连结和刚体之间交汇处的渐近分析涉及牛顿第二定律。另一种实现真正负折射率的方式是考虑高对比度的材料参数，采用经典的低频均质方法建模。与此相反，声子晶体中全角度负折射 (AANR) 源于这一章也要讨论的最近由 Craster 和 Kaplunov 提出的高频均质化的方法，其实，全角度负折射是负群速度的波沿一定晶格方向传播的结果。

第 2 章由 Khelif、Achaoui 和 Aoubiza 撰写。这一章专注于半无限的基体表面上周期性均匀排列的圆柱体阵列引起的弹性禁带的数值分析 (使用时域有限差分并与 Floquet-Bloch 条件耦合，从而包含了横向的周期性，此处由于垂直方向假设为无限延伸，需建立完美匹配层)。沿表面传播的弹性波 (瑞利波) 一部分会在半平面附近沿法线方向指数衰减，一部分和体 (压力和剪切力的) 弹性波产生耦合。根据圆柱体高度的不同，在物理上，声学超构材料的局域共振行为导致低频禁带 (对于足够高的圆柱体，它们可以弯曲、旋转等)，而声子晶体的周期性则导致经典的布拉格效应 (对于高度较小的圆柱体而言)。晶格对称性对禁带的不同影响通常被用来区分声子晶体和超构材料。在柱子较高的情况下，晶格对称式的变化对禁带位置的影响不大，而在后一种情况下，使用六角形而不是正方形的格子可使禁带变宽。

第 3 章由 Gei、Bigoni 和 Bacca 等撰写。他们调研了在周期性、准周期性梁，以及在周期性板中的预应力对弯曲波的禁带和滤波特性的影响。在第一部分中，他们对在有弹性支撑 (Winkler 型) 的施加了预应力的梁中的周期性 Floquet-Bloch 弯曲波的传播建模，得到一个四阶常微分方程。然后，通过调整其中一些单元的尺寸，以引入一些准周期性图案 (超晶格的方法)，而这又导致类似于 Anderson 的局域化效应。他们还研究了准周期梁中的禁带和自相似特性。为了定位禁带的位置，使用了在光学中所使用的传输矩阵模型 (而这里的重点是弯曲波)。在第二部分中，作者考虑通过在法向和切向施加牵引力 (拉伸预应力) 形成预应力板，并且进行有限元计算，预期通过改变预应力的方法去调整禁带的位置。

第 4 章由 Estrade、de Abajo 和 Meseguer 等撰写。他们研究了浸于液体的周期穿孔板中压力波对亚波长小孔的反常透射。为了理解压力波如何进入周期狭窄通道，作者先是使用标量波动方程对刚性壁包围的流体中的压力波建模。将数值结果与考虑了声波从液体到固体壁透射的全弹性声学理论 (其中压力波与剪切波耦合) 进行比较，相关结果与实验非常吻合。与光波不同的是，从完全刚性薄膜的各个亚波长孔透射的声波近似与它们的面积成正比。此外，完全刚性薄膜中的多孔阵列没有出现全声透射，这与光波在 Ebbesen 实验中的反常透射结果不同。然而除此之外，还观察到质量定律未预测到的反常声屏蔽。作者还揭示出在 Wood 异常极小值和板波模式之间的独特相互作用。

第 5 章由 Simonetti 撰写。对在有很好前景 (如乳腺癌检测) 的医学成像领域中超声波高分辨率成像技术和实验的最新进展做了非常全面的调研。成像技术中遇到的瑞利准则指的是图像的分辨率的极限是工作波长的一半左右，由于这种限制，无法实现亚波长对象的重建。作者将波束形成算法与逆散射理论结合起来，克服了上述极限。他最初使用的方法涉及远场算符的分解，此算符包含物体亚波长尺度在远场散射波中的信息。这种方法的物理基础是，当探测波在物体内部传播时，多重散射导致了此探测波的变化，它解码了探测波所经历的畸变，因此有必要从逆散射角度恢复成像信息。计算机科学的进步能快速和准确地把物体对自由传播的超声产生的扰动进行映射成像，该方法的最大分辨率仅由检测器的动态范围决定。

在第 6 章，Fink 和 Lemoult 等回顾了应用于亚波长电磁波和声波成像的时间反转技术的最新进展。作者解释了波动方程的时间反转对称性如何使得换能器元件发出的压力波从远场再聚焦回到原点。在该实验中，在时间反转腔内介质的非均质性使成像效应更为便利，而且越复杂的介质，聚焦的效果越好。作者通过著名的"扫帚实验"：8 个 2mm 长的电抗型的天线辐射 2.5GHz 的电磁波，天线周围随机地放置 3cm 长的铜导线，彼此相距约 1/30 波长的距离，形成时间反转系统使电磁波汇聚到其中两个天线上。周期性排列的苏打罐作为亥姆霍兹共振器可对压力波进行类似的实验。通过时间反演，聚焦点的分辨率已经达到波长的八分之一，而且随着迭代时间反转技术的进步，分辨率可望远好过这个数值。

在第 7 章，Li、Liang、Zhu 和 Zhang 回顾了基于坐标变换的声学超构材料的理论和实验特性。他们解释怎样通过流体中超构材料的密度各向异性控制压力波在结构性流体中的传播。使用该方法的几个例子包括：一个由黄铜片组成的声学地毯隐身斗篷把地面凸起物造成的散射波前恢复成平面。由 36 个铜片组成在空气中展开呈 180° 的放大超透镜可以向三个预定方向辐射压力波。最后，用多孔结构化超构材料实现了亚波长成像，由于沿声波导方向非常强的有效密度各向异性，结构可看作由 Pendry 所提出的在电磁波频段的著名瑞士卷实验的声学版。

在第 8 章，Cummer 阐述变换光学和变换声学之间的类比，并且通过材料参数和波动现象深入解释什么是虚拟空间 (原始介质) 和物理空间 (变换介质)。通过压力波的几何变换设计了波束转换器和声学隐身。这一章讨论了声学超构材料的一些具体结构示例，并详述了利用含空气间隙的穿孔薄塑料板所实现的声学隐身实验。

第 9 章由 Sánchez-Dehesa 和 Torrent 撰写。总结了如何将均质化的技术应用于声学隐身。通常基于交替使用不同的密度和模量的流体构成多层结构。作者还建议在流体层中添加一些结构性元件，如所谓的声子晶体的圆柱形物体。通过一个锯齿状的超构材料形成各向异性流体的实验，解释了声学隐身的物理限制。

第 10 章由 Haberman、Guild 和 Alù 撰写。解释如何通过散射消除实现等离子和反共振隐身。他们设法对各向同性的不锈钢、铝和玻璃球，以及一个包含流体的薄壳结构实现压力波的隐身斗篷。他们还研究了由多层流体组成的等离子隐身。

第 11 章由 Kadic、Farhat、Guenneau、Quidant 和 Enoch 撰写。他们研究了表面液体和电子波伪装理论和实验结果。前者基于一种浸渍在流体中的介质结构诱发出的有效各向异性剪切黏度，后者与含介电小圆柱结构的金属表面电磁场的共形变换有关。

在第 12 章中，Vasquez、Milton、Onofrei 和 Seppecher 对麦克斯韦方程 (电磁学)、亥姆霍兹方程 (声学) 和 Navier 方程 (弹性动力学) 的坐标变换技术进行了深入透彻的调研。他们看到有望在弹性隐身术中使用的配有转矩效果的变换质量弹簧网络 (所谓的弹性动力学离散变换)。他们还讨论了通过不完全包围隐身区的有源散射抵消入射场 (外部伪装) 的隐身术。作者利用了他们在零频率 (二维拉普拉斯) 和有限频率 (三维亥姆霍兹) 问题方面丰富的数学工具。有些定理用于在作二维保角变换时有显式多项式解的传导性方程，有些用于在设计实现声隐身时所需的显式单极和偶极源所对应的亥姆霍兹方程。作者最后仔细讨论了紧密排列的球形外部伪装斗篷。

本书共 12 章，对声学超构材料在各个方面的最新发展，包括滤波效应、非正常的声透射、通过断层扫描或时间反转技术实现的亚波长成像、通过声学变换和弹性力学完成的隐身术，甚至声散射消除技术以及有源外部隐身术等，都给出翔实的介绍。但是，我们不认为本书涵盖了结构化表面、固体或流体可能会导致的声波现象的全部主题。尽管如此，我们希望本书谈到的各个课题，以及处理它们的方式 (理论、数值结果、实验)，能够使读者窥见这门新兴的声学超构材料课题的多姿多彩性，并将有助于促进在不久的将来涌现出更多的研究成果和出版物。

在 Springer 出版社有许多我们需要感谢的编辑人员，他们给予本书的出版方方面面的帮助。我们也要感谢老人星学术出版有限公司执行主任 Tom Spicer 对于这项工作的付出。

最后，我们想对所有作者的构思以及他们的投入和贡献表达最深切的谢意，并感谢 Andrew Norris 教授和 Ross McPhedran 教授欣然同意为本书所撰写的序。

Sébastien Guenneau 于法国马赛

Richard V. Craster 于英国伦敦

目 录

第 1 章　声学超构材料基础

Sébastien Guenneau, Richard V. Craster

摘要　本章主要介绍声学超构材料的相关基础。这一学科分支的发展得益于对电磁场中相关现象所做的类比。声子/光子晶体 (PC) 和超构材料在语义上主要根据所研究周期性结构模型的均一化特性是定义在低频段还是高频段来区分，声学超构材料对应的是低频情况，而声子晶体方面的研究则通常与能带结构和异常色散有关。因此有必要列出波在相关结构介质中传播的一些渐近模型。相关物理图像背后的数学规律通过数值计算进行了阐释，主要包括隐身斗篷、透镜、人工各向异性的约束效应 (根据变换光学或变换声学)、负折射和慢波等相关内容。

1.1　引　　言

　　1967 年，俄罗斯物理学家 Victor Veselago 发表了一篇理论性文章，预言了介电常数 (ε) 和磁导率 (μ) 同时为负的介质，并指出这类材料具有负折射率 [51]。通过简单的射线分析方法，Veselago 指出这样的负折射率材料 (NIM) 构成的平板可以当作一个能将点源在其另一侧成像的平面聚焦透镜。如图 1.1 和图 1.2 所示，这样的分析对声波同样成立。Veselago 透镜的特殊性在于，一般的普通正折射率透镜都根据 Snell-Descartes 定律在空气/玻璃界面使光线折射，需要凸面才能实现聚焦，而 Veselago 透镜不是这样。

S. Guenneau (✉)

Institut Fresnel, UMR CNRS 7249, Aix-Marseille Université, Marseille, France

e-mail: sebastien.guenneau@fresnel.fr

R.V. Craster (✉)

Imperial College London, London, UK

e-mail: r.craster@imperial.ac.uk

R.V. Craster, S. Guenneau (eds.), *Acoustic Metamaterials*,

Springer Series in Materials Science 166, DOI 10.1007/978-4813-2-1,

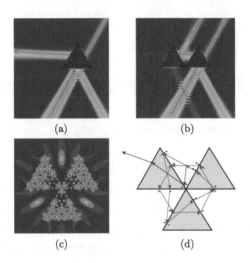

图 1.1   负折射开放式谐振器: (a) 高斯束从左侧入射到三角形光子晶体 (PC) 上, 光子晶体由 60 个介电圆柱按蜂窝排列而成 (负折射束用箭头标出); (b)2 个 PC 的情况 (箭头指示波束形成一个环路); (c) 由 34 个介电圆柱按蜂窝排列而成的三个共角光子晶体中的谐振模式; (d) 由三角形完美负折射率材料构成的谐振器示意图。一些光线会被束缚在其周围形成一个封闭轨迹回路, 另一部分光线则会发散出去。这样的开放式谐振器可在一定程度上限制光波。数值计算引自 G. Tayeb (Institut Fresnel, CNRS/Aix-Marseille University, 2007)(彩图见封底二维码)

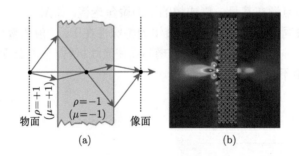

图 1.2   负折射声透镜: (a) 声学 Pendry-Veselago 透镜对波线的聚焦作用示意图 (对于反平面剪切波, 材料密度 ρ 和剪切模量 μ 分别与光学中的介电常数和磁导率相对应, 具体对应关系取决于光的极化模式); (b) 反平面剪切波成像效应的数值计算结果 (声场强度结果)。声源位于空心柱阵列 (其横截面形状与开环谐振器 (SRR) 相同) 左边, 空心柱嵌入各向同性介质中 (比如硅), 在右边形成声源的像 (具有亚波长分辨率, 分辨率约为三分之一入射波长)。渐近式 (1.1) 给出了 SRR 的谐振频率, 根据式 (1.2), 在谐振频率处阵列的等效质量密度变为负数 (彩图见封底二维码)

1.1.1 电磁超构材料和通过反应的隐身术

　　然而 Veselago 的发现在其后的近三十年里仅是一个学术问题, 直到英国物理学家 John Pendry 及其同事设计出可具有等效负 ε 和等效负 μ 的结构材料[41,42]。美国众多从事光子晶体研究的课题组 2000 年于 GHz 频段实验实现了负折射率[49], 对相关领域的研究进展起到了推动作用, 我们推荐读者参考 [40,45] 两篇讲述了相关研究历史的综述文献。重要的是, 这些材料具有亚波长单元尺度 (以十分之一波长较为典型), 从而可以把它们看作均一材料, 利用色散的等效参量来描述其响应。

　　之后, 一个被称为均一化理论的现代应用数学分支成为研究相关问题的有力工具[24,30], 我们之后将对此做进一步讨论。超构材料 (由 Pendry 所提出) 这一名词即描述了这样一些可以对其性质作平均的周期结构, 平均结果往往是色散 (并各向异性) 的。

　　此类色散介质以及负折射效应潜在应用的一个范例即 Pendry 的完美透镜。Veselago 平板透镜不仅会影响在介质中传播的波, 在成像时还会涉及源所包含的近场倏逝波成分[39], 从而可以突破 Rayleigh 准则 (透镜无法呈现比入射光波半波长更小的细节), 获得更高的成像分辨率。通过负折射还能实现高成像分辨率以及有放大效应的柱状透镜[35,43]。

　　更让人意外的是, 位于这种 NIM 透镜附近的偶极子会被隐身, 不能被外电场探测到, 如图 1.3 所示。Graeme Milton 和 Nicolae Nicorovici 于 2006 年发现了这种由负折射层的反常谐振所导致的隐身效应, 为反应隐身奠定了基础, 这一迷人的领域吸引了越来越多研究者的注意, 并与等离子现象联系在一起。Alú 和 Engheta 利用散射消除的方法在等离子隐身这一领域做了很多工作。对相关现

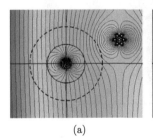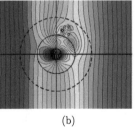

(a) 　　　　　　　　　　　　(b)

图 1.3　Milton 和 Nicorovici 提出的反应隐身[32]: 均匀电场与七个按蜂窝排列的偶极子相互作用, 电势场以及相应的流线图。(a) 偶极子位于斗篷区域 (黑色虚线标出的圆形区域) 之外, NIM 圆柱置于包层之中; (b) 偶极子置于斗篷区域中。注意 (b) 中斗篷区域外的流线几乎完全平直, 说明这一结构不能被外场察觉, 而 (a) 中与之不同, 流线明显地弯折并绕过了偶极子。
数值计算引自 N. Nicorovici (CUDOS, 悉尼大学, 2010)(彩图见封底二维码)

象的研究需要较深的数学知识, 这也正是其吸引人之处。另外一个有趣的现象如图 1.1 所示, 两块 NIM 的三角块可按棋盘图案组合成一个独特的共鸣器 (光线轨迹为一个闭环), 并且可作为一种新型隐身斗篷。这种棋盘结构还能导致一种有意思的超构透射现象。除此之外人们会自然地联想这些特殊的现象对其他形式的波动是否依然适用, 这是声学超构材料领域中所研究的一个重要课题。

1.1.2　声学超构材料和负折射率透镜

在 2000 年之初, 香港大学的沈平课题组在数值模拟和实验上验证了三维包膜小球阵列中弹性波的局域谐振现象 [29]。这一工作为电磁超构材料在声学领域的类比奠定了基础。Alexander Movchan 和本章作者之一随后提出用开口环截面的柱状阵列作为二维局域谐振结构的组成单元 [33]。Li 和 Chan 分别独立地提出了基于类似结构的负参数声学超构材料 [28]。而最近, Fang 等在实验中验证了一列由水填充的裂环谐振器对超声波具有动态负等效模量 [12]。Milton, Briane 和 Willis 的工作则为包括能抑制散射体对弹性波响应的隐身斗篷在内的相关特殊效应提供了数学框架 [31]。

有趣的是, 2003 年 Russell 等观测到在声禁带晶体材料 MHz 频段的一些类似的局域效应, 其实验中通过在这一声禁带晶体材料中构造双核缺陷得到了源于局域效应的增强弹性波响应 [47], 如图 1.4 所示: 在周期薄层结构的禁带中产生了一个局域模态, 并且通过缺陷中的光弹效应与光相互耦合。这表明弹性波超构材料实际上即导致弹性波局域效应的周期结构, 并能够增强一些谐振效应 (包括光声作用)。

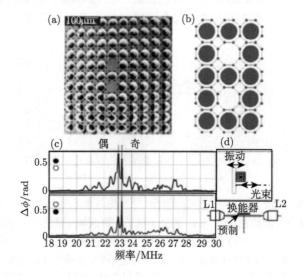

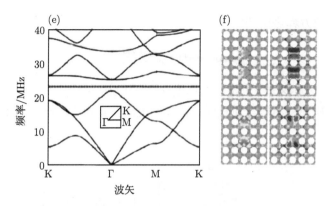

图 1.4　光子晶体光纤作为局域谐振型弹性波超构材料: (a) 巴斯大学的 Philip Russell 光电研究组在 2001~2003 年间实验中样品的扫描电镜显微图像, 其单元周期为 80μm, 孔直径 59μm, 阵列中有两个固体实心缺陷; (b) 数值计算模型中的结构细节 (实线仅作为标示); (c) 光经过 PCF 样品, 由声波引起的相位变化, 横坐标为声波频率, 两个明显的谐振峰位于 23MHz 和 23.25MHz; (d) 实验示意图, L1 和 L2 为显微物镜, 压电换能器用来产生声波; (e) 无缺陷声子晶体中共面混合偏振剪切波和疏密波的能带结构 (Rayleigh 方法[20]), 实验观察到的谐振频率 (23MHz 和 23.25MHz, 由虚线表示) 位于 21.8~25MHz 的声禁带中心频率处; (f) 位于 23.47MHz 和 24.15MHz 处的声学谐振场图 (彩图见封底二维码)

1.1.3　基于局域谐振模型的电磁超构材料和声学超构材料的对应关系

超构材料是通过设计加工而具有一些特殊电磁特性的人造复合结构, 可实现负折射聚焦、折射率随位置渐变以及呈各向异性等效应。利用负折射率材料可构成一个高分辨率平面透镜, 而实现折射率随位置渐变或各向异性折射可得到基于变换光学的隐身斗篷。就其本身而言, 超构材料可以提供一些独特的、前所未知的新特性。紧随着 John Pendry 所提出的可导致电磁波负折射率的新结构的发现, 一个新的物理分支逐渐呈现。负折射率材料 (NRIM) 通常由类似细直导线阵列和裂环谐振器的结构材料构成。裂环谐振器是指能对沿柱体轴线方向电磁场辐射产生谐振响应的具有电容性开口的柱体, 如图 1.5(a) 所示。由于电感效应, 绕环的电流将屏蔽其内部, 而裂隙所导致的电容效应会产生与负折射率关联的谐振, 相关的综述详见文献 [21]。此谐振效应将产生一个窄的低频禁带 (位于归一化频率 0.5 附近, 如图 1.10 所示), 并与光学中的人造磁性相关联。重要的是, 图 1.10 中的第二条能带曲线在 SRR 的谐振频率附近呈现负曲率, 物理学家认为这意味着波以负群速度传播。这一成果是负折射研究中的里程碑, 可用来设计如图 1.12 所示的聚焦平面透镜。

对多重尺度结构中的场采用渐近方法可得出 (归一化的) 谐振频率 $\omega_m, m =$

$1, 2, \cdots$，由超越方程给出[33]：

$$d \cot(\omega_m l) = \text{area}(\Xi)\omega_m, \tag{1.1}$$

式中 Ξ 表示环内部区域，d 是缝的厚度，如图 1.5(a) 所示，l 是其宽度。文献 [33] 中首次提出电磁超构材料与质量弹簧模型的类比及其相应的电路表述，见图 1.5(b) 和 (c)。

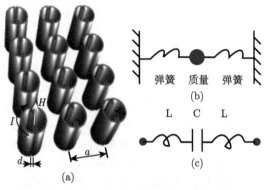

图 1.5 (a) 正方排列的具有容性开口 (厚度 d 远小于晶格周期 a 的连结) 的圆柱阵列会对磁场方向沿柱轴线的 (纵向) 入射波产生谐振响应。电感效应导致的绕环电流将屏蔽其内部，开口的电容效应导致所谓的人造磁性谐振 (图片修改自 Guenneau 和 Ramakrishna 的工作[21])。(b) 裂环与亥姆霍兹共鸣器对应：质量块 (对应电路中的电容) 通过弹簧 (对应电感 L，即螺线管) 连到刚性壁上[33]。在谐振时力学上会导致负等效密度，见式 (1.2)。(c) 亥姆霍兹共鸣器所对应的 LC 电路

频率 ω 处的等效质量密度由下式给出[15]：

$$\rho_{\text{hom}}(\omega) = 1 - \sum_{m=1}^{\infty} \frac{\omega^2}{\omega^2 - \omega_m^2} \|V_m\|_{L^2(0,l)}^2, \tag{1.2}$$

式中 V_m 是裂环缝 $(0, l)$ 中的本征场，并且 $\|V_m\|_{L^2(0,l)}^2 = \int_0^l V_m^2(x)\mathrm{d}x$。由式 (1.2) 可见在谐振频率 $\omega = \omega_m$ 附近，$\rho_{\text{hom}}(\omega)$ 有可能取负值。电磁学中的等效磁导率 μ_{hom} 表达式与此一致，首先出现在文献 [33] 中，这里的 ω_m 被称为等离子频率。

将类似裂环谐振器和细直导线 (光学中与由式 (1.2) 类似描述的等效负介电常数 ε_{hom} 相关联，而声学中对应着负弹性模量[19]) 的结构相结合即可产生关于 Snell-Descartes 定律的负等效折射率[19,49]。实际上 $n = -1$ 的 NRIM 平板能够同时对源的远场传播模式和近场模式进行成像，从而构成一个完美透镜。系统的分辨率将不再受波长所限制，而只取决于耗散、色散以及构成材料的缺陷。负折射率材

料还支持从源到像点传递亚波长细节信息的各种偏振光的表面等离子态, 声学中也有相应的表面模式。这种利用声学 Pendry-Veselago 平面透镜的方法为亚波长分辨率成像提供了新的思路 [15], 如图 1.2 所示。

　　实际上, 正如我们前面对电磁波所提到的, 负折射平板只是一系列满足广义透镜理论的器件中的一员, 其他的还有柱状透镜 [35,43], 以及两个共角的负参数三角 [18] 组合形成的一个能将线源所辐射的射线弯折成一个闭合轨迹并重新汇聚到这一线源的系统, 后者可以形成一个捕获声波的开口共鸣器。同样, 也有一系列的捕获和操控光的系统, 比如渐衰折射率 (超折射) 的超构材料, 可用作三维高指向性天线。由此产生的一个新的疑问是, 折射率 $n = -1$ 的 (Veselago 透镜) 和 $n = 0$ 的 (全向天线) 弹性波超构材料是否有可能以类似电磁超构材料那样的方法获得。这一疑问将研究者领入一个数值方法、渐近分析与新型光学或声学器件优化设计相结合的交叉研究领域。

1.1.4　类比控制方程给出的电磁和声学超构材料的对应关系

　　电磁波在柱状 (即沿 z 轴方向恒定) 电介质中传播, 数学上可以用介电常数 $\varepsilon(x,y)$ 和磁导率 $\mu(x,y)$ 来描述, 而这两者通过方程 $\varepsilon\mu = n^2$ 和 $\varepsilon\mu = 1/c_L^2$ 分别与折射率 n 以及介质中的光速 c_L 联系在一起。相应的电场 $\boldsymbol{E}(x,y)$ 和磁场 $\boldsymbol{H}(x,y)$ 是时谐麦克斯韦矢量方程的解: 一般预先假定频率为 ω 的时谐项 $\exp(-i\omega t)$, 并在之后的过程中略去。根据这一时谐的设定, 可通过麦克斯韦算子 (弱化来说在 $\mathbb{R}^3$ 中) 在谱空间进行分析:

$$\nabla \times \left(\mu^{-1}\nabla \times \boldsymbol{E}\right) = \omega^2\varepsilon\boldsymbol{E}, \quad \nabla \times \left(\varepsilon^{-1}\nabla \times \boldsymbol{E}\right) = \omega^2\mu\boldsymbol{E}, \tag{1.3}$$

注意到 $\boldsymbol{E}$ 和 $\boldsymbol{H}$ 呈现对称性。假设横波电磁场可分解为两个偏振模式, 即 $\boldsymbol{H} = (H_1, H_2, 0)$, $\boldsymbol{E} = (0, 0, E_3)$(即纵向电场) 的横磁模式 (TM) 和 $\boldsymbol{E} = (E_1, E_2, 0)$, $\boldsymbol{H} = (0, 0, H_3)$(即纵向磁场) 的横电模式, 从而矢量方程 (1.3) 可重新写成

$$\nabla \times \left(\mu^{-1}\nabla E_3\right) + \omega^2\varepsilon E_3 = 0(\text{TM}), \quad \nabla \times \left(\varepsilon^{-1}\nabla H_3\right) + \omega^2\mu H_3 = 0(\text{TE}). \tag{1.4}$$

值得注意的是, 这两个偏微分方程 (PDE) 中有一个未知标量。然而若电磁波以特定的斜入射角入射 (在光子晶体光纤中), 因介质界面相应的边界条件, $\boldsymbol{E}$ 和 $\boldsymbol{H}$ 的所有分量耦合在一起, 需要对整个问题进行全矢量分析。

　　现在我们来对声学超构材料的约束方程做一些类比。裂环谐振器 (SRR) 在声学上对应着亥姆霍兹谐振器: 物体 (对比电路中的电容) 经过弹簧 (对应电感) 连到刚性壁上, 本章作者之一与 Alexander Movchan 于 2004 年共同发表了一篇论述相关内容的文章。这使得 SRR 型谐振的负等效密度声学超构材料成为可能, 并导致 2007 年对逆面剪切波平面聚焦透镜的一个简单设计的实现。电路模型和谐振力学

系统之间的类比关系只是冰山一角：类似的设计对线性的表面水波同样适用，与逆面剪切波类似，水波也遵从矢量亥姆霍兹方程

$$\nabla \times (a\nabla v) + \kappa^2 v = 0. \tag{1.5}$$

与式 (1.4) 对应，v 可表示电场的一个纵向非衰减量，而这里 v 是弹性波中位移场的纵向 (或剪切) 分量，或表面水波的相速度；κ 取决于频率而 a 取决于材料参数。

　　然而共面 (压力和剪切分量) 弹性波是耦合在一起的，即使对一个圆柱区域也是如此。这时候在密度 ρ 和拉梅参数 $\hat{\lambda}$, $\hat{\mu}$ 随空间变化的圆柱形各向同性弹性介质中，共面弹性波由位移场 $\boldsymbol{u}(x,y) = (u_1, u_2, 0)$ 来表示，并用 Navier 方程描述 (弱化来说在 $\mathbb{R}^3$ 中)：

$$\hat{\mu}\nabla^2\boldsymbol{u} + \left(\hat{\lambda} + \hat{\mu}\right)\nabla\nabla \cdot \boldsymbol{u} + \left(\nabla\hat{\lambda}\right)\nabla \cdot \boldsymbol{u} + \nabla\hat{\mu} \times (\nabla \times \boldsymbol{u}) = -\omega^2\rho\boldsymbol{u}. \tag{1.6}$$

可以利用这一方程来研究如周期阵列 (比如声子晶体的横截面) 的谱等问题。假设界面处的应力和位移连续，而周期原胞单元的端部满足 Floquet-Bloch 条件；嵌入体则满足自由应力或钳定条件。面外 (out-of-plane) 模式在数学上与剪切电磁波或水波 (即遵从式 (1.5)) 一致，并且适用物理上对于电磁波也成立的一系列边界条件。比如说，对于声学材料的边界，在一个声波导中，可以使用 Dirichlet(钳定) 和 Neumann(自由应力) 的混合边界条件，而在光学中，则或者是 Dirichlet 条件，或者是 Neumann 条件，两者不能同时施加，因为对于无限大导体边界处的特定偏振光：TM 模式满足 Dirichlet 条件，TE 模式满足 Neumann 条件。金属波导中若采用两个边界条件的组合则对应了衰减的场，即没有能够在其中传播的模式。

　　图 1.6 是负折射透镜的实验验证，此实验基于自由界面穿孔阵列中逆面剪切波 (图 1.2) 与液体内刚性圆柱阵列中表面波的类比。这里 C 形嵌入体被环状嵌入体所替代，使得负折射所在的频段上移，从而破坏了其亚波长特性：我们此处所呈现的结果更接近于声子晶体的范畴，而对于非声学超构材料，成像效应引自圆柱 (布拉格范畴) 之间的多重散射而不是局域谐振，后面我们将回到这个问题进一步讨论。

　　总而言之，在切向电磁波、水波和逆面剪切波之间似乎存在一个完美的类比，从而在光子晶体中发现的诸多振奋人心的现象都可以在声波或水波中找到其对应，而这一情况对压力与剪切模式耦合在一起的弹性波 (Navier 方程的解) 却不一定成立。我们在后面将给出一个基于负折射的聚焦效应，其中需要同时产生负的质量密度、剪切模量和弹性模量，这将涉及一些具有复杂微观结构的弹性波模型，给研究者提出进一步的挑战。

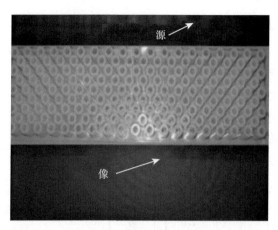

图 1.6 表面水波的实验照片, 在浸于甲基九氟丁醚中 (低黏度而密度相对较高的液体) 刚性
圆柱阵列的一边激发表面波。根据负折射定律, 在阵列的另外一边成像, 像的位置稍向左偏
移。需要说明, 由于这里的结构不是声学超构材料, 而是声子晶体, 波长和阵列的单元尺寸在
一个数量级上, 因此所成的像并不具备亚波长分辨率。照片引自 S. Enoch, CNRS/Institut
Fresnel, Aix-Marseille University, 2010

1.1.5 折射型斗篷: 通过几何变换控制电磁场和弹性波场

很显然, 电磁波和弹性波的波动方程是不一样的。然而在一些特殊的条件下
依然可以找到一些对应关系, 线性表面水波和逆面剪切波遵从标量亥姆霍兹方程。
更加出人意料的是, 区别明显的矢量方程 (1.3) 和 (1.6) 却在倾斜 (out-of-plane)
传播的电磁波以及共面压力剪切耦合波情况下具有一致性 [20]。同时, 式 (1.3) 和
式 (1.6) 之间又有着结构性的区别。例如, 式 (1.3) 在进行几何变换之后依然能保
持其形式不变, 而式 (1.6) 则不行。更准确地说, 众所周知, 电磁学中坐标的变换
对应着将材料 (通常是均匀并且各向同性的, 对应着恒定的介电常数和磁导率) 替
换成一个等效的非均匀各向异性介质, 无论光的偏振方向如何。此特性的一个应用
是计算电磁学中简化对弯曲光纤的分析 [53]。

对于形式如式 (1.5) 所示的标量 PDE, 这一特性可以容易地推导得到, 相应
的方法是柱状几何中切向传播光、线性表面水波和逆面剪切波等相关问题的核心。
为了给定物理基础, 我们先写出方程, 具体推导将在后面展开, 这些推导可比照
式 (1.5)。考虑时谐的声学方程:

$$\nabla_{(x,y)} \cdot (\underline{\underline{\mu}} \nabla_{(x,y)} u) + \omega^2 \rho u = 0, \tag{1.7}$$

假设这里的剪切参量为一般性的二阶张量 $\underline{\underline{\mu}}$, 而 ρ 是标量 (随空间位置变化的) 密
度, $\nabla_{(x,y)}^{\mathrm{T}} = (\partial/\partial x, \partial/\partial y)$, $u = u(x, y)$ 是位移场的第三分量。

将式 (1.7) 乘上一个试函数 $\bar{\phi}$ 并在区域 Ω 上作分部积分, 可得

$$- \int_{\Omega} \left(\nabla_{(x,y)} \bar{\phi} \cdot \underline{\underline{\mu}} \nabla_{(x,y)} u \right) \mathrm{d}x \mathrm{d}y + \int_{\Omega} \left(\omega^2 \rho u \bar{\phi} \right) \mathrm{d}x \mathrm{d}y = 0, \tag{1.8}$$

这里我们假设表面项为 0(对应着在边界 $\partial\Omega$ 上的 Dirichlet 或者 Neumann 积分, 即区域要么满足自由应力边界条件, 要么满足钳定边界条件, 或者是两者的一个混合边界); 而 Robin 边界条件也可适用。

基于这一情况, 我们将坐标变换 $(x,y) \to (u,v)$ 用于式 (1.8):

$$\begin{pmatrix} \dfrac{\partial}{\partial x} \\ \dfrac{\partial}{\partial y} \end{pmatrix} = \begin{pmatrix} \dfrac{\partial u}{\partial x} & \dfrac{\partial v}{\partial x} \\ \dfrac{\partial u}{\partial y} & \dfrac{\partial v}{\partial y} \end{pmatrix} \begin{pmatrix} \dfrac{\partial}{\partial u} \\ \dfrac{\partial}{\partial v} \end{pmatrix} \Leftrightarrow \nabla_{(x,y)} = (J_{ux})^{\mathrm{T}} \nabla_{(u,v)} \tag{1.9}$$

这里 $J_{ux} = (J_{ux})^{-1} = \partial(u,v)/\partial(x,y)$ 是变换 $(u,v) \to (x,y)$ 的雅可比行列式, 并且 $\nabla_{(x,y)}^{\mathrm{T}} = (\partial/\partial u, \partial/\partial v)$, 从而

$$- \int_{\Omega} \left\{ \left(J_{ux}^{\mathrm{T}} \nabla_{(u,v)} \bar{\phi} \cdot \underline{\underline{\mu}} J_{ux}^{\mathrm{T}} \nabla_{(u,v)} u \right) \det(J_{xu}) \right\} \mathrm{d}u \mathrm{d}v$$

$$+ \int_{\Omega} \left(\det(J_{xu}) \omega^2 \rho u \bar{\phi} \right) \mathrm{d}u \mathrm{d}v = 0,$$

将此式用 J_{ux} 表示

$$- \int_{\Omega} \left((\nabla_{(u,v)} \bar{\phi}) \frac{J_{ux} \underline{\underline{\mu}} J_{ux}^{\mathrm{T}}}{\det(J_{ux})} \nabla_{(u,v)} u \right) \mathrm{d}u \mathrm{d}v$$

$$+ \int_{\Omega} \left(\frac{\rho}{\det(J_{ux})} \omega^2 u \bar{\phi} \right) \mathrm{d}u \mathrm{d}v = 0,$$

坐标变换后的新参数 $\bar{\underline{\underline{\mu}}}$ 和 $\bar{\rho}$ 为

$$\begin{cases} \bar{\underline{\underline{\mu}}} = J_{ux} \underline{\underline{\mu}} J_{ux}^{\mathrm{T}} / \det(J_{ux}), \\ \bar{\rho} = \rho / \det(J_{ux}). \end{cases} \tag{1.10}$$

这一结论即 Pendry, Schurig 和 Smith 在理论上提出适用于横磁波的隐身斗篷时所利用的特性。从其中的式 (1.3) 和式 (1.7) 可看出 $\bar{\underline{\underline{\mu}}} = J_{ux}^{-\mathrm{T}} \mu^{-1} J_{ux}^{-1} \det(J_{ux})$ 和 $\bar{\rho} = \varepsilon / \det(J_{ux})$, 其中 μ 和 ε 分别是几何变换前各向同性均一介质的介电常数和磁导率 (变换后成为非均一的各向异性介质)。这一结论最初看起来并没有什么, 但 Pendry 及其同事引入了一个坐标映射 [44]

$$r' = r_0 + \frac{r_1 - r_0}{r_1} r, \quad \theta' = \theta, \quad r < r_1, \tag{1.11}$$

这一变换将空间中一点映射到半径为 r_0 的球体, 而保持半径 r_1 处不变。在半径 r_1 以外, 假设有 $r' = r$ 和 $\theta' = \theta$, 也就是说保持原来的介质不变 (identity map)。通过这一方法可以在空间形成一个用于隐藏物体的空洞, 如图 1.7 所示。这一映射在逆问题中作为一个不适定问题的范例已为人所知。然而其在光学中的具体应用, 即隐身斗篷的设计, 是 2006 年的一个突破。这一坐标变换所带来的一个问题是需要在所形成空洞周围的 $r_0 < r \leqslant r_1$ 环形区域填充特殊材料构成的包层 [44]。注意到 $J_{rr'} = \partial(r,\theta)/\partial(r',\theta') = \mathrm{Diag}(1/\alpha,\ 1,\ 1)$ 且 $\alpha = (r_1 - r_0)/r_1$, 因此相应地在声学中

$$\underline{\underline{\mu}} = \mathrm{Diag}\left(\frac{r'-r_0}{r'}, \frac{r'}{r'-r_0}\right), \quad \bar{\rho} = \frac{r'-r_0}{\alpha^2 r'}. \tag{1.12}$$

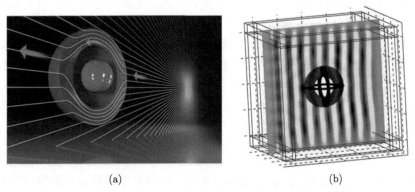

(a)   (b)

图 1.7　用于水下伪装的声学隐身斗篷: (a) 球形声学隐身斗篷 (蓝色壳体) 包裹一个散射体 (比如说潜艇, 用红色小球表示) 在声源激发下的波线示意图 (引自 Pour La Science, French Edition of Scientific American[17]); (b) 有限元计算结果, 平面压力波从右侧入射到包裹了刚性球体的多层球形斗篷 (引自 G. Dupont, Institut Fresnel, 2010)。具体细节在第 9 章中讨论 (彩图见封底二维码)

  Cummer 和 Schurig 首先于 2007 年对流体中的压力波推导出这一变换参数 [11], Torrent 和 Sanchez-Dehesa 进一步通过等效均一研究推动了这一声学斗篷的实现方法 [50], 本章作者之一与 Alexander Movchan 合作, 用切向各向异性的流质控制线性表面水波, 并通过对径向对称结构采用均质化方法, 在 2008 年验证了所得到的金属结构斗篷在 10Hz 有效 [13]。

  另外需要指出, 由于 $\underline{\underline{\mu}}$ 趋向于 $\mathrm{Diag}(0,\infty)$ 且 $\bar{\rho}$ 趋向于 0, 式 (1.12) 中的参数在斗篷内边界 $r' = r_0$ 处会具有奇异性。绕过 $r \leqslant r_0$ 隐身区域的声波路径将远长于它们直接穿过这一区域的情况, 这导致极端参数的产生, 也意味着在角向上波速需要无限倍增加。等效介质方法自然没有办法处理这一极端参数, 只能通过强各向异性人造结构近似实现。

理论物理学家 Ulf Leonhardt 在 2006 年基于静态薛定谔方程独立地分析了保角隐身斗篷 [27]。其仅适用于几何光学的设计方法需要使参数随空间位置变化,相应参数既无需各向异性,也无需奇异性。如之前所提到的,2005 年, Alú 和 Engheta 提出了另一种不同的隐身方法 [1],但相应的设计依赖于被隐身物体的形状和成分性质。2006 年, Milton 和 Nicorovici 利用反常谐振效应提出了一个能对线源组合隐身的斗篷器件,将线源置于负折射率材料的圆柱包层附近时将产生反常谐振 [32]。Milton, Briane 和 Willis 还进一步探索了利用几何变换实现弹性波斗篷隐身的可能性,他们最后得到了一个含有三阶和四阶张量的 Navier 方程,而原来的弹性波方程只涉及四阶弹性张量 [31]。作者与 Alexander Movchan 和 Michele Brun 一起提出了另外一种实现弹性波隐身的方法,并得到了变换后能维持其形式不变的 Navier 方程,但其中的四阶弹性张量失去了其原先的对称性 [4],相关结论还可以参考 Norris 和 Shuvalov 随后的一些工作 [36] 以及本书第 12 章。Davide Bigoni, Alexander Movchan 和他们的合作者还展示了一种取得 Cosserat 型弹性材料的方法 [2],可利用复合结构的等效性质,在低频区使相应的结构成为一个中性包层嵌入体。

作为弹性波斗篷的一个例子,我们考虑一个共面传播的遵从 Navier 方程的时谐弹性波:

$$\nabla \cdot \mathbb{C} : \nabla \boldsymbol{u} + \rho \omega^2 \boldsymbol{u} = \boldsymbol{0}, \tag{1.13}$$

这里 $\boldsymbol{u} = (u_1, u_2)$ 是位移场, ρ 为 (标量) 密度, $\mathbb{C}$ 是有非零柱面分量的线性各向同性弹性介质四阶本构张量:

$$\mathbb{C}_{rrrr} = \lambda + 2\mu, \quad \mathbb{C}_{\vartheta\vartheta\vartheta\vartheta} = \lambda + 2\mu, \quad \mathbb{C}_{rr\vartheta\vartheta} = \mathbb{C}_{\vartheta\vartheta rr} = \lambda,$$

$$\mathbb{C}_{r\vartheta\vartheta r}\mathbb{C}_{\vartheta rr\vartheta} = \mu, \quad \mathbb{C}_{r\vartheta r\vartheta} = \mu, \mathbb{C}_{\vartheta r\vartheta r} = \mu, \tag{1.14}$$

λ 和 μ 为表征介质对压力和剪切位移响应的拉梅常数。并且假设此方程在除施加了频率 ω 简谐体力 $\boldsymbol{b} = \boldsymbol{b}(\boldsymbol{x})$ 的点以外都是成立的。

对方程 (1.6) 运用式 (1.11) 所示的坐标变换,参照文献 [4],在区域 $r' \in [r_0, r_1]$, Navier 方程 (1.6) 被映射为 (图 1.8)

$$\nabla \cdot \mathbb{C}' : \nabla \boldsymbol{u} + \rho' \omega^2 \boldsymbol{u} = \boldsymbol{0}, \tag{1.15}$$

只在图 1.8 的环形区域之外施加体作用力,拉伸密度 $\rho' = (r - r_0)r^{-1}r_1^2(r_1 - r_0)^{-2}\rho$, 弹性张量有非零柱面分量

$$\mathbb{C}'_{r'r'r'r'} = \frac{r' - r_0}{r'}(\lambda + 2\mu), \quad \mathbb{C}'_{\vartheta\vartheta\vartheta\vartheta} = \frac{r'}{r' - r_0}(\lambda + 2\mu), \quad \mathbb{C}'_{r'r'\vartheta\vartheta} = \mathbb{C}'_{\vartheta\vartheta r'r'} = \lambda,$$

$$\mathbb{C}'_{r'\vartheta\vartheta r'}\mathbb{C}'_{\vartheta r'r'\vartheta} = \mu, \quad \mathbb{C}'_{r'\vartheta r'\vartheta} = \frac{r'-r_0}{r'}\mu, \quad \mathbb{C}'_{\vartheta r'\vartheta r'} = \frac{r'}{r'-r_0}\mu, \tag{1.16}$$

λ 和 μ 为与上文 $\mathbb{C}$ 对应的描述各向同性材料性质的拉梅常数。注意到 $\mathbb{C}'$ 并不具有对称性，为 Cosserat 型弹性材料。另外还需注意到，由于 $\mathbb{C}'$ 中的一些项在 r' 接近 r_0 处趋向于无限而另一些趋向于 0，其在斗篷内部边界是奇异的。

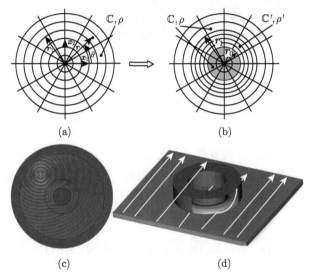

图 1.8　从坐标 (r, θ) (a) 到坐标 (r', θ') (b) 的几何变换；r_0 和 r_1 分别为圆柱形斗篷的内外半径。未变形和变形区域内的弹性张量和密度分别用 $\mathbb{C}$, ρ 和 $\mathbb{C}'$, ρ' 表示。(c) 对压力波和剪切波的耦合模式的全波有限元计算 (位移场幅度值)，参见文献 [33]；(d) 适用于体弹性波的防地震斗篷原理图：圆柱形包层 (蓝色) 使波轨迹线在其中发生弯折 (如红色所示)，从而包层外的轨迹线 (白色) 未受扰动 (彩图见封底二维码)

另外，Navier 方程还有一个维持其形式不变性的特殊限制情况：式 (1.6) 在薄板极限下将退化为一个四阶 PDE。这时，式 (1.15) 中面外的位移场 $\boldsymbol{u} = (0, 0, U(r, \theta))$ 满足

$$\nabla \cdot \left(\underline{\varsigma}^{-1}\nabla\left(\lambda\nabla\cdot(\underline{\varsigma}^{-1}\nabla U)\right)\right) - \lambda^{-1}\beta_0^4 U = 0, \tag{1.17}$$

其中 $\beta_0^4 = \omega^2\rho_0 h/D_0$，$D_0$ 为板的弯曲刚度，ρ_0 是其密度，h 是板厚度；ς 是对角化的二阶张量；λ 是材料的变系数。基于量纲分析以及相关物理内涵，选取 $\varsigma = E^{-1/2}$ 和 $\lambda = \rho^{-1/2}$，E 具有杨氏模量的量纲，ρ 具有密度的量纲。斗篷参数要求 $E_r = (r-r_0)^2 r^{-2}$ 和 $E_\theta = r^2(r-r_0)^{-2}$，$\rho = \alpha^4(r-r_0)^2 r^{-2}$，其中 $\alpha = r_1(r_1-r_0)^{-1}$；$r_0$ 和 r_1 是厚度为 h 的弹性包层的内外半径。结果表明所需材料参数比较容易获得 (除了 $r = r_0$ 处)，防地震斗篷的一个可行模型如图 1.9 所示。

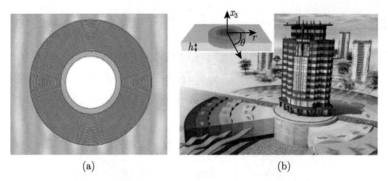

(a)   (b)

图 1.9   (a) 适用于弹性薄板中弯曲波的隐身斗篷示意图，可由均一且各向同性 (一些聚合物，可参考文献 [13]) 的同心圆环构成；(b) 防地震建筑地基中的工程应用 (图片引自 Popular Science Magazine)

迄今为止可以看到由各向异性 (随位置变化) 参数所导致的物理量的变化关系，可以使波绕过一个有限区域。现在我们转到另一个利用特殊结构控制波传播的典型例子：负折射聚焦，其中将涉及由周期介质的反常色散导致材料参数取负值。

1.2   窄域谐振器的渐近模型：声学超构材料的弹簧质量模型

在本节，我们将对著名的裂环谐振器 (为了获得人造磁性，由 John Pendry 研究组 1998 年 [42] 引入) 声学多重结构建模 [26]。相关推导来源于文献 [33](与在薄壁光子晶体光纤中传播的横电波类比，完整的数学细节参看文献 [34])。这一推导阐释了弹簧质量模型与裂环谐振器之间的联系，如图 1.5 所示，使相关的离散模型和连续模型得到统一。对于完美的双周期排列的裂环谐振器，可用 Bloch 波来表征，图 1.10 中的色散曲线一般用来阐释相关物理特性。

我们用 Ω 来表示图 1.5 中的双开口环：

$$\Omega = \left\{ r_0 < \sqrt{x^2 + y^2} < r_1 \right\} \backslash \overline{\bigcup_{j=1}^{N} \Pi_\eta^{(j)}} \tag{1.18}$$

当环并非圆形时，r_0 和 r_1 是关于 x, y 的函数，

$$\Pi_\eta^{(j)} = \left\{ (x, y) : 0 < x < l_j, |y| < \eta h_j / 2 \right\}, \tag{1.19}$$

是长 l_j 的 "C 形末端" 之间的连结。这里 ηh_j 是第 j 个连结的厚度，η 是一个小的正无量纲参量，对于我们的模型，有两个连结 $\Pi_\eta^{(1)}$ 和 $\Pi_\eta^{(2)}$。

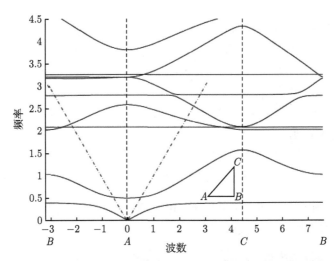

图 1.10 中心间隔为 1 按正方晶格排列的如图 1.5 所示的裂环谐振器能带图。波数是 Bloch 波矢的投影，在第一布里渊区 ABC 取值分别为 $A=(0,0)$，$B=(\pi,0)$，$C=(\pi,\pi)$，色散曲线对应阵列中传播的声波频率。与无限长导体柱内部的纵向磁场 (声学中对应刚性圆柱内的逆面剪切位移，如图 1.11 所示) 相关联的谐振模态造成了归一化频率为 0.39 附近的低频禁带 (波不能在阵列中传播的频率范围)，这时等效的磁导率 (或密度) 为一个负实数

为了推导出渐近展开，引入缩放变量 $\xi = y/\eta$，从而 $\xi \in (-h_j/2, h_j/2)$ 在 $\Pi_\eta^{(j)}$ 内，并且

$$\frac{\partial^2 v}{\partial y^2} = \frac{1}{\eta^2}\frac{\partial^2 v}{\partial \xi^2}$$

在 $\Pi_1^{(j)}$ 内，时谐波动方程 (1.7) 重新缩放后形式为

$$\mu\left(\frac{1}{\eta^2}\frac{\partial^2}{\partial \xi^2} + \frac{\partial^2}{\partial x^2}\right)u + \rho\omega^2 u = 0, \tag{1.20}$$

这里的导数是经典意义上的求导 (连结处的 μ 为常数)。场 μ 可近似写成形式

$$\mu \sim U^{(0)}(x,y) + \eta^2 U^{(1)}(x,y). \tag{1.21}$$

假设 Neumann(自由应力) 边界条件在其狭窄区域上下边界成立，可得 (见式 (1.20) 和式 (1.21))

$$\frac{\partial^2 U^{(0)}}{\partial \xi^2} = 0, \quad |\xi| < h_j/2, \qquad \left.\frac{\partial U^{(0)}}{\partial \xi}\right|_{\xi=\pm h/2} = 0. \tag{1.22}$$

因此 $U^{(0)} = U^{(0)}(x)$(依赖于 ξ)。假设 $U^{(0)}$ 已经给出，可推出在缩放后的横截面 Π_1

上函数 $U^{(1)}$ 满足下述模型:

$$\frac{\partial^2 U^{(1)}}{\partial \xi^2} = \frac{\partial^2 U^{(0)}}{\partial x^2} + \frac{\rho \omega^2}{\mu} U^{(0)}, \quad |\xi| < h_j/2,$$

$$\left.\frac{\partial U^{(1)}}{\partial \xi}\right|_{\xi = \pm h_j/2} = 0. \tag{1.23}$$

问题的可解性条件为

$$\frac{\mathrm{d}^2 U^{(0)}}{\mathrm{d}x^2} + \frac{\omega^2}{c^2} U^{(0)} = 0, \quad 0 < x < l_j, \tag{1.24}$$

$c = \sqrt{\mu/\rho}$ 是波速。因此在一级近似下，可以把连结 $\Pi_\eta^{(j)}$ 中的场 u 用函数 $U^{(0)}$ 来近似，满足一维空间下的声波方程。

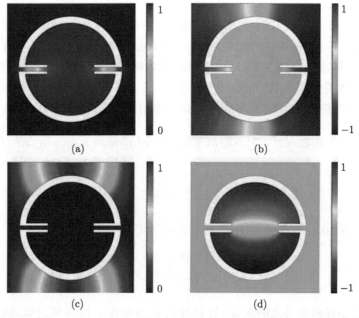

图 1.11   对应于图 1.10 中 $C=(\pi, \pi)$ 的前 4 个 Bloch 本征模态。(a) 频率为 0.39 处的驻波 (单极局域) 模式 (单极子); (b) 频率 π/2 处的驻波模式; (c) 频率 2.02 处的驻波模式; (d) 频率 2.08 处的驻波 (偶极局域) 模式 (偶极子)。其力学解释为 (a) 中的圆柱中心如同刚体，而在 (d) 中会发生形变。注意在 (c) 和 (d) 中连结部分的声场接近于零。只有图 (a) 在中心区域声场保持为常数而连结部分有局部振动：这是局域谐振结构的标志 (彩图见封底二维码)

现在假设在 SRR 阵列的原胞 Y 上，声场是周期性的。对于如图 1.11(a) 所示的情况，由于声场局域在 SRR 的中心区域，这个假设是合理的。实际上，可用 χ_1 表示多层结构 Ω 主要区域 Σ 内 (两个 C 形区域的联合) 的场值，用 χ_2(归一化后

的) 表示原胞内其余补充区域 $Y\backslash\Omega$(包括连结部分) 的场值, 利用格林公式, 可推出

$$\omega^2 \int_Y \rho u dx dy = \int_{Y \cup \Omega} \mu \nabla \cdot \nabla u dx dy = \int_{\partial Y \cup \partial \Omega} \mu \frac{\partial u}{\partial n} dl = 0. \quad (1.25)$$

其中 u 在 ∂Y 上是周期性的, 并且 u 在 $\partial \Omega$ 上受外力为零。

这表明位移场 u 在 Y 上的平均为零, 从而忽略连结内部的区域, 可得

$$\chi_1 \mathscr{S}_\Sigma + \chi_2 \mathscr{S}_{Y\backslash\Omega} = O(\eta). \quad (1.26)$$

对于两个连结, 会得到两个互相独立的本征解 V_j, $j = 1, 2$, 与区域 $\Pi_\eta^{(j)}$ 内的振动相对应:

$$\mu V_j''(x) + \rho \omega^2 V_j(x) = 0, \quad 0 < x < l_j, \quad (1.27)$$

$$V_j(0) = \chi_2 = -\chi_1 \frac{\text{meas}(\Xi)}{\text{meas}(Y\backslash\Omega)}, \quad (1.28)$$

$$\mu \eta h_j V_j' l_j = M_j \omega^2 V(l_j), \quad (1.29)$$

这里 ηh_j 和 l_j 分别是连结 $\Pi_\eta^{(j)}$ 的厚度和长度, M 是体 Ξ 的质量, 连结都与 Ξ 连接, 因此 $V_1(l_1) = V_2(l_2) = V$, V 是刚性体 Ξ 的逆面位移。注意到, $V_j(0)$ 与文献 [33] 中不同 (假设了 $\chi_2 = 0$, 即 $u = 0$, 连结与外部区域 Ω 相接), 是一个不等于零的常数。这里, 通过合适地选取这一常数可以使整个原胞上声场的平均为零, 与对此静态局域场所做的预期一样。

问题的解形式为

$$V_j(x) = -\frac{\chi_2 \cos\left(\frac{\omega}{c} l_j\right) - 1}{\sin\left(\frac{\omega}{c} l_j\right)} \sin\left(\frac{\omega}{c} x\right) + \chi_2 \cos\left(\frac{\omega}{c} x\right), \quad (1.30)$$

这里 $c = \sqrt{\mu/\rho}$ 并且频率 ω 可由下面方程求得

$$\eta \left(h_1 \cot\left(\frac{\omega l_1}{c}\right) + h_2 \cot\left(\frac{\omega l_2}{c}\right) + 2C \right) = \frac{Mc}{\mu} \omega, \quad (1.31)$$

分析最低的频率段, 可以推导出一个显式的渐近近似

$$\omega \sim \sqrt{\frac{\eta h_1}{l_1} + \frac{\eta h_2}{l_2}} \sqrt{\frac{\mu}{M}} \left(1 + \frac{\text{meas}(\Xi)}{\text{meas}(Y\backslash\Omega)} \right). \quad (1.32)$$

这一近似在图 1.10 中的声子晶体第一禁带的上边界处成立。这与图 1.5(c) 所示的 LC 谐振电路相符。

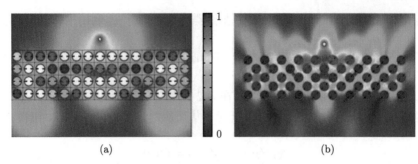

(a)   (b)

图 1.12　各向同性弹性介质中逆面剪切波成像效应的数值计算结果: (a) 声源位于刚性柱阵列 (横截面形状与裂环谐振器 (SRR) 相同) 左边并在阵列右边成像 (亚波长分辨率)。根据式 (1.2),使阵列等效密度为负数的谐振频率可由渐近式 (1.1) 得到: 在归一化频率 0.57 左右,也即蓝色点线 (声锥) 和第二条色散曲线的交叉处,成像最明显。(b) 在归一化频率 1.45 处,通过将圆柱转动角度 $\pi/4$,依然能取得透镜效应,这时候声波以负的群速度沿图 1.10 中的 CA 方向传播。可以通过从 A 点到 C 点转动声锥来预测全方向负折射的频率 [9](彩图见封底二维码)

对边长为 d 的双 C 形周期原胞的有限元计算结果在图 1.10 中给出。中心圆盘半径为 $0.3d$,两个切口长度和厚度分别为 $0.22d$ 和 $0.03d$。因此,可预估频率为

$$\omega_2^* d/c \sim 0.59, \tag{1.33}$$

对应图 1.10 中的 A 点 (Bloch 矢量 $\boldsymbol{k}$ 为 0) 处的第二条能带最低点,这与有限元计算结果 $\omega_2 d/c = 0.5$ 很好地相符。这提供了一个预估第一禁带上界频率的方法。

另外须注意到,如果不使 $V(0) = \mathrm{meas}(\varXi)\,/\,\mathrm{meas}(Y\backslash\varOmega)$(关于声学 SRR 的工作 [33]),而使 $V(0) = 0$,预估结果将变为

$$\omega_1^* d/c = \omega_1^* \sim = 0.37, \tag{1.34}$$

这与第一条能带下边界处 (C 点处,Bloch 矢量 $\boldsymbol{k} = (\pi,\pi)$) 的有限元计算结果 $\omega_2 d/c = 0.39$ 很好地相符。并且如图 1.11(a) 所示,相应的本征声场强烈地局域在 SRR 内部。与之对比的是,在 (b) 和 (c) 中的两个驻波会受到阵列周期性的影响。

在这一部分的一个重要现象是,低频禁带的下边界是与局域模态相联系的,其振幅在原胞边界处几乎衰变为零 (对应反对称 Bloch 条件,下边界频率 $\boldsymbol{k} = (\pi,\pi)$ 处的点),因此可用式 (1.34) 很好地近似,而禁带上边界处的频率对应一个 $\boldsymbol{k} = (0,0)$ 处的局域模态,因此其幅度场在原胞边界上不为零,而是呈周期性的,可用式 (1.33) 来近似。

1.3 复合材料的均质化

回顾 2002 年，O'Brien 和 Pendry 发展了对大介电常数圆柱介电体排列而成的二维光子晶体禁带介质的等效介质描述理论，并表明当微波频段的 p 极化波入射使介质中的单体散射 (Mie) 谐振时，介质的等效磁导率为一负数 [38]。这一发现表明，在一个具有高对比介电常数组成的二维光子晶体中假设光纤主轴沿 e_3 方向，根据 Snell-Descartes 定律，时谐的 p 极化磁场 $\boldsymbol{H} = u(x_1, x_2) \exp(-\mathrm{i}\omega t) \boldsymbol{e}_3$ 将发生负折射。

在下面的部分，我们首先给出对这一被称为人造磁性物理现象的均质化结论，然后具体描述声学领域对应现象的多尺度数学模型。

1.3.1 高对比介电光子晶体的均质化

所研究的结构假定为一个如图 1.13 所示的二维光子晶体，原胞为 Y，其组成柱的横截面由 D 表示 (任意形状，连通且非空心，如图 1.13 所示)。柱介电常数为 ε_r，并嵌入介电常数为 ε_η 的基底介质中。磁场满足方程:

$$\nabla \cdot \left(\varepsilon^{-1} \nabla u \right) + k^2 u = 0, \tag{1.35}$$

其中 $k = 2\pi/\lambda = \omega/c$ 为真空中的波数，λ 为 (固定的) 波长，ω 和 c 分别为角频率和真空中的光速。这里 ε 是一个关于位置的分段函数，在柱中为 ε_r，而在基底介质中为 ε_η，整体结构之外为 1(空气)。为了推得光子晶体的等效参数，假设波长 λ 远大于晶格的周期 d，并选取一个数值很小的正参数 $\eta = d/\lambda$。可认为 ω 也很小，即满足准静态极限。

正如 O'Brien 和 Pendry 所阐释的，人造磁性的核心在于高对比柱中的局域谐振。为了对此物理现象建模，我们将柱内的介电常数归一化。假设柱的介电常数 ε_r 相对较大，而其尺寸 r 与波长相比较小，理论上其谐振将主要依赖于光学直径 $r\sqrt{\varepsilon_r}$，因此可以假设谐振的存在不受尺度变换的影响。更准确地说，减小半径，只要保持光程差不变，增加介电常数，物理模型不变。因此可以将半径按 $r \to \eta r$ 进行缩放，如果把磁导率按 $\mu_r \to \mu_r/\eta^2$ 缩放，则谐振位置不变。再次缩放后，利用双尺度收敛可知，支配晶体内长波极限下 p 极化波的传播方程由下式给出:

$$\nabla \cdot \left[\underline{\underline{\varepsilon}}_{\mathrm{hom}}^{-1} \nabla \left(\mu_{\mathrm{hom}}^{-1} u_{\mathrm{hom}} \right) \right] + k^2 u_{\mathrm{hom}} = 0, \tag{1.36}$$

需注意的是这里的均一化介电常数为矩阵形式 (人造各向异性)，并且均一化的磁导率出现在这一方程中 (人造磁性)。

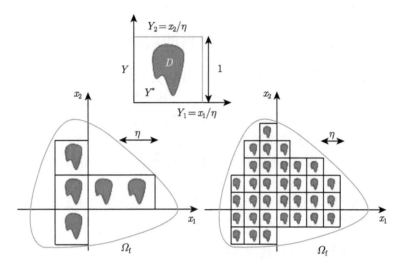

图 1.13　均质化过程示意图：正参数 η 越小，固定大小区域中小的周期单元的数量越多

1.3.2　人造各向异性

首先考察式 (1.36) 的各向异性特性。纵向磁场是式 (1.36) 的解，其中的各向异性介电常数矩阵表示为

$$\underline{\underline{\varepsilon}}_{\text{hom}}^{-1} = \frac{1}{\mathscr{A}(Y^*)} \begin{pmatrix} \mathscr{A}(Y^*) - \psi_{11} & \psi_{12} \\ \psi_{21} & \mathscr{A}(Y^*) - \psi_{22} \end{pmatrix}. \tag{1.37}$$

这里 $\mathscr{A}(Y^*)$ 表示周期阵列一个基础原胞 Y 中环绕 D 的区域面积 $Y^* = Y \backslash D$，ψ_{ij} 表示修正项

$$\forall i,j \in \{1,2\}, \quad \psi_{ij} = -\int_{\partial D} \psi_i n_j \mathrm{d}s, \tag{1.38}$$

$\boldsymbol{n}$ 为垂直于原胞 Y 内的自由谐振内嵌体边界 ∂D 的单位法向矢量。

另外，Ψ_j，$j \in \{1,2\}$，为周期势，是下述两个拉普拉斯方程 $(\mathscr{L}_j)$ 的特解 (取决于一个外加常数)：

$$(\mathscr{L}_j): \nabla^2 \Psi_j = 0, \quad \text{在 } Y^* \text{中}, \tag{1.39}$$

最后的结果取决于内嵌体边界 ∂D 处的有效边界条件 $\dfrac{\partial \psi_j}{\partial n} = -\boldsymbol{n} \cdot \boldsymbol{e}_j$。这里 $\boldsymbol{e}_1$ 和 $\boldsymbol{e}_2$ 分别表示笛卡儿坐标系中的基矢量。

1.3.3　人造磁性

到目前为止，在模型中对周期性结构做归一化会导致人造各向异性并不让人觉得意外，这一现象在四百年前就为人所知，然而其中的等效磁性却是不寻常的。

$$\mu_{\text{hom}}(\xi) = \left(\int_Y \beta(\boldsymbol{y})\mathrm{d}\boldsymbol{y}\right)^{-1} \tag{1.40}$$

其中 $\beta(\boldsymbol{y})$ 是 Zhikov 在高对比均一化理论中引入的函数 [52],

$$\beta(\boldsymbol{y}) = 1 + \sum_{j=1}^{\infty} \frac{k^2 \varepsilon_r}{\Lambda_j - k^2 \varepsilon_r} \left(\int_Y \phi_j(\boldsymbol{y}) \mathrm{d}\boldsymbol{y} \right)^2. \tag{1.41}$$

这里 Λ_j 和 ϕ_j 是下述满足均一 Dirichlet 边界条件的拉普拉斯本征问题的本征值和正交本征函数。

$$\begin{aligned} \nabla^2 v + k^2 \varepsilon_r v = 0, & \quad \text{在 } D \text{中}, \\ v = 1, & \quad \text{在 } \partial D \text{上}. \end{aligned} \tag{1.42}$$

重要的是,在周期结构的禁带中,β 取负值,而在导带中取正。函数 β 在物理学界是众所周知的,并且为 Pendry 及其同事在 20 世纪 90 年代末所提出的超构材料提供了基础 [41,42]。另外需要说明,前面还没有提及负的等效介电常数是获得负等效折射率的前提。实现的一个方法是将无限长的细导线嵌入每个原胞中。然而,相应的均质化模型不在本章的讨论范围内。

1.4 高对比声子晶体均一化方法

用对横电磁波类似的方法, 可以把频率 λ 时质量密度为负的原因归结为 $\rho(\xi)\beta(\lambda)$ 小于零。但 μ_{hom} 取负值的原因似乎不明显。这并没有排除对声波获取等效负折射率 $n_{\mathrm{hom}} = \sqrt{\rho_{\mathrm{hom}}/\mu_{\mathrm{hom}}}$ 的可能性 [19],但是这样的双负超构材料需要额外的谐振单元来实现。

1.4.1 均一化结果: 各向异性剪切模量和色散密度

均一化的基本原则是对这一结构介质进行尺度分析: 当我们细化网格时,介质的剪切模量将变得越来越大,即 $\mu_{\eta} = \eta^2 \mu_r$ (μ_r 表示原先柱内的剪切模量),时谐位移场满足约束方程:

$$\nabla \cdot (\mu_{\eta} \nabla \mu_{\eta}) + k^2 \mu_{\eta} = 0. \tag{1.43}$$

当声波进入斗篷 Ω_{f} 时,将经历一个快速的周期变化 $\Omega_{\mathrm{f}}(a \leqslant |x_i| \leqslant b, \, i = 1, 2)$,这一区域被平均分割成数目为 $N(\eta) \sim \eta^{-2}$ 的小部分 ηY,η 是一个很小的正实数参量。均一化方法即研究 η 趋近于零时的极限情况,而式 (1.43) 中的波数 k 固定不变。为了过滤这些周期变化,我们考察由式 (1.43) 所定的位移场对宏观 (慢) 变量 $\boldsymbol{x} = (x_1, x_2)$ 和微观 (快) 变量 $\boldsymbol{x}/\eta$ 的渐近展开

$$\forall \boldsymbol{x} \in \Omega_{\mathrm{f}}, \quad u_{\eta}(\boldsymbol{x}) = \sum_{i=0}^{\infty} \eta^i u^{(i)}(\boldsymbol{x}, \boldsymbol{x}/\eta), \tag{1.44}$$

这里 $u^{(i)}: \Omega_f \times Y \to \mathbb{C}$ 是一个 4 变量的平滑函数, 与 η 无关, 从而 $u^{(i)}(x, \cdot)$ 是 Y 周期的。

将式 (1.43) 中的微分算符相应地重写为 $\nabla = \nabla_x + 1/\eta \nabla_y$, 并整理关于 η 的同阶项, 可以得到下述 η 趋近于零时的均质化问题:

$$(\mathscr{P}_{\text{hom}}): \nabla([\mu_{\text{hom}}]\nabla\mu_{\text{hom}}(x)) = \rho_{\text{hom}}k^2 u_{\text{hom}}(x), \quad 在 \Omega_f 中. \tag{1.45}$$

从式 (1.45)(由于函数不连续, 微分为弱形式) 可推导出等效传递条件

$$u_{\text{hom}}^{(-)}|_{\partial\Omega_f^-} = \text{area}(Y^*)u_{\text{hom}}^{(+)}|_{\partial\Omega_f^+}, \tag{1.46}$$

对于均质化位移场 u_{hom} 在斗篷 Ω_f 内外边界处的取值 $u_{\text{hom}}^{(-)}$ 和 $u_{\text{hom}}^{(+)}$, 法向微分 (流) 满足

$$n \cdot ([\mu_{\text{hom}}]\nabla\mu_{\text{hom}}^{(-)})|_{\partial\Omega_f^-} = n \cdot (\nabla u_{\text{hom}}^{(+)})|_{\partial\Omega_f^+}, \tag{1.47}$$

结果表明位移场是式 (1.45) 的解, 其中的切向各向异性矩阵为

$$[\mu_{\text{hom}}] = \frac{1}{\mathscr{A}(Y^*)} \begin{pmatrix} \mathscr{A}(Y^*) - \psi_{11} & \psi_{12} \\ \psi_{21} & \mathscr{A}(Y^*) - \psi_{22} \end{pmatrix} \tag{1.48}$$

这里 $\mathscr{A}$ 表示周期阵列一个基础原胞 Y 中环绕内嵌部分的区域面积, ψ_{ij} 即式 (1.38) 和式 (1.39) 中定义的修正项。等效密度的形式与式 (1.41) 和式 (1.42) 中相同, 只需把 ε_r 替换为 μ_r^{-1}。

1.4.2　多尺度分析

一个比较好的求解类似极限问题的方法是利用这一问题的弱形式并观察相应极值的收敛性 [7]。同样也可以使用通过估算能够验证的多尺度展开等近似方法。这里我们采取第二种方法。

注意到嵌入体 D 中的切向模量约为 $\mu_\eta = \eta^2\mu_r$, 而在基底中切向模量为一常量。我们将式 (1.44) 中关于位移场的假设代入式 (1.43)。为了简化形式, 令 $\chi_\eta = \mu_\eta\nabla\mu_\eta$, 从而亥姆霍兹方程可以重新写成耦合形式:

$$\begin{aligned} -\nabla \cdot \chi_\eta &= k^2 u_\eta, \\ \mu_\eta\nabla u_\eta &= \chi_\eta. \end{aligned} \tag{1.49}$$

为进一步渐近分析, 将式 (1.44) 写成

$$u_\eta(x) = u_0(x, x/\eta) + \eta u_1(x, x/\eta) + \cdots,$$

$$\chi_\eta = \chi_0(x, x/\eta) + \eta\chi_1(x, x/\eta) + \cdots, \tag{1.50}$$

位移场及其梯度各展开项的 (u_j, χ_j) 依赖于两个变量: 宏观 (慢) 变量 $x = (x_1, x_2)$ 和微观 (快) 变量 x/η。这些场值对于第二个变量将呈周期性: 假设 d 为正方阵列的周期，$(u_j, \chi_j)(x, y + d) = (u_j, \chi_j)(x, y)$.

备注 1.1 需要指出场 u_0 的极限依赖于宏观和微观两个变量，分别为 x 和 y，从而均一化的宏观场 u_{hom} 需要在整个 Y 上取平均。

$$u_{\text{hom}} = \int_Y u_0(x, y)\mathrm{d}y. \tag{1.51}$$

这一特性在均一化方法的相关文献中称为双重孔隙问题，此时经典方法将不再适用 [52]。将式 (1.50) 中的展开式代入式 (1.49) 的耦合方程中，并注意梯度算符应相应地重写为 $\nabla = \nabla_x + 1/\eta\nabla_y$。

按 $1/\eta$ 和 $1/\eta^2$ 不同阶项分类可得到以下耦合关系。

$$\text{在 } Y \text{上:} \quad \begin{cases} \nabla_x \cdot \chi_0 + \nabla_y \cdot \chi_1 = k^2 u_0, \\ \nabla_y \cdot \chi_0 = 0, \end{cases} \tag{1.52}$$

$$\text{在 } Y/D \text{上:} \quad \begin{cases} \nabla_x u_0 + \nabla_y u_1 = \mu_e{}^{-1}\chi_0, \\ \nabla_y u_0 = \mathbf{0}, \end{cases} \tag{1.53}$$

$$\text{在 } D \text{上:} \quad \begin{cases} \nabla_y u_0 = \mu_r{}^{-1}\chi_1, \\ \chi_0 = \mathbf{0}, \end{cases} \tag{1.54}$$

这里 μ_r 是内嵌体内的切向模量，μ_e 是周围介质的切向模量。

备注 1.2 需要指出我们在三个不同区域获得了三个耦合系统，并且对于式 (1.53) 中的第二个微分方程，我们推导出位移场 u_0 的主导项不依赖于 $Y\backslash D$ 上的 y，u_0 依赖于 D 上的微观变量是由于此处的高对比度。

为了从均一化的系统获取更多的结论，我们对传递条件进行分析。

$$\eta^2 \mu_r[\boldsymbol{n} \cdot \nabla u_\eta^-] = \mu_e[\boldsymbol{n} \cdot \nabla u_\eta^+] \tag{1.55}$$

上标表示 D 内外边界处的位移场取值，$\boldsymbol{n}$ 为垂直于边界 ∂D 的单位法向矢量。

将各项按不同阶 η^0 和 η^{-1} 整理，可以得到在 ∂D 上

$$\begin{aligned} n \cdot \nabla_y u_1^+ + n \cdot \nabla_x u_0^+ = 0, \\ n \cdot \nabla_y u_0^+ = 0. \end{aligned} \tag{1.56}$$

对式 (1.54) 中的第一个方程求散度:

$$\Delta_y u_0 = \mu_r^{-1} \nabla_y \cdot \chi_1, \tag{1.57}$$

根据式 (1.52) 中的第一个等式和式 (1.54) 中的第二个等式, 可推导出在区域 D

$$\Delta_y u_0 + \mu_r^{-1} k^2 u_0 = 0. \tag{1.58}$$

备注 1.3 这个微观方程是高对比度均一化问题的核心。这是一个在高对比柱阵列截面上的谱问题。在其上施加式 (1.56) 中第二式表示的特定边界条件, 则此问题完全确定。

下面尝试求解这一谱问题。

$$\Delta_y p + \mu_r^{-1} k^2 p = 0, \quad \text{在 } D \text{中}, \quad p = 1, \quad \text{在 } \partial D \text{ 上.} \tag{1.59}$$

这里, 我们已经施加了式 (1.56) 中的边界条件。假设 $\rho_{\text{hom}} = \int_Y p(y) \mathrm{d}y$, 可知式 (1.58) 中

$$u_0(x, y) = p(y)/\rho_{\text{hom}}.$$

还需要推导均一化宏观方程。为此, 对式 (1.53) 中各项求散度, 结合式 (1.52) 中的第二个方程, 可以得出

$$\Delta_y u_1 = -\nabla_y \cdot \nabla_x u_0, \quad \text{在 } Y \backslash D \text{ 中.} \tag{1.60}$$

这一方程还需要满足式 (1.55) 中的传递条件。$\nabla_y u_1$ 是关于 $\nabla_x u_0$ 的线性项。

备注 1.4 $\nabla_y u_1$ 正比于 $\nabla_x u_0$ 的结论是均一化方法中一个重要的经典结论, 使下述简化关系有效:

$$\begin{aligned} \nabla_y \psi_j &= 0, \quad \text{在 } Y \backslash D \text{ 中}, \\ \boldsymbol{n} \cdot \nabla_y \psi_j &= -n_j, \quad \text{在 } \partial D \text{ 上} \end{aligned} \tag{1.61}$$

这里 j=1,2 并且 $\boldsymbol{n} = (n_1, n_2)$。此附加问题可通过数值求解, 并可得出均质化矩阵

$$A_{\text{hom}}(y) = \begin{pmatrix} \dfrac{\partial \psi_1}{\partial y_1} & \dfrac{\partial \psi_1}{\partial y_2} \\ \dfrac{\partial \psi_2}{\partial y_1} & \dfrac{\partial \psi_2}{\partial y_2} \end{pmatrix}, \tag{1.62}$$

其中 $\nabla_y u_1 = A_{\text{hom}}(y) \nabla_x u_0$。

将式 (1.52) 中的第一个式子在 Y 上取平均, 可得

$$\nabla_x \cdot \int_Y \chi_0 \mathrm{d}y + \int_Y \nabla_y \cdot \chi_1 \mathrm{d}y = k^2 \int_Y u_0 \mathrm{d}y, \tag{1.63}$$

根据格林定理，等号左边第二项为零。从而

$$\nabla_\chi \cdot \chi_{\mathrm{hom}} = k^2 u_{\mathrm{hom}}. \tag{1.64}$$

对式 (1.53) 在 Y/D 上作平均，得到

$$\nabla_x \int_{Y \backslash D} u_0 \mathrm{d}y + \int_{Y \backslash D} \nabla_y u_1 \mathrm{d}y = \mu_e^{-1} \int_{Y \backslash D} \chi_0 \mathrm{d}y. \tag{1.65}$$

可重新写成

$$\nabla_x (\rho_{\mathrm{hom}} u_{\mathrm{hom}}) \int_{Y \backslash D} (1 + A_{\mathrm{hom}}(y)) \mathrm{d}y + \int_{Y \backslash D} \nabla_y u_1 \mathrm{d}y = \mu_e^{-1} \chi_{\mathrm{hom}}. \tag{1.66}$$

结合式 (1.64) 和式 (1.66) 可推出均一化的宏观方程

$$\nabla_x \cdot [\mu_{\mathrm{hom}}(x) \nabla (\rho_{\mathrm{hom}} u_{\mathrm{hom}})] + k^2 u_{\mathrm{hom}} = 0, \tag{1.67}$$

其中的等效剪切模量为

$$\mu_{\mathrm{hom}} = \mu_e \int_{Y \backslash D} (1 + A_{\mathrm{hom}}(y)) \mathrm{d}y. \tag{1.68}$$

1.4.3 在重缩放嵌入体中求解谱问题

方程 (1.67) 清楚地表明等效介质具有各向异性的剪切模量和各向同性的密度。为了找到等效密度的数学形式，需要求解式 (1.59) 中的谱问题。为此，我们引入下述谱问题：

$$-\Delta_y \phi = \Lambda \phi, \quad 在 D 中, \quad \phi = 0, \quad 在 \partial D 上. \tag{1.69}$$

这将导致一系列本征值 Λ_p 以及相应的本征方程 (有可能是退化的)ϕ_{pl}(序数 l 表示退化数)。在 Y/D 上 $p-1=0$，我们可以将 $p(y)$ 按希尔伯特基矢量 $\{\phi_{pl}\}$ 展开进行求解，

$$p(y) = 1 + \sum_{nl} c_{nl} \phi_{nl}(y). \tag{1.70}$$

将此式代入式 (1.59)，可得

$$p(y) = 1 + \sum_{nl} \frac{-\mu_r^{-1} k^2}{\mu_r^{-1} k^2 - \Lambda_p} \left(\int_Y \phi_{nl}(y) \mathrm{d}y \right). \tag{1.71}$$

进而推出

$$\rho_{\text{hom}} = \int_Y p(y)\mathrm{d}y = 1 + \sum_{nl} \frac{-k^2}{k^2 - \mu_r \Lambda_p} \left(\int_Y \phi_{nl}(y)\mathrm{d}y \right)^2. \tag{1.72}$$

关于 ρ_{hom} 的表达式将在下文关于圆柱阵列的例子中详细推导，需要补充的是，在谐振附近，等效密度正比于 $k^2/(\mu_r \Lambda_p - k^2)$。这表明在穿过谐振点 Λ_p 时，ρ_{hom} 的正负性将改变，因此在特定频段等效密度为负数。下面将给出几个关于此理论的数值算例。

首先考虑边长 $a = d/2$ 的正方内嵌阵列，d 是阵列周期。本征函数为 $\phi_{nm}(y) = 2\sin(n\pi y_1)\sin(n\pi y_2)$，相应的本征值为 $k_{nm}^2 = \pi^2(n^2 + m^2)$。根据 p 的展开可得到等效密度。

$$\rho_{\text{hom}}^* = 1 + \frac{64a^2}{\pi^4} \sum_{(n,m)\text{odd}} \frac{k^2}{n^2 m^2 (k_{nm}^2 \mu_r/a^2 - k^2)}. \tag{1.73}$$

此方程可用 MATLAB 数值求解，参见 1.4.4 节。

考虑半径 $r = R$ 的圆形内嵌阵列，本征函数为贝塞尔方程。用 χ_{nm} 表示 n 阶贝塞尔方程的第 m 个零点 ($\mathrm{J}_n(\chi_{nm}) = 0$)，式 (1.69) 的本征值为 $\Lambda_{nm} = (\chi_{nm}/R)^2$。这些本征值在 $n = 0$ 时是二阶简并的，相应的本征函数为 $\phi_{nm}^{\pm}(y) = |\pi R^2 \mathrm{J}_n'(\chi_{nm})|^{-1} \mathrm{J}_n(r\chi_{nm}/R)\exp(\pm in\theta)$。因为 $n \neq 0$ 时 $\int_Y \phi_{nm}^{\pm}(y)\mathrm{d}y = 0$，只存在一个谐振模式，将 p 在相应基矢上展开可以得到等效密度

$$\rho_{\text{hom}}^{**} = 1 + \frac{4\pi R^2}{\chi_{00}^2} \frac{k^2}{\chi_{00}^2 \mu_r/R^2 - k^2}, \tag{1.74}$$

此处 $\chi_{00} \sim 2.405$.

1.4.4　Zhikov 函数和 Floquet-Bloch 图之间的对应关系

前面提到的 Zhikov 函数可根据 μ_r 的取值用 MATLAB 数值求解。圆柱阵列或正方阵列的等效密度在谐振附近取负值，如图 1.14 和图 1.15 所示。对于频率 0.61，负质量密度接近 -1。相应地在此频率范围内 Bloch 能带中会出现负的群速度，如图 1.17 所示。这时，在高对比的有限长度圆柱阵列附近可观察到透镜效应，如图 1.19 和图 1.20 所示。参见图 1.18，禁带与圆柱的 Mie 散射对应，然而，如果材料对比不够大，比如剪切模量的对比只有 10 的量级左右，如图 1.16 中的情形所示，禁带无法形成。正方阵列的情况与此类似。通常 $\int_Y \phi_{nm}^{\pm}(y)\mathrm{d}y \neq 0$，基于这一理论可以得到几乎所有的与禁带相对应的谐振。图 1.15 中的前两个谐振分别对应

到图 1.22 中的低频禁带以及第二条窄禁带,这些窄禁带也可出现在相对较高的频段。与圆柱阵列的情况类似,要获得有许多平直带的典型高对比谱,需要材料特性有 100 量级的对比度。当剪切模量的对比度仅为 10 的量级时,如图 1.21 所示,色散曲线中不会出现这些平直带。

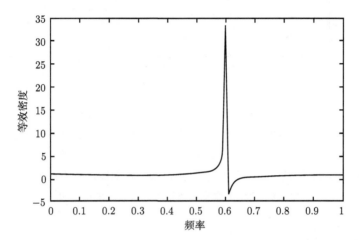

图 1.14 根据式 (1.74),$R = 0.25$,$\mu_r = 0.01$ 圆形内嵌结构等效密度随频率的变化。在图1.17 的光学低频禁带处的频率区间 [0.609,0.647],密度取负值并且群速度为负。在频率 0.60925 和 0.624 处,数值计算得到的等效密度为 −1

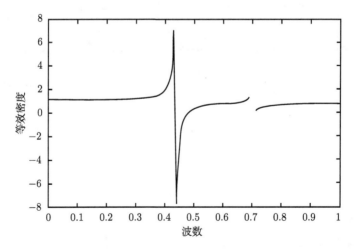

图 1.15 根据式 (1.74),$a = 0.5d(d = 0.1)$,$\mu_r = 0.01$ 正方内嵌结构等效密度随波数的变化。在与图 1.22 对应的光学低频禁带处的频率区间 [0.432,0.534],密度取负值并且群速度为负。第二个谐振频率 0.7 附近,谐振峰更尖锐,并与图 1.22 中的第二条禁带 (窄) 对应

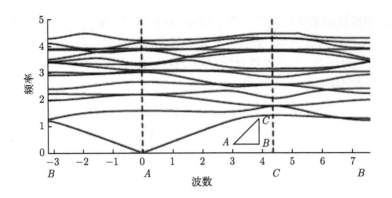

图 1.16　半径 $R = 0.25$，间隔为 1 的圆柱阵列色散曲线 (归一化频率与归一化波数的关系)，阵列中的剪切模量有较大的对比，在内嵌圆柱中 $\mu_r = 0.01$，而基底介质中 $\mu_e = 1$。在前 15 个色散曲线相应频段不存在禁带。然而高频处的一些色散曲线几乎是平的 (无色散)。声学支为非单色带，光学支具有很小但大于零的群速度

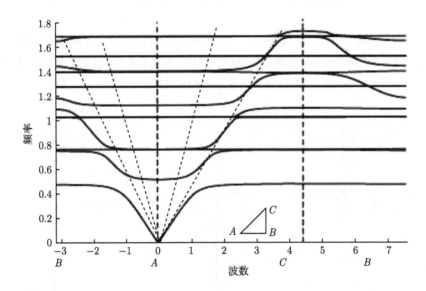

图 1.17　半径 $R = 0.25$，间隔为 1 的圆柱阵列色散曲线 (归一化频率与归一化波数的关系)，阵列中的剪切模量有较大的对比，在内嵌圆柱中 $\mu_r = 0.1$，而基底介质中 $\mu_e = 1$。在归一化频率 0.49 处有一个低频的完全禁带，并形成 Mie 谐振 (在 $[-1,1]$ 范围之外的波数，声学支和光学支都是非色散的，并且对在 $[-1,1]$ 范围之内的波数，光学支群速度为负)。在高频段也可以观察到类似的现象，但相应的禁带非常窄。在波数 A 两边的点状线表示波速为 1(在光学中被称为光线) 和 0.5 的均一背景介质中剪切波的色散曲线

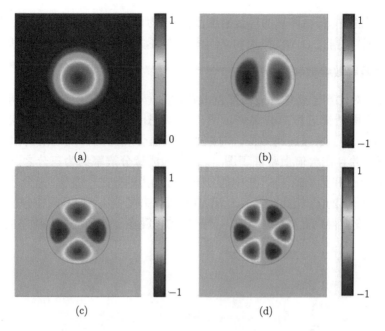

图 1.18　与图 1.17 色散曲线中驻波所对应的本征模式。(a) 单极子 (频率 0.43，与第一条禁带的下边沿对应，也可查看图 1.14 中等效密度随频率变化的曲线关系)；(b) 偶极子 (频率 0.78，与第二条禁带 (窄) 的下边沿对应)；(c) 四极子 (频率 1.02，与第三条禁带 (窄) 的下边沿对应)；(d) 六极子 (频率 1.28，与一条平直带对应)(彩图见封底二维码)

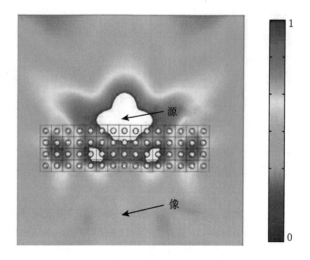

图 1.19　线源位于半径为 0.5 的有限大圆柱阵列附近所形成的透镜成像，圆柱剪切模量为 $\mu_r = 0.01$，而基底剪切模量为 $\mu_e = 1$，归一化频率为 0.61，对应图 1.14 中等效密度为 -1 处，或者图 1.18 中的负群速度处。其他位置密度为 1(彩图见封底二维码)

有意思的是，圆柱阵列的等效密度比正方阵列的情况更容易分析，后者涉及级数计算。并且根据式 (1.73) 和式 (1.74)，嵌入体越大，谐振时的等效密度负值越大。

1.4.5　色散等效参数和负折射

这类高对比声子晶体等效密度色散特性的一个重要应用是实现负折射并通过负折射的平面透镜进行声波聚焦。图 1.19 和图 1.23 展现了这一特殊现象。在图 1.20 中，为了增强透镜效应，对减小声子晶体和周围介质之间的阻抗失配进行了尝试，并且在数值上验证了图 1.19 中的成像分辨率约为三分之一波长，而图 1.20(a)~(c) 和图 1.23(a)~(c) 中的分辨率分别为四分之一波长、三分之一波长和半波长。与图 1.20(c) 相比，图 1.20(d) 中的阻抗失配更小，但其成像分辨率依然是半波长，并没有得到提高。提高成像分辨率的关键在于阵列周期和频率间的比值。

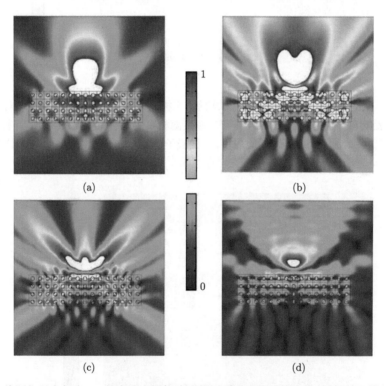

图 1.20　线源位于半径为 0.5 的有限大圆柱阵列附近所形成的透镜成像，圆柱剪切模量为 $\mu_r = 0.01$，而基底剪切模量为 $\mu_e = 1$(a)~(c) 或者 2(d)，归一化频率为 0.8(a)，1.15(b)，1.5(c)、(d)，对应图 1.17 中的负群速度处。其他位置密度为 1。与 (c) 中的情况相比，(d) 中场被光子晶体反射较少，这是由于 (d) 处对应了周期结构色散曲线与均一介质中色散曲线的交点，可查看图 1.17 中低斜率的虚线 (彩图见封底二维码)

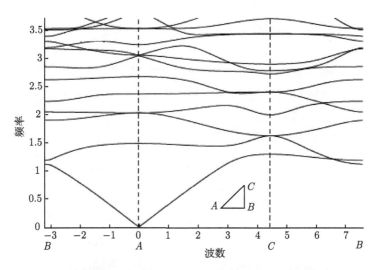

图 1.21 半径 $R = 0.5$，间隔为 1 的圆柱阵列色散曲线 (归一化频率与归一化波数的关系)，阵列中的剪切模量有较大的对比，在内嵌圆柱中 $\mu_r = 0.1$，而基底介质中 $\mu_e = 1$。在归一化频率 0.49 处有一个低频的完全禁带，并形成 Mie 谐振 (在 $[-1,1]$ 范围之外的波数，声学支和光学支都是非色散的，并且对在 $[-1,1]$ 范围之内的波数，光学支群速度为负)。在高频段也可以观察到类似的现象，但相应的禁带非常窄

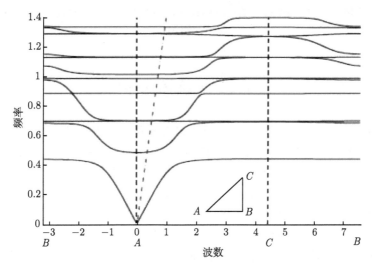

图 1.22 半径 $R = 0.5$，间隔为 1 的正方柱阵列色散曲线 (归一化频率与归一化波数的关系)，阵列中的剪切模量有较大的对比，在内嵌圆柱中 $\mu_r = 0.01$，而基底介质中 $\mu_e = 1$。在归一化频率 0.49 处有一个低频的完全禁带，并形成 Mie 谐振 (在 $[-1,1]$ 范围之外的波数，声学支和光学支都是非色散的，并且对在 $[-1,1]$ 范围之内的波数，光学支群速度为负)。在高频段也可以观察到类似的现象，但相应的禁带非常窄

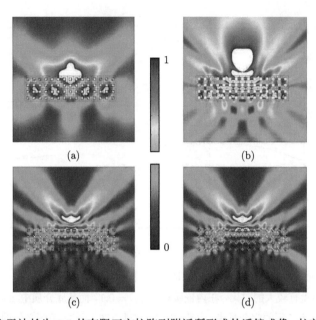

图 1.23   线源位于边长为 0.5 的有限正方柱阵列附近所形成的透镜成像, 柱剪切模量为 $\mu_r =$ 0.01, 而基底剪切模量为 $\mu_e = 1$, 归一化频率为 0.57(a), 1.15(b), 1.41(c)、(d), 对应 图 1.22 中的负群速度处. 其他位置密度为 1. 与 (c) 中的情况相比, (d) 中模型几乎一样, 仅把正方柱旋转了 $\pi/4$, 每个柱中的局域模式与柱相对于晶格方向的取向无关 (彩图见封底 二维码)

1.5   高频均质化

  过去的十年中, 光子晶体光纤的制备和建模引起了人们越来越多的研究兴趣. 这些光纤能够以特殊的方式引导光的传播: 不是用折射率梯度渐变来引导光波, 这些非匀质光纤本身就能将光约束在纤芯中. 这类材料通常被称为光子禁带材料, 在特定频段, 这类材料中禁止光波传播, 如同光学中的半导体. 一个得到越来越多关注的相关问题是, 能否利用类似的非匀质结构对弹性波传播产生类似的约束. 这种声子禁带材料利用非匀质材料的空间排列, 使机械振动在某个方向或者全方向无法传播. 构造并制备这类声子晶体材料将具有更多的优势. 通过调整相关结构的尺度, 这一材料可以用来构造新型的音频滤波器, 或者构造防震地基. 还可以通过设计和调节声禁带来形成高精度防震加工系统. 另外, 具有特定频段声禁带的材料还可以用来制备声子激光以及声光开关. 禁带中的缺陷效应也非常重要. 禁带中无法传播的模式汇聚在材料缺陷周围, 形成局域化现象. 局域化可出现在高频段, 为了说明这一点, 我们将介绍当波长和典型微结构尺度接近时产生相关现象的渐近方法。

回到 1.4 节关于高对比均一化方法的相关内容中，通常的渐近化过程是通过引入慢尺度 x 和快尺度 y 两个尺度实现的，其中 $y = x_\eta$，$\eta \ll 1$，如图 1.13 所示。这种多尺度方法使得微结构可以被单独地作平均，重点是关注其大尺度下的特性。波的频率一般较低，这限制了相关理论的适用范围。类似文献 [48] 的常见均一化方法 (无高对比) 中，位移场的一级近似与微尺度无关，相关方法更加受限。这些已知的均一化方法都有其局限性。

我们引入一个小的变化，重新定义两个尺度，慢尺度 $\boldsymbol{X} = \eta x$ 以及快尺度 $\xi = x$，如图 1.25 所示；这样可将注意力放到微观尺度上。文献 [10] 中对相关理论做了详细说明，并通过逻辑推理结合其物理意义做了一定的展开。对于完美的晶格系统，可以在其周期单元边界上施加 Bloch 边界条件，如此只需观察此单元的特性，无论频率多高这一模型都实际包含了单元间的多重散射。需要注意的是当波数接近布里渊区边界时会产生驻波，这些驻波对应着相应的驻波频率，从而可以利用渐近理论中的相关信息进行分析。

修正理论的物理内涵是，当快速变量接近驻波频率时，整体的系统近似呈周期性，尽管并非完美的周期性，每个单元通过驻波与其相邻单元相互作用。然而在一个较长的尺度上，这些在空间快速振动的解受到一个长尺度场的调制。具体的数学细节可参考文献 [10]，这使得均一化方法可以推广到更大的范围。数学上，假设

$$u(\boldsymbol{X}, \boldsymbol{\xi}) = u_0(\boldsymbol{X}, \boldsymbol{\xi}) + \eta u_1(\boldsymbol{X}, \boldsymbol{\xi}) + \eta^2 u_2(\boldsymbol{X}, \boldsymbol{\xi}) + \cdots,$$
$$k^2 = k_0^2 + \eta k_1^2 + \eta^2 k_2{}^2 + \cdots \tag{1.75}$$

这一假设意味着即使是零阶近似，在微观尺度和宏观尺度都是随相关变量变化的，这与经典的均一化理论中 $u_0(\boldsymbol{X}, \boldsymbol{\xi}) \equiv u_0(\boldsymbol{X})$ 相区别，与高对比均一化方法中假设在其中一个介质中 u_0 保持不变也不一样，同时将频率 k 在驻波频率 k_0 附近做展开。通过分析可以得出零阶近似为

$$u(\boldsymbol{X}, \boldsymbol{\xi}) \sim u_0(\boldsymbol{X}, \boldsymbol{\xi}) = f(\boldsymbol{X})U_0(\boldsymbol{\xi}; k_0) \tag{1.76}$$

这个解可看作快尺度 $U_0(\boldsymbol{\xi}; k_0)$ 上的驻波解被长程函数 $f(\boldsymbol{X})$ 所调制，函数 $f(\boldsymbol{X})$ 满足 PDE

$$T_{ij}\frac{\partial^2 f}{\partial X_i \partial X_j} + \frac{(k^2 - k_0^2)}{\eta^2}f = 0, \tag{1.77}$$

空间张量 T_{ij} 包含了与频率 k_0 的驻波相关联的短程信息。此张量中包含了驻波位移的积分，与简单的取平均不同，这里短程的影响会在长程上有所体现。

举一个简单的例子，一维弦中波速 $c(\xi)$ 周期变化：

$$c(\xi) = \begin{cases} 1/r, & 0 \leqslant \xi < 1, \\ 1, & -1 \leqslant \xi < 0, \end{cases} \tag{1.78}$$

r 是大于零的常数，精确解可以容易求得。对于这个弦，需要求解

$$\frac{\mathrm{d}^2 u}{\mathrm{d}x^2} - \beta^2 u + \frac{k^2}{c^2(\xi)} u = 0, \tag{1.79}$$

$-\beta^2 u$ 项对应着 Winkler 模型中弹性恢复参量。由于其可精确求解，并且存在零频禁带 (这一情况下均一化方法通常并不适用)，因此有很好的启发性，可以容易地与高频均一化 (HFH) 渐近比较，相关结果如图 1.24 所示。

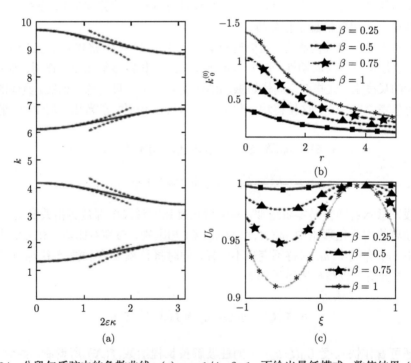

图 1.24　分段匀质弦中的色散曲线。(a) $r = 1/4$，$\beta=1$，不给出最低模式，数值结果 (实线) 与渐近近似结果 (虚线) 的对比图；(b) 对于不同 β 值，$k=0$ 即 $k_0^{(0)}$ 处最低截止频率随波速 r 的变化关系；(c) 低阶近似解 $U_0(\xi; k_0(0))$ 随 β 增加的变化情况，r 固定为 1.5(根据参考文献 [10])

相关方法可以拓展到二维的情况，比如对于一个平面内填充重复单元的棋盘

型介质，单元格可定义为

$$\frac{\partial^2 u}{\partial x_1^2} + \frac{\partial^2 u}{\partial x_2^2} + k^2[1 + g_1(x_1) + g_2(x_2)]u = 0 \tag{1.80}$$

$(u(x_1, x_2)$ 中 x, y 和 x_1, x_2 可以分别互换$)$，假设单元原胞为正方形 $-1 < x_1, x_2 < 1$，在解析和数值分析中，式 (1.18) 中的 $g_i(x_i)$ 为分段函数

$$g_i(x_i) = \begin{cases} r^2, & 0 \leqslant x_i < 1, \\ 0, & -1 \leqslant x_i < 0. \end{cases} \tag{1.81}$$

此棋盘型介质如图 1.25 所示。对于一个没有压力分布的完美无缺陷棋盘，可仅考虑施加 Bloch 边界的单个单元，并计算得到图 1.26 中的色散曲线，由虚线表示。从原点开始的传统均一化方法所算得的结果在图中由点线表示。高频均一化方法所得到的渐近解由实线表示，在布里渊区边界处可以得到较为准确的结果，能基本重现色散曲线的一些细节变化，所有的这些都包含在张量 T_{ij} 中。

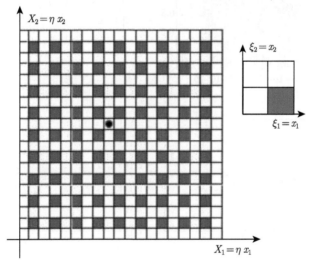

图 1.25 高频均一化过程示意图：三相棋盘为无限周期延伸的，源置于其中一个单元中。坐标 (x_1, x_2) 按单元尺度定，与图 1.13 按宏观障碍物尺度描述不同。这样，将重点从宏观 (慢) 变量 $(X_1, X_2) = (\eta x_1, \eta x_2)$ 转移到微观 (快) 变量 $(\xi_1, \xi_2) = (x_1, x_2)$，其尺度与波长也是同一量级

能够重现一些已知的结果当然很好，但人们更愿意用所得到的理论去分析一些未知结果的问题。图 1.27 中的结果就是如此，它给出了在第一条能带顶部的频率处施加应力时相应的响应，可以预计到所得到的场将随空间衰减，数值结果如图 1.27(a) 所示。渐近理论很好地重现了衰减包络，更多的细节可参见参考文献 [8]，其中还涵盖了超折射和全方向负折射等话题。

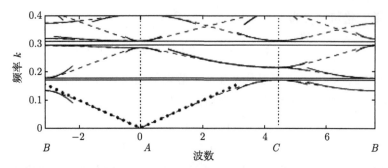

图 1.26　高对比度 $r = 10$ 时的色散曲线：精确解 (虚线)、经典方法 (点线) 以及高频均一化 (HFH) 方法 (实线)。禁带用灰色标出，其边界可由 HFH 精确预估 (参考文献 [8])

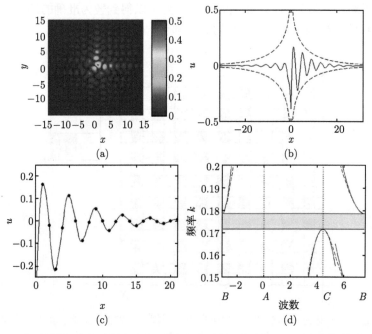

图 1.27　$r = 10$ 的棋盘结构对频率为 0.172 的线源激发的响应。(a) 振荡调制的全局衰减解 $|u|$；(b) 虚线包络由渐近关系给出，实线为 u 沿 $y = 1/2$ 的取值，位于虚线之内；(c) 沿此 $y = 1/2$ 线的解的细节，点表示原胞的边界，表明了原胞与原胞之间的相位振荡；(d) 放大的色散曲线图，禁带接近激发频率，虚线为完全的数值解，实线为渐近解 (引自参考文献 [8])(彩图见封底二维码)

1.6 结 论

声学超构材料以及相关领域很大程度上依赖于声波通过结构介质的传播特性。材料尺度或材料特性的不匹配导致了诸如负折射等一些不符合经典物理规律的整体特性。本章的目的是阐释如何利用均一化理论直接从波动方程给出这一现象产生的形式，此外还论述了将均一化方法的相关思想拓展到高频段以及建立禁带和波局域化的相关物理模型中。用多层微孔结构以及其他相关人造介质构造等效介质并形成声学或弹性波超透镜、隐身等相关概念将在后续章节中继续讨论。我们还初步介绍了设计超构材料以及相应的几何变换方法，其中关于电磁场、声场或弹性动力学支配方程相互对应关系的重要内容，将在后续章节中具体给出。

参 考 文 献

[1] Alú, A., Engheta, N.: Achieving transparency with plasmonic and metamaterial coatings. Phys. Rev. E **72**, 016623 (2005)

[2] Bigoni, D., Serkov, S., Valentini, M.,Movchan, A.B.: Asymptotic models of dilute composites with imperfectly bonded inclusions. Int. J. Solids Struct. **35**, 3239 (1998)

[3] Bouchitté, G., Schweizer, B.: Homogenization of Maxwell's equations in a split ring geometry. Multiscale Model. Simul. **8**(3), 717–750 (2010)

[4] Brun, M., Guenneau, S., Movchan, A.B.: Achieving control of in-plane elastic waves. Appl. Phys. Lett. **94**, 061903 (2009)

[5] Brun, M., Guenneau, S., Movchan, A.B., Bigoni, D.: Dynamics of structural interfaces: Filtering and focussing effects for elastic waves. J. Mech. Phys. Solids **58**, 1212–1224 (2010)

[6] Chakrabarti, S., Ramakrishna, S.A., Guenneau, S.: Finite checkerboards of dissipative negative refractive index. Opt. Express **14**, 12950 (2006)

[7] Cherednichenko, K.D., Smyshlyaev, V.P., Zhikov, V.V.: Non-local homogenised limits for composite media with highly anisotropic periodic fibres. Proc. R. Soc. Edinb. A **136**, 87–114 (2006)

[8] Craster, R.V., Kaplunov, J., Nolde, E., Guenneau, S.: High frequency homogenization for checkerboard structures: Defect modes, ultra-refraction and all-angle-negative refraction. J. Opt. Soc. Amer. A **28**, 1032–1041 (2011)

[9] Craster, R.V., Kaplunov, J., Nolde, E., Guenneau, S.: Bloch dispersion and high frequency homogenization for separable doubly-periodic structures. Wave Motion **49**, 333–346 (2012).

[10] Craster, R.V., Kaplunov, J., Pichugin, A.V.: High frequency homogenization for periodic media. Proc. R. Soc. Lond. A **466**, 2341–2362 (2010)

[11] Cummer, S.A., Schurig, D.: One path to acoustic cloaking. New J. Phys. **9**, 45 (2007)

[12] Fang, N., Xi, D., Xu, J., Ambati, M., Srituravanich, W., Sun, C., Zhang, X.: Ultrasonic metamaterials with negative modulus. Nature **5**, 452 (2006)

[13] Farhat, M., Enoch, S., Guenneau, S., Movchan, A.B.: Broadband cylindrical acoustic cloak for linear surface waves in a fluid. Phys. Rev. Lett. **101**, 134501 (2008)

[14] Farhat, M., Guenneau, S., Enoch, S., Movchan, A.: Cloaking bending waves propagating in thin plates. Phys. Rev. B **79**, 033102 (2009)

[15] Farhat, M., Guenneau, S., Enoch, S., Movchan, A.B.: Negative refraction, surface modes, and superlensing effect via homogenization near resonances for a finite array of split-ring resonators. Phys. Rev. E **80**, 046309 (2009)

[16] Greenleaf, A., Lassas, M., Uhlmann, G.: On nonuniqueness for Calderon's inverse problem. Math. Res. Lett. **10**, 685–693 (2003)

[17] Guenneau, S., Enoch, S., McPhedran, R.C.: L'invisibilite en vue. Pour Sci. (French edn. of Sci. Am.) **382**, 42–49 (2009)

[18] Guenneau, S., Gralak, B., Pendry, J.B.: Perfect corner reflector. Opt. Lett. **30**, 1204–1206 (2005)

[19] Guenneau, S., Movchan, A.B., Ramakrishna, S.A., Petursson, G.: Acoustic metamaterials for sound focussing and confinement. New J. Phys. **9**, 399 (2007)

[20] Guenneau, S., Poulton, C.G., Movchan, A.B.: Oblique propagation of electromagnetic and elastic waves for an array of cylindrical fibres. Proc. R. Soc. Lond. A **459**, 2215–2263 (2003)

[21] Guenneau, S., Ramakrishna, S.A.: Negative refractive index, perfect lenses and checkerboards: Trapping and imaging effects in folded optical spaces. C. R. Phys. **10**, 352–378 (2009)

[22] Guenneau, S., Vutha, A.C., Ramakrishna, S.A.: Negative refraction in 2d checkerboards related by mirror anti-symmetry and 3d corner lenses. New J. Phys. **7**, 164 (2005)

[23] He, S., Jin, Y., Ruan, Z., Kuang, J.: On subwavelength and open resonators involving metamaterials of negative refraction index. New J. Phys. **7**, 210 (2005)

[24] Jikov, V.V., Kozlov, S.M., Oleinik, O.A.: Homogenization of Differential Operators and Integral Functionals. Springer, New York (1994)

[25] Kohn, R.V., Shipman, S.P.: Magnetism and the homogenization of micro-resonators. Multiscale Model. Simul. **7**, 62–92 (2008)

[26] Kozlov, V., Mazya, V., Movchan, A.B.: Asymptotic Analysis of Fields in Multistructures. Oxford Science Publications, Oxford (1999)

[27] Leonhardt, U.: Optical conformal mapping. Science **312**, 1777 (2006)

[28] Li, J., Chan, C.T.: Double negative acoustic metamaterial. Phys. Rev. E **70**, 055602 (2004)

[29] Liu, Z.Y., Zhang, X.X., Mao, Y.W., Zhu, Y.Y., Yang, Z.Y., Chan, C.T., Sheng, P.: Locally resonant sonic materials. Science **289**, 1734 (2000)

[30] Milton, G.W.: The Theory of Composites. Cambridge University Press, Cambridge (2002)

[31] Milton, G.W., Briane, M., Willis, J.R.: On cloaking for elasticity and physical equations with a transformation invariant form. New J. Phys. **8**, 248 (2006)

[32] Milton, G.W., Nicorovici, N.A.: On the cloaking effects associated with localized anomalous resonances. Proc. R. Soc. Lond. A **462**, 3027 (2006)

[33] Movchan, A.B., Guenneau, S.: Localised modes in split ring resonators. Phys. Rev. B **70**, 125,116 (2004)

[34] Movchan, A.B., Movchan, N.V., Guenneau, S., McPhedran, R.C.: Asymptotic estimates for localized electromagnetic modes in doubly periodic structures with defects. Proc. R. Soc. A **463**, 1045 (2007)

[35] Nicorovici, N.A., McPhedran, R.C., Milton, G.W.: Optical and dielectric properties of partially resonant composites. Phys. Rev. B **49**, 8479–8482 (1994)

[36] Norris, A., Shuvalov, A.L.: Elastic cloaking theory. Wave Motion **48**, 525–538 (2011)

[37] Notomi, N.: Superprism phenomena in photonic crystals. Opt. Quantum Electron. **34**, 133 (2002)

[38] O'Brien, S., Pendry, J.B.: Photonic band-gap effects and magnetic activity in dielectric composites. J. Phys. Condens. Matter **14**, 4035–4044 (2002)

[39] Pendry, J.B.: Negative refraction makes a perfect lens. Phys. Rev. Lett. **85**, 3966–3969 (2000)

[40] Pendry, J.B.: Negative refraction. Contemp. Phys. **45**, 191 (2004)

[41] Pendry, J.B., Holden, A.J., Robbins, D.J., Stewart, W.J.: Extremely low frequency plasmons in metallic mesostructures. Phys. Rev. Lett. **76**, 4763 (1996)

[42] Pendry, J.B., Holden, A.J., Stewart, W.J., Youngs, I.: Magnetism from conductors and enhanced nonlinear phenomena. IEEE Trans. Microw. Theory Tech. **47**, 2075–2084 (1996)

[43] Pendry, J.B., Ramakrishna, S.A.: Focussing light with negative refractive index. J. Phys. Condens. Matter **15**, 6345 (2003)

[44] Pendry, J.B., Schurig, D., Smith, D.R.: Controlling electromagnetic fields. Science **312**, 1780-1782 (2006)

[45] Ramakrishna, S.A.: Physics of negative refractive index materials. Rep. Prog. Phys. **68**, 449 (2005)

[46] Ramakrishna, S.A., Guenneau, S., Enoch, S., Tayeb, G., Gralak, B.: Light confinement through negative refraction in photonic crystal and metamaterial checkerboards. Phys. Rev. A **75**, 063830 (2007)

[47] Russell, P.S., Marin, E., Diez, A., Guenneau, S., Movchan, A.B.: Sonic band gap PCF preforms: enhancing the interaction of sound and light. Opt. Express **11**, 2555 (2003)

[48] Sanchez-Palencia, E.: Non-homogeneous Media and Vibration Theory. Springer, Berlin (1980)

[49] Smith, D.R., Padilla, W.J., Vier, V.C., Nemat-Nasser, S.C., Schultz, S.: Composite medium with simultaneously negative permeability and permittivity. Phys. Rev. Lett. **84**, 4184 (2000)

[50] Torrent, D., Sanchez-Dehesa, J.: Acoustic cloaking in two dimensions: A feasible approach. New J. Phys. **10**, 063015 (2008)

[51] Veselago, V.G.: The electrodynamics of substances with simultaneously negative values of ε and μ. Sov. Phys. Usp. **10**, 509–514 (1968)

[52] Zhikov, V.V.: On an extension of the method of two-scale convergence and its applications. Sb. Math. **191**, 973–1014 (2000)

[53] Zolla, F., Renversez, G., Nicolet, A., Kuhlmey, B., Guenneau, S., Felbacq, D.: Foundations of Photonic Crystal Fibres. Imperial College Press, London(2005)

第2章 低频表面波禁带相关应用中的局域谐振结构

Abdelkrim Khelif, Younes Achaoui, Boujemaa Aoubiza

摘要 本章中我们研究半无限大衬底表面二维圆柱阵列中声波的传播。通过计算不同对称性的周期圆柱的声能带图以及透射谱,可以明确这一结构对声表面波具有一些声学超构材料的特性。在声锥外的衬底的非辐射区域,表面上的柱阵列将引入一些新的导波模式。这些导波模式的形态以及振动方向比匀质表面中传播的经典表面波更为复杂。自由表面情况下不能形成面内的偏振模式以及矢量面偏振的剪切波。并且,能带图中导波模式所导致的禁带频段远小于布拉格机制下所能产生的禁带频率,这来源于单个圆柱的局域谐振,我们将给出禁带位置随几何参数的变化关系,其中最主要的影响因素是圆柱的高度。这些禁带的频率位置与对称性以及晶格的周期几乎没有关系,这明显区别于布拉格机制下的禁带。但晶格周期在界定低速体模式的非辐射区域依然起到重要作用,并且影响到结构中的新表面模式。有限大小圆柱阵列的表面声波透射谱证明了表面模式的局域谐振禁带特性并阐明了透射与源对称性和偏振方向的关系。基于高效率有限元计算的关于铌酸锂衬底以及铌酸锂圆柱的数值模拟结果可清楚地阐释相关理论。

A. Khelif (✉)
International Joint Laboratory, GeorgiaTech-CNRS UMI 2958, 2-3 Rue Marconi, 57070 Metz, France
e-mail: abdelkrim.khelif@femto-st.fr

Y. Achaoui
Institut FEMTO-ST, Université de Franche-Comté, CNRS, 32 avenue de l'Observatoire, 25044 Besançon, France
e-mail: younes.achaoui@femto-st.fr

B. Aoubiza
Laboratoire de Mathématiques, Université de Franche-Comté, route de Gray, 25030 Besançon Cedex, France
e-mail: boujamaa.aoubiza@univ-fcomte.fr

R.V. Craster, S. Guenneau (eds.), *Acoustic Metamaterials*,
Springer Series in Materials Science 166, DOI 10.1007/978-94-007-4813-2_2,

2.1　引　　言

非均一介质中的声波和弹性波在近二十年吸引了人们广泛的研究兴趣。通常由空间调制的密度以及弹性模量构成的周期结构，即所谓声子晶体，拥有一系列重要特性，比如生成一个频率禁带 [13,19]。在禁带的频率范围内，由于沿各个方向透射谱的强烈衰减，声或振动无法在此介质中传播。为了拓宽声禁带宽度，不同材料组分的声子晶体相继被提出，如固固型声子晶体、固液型声子晶体和液液型声子晶体 [11,15,20]。基于禁带理论，声子晶体可控制声波或弹性波的传播，对于禁带频率中的声波或弹性波，声子晶体可成为一个完美的反射镜。因此声子晶体在控制弹性波能量等方面有一定的应用潜力。起初的关于体波、表面波和兰姆波声子晶体的研究为利用点缺陷或线缺陷通过捕获、引导和分路等方式控制声波传播的相关研究奠定了很好的基础 [10,12,17]。

周期结构所导致的布拉格反射可以产生禁带，此时晶格的空间周期往往与禁带中心频率处所对应的声波波长为同一量级，因此，晶格常数成为控制禁带位置的关键参数。这一特性使得此类声子晶体在低频声波的隔声以及地震防护等长期困扰人们的环境问题方面有明显缺陷。对于 10Hz~10kHz 的低频声波要完全隔声，产生相应禁带的布拉格型声子晶体的特征尺寸至少要达到几米的量级。

另一个实现晶格常数远小于波长的低频禁带的方法是利用声学超构材料。通常声学超构材料定义为人造结构单元在空间的周期排列，通过设计可具有一些特殊的声学特性，并且其非均匀特征尺寸远小于声波波长，其声学响应可用均一化材料参数来描述。已有多种人工形成的超构材料展现出了自然材料中未曾发现的声学特性，如负折射、超分辨率透镜、亚波长声学成像以及声隐身。超构材料结构单元的形状和尺寸可以裁剪，为了取得所设计的功能，其组分和形态都可以人工调制，内嵌单元也可自由设计并按照特定方式排列。

首先提出的超构材料即所谓的局域谐振型声子晶体 [14]，其中每个结构单元即是一个声学谐振器结构。类似超构材料的发展引发了质量密度定律阐释，并用到声隔离中。一个具有 10Hz~10kHz 宽声禁带的声子晶体晶格常数比相应声波波长小两个量级。局域谐振禁带的物理解释来源于连续传播模式与局域谐振模式的Fano 谐振器 [5,16]：在谐振时，阵列中传播声波的能量被有效地储存和延迟了，在反谐振处，声波则被完全禁止传播。另外，局域谐振频率还可以利用一些特性材料进行调制，如比基底介质中声速小两个数量级的硅胶。对于此类介质中体波的特定偏振模式的禁带已有相关的工作进行了报道 [21]，而对于兰姆波，则有工作报道了完全禁带的相关结果 [6]。还可通过设计具体的形状来改变局域谐振频率，可参考涉及亥姆霍兹共鸣器的相关工作 [4]。

本章中，我们主要研究在半无限大介质表面排布不同对称性的二维圆柱周期阵列。圆柱可以看作是与衬底介质相互作用的局域谐振体 [1,8,18]，并有可能对在衬底表面传播的声波打开低频带隙。此外，我们还研究了正方晶格、三角晶格和六角晶格等不同阵列对禁带的影响。重点分析了晶格周期在控制导波模式色散、限定非辐射区域以及不干扰禁带的相关特性。亚波长低频禁带以及禁带与晶格对称无关两个特性使得这一结构可以看作是声学超构材料。数值计算只对铌酸锂衬底上构造铌酸锂柱这一具体结构展开，但相关的结论对其他的材料以及复合结构同样适用。本章分为三个部分，2.2 节简要地介绍了模型与计算方法，2.3 节对新表面模式以及低频禁带对晶格的对称性依赖关系展开讨论，2.4 节中进行了相关总结。

2.2　模型与计算方法

如图 2.1 所示，考虑在半无限大衬底上按正方晶格、三角晶格或蜂窝状晶格排列二维圆柱阵列，z 轴选择与衬底表面垂直并平行于阵列圆柱轴线。正方晶格和三角晶格的声学周期结构的晶格常数为 a，蜂窝状晶格的晶格常数为 $\sqrt{3}a$。正方晶格、三角晶格或蜂窝状晶格的填充比分别为 $F = \pi r^2/a^2$，$F = 4\pi r^2/\sqrt{3}a^2$ 以及 $F = (8\pi/3)\,r^2/\sqrt{3}a^2$，这里 r 是圆柱半径，圆柱高度为 h。此无限大系统的色散曲线可通过在周期边界施加 Bloch-Floquet 条件并对单个单元结构进行网格划分，再由有限元方法计算得到 [9]。建模中使用了三维的网格划分，并假设结构沿 x 轴和 y 轴方向都是无限周期延伸的 (图 2.1(a))。在单元的侧边上施加特定的相位关系可定义相邻原胞间应满足的边界条件，相应的相位关系与此周期结构中 Bloch 模式的波矢相关联。通过将波矢量在第一布里渊区取值，可以求解得到相应的本征频率并得到此问题的频率谱。本征矢量则为模式的位移场。

为了数值计算有限尺度结构的透射谱 (有限的周期数)，我们使用图 2.1(b) 中的模型。用一个在衬底表面振动的线源来激发具有特定偏振 (u_x, u_z, u_y) 的入射表面声波。在 y 方向施加周期边界条件，从而使源等效于一个无限长线源。因此线源可产生在 (x, z) 平面沿 y 方向传播的具有一致波前的表面波。在源的远场，所激发的波可以形成离开表面向衬底内部传播的体波模式以及在表面沿 x 方向传播的表面波。假设距离声源几个波长处，表面位移仅来源于表面波，而体波对此没有贡献。为了防止边界处的反射声波，在如图 2.1(d) 所示的相应区域设置完美匹配层 (PML)。PML 具有在其内部逐渐吸收机械振动使其衰减而无法到达外边界的特性 [3]。可以将约束方程写成

$$\frac{1}{\gamma_j}\frac{\partial T_{ij}}{\partial x_j} = -\rho\omega^2 u_i, \qquad (2.1)$$

ρ 是材料的质量密度，ω 是角频率，为简单表示约定重复指标求和。T_{ij} 是应力张量，u_i 是位移，x_j 表示坐标 $(x_1 = x, x_2 = y, x_3 = z)$。函数 $\gamma_j(\boldsymbol{r})$ 表示 PML 内任意一点 $\boldsymbol{r}$ 处的沿 x_j 轴方向的人为引入的衰减。因为这里 PML 是用来衰减 (x, z) 平面内传播的声波的，因此仅 γ_1 和 γ_3 不等于 1。比如 γ_1 的表达为

$$\gamma_1(x_1) = 1 - i\sigma_1(x_1 - x_l)^2, \tag{2.2}$$

x_l 是常规域与 PML 之间界面的坐标，σ_1 是一个适当的常数，在 PML 外假定没有任何衰减，$\gamma_j = 1$。PML 的特定厚度以及 σ_j 的特定取值需要通过实验性的计算来确定，以保证机械振动在传播到外边界之前基本都被吸收。但是同时吸收率不能过大，以保证常规区域和 PML 分界处的反射降到最小。机械应力随应变变化

$$T_{ij} = C_{ijkl}s_{kl}, \tag{2.3}$$

C_{ijkl} 为弹性劲度系数，而应变与位移的关系为

$$s_{ij} = \frac{1}{2}\left(\frac{1}{\gamma_j}\frac{\partial u_i}{\partial x_j} + \frac{1}{\gamma_i}\frac{\partial u_j}{\partial x_i}\right). \tag{2.4}$$

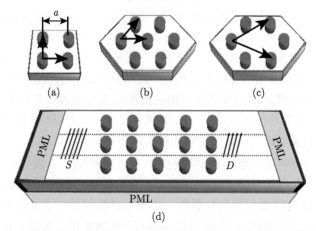

图 2.1　在半无限大衬底上按 (a) 正方晶格、(b) 三角晶格或 (c) 蜂窝状晶格排列的二维圆柱阵列构成的声子周期结构。正方晶格和三角晶格的声学周期结构的晶格常数为 a，蜂窝状晶格的晶格常数为 $\sqrt{3}a$。圆柱半径是 r，圆柱高度为 h。(a)~(c) 为计算色散曲线而建立的结构在三维空间进行网格划分，在沿 x 轴和 y 轴方向的周期边界施加 Bloch-Floquet 条件。(d) 为了数值计算透射谱的有限尺度结构，在 y 方向施加周期边界条件，而在 x 方向有限延伸。为了防止边界处的反射声波，在相应区域设置完美匹配层 (PML)。用一个在 (x, y) 平面振动的线源 S 来激发包含表面波的声波，线段 D 探测沿此有限尺寸结构传播的表面声波

2.3 结果与讨论

本节中，我们将主要讨论圆柱的局域谐振模式对衬底表面波的影响以及相应的禁带现象。这些表面导波模式禁带和光子晶体板中的情况类似，需受一定的限定。实际上将有一系列连续的辐射模态在结构外部区域无限延伸[7]。局域在结构内部的导波模式只能存在于能带图中声锥之外的区域。类似地，由于所考虑的圆柱阵列位于半无限大介质上，介质中的连续辐射态形成一个声锥。局域在柱阵列中以及衬底表面邻近处的导波模式只能存在于能带图中声锥外的区域。然而，这一现象与声子晶体中的声禁带不同，这起初并不容易发现。声子晶体板由于自由表面的存在，自然地在垂直方向形成很好的约束，因此其面内禁带与三维声子晶体的禁带类似[14]；由于板的有限厚度，这些禁带对于附加物特别敏感。在下面的部分，我们把禁带定义在没有导波模式的频率范围。

2.3.1 局域谐振表面导波模式的能带图

很显然，一个可以调控声波模式的重要参数是圆柱的高度。为了研究其影响，我们计算了如图 2.1(a) 所示的正方晶格声子晶体中导波模式的能带图。假设传播方向限制在 (x, y) 平面内，能带计算沿第一布里渊区的对称边界进行。衬底和柱都是用 Y 切割的铌酸锂制成。假设图 2.2 中的正方晶格具有一个较低的填充比 $F=$ 32%($r/a = 0.32$)，圆柱相对高度取三个不同值 ($h/a = 0.32, 0.5$ 及 1.0)。能带结构中的灰色区域是表示铌酸锂衬底辐射区域的声锥。沿着声锥的声线可根据衬底中的最小相速度随传播方向的变化关系计算得到。由于铌酸锂中体声波模式的各向异性，声线沿第一布里渊区的 XM 方向连续变化。对于 h/a 的特定取值可以产生几个导波模式的完全禁带。当 h/a 为 0.32 时，如图 2.2 所示，在非辐射区域从零频率延伸出两条能带。除了布里渊区的第一极限处，模式色散曲线的准线性特性与经典声表面波类似。在倒格矢空间的 X 点，由于阵列周期与声波的相互作用，两个模式被折回，并在 fa 为 1600～1700m/s 处产生第一条禁带。禁带的频率位置和对应于晶格周期的布拉格干涉的频率一致。这意味着此时柱子只是减慢表面声波速度，与声子晶体中的一般情况无异，其离散的声波模式并不会超出非辐射区域。当柱子高度增加时，能带将整体向低频移动，并产生一些新的禁带。实际上，当 $h/a = 0.5$ 时可以在 fa 从 1000m/s 延伸到 1100m/s 的区间找到两个能带，并且在 ΓX 方向的辐射极限附近 fa =1700m/s 处产生一个极窄的禁带，同样的柱子高度，周期为 h/a= 1.0 时，第一禁带中心频率在 fa =400m/s 处，且相对带宽达到 22%。在 fa = 1550m/s 处的第二条带宽宽度更大。低频处的第一禁带受其下部的平直能带所限，会引发零群速度以及声能量的空间约束。这一效应体现了柱的局域谐振特性。第一禁带的频率位置很低, 沿表面传播的声波波长比晶格周期大一个数量级以上。最后, 如图 2.2 所示, 将晶格周期和填充比固定, 可以清楚地看到此禁带是结构的谐振器模式所导致的, 而不是如经典的声子晶体一样, 与布拉格干涉相关联。

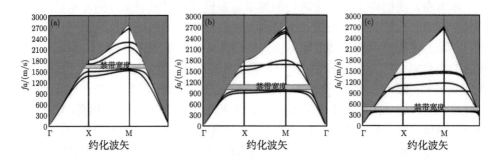

图 2.2　铌酸锂衬底上正方晶格圆柱阵列的能带结构, 计算沿第一不可约布里渊区对称边界进行。晶格常数为 a, 填充比 $F = 0.3$, 圆柱相对高度 h/a 取三个不同值: (a) 0.32, (b) 0.5, (c) 1.0。能带结构中的灰色区域表示辐射区域的声锥。沿着声锥的声线可根据衬底中沿所有传播方向的最小相速度计算得到

通常, 在打开禁带并控制禁带宽度的过程中一个重要的参数是填充率 F。图 2.3 中是填充率分别为 0.4 和 0.25 时的能带图, 相对高度 h/a 固定为 0.5, 这样所得出的结果可以方便地与图 2.2(b) 的情况进行比较。与填充比 $F = 0.32$ 时相比, 填充比 $F = 0.4$ 的增加使禁带宽度相对增加。实际上, 当填充率增加时, 柱与柱之间的间距缩减, 通过表面耦合, 柱中局域模态之间的相互作用得到增强, 从而导致更宽的禁带。另外, 可以观察到第二条带和第四条带受填充率的影响更加明显。反过来, 当填充率降低时, 禁带宽度也相应降低。然而, 与其他布拉格型声子晶体不同的是, 这里禁带中心频率的位置几乎不受填充率变化所影响。

一般来说, 如果 h/a 小于 0.3, 柱中的声波模式会出现在声锥中的离散频率处, 并且能向衬底中辐射, 然而当 h/a 增加时, 相应模式的频率将向低频移动, 这些模式将在固定位置相互作用并且集聚形成表面传播模态, 相应的声能可以被引导着沿衬底表面传播。同时, 模式的相互作用将打开禁止表面声波传播的声禁带。图 2.2 中所示的衬底表面导波模式禁带是全方向性的完全禁带。表面的导波模式通常只存在于声锥以下的区域, 比如均匀表面传播的 Rayleigh 表面波。这意味着在自由表面传播的标准 Rayleigh 表面波入射到柱阵列后, 要么被转变为相同频率表面柱模态, 要么当其频率落在禁带频率中时将从晶格被反射。自然地, 对于这两种情况, 都将有一部分的表面波能量被转换为衬底中传播的辐射模态, 但并不意味着导波禁带中不会有能量沿衬底表面传播。这种禁带特性使得柱阵列成为在操控波长远大于晶格尺寸的低频声波方面非常实用的结构。

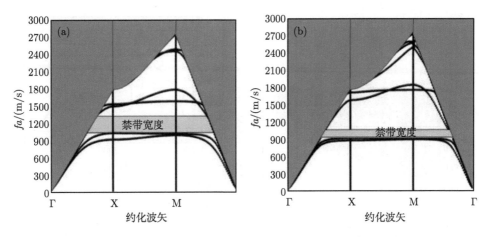

图 2.3 对比不同填充比的情况: (a)$F = 0.4$, (b) $F = 0.25$, 其他情况与图 2.2 相同

2.3.2 局域谐振表面导波模式的声波透射

众所周知, 研究有限尺寸系统声波的透射对理解禁带衰减、插入损失以及反射谱等方面的尺寸效应 (周期数) 至关重要, 尤其当结构边界为辐射边界时, 如所研究的一维或二维周期结构中的情形一样。我们所研究的这些模型中, 辐射区域的表面波能量会渗漏到衬底中去。

数值模拟得到的沿 x 方向的声波透射谱, 其三维物理模型如图 2.1(d) 所示。假设计算域是 x 方向由入射介质和出射介质之间夹着 7 列柱子的有限区间, 而在 y 方向是无限周期延伸的。在第一个柱子前部的铌酸锂衬底表面施加线声源。假设声源是单一频率振动并且有两个不同的偏振方向: ① (u_x, u_z) 矢状面位移, 可以在均匀表面激发 Rayleigh 表面波; ② u_y 剪切位移, 可看作水平方向的剪切声源。一般来说, 绝大多数弹性材料的自由表面不会有水平剪切表面声波的传播, 然而在下面的讨论中我们将给出周期柱阵列中具有此偏振的表面模式。

图 2.4 展示了矢量面线源和水平剪切线源下计算得到的透射谱。为了方便结果的阐释, 能带图也和透射谱一并附上。填充率固定为 0.32, 柱子的相对高度为 0.5, 可以计算得到能带沿 ΓX 方向的透射。图 2.4(a) 中为与矢量面 (u_x, u_z) 内激发相关联的总位移透射谱。透射谱中可以观察到两个明显的衰减区域: 第一个衰减出现在中心频率 $fa = 1050$m/s 处, 与第一条能带和第三条能带的边界对应; 第二个衰减出现在中心频率 $fa = 1700$m/s 处, 与第三条能带和非辐射区域的边界对应。另外, 图 2.4(c) 中水平切向源所产生的透射谱中在 $fa = 1050$m/s 和 1700m/s 处出现两个窄的通带。这两个频率位置对应了图 2.4(b) 中矢量面内激发的禁带衰减频域。对不同激发方式的不同响应体现了第二条能带和第四条能带对矢量面模式而言是一个盲能带, 对应着剪切模式, 而第一条能带和第三条能带则对应着矢量面模式。

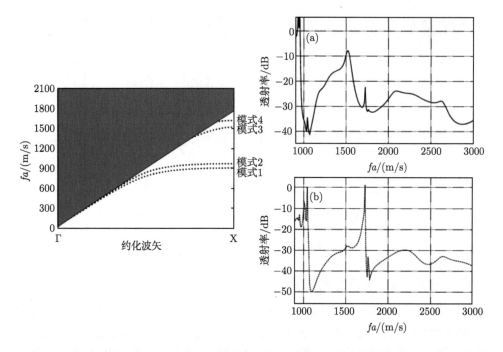

图 2.4 铌酸锂衬底上正方晶格圆柱阵列沿 ΓX 方向的能带结构。晶格常数为 a, 填充比 $F = 0.3$, 圆柱相对高度 h/a 固定为 0.5, 通过 7 列柱子的表面声波透射谱: ((a) 实线) 对矢状面偏振激发线源计算得到的透射谱; ((b) 虚线) 水平方向的剪切声源透射谱。透射谱表示各位移分量 $|u_x| + |u_z| + |u_y|$ 的平均随频率的变化关系。沿位于 7 个周期柱后的直线 D (见图 2.1) 作平均

　　而且第二条能带和第四条能带上频率接近 X 点处水平剪切模式的透射谱形状是一个典型的与 $1/(f_0^2 - f^2)$ 成正比的线性响应函数, 当频率为 f 的声波与能激发 f_0 频率局域模态的介质相互作用时往往会有这一效应。比如, 这一现象被认为是材料与光谐振时电磁频率响应的特征, 或者更一般地说, 是局域模态与传播模态相互作用的所谓 Fano 谐振的特征。为了在物理上阐释这些局域谐振现象, 我们在图 2.5 中给出了在谐振频率 $fa = 1042\text{m/s}$ 处和反谐振频率 $fa = 1100\text{m/s}$ 处的透射位移场分布。如图 2.5(a) 所示, 基底介质中传播的声波能量能有效地储存到柱子中, 因此会在图 2.4(c) 所示的 $fa = 1042\text{m/s}$ 最大透射谐振频率处产生能量传输的延迟, 而在反谐振 $fa = 1100\text{m/s}$ 处, 透射谱中将会出现很大的衰减, 波的传输被禁止, 柱子成为导波传播的障碍, 如图 2.5(b) 所示。自然地, 两种情况下都会有一部分表面波能量在结构分界处被转化为基底中的辐射模式, 这与导波禁带中没有能量沿表面传输并不矛盾。

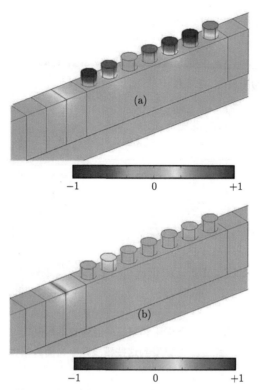

图 2.5 水平方向的剪切偏振激发声源计算得到的位移场 $|u_y|$。(a) 谐振频率处的位移场；(b) 反谐振频率处的位移场 (彩图见封底二维码)

为了证实前面关于盲能带的论述，我们分别在图 2.6 和图 2.7 中给出了第一条能带和第三条能带的模式位移场，以及第二条能带和第四条能带的模式位移场。所选择的波矢接近第一布里渊区的 X 点。重要的结论是，在图 2.6 的本征模式中，能量基本集中在 u_x 和 u_z 两个分量上，这些模式为矢量面偏振模式。u_y 的位移虽然不为 0，但其值很小。为了清楚显示各偏振分量位移的对比，这里使用了同样的标度。上述结论解释了矢量面源能在第一条能带和第三条能带处产生较大的透射。

如图 2.7 所示，第二条能带的声能量基本集中在 u_y 和 u_z 两个分量上，而第三条能带的声能量基本集中在 u_x 和 u_y 两个分量上，第二条能带的 u_z 以及第四条能带的 u_x 对于结构的矢量中面 (x, z) 具有反对称的特点。而所施加的矢量面源对于这一平面是对称的，这意味着能量不能被转化到第二条能带和第四条能带上。这解释了在矢量面源情况下的透射谱上找不到对应这些模式的透射信号。与此相反，u_y 偏振位移关于这一矢量面是对称的，因此可由水平剪切偏振源激发。

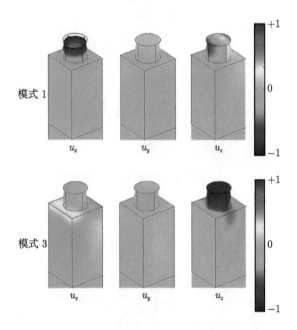

图 2.6   在布里渊区 X 点附近第一条能带和第三条能带的本征模式，三个子图分别表示位移
场三个方向的分量 u_x, u_y 和 u_z。可以看到这些模式几乎为面内偏振 (彩图见封底二维码)

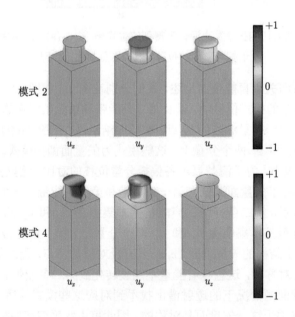

图 2.7   与图 2.6 相同，对应于第一条能带和第三条能带。可以看到这些模式几乎都是切向传
播的偏振模式 (彩图见封底二维码)

2.3.3 局域谐振表面声禁带的晶格对称效应

一般来说，超构材料的相关现象与周期尺度以及晶格对称性无关，因此在无序系统中也是能产生的，此时局域谐振响应不会受到影响。为了强调这一效应，在本节中我们对半无限衬底上加正方晶格、三角晶格和蜂窝状晶格柱阵列的表面声波传播特性的相关效应进行分析。主要关注晶格对称性对局域谐振禁带位置的影响。可以预期亚波长禁带对于传统声子晶体中的晶格常数并不敏感，这一现象将进一步证实此结构实际上可以看做声学超构材料。然而，周期大小将会明显地影响导波模式的色散特性，并规定非辐射区域，而非辐射区域是获得导波模式的关键。

如 2.2 节中所提到的，当柱子中离散的声学谐振由于柱子高度较低而不能在非辐射区域产生时，柱子的存在依然会导致两个主要的效应：在衬底中传播的表面波会有两个不同偏振方向的模式以及衬底中的经典波速会被降低。第二个效应对于蜂窝状结构并不明显。实际上其晶格常数大于其他晶格 ($\sqrt{3}a$) 并导致填充比降低，因此对经典表面波的减速效应降低。图 2.8 给出了正方晶格、三角晶格和蜂窝状晶格第一布里渊区极限处的总位移场分布。圆柱相对半径和相对高度分别为 $r/a=$ 0.32, h/a =0.2。三种不同晶格的模式分布不同，这些模式分布在柱子和衬底表面。因此晶格常数将通过施加在不同晶格上的相位条件影响波的传播特性。

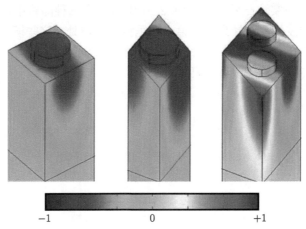

图 2.8 正方晶格、三角晶格和蜂窝状晶格第一布里渊区极限处的低频本征模式，图中显示的为三个方向分量 u_x, u_y 和 u_z 的总位移场分布。圆柱相对半径和相对高度分别为 $r/a =$ 0.32, h/a =0.2(彩图见封底二维码)

柱子高度固定为 $0.6a$，可保证在非辐射区域产生柱谐振模式。如图 2.9 所示，在声锥下产生了几个能带。可以观察到正方晶格和三角晶格中产生了两个位于 fa =1150m/s 和 fa = 2200m/s 的禁带 (图 2.9(a)、(b))，而对于蜂窝状晶格只有一条导波模式的完全禁带在 fa =1150m/s 处被打开 (图 2.9(c))。尽管正方晶格、三角晶格的晶格常数 (a) 与蜂窝状晶格 $(\sqrt{3}a)$ 相差较大，对于三种晶格，第一条禁带却位于相同频率处。这意味着打开禁带的物理机制不是周期结构中的布拉格干涉，而是柱中的局域声学谐振。可以预期，对于任何有序或无序结构，只要保持柱子的几何参数不变，也即保持谐振频率不变，都可以在相同位置打开禁带。

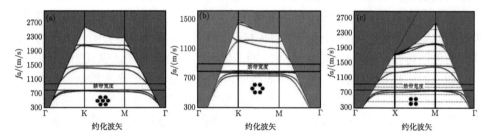

图 2.9　铌酸锂衬底上圆柱阵列的能带结构，(a) 三角晶格；(b) 蜂窝状晶格；(c) 正方晶格。计算沿第一不可约布里渊区对称边界进行。正方晶格、三角晶格的晶格常数为 a，蜂窝状晶格为 $\sqrt{3}a$。圆柱相对半径和相对高度分别为 $r/a = 0.32$，$h/a = 0.2$。能带结构中的灰色区域是表示辐射区域的声锥。沿着声锥的声线可根据衬底中沿所有传播方向的最小相速度计算得到

　　为了进一步证实这一效应，在图 2.10 中给出了三种晶格中低频模式的场分布。本征模式的波矢量选择为接近第一布里渊区极限处。这些模式分布为包含了 u_x, u_z, u_y 三个分量的总位移场，三种晶格中的场分布几乎完全相同，意味着其能带中的平直带与柱中的离散谐振模式相关联。

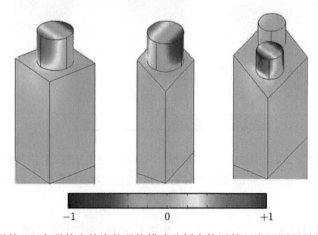

图 2.10　正方晶格、三角晶格和蜂窝状晶格模式分析中接近第一布里渊区最低频率极限的本征模式。三个总位移场分量分别为 u_x, u_z 和 u_y。对于这三种晶格结构，这些模式是基本接近的。相对半径为 $r/a = 0.32$，相对高度 h/a 等于 0.6(彩图见封底二维码)

2.3.4 结论

本章分析了在半无限大衬底上排列不同周期圆柱阵列的局域声学谐振问题。正方晶格、三角晶格和蜂窝状晶格的能带特性体现了其具有声学超构材料的特性。柱的存在导致了新表面传播模式的产生。晶格周期决定了最低体波模式所导致的非辐射区域，并作用于新模式的产生。此外，对于特定几何参数的柱，导波模式给定了远低于布拉格条件下禁带频率的第一禁带，且此禁带不受阵列的对称性影响。这一禁带来源于单一圆柱中的局域谐振，对圆柱的几何参数尤其是圆柱高度敏感。计算得到的透射谱验证了此带结构，并确立了单一圆柱的局域谐振在打开最低频禁带时所起的关键作用。这一情况下，任何的有序或无序系统中都会产生相同位置的禁带。

致谢 作者感谢与 Prof. Vincent Laude 和 Dr. Sarah Benchabane 所进行的富有成效的讨论。

参 考 文 献

[1] Achaoui, Y., Khelif, A., Benchabane, S., Robert, L., Laude, V.: Experimental observation of locally-resonant and Bragg band gaps for surface guided waves in a phononic crystal of pillars. Phys. Rev. B **83**, 104201 (2011)

[2] Berenger, J.P.: A perfectly matched layer for the absorption of electromagnetic waves. J. Comput. Phys. **114**, 185 (1994)

[3] Dühring, M.B., Laude, V., Khelif, A.: Energy storage and dispersion of surface acoustic waves trapped in a periodic array of mechanical resonators. J. Appl. Phys. **105**, 093504 (2009)

[4] Fang, N., Xi, D., Xu, J., Ambati, M., Srituravanich, W., Sun, C., Zhang, X.: Ultrasonic metamaterials with negative modulus. Nat. Mater. **5**, 452 (2006)

[5] Goffaux, C., Sánchez-Dehesa, J., Levy Yeyati, A., Khelif, A., Lambin, P., Vasseur, J.O., Djafari-Rouhani, B.: Evidence of Fano-like interference phenomena in locally resonant materials. Phys. Rev. Lett. **88**, 225502 (2002)

[6] Hsu, J.C., Wu, T.T.: Lamb waves in binary locally resonant phononic plates with two dimensional lattices. Appl. Phys. Lett. **90**, 201904 (2007)

[7] Johnson, S.G., Fan, S., Villeneuve, P.R., Joannopoulos, J.D., Kolodziejski, L.A.: Guided modes in photonic crystal slabs. Phys. Rev. B **60**, 5751–5758 (1999)

[8] Khelif, A., Achaoui, Y., Benchabane, S., Laude, V., Aoubiza, B.: Locally resonant surface acoustic wave band gaps in a two-dimensional phononic crystal of pillars on a surface. Phys. Rev. B **81**, 214303 (2010)

[9] Khelif, A., Aoubiza, B., Mohammadi, S., Adibi, A., Laude, V.: Complete band gaps in

twodimensional phononic crystal slabs. Phys. Rev. E **74**, 046610 (2006)

[10] Khelif, A., Choujaa, A., Benchabane, S., Djafari-Rouhani, B., Laude, V.: Guiding and bending of acoustic waves in highly confined phononic crystal waveguides. Appl. Phys. Lett. **84**(22), 4400–4402 (2004)

[11] Khelif, A., Choujaa, A., Djafari-Rouhani, B., Wilm, M., Ballandras, S., Laude, V.: Trapping and guiding of acoustic waves by defect modes in a full-band-gap ultrasonic crystal. Phys. Rev. B **68**, 214301 (2003)

[12] Khelif, A., Wilm, M., Laude, V., Ballandras, S., Djafari-Rouhani, B.: Guided elastic waves along a rod-defect of a two-dimensional phononic crystal. Phys. Rev. E **69**, 067601 (2004). doi:10.1103/PhysRevE.69.067601

[13] Kushwaha, M.S., Halevi, P., Dobrzynski, L., Djafari-Rouhani, B.: Acoustic band structure of periodic elastic composites. Phys. Rev. Lett. **71**(13), 2022–2025 (1993). doi:10.1103/ PhysRevLett.71.2022

[14] Liu, Z., Zhang, X.,Mao, Y., Zhu, Y.Y., Yang, Z., Chan, C.T., Sheng, P.: Locally resonant sonic materials. Science **289**, 1734 (2000)

[15] Martínez-Sala, R., Sancho, J., Sanchez, J.V., Gomez, V., Llinares, J., Meseguer, F.: Sound attenuation by sculpture. Nature **378**, 241 (1995)

[16] Miroshnichenko, A.E., Flach, S., Kivshar, Y.S.: Fano resonances in nanoscale structures. Rev. Mod. Phys. **82**(3), 2257 (2010). doi:10.1103/RevModPhys.82.2257

[17] Pennec, Y., Djafari-Rouhani, B., Vasseur, J.O., Larabi, H., Khelif, A., Choujaa, A., Benchabane, S., Laude, V.: Acoustic channel drop tunneling in a phononic crystal. Appl. Phys. Lett. **87**(26), 261912 (2005). doi:10.1063/1.2158019

[18] Robillard, J.F., Devos, A., Roch-Jeune, I.: Time-resolved vibrations of two-dimensional hypersonic phononic crystals. Phys. Rev. B **76**(9), 092301 (2007). doi:10.1103/PhysRev B. 76.092301

[19] Sigalas, M.M., Economou, E.N.: Band structure of elastic waves in two dimensional systems. Solid State Commun. **86**(3), 141–143 (1993)

[20] Vasseur, J.O., Deymier, P.A., Chenni, B., Djafari-Rouhani, B., Dobrzynski, L., Prevost, D.: Experimental and theoretical evidence for the existence of absolute acoustic band gaps in two-dimensional solid phononic crystals. Phys. Rev. Lett. **86**(14), 3012–3015 (2001)

[21] Wang, G., Wen, X., Wen, J., Shao, L., Liu, Y.: Two dimensional locally resonant phononic crystals with binary structures. Phys. Rev. Lett. **93**, 154302 (2004)

第3章 预应力结构的禁带特性

M. Gei, D. Bigoni, A.B. Movchan, M. Bacca

摘要 对弹性波具有新奇滤波特性的周期和准周期结构为实现弹性波超构材料打开了思路。在这些结构中,预应力通常会对相关特性有较强的影响,使禁带频率偏移,甚至消除或形成禁带。文中通过几个周期或准周期梁以及薄板结构中的弹性波示例给出了预应力所产生的效应。相关结果凸显了预应力可以作为连续调节弹性超构材料振动特性的一个参数。

3.1 引　言

通过与电磁学的情况作类比,弹性波超构材料可以用来设计对机械波适用的新型滤波器。相关设计主要聚焦于与结构周期相关联的一些振动特性,比如可具有禁带特性 (弹性波随距离指数衰减的频率范围 [17,22,36,39]),局域模态或者缺陷模态 (位于周期破坏单元附近的指数衰减的局域场 [2,30]),负折射 (入射和折射位于界面法线的同一侧 [15,32,34,40,41]),以及等效负质量密度 (对应一个指数衰减的振动模式,而非正弦传播 [24,29,35])。

M. Gei (✉) · D. Bigoni · M. Bacca
Department of Civil, Environmental and Mechanical Engineering, University of Trento,
via Mesiano 77, 38123 Trento, Italy
e-mail: massimiliano.gei@unitn.it

D. Bigoni
e-mail: davide.bigoni@unitn.it

M. Bacca
e-mail: mattia.bacca@unitn.it

A.B. Movchan
Department of Mathematical Sciences, University of Liverpool, Liverpool L69 3BX, UK
e-mail: abm@liv.ac.uk

R.V. Craster, S. Guenneau (eds.), *Acoustic Metamaterials*,
Springer Series in Materials Science 166, DOI 10.1007/978-97-007-4813-2_3,

弹性结构中的波传播将受到预应力状态的强烈影响。这一效应在结构工程 [7,23,26-28]、预应力固体的二维边值 [3,4,9,11,13,14,31,37] 等问题中众所周知，并且很容易在诸如弦乐器振动特性等相关研究中找到预应力重要影响的实验验证，因此自然地，预应力将会对周期结构的动态特性有决定性的影响 [5,12,33]。

这里，我们将回顾 Gei 等关于周期和准周期梁的研究 [10,12]，并将相关方法用到振动周期板的研究中。鉴于此，我们将证明预应力可以：① 改变 Floquet-Bloch 弹性波的色散特性；② 当施加压缩预应力或伸张预应力时，将禁带频率位置向低频或高频偏移；③ 消除或形成禁带。

对于周期预应力结构，我们采用 Floquet-Bloch 方法 (在梁的情况下可以解析求解，而在板的情况下数值求解)，而对于准周期的情况，基础单元的传递矩阵已知，从而也可以施加 Floquet-Bloch 边界条件求解本征值问题并得到相应的角频率。在准周期的梁 (通过 Fibonacci 序列生成) 中同时考虑弯曲波，并做了以下分析：① 禁带和通带的数量；② 色散曲线对原胞生成序数的自相似；③ 决定了通带及带结构尺度的不变函数所起的作用；④ 频移或拓宽通带、禁带的可能性。

3.2　基于弹簧模型的周期梁禁带分析

弯曲波在预应力周期梁中的 Floquet-Bloch 传播可通过弹簧模型 (所谓的 "Winkler type") 进行分析，从而对微机电 (MEMS) 技术中一个典型的设计问题建模，研究与较厚弹性层连接的一个相对刚性较大的弹性层的振动情况。所研究结构的几何如图 3.1 所示，结构周期为 d，N 表示无穷远处施加的不变的纵向预应力。

我们还将考虑在结构中间的原胞上增加质量块对原来的周期性形成扰动，如图 3.1(b) 所示。这一扰动并不影响其他原胞的物理特性，在特定的频率范围可能导致一个指数型的局域化波。

这一结构由两个组分构成，$m=1$ 和 $m=2$，从而时谐的弯曲波位移 $\omega_m(z)$ 满足此微分方程 (撇号表示对纵向坐标 z 的微分)

$$B_m\omega_m'''' - N\omega_m'' + (S-\rho_m\omega^2)\omega_m = 0 \quad (m=1,2), \tag{3.1}$$

这里 ρ_m 是分段常数的质量密度，$B(z)=I(z)E(z)$ 是弯曲刚度系数 [$I(z)$ 是二阶矩，$E(z)$ 是杨氏模量]，弹性基的刚度用 S 表示。

注意弯曲刚度系数 $B(z)$ 会很容易受施加在梁上的纵向预应力 N 所影响，但为了分析的方便，在这里暂不考虑此效应。

弯曲位移场的解将呈此形式

$$\omega_m = \xi_m \exp(ik^{(m)}z) \quad (m=1,2), \tag{3.2}$$

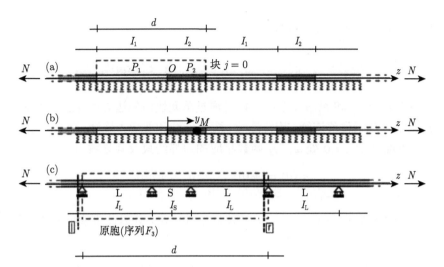

图 3.1 周期和准周期梁结构。(a) 弹性基上的分段均匀梁；(b) 与 (a) 相同，在 $z = y$ 处加入额外的质量块 M，以研究禁带局域模式；(c) 通过 Fibonacci 序列 F_3 生成原胞的准周期支撑，N 表示纵向预应力。(a)、(b) 引自文献 [12][版权所有 (2010)：美国物理联合会]，(c) 引自文献 [10]，获 Elsevier 许可 [版权所有 (2010)：美国物理联合会]

将式 (3.2) 代入式 (3.1) 可以得到对角频率 ω 的方程如下：

$$(k^{(m)} r_m)^4 + \overline{N}_m (k^{(m)} r_m)^2 + \overline{S}_m - P_m \omega^2 = 0 \quad (m = 1, 2). \tag{3.3}$$

这里引入了无量纲参量

$$\overline{N}_m = \frac{N r_m^2}{B_m}, \quad \overline{S}_m = \frac{S r_m^4}{B_m} \quad (m = 1, 2), \tag{3.4}$$

r_m 是梁的横截面的惯性半径，而下式：

$$P_m = \frac{\rho r_m^4}{B_m} \quad (m = 1, 2) \tag{3.5}$$

的量纲为时间平方。r_m 与二阶矩 I_m 以及梁的两个组分的横截面积 A_m 相关联。

$$r_m = \sqrt{I_m / A_m} \quad (m = 1, 2). \tag{3.6}$$

式 (3.3) 有八组解

$$k_{1,2,3,4}^{(m)} = \pm \frac{1}{r_m} \sqrt{-\frac{\overline{N}_m}{2} \pm \sqrt{\frac{\overline{N}_m^2}{4} + P_m \omega^2 - \overline{S}_m}} \quad (m = 1, 2), \tag{3.7}$$

这样横向位移即下面四项的线性组合:

$$\omega_1(z) = \sum_{p=1}^{4} \xi_1^p \exp(\mathrm{i}k_p^{(1)}z), \quad \omega_2 = \sum_{p=1}^{4} \xi_2^p \exp(\mathrm{i}k_p^{(2)}z), \tag{3.8}$$

这里的八个常数 ξ_1^p 和 $\xi_2^p(p=1,\cdots,4)$ 可通过单元块内的边界条件进行求解,这些边界约束条件包括位移连续、旋转连续、弯矩连续和剪切力连续。因此,对于 $j=0$ 质量块,界面处于 $z=0$ 处 ω_1,ω_2 函数相应的边界约束及其导数为

$$\begin{array}{cc} \omega_1(0) = \omega_2(0), & \omega_1'(0) = \omega_2'(0), \\ B_1\omega_1''(0) = B_2\omega_2''(0), & B_1\omega_1'''(0) = B_2\omega_2'''(0), \end{array} \tag{3.9}$$

另外的四个约束方程由 Floquet-Bloch 边界条件给出,并以此将块单元边界处的场联系起来

$$\omega_2(l_2^-) = \omega_1(-l_1^+)\exp(\mathrm{i}Kd), \quad \omega_2'(l_2^-) = \omega_1'(-l_1^+)\exp(\mathrm{i}Kd), \tag{3.10}$$

$$B_2\omega_2''(l_2^-) = B_1\omega_1''(-l_1^+)\exp(\mathrm{i}Kd), \quad B_2\omega_2'''(l_2^-) = B_1\omega_1'''(-l_1^+)\exp(\mathrm{i}Kd), \tag{3.11}$$

这里 K 是 Bloch 参数。

使式 (3.9)~ 式 (3.11) 的矩阵行列式为 0,可以得到此梁结构的色散方程。需要注意的是,使式 (3.1) 和式 (3.7) 中 ω 为零时,式 (3.9)~ 式 (3.11) 将给出结构的弯曲负载 [8]。

3.2.1 色散图和禁带频移

求解得到的图 3.1 中梁 (无缺陷) 的色散关系如图 3.2 所示,其中密度按分段函数分布 ($\rho_1 \neq \rho_2$) 而弯转刚性系数为一常数 ($B_1 = B_2$ 并且 $\overline{N}_1 = \overline{N}_2 = \overline{N}$)。当 $P_2/P_1 = 0.1$, $\overline{S} = 0.0001$, $r/d = 0.015$, $l_1 = l_2 = d/2$ 时研究了三种预应力 $\overline{N}$ 的情况 [伸张/零预应力/压缩,分别如图 3.2(a), (b) 和 (c) 所示]。在所研究的梁结构中,屈曲弯曲力 $\overline{N}_{\text{buckl}} = -0.02$, 而相应均一介质中的截止频率 ($P_1 = P_2$ 时) 为 $\sqrt{P_1}\omega_0 = 0.01$。

总的来说,对于给定的无量纲角频率 $\sqrt{P_1}\omega$, 色散曲线中可以得到四个复数的 Bloch 参量 K。具体来说,传播模式 [如图 3.2(a)~(c)] 对应着纯实数 K, 单调衰减模式的 K 是纯虚数;而对于复共轭的 Bloch 参量,相应模式同样不传播并且按正弦形式衰减。图 3.2(a)~(c) 中的相关结果关于轴 $K = 0$ 对称,因此只给出了正数部分。禁带 (BG) 频率范围用黑色线段表示。

当相对参数 P_2/P_1 固定时,如图 3.2(d) 所示,禁带分布随预应力变化。而图 3.2(e) 中,分别固定了伸张预应力、小预应力和压缩预应力,给出了禁带分布随 P_2/P_1 变化的情况,并且这一结果确认了截止区域并没有受到 P_2/P_1 变化的明显影响,而在区间 $0.0464 < P_2/P_1 < 0.464$, 禁带宽度的增加更加明显。

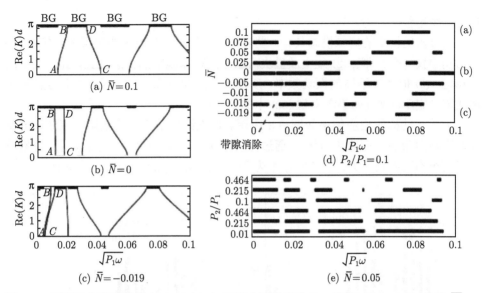

图 3.2 密度按分段函数分布 ($\rho_1 \neq \rho_2$) 而弯曲刚性系数为一常数 ($B_1 = B_2$ 并且 $\overline{N}_1 = \overline{N}_2 = \overline{N}$), ($P_2/P_1 = 0.1$, $\overline{S} = 0.0001$, $r/d = 0.015$, $l_1 = l_2 = d/2$) 梁结构的色散曲线 [角频率 $\sqrt{P_1}\omega$ 随 Bloch 参数 Re$(K)d$ 的变化关系] 以及通带和禁带分布。色散曲线 (a) 伸张预应力：$\overline{N}=0.1$, (b) 零预应力：$\overline{N}=0$, (c) 近屈曲 ($\overline{N}_{\text{buckl}} = -0.02$,) 的压缩预应力：$\overline{N}=-0.019$。BG 表示禁带。注意：(c) 中的压缩预应力导致第二条禁带 (AB 和 CD 之间的) 被去除。(d) 关于预应力 ($P_2/P_1 = 0.1$,) 以及 (e) 关于不同 P_2/P_1 参数的通带禁带分布，对数尺度 ($\overline{N}=0.05$)。因压缩预应力消失的禁带被标出。引自文献 [12][版权所有 (2010)：美国物理联合会]

下面我们将研究图 3.2(a)~(c) 中最低的两个频带，其中一个也存在于均匀的梁结构中。预应力很明显地改变了禁带间的间隔 (伸张预应力的情况下将禁带往高频移动)，当预应力为压缩预应力时，高频禁带 (图 3.2 中 AB 带和 CD 带之间的禁带) 变窄，并且在达到弯曲负载前消失。

3.3 禁带局域缺陷模

禁带局域缺陷模是指当一质量块置于梁上时，在色散图禁带中特定频率处产生的振动模态。利用格林函数方法，对置于弹性基上无限延伸的分段均一梁结构，我们研究了预应力对其中禁带局域缺陷模的影响。对于置于弹性基上的均一梁结构，处于截止频率下的局域模态可以通过解析计算得到 (参考文献 [12])，而对于分段均一的结构，格林函数不能直接得到结果 (尽管原则上也能得到解析结果)，我们更倾向于通过一定的近似，转而计算一个有限长但足够长的结构 (在给出的算例中，采用了七个长度为 d 的原胞)，并且在其中间原胞 (算例中的第四个原胞) 上施加了一个单位的外力。

此分段结构中的局域模态具有一些有趣的特性：① 色散图中出现多个禁带 (均一结构中仅一个禁带)；② 集中质量块可以放置在原胞中的任意位置，并产生不同的响应；③ 根据其不同的振动频率，质量块的振动模式可以局域在靠近缺陷或者离缺陷一定距离处 (如参考文献 [30] 中的效应)。

七单元结构的相应结果如图 3.3 所示。这里给出了集中质量块局域模式的频率范围随质量块在原胞中位置 y(通过与 d 相除进行归一化) 的变化关系，分别施加了两个不同的预应力，图 3.3(a) 中为 $\overline{N} = 0.025$，图 3.3(b) 中为 $\overline{N} = 0$。

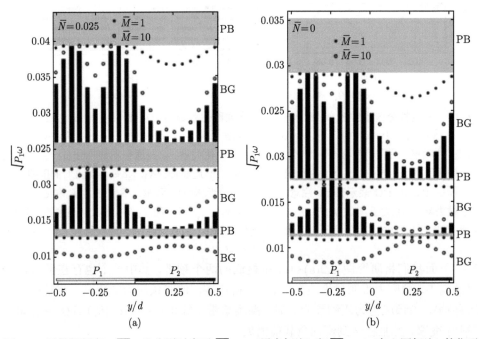

(a)   (b)

图 3.3　无量纲频率 $\sqrt{P_1}\omega$ 处分别对应于 $\overline{M} = 1$ (黑点标注) 和 $\overline{M} = 10$ (空心圆标注) 的位于 y 处 [图 3.1(b)] 的集中质量块局域模式 ($P_2/P_1 = 0.1, \overline{S} = 0.0001,$　$r/d = 0.015,$　$l_1 = l_2 = d/2$)。施加了两个不同的预应力，(a) 中为 $\overline{N} = 0.025$，(b) 中为 $\overline{N} = 0$。禁带区域的黑色竖直线段表示局域模式不能产生的频率范围。引自文献 [12][版权所有 (2010)：美国物理联合会]

在图 3.3(a) 和 (b) 中，都给出了前三个禁带，质量块放置于 $d/20$ 整数倍处。结果依赖于无量纲频率 $\sqrt{P_1}\omega$，这里给出了分别对应于 $\overline{M}=1$ (黑点标注) 和 $\overline{M}=10$ (空心圆标注) 的局域模式，无量纲集中质量 M 通过质量密度和惯性半径定义：

$$\overline{M} = \frac{M}{2\rho_1 r_1}. \tag{3.12}$$

禁带内的黑色竖直分段代表了无法通过施加质量块形成局域模式 (等效负质量密

度效应) 的频率范围, 质量块做与外力施加点相同幅度而与外力相位相反的运动。需注意, 在特定的位置处, 第二条禁带或者第三条禁带中这些黑色竖直分段跨越了整个区间 (比如第二条禁带中 $y = 0.25d$ 时, 以及第三条禁带中 $y = 0.2d$ 或 $0.8d$ 时的情况), 因此这些情况下无法通过加入有限大小的正质量块获得局域模态。

3.4　拉伸预应力周期板

与一维梁结构相比, 二维结构中的波传播现象更为复杂也更有意思。我们研究了施加了预应力的无限周期延伸的基尔霍夫板中的横向振动。结果显示出了结构周期性所导致的一些效应, 预应力能导致各向异性效应并形成一个优先传播方向以及与之关联的方向性禁带。需注意, 二维板模型只能为较低频的模式提供较为精确的近似, 对于高频情况下的准确计算将涉及 Mindlin 板模型或者完全的三维计算分析。

如图 3.4 所示, 约束厚度为 h 并在两个法向方向施加预应力以及剪切力的弹性基尔霍夫板的动力学微分方程为

$$B\nabla^4 w - f_1 \frac{\partial^2 w}{\partial x_1^2} - f_2 \frac{\partial^2 w}{\partial x_2^2} - 2f_{12} \frac{\partial^2 w}{\partial x_1 \partial x_2} = -\rho h \ddot{w} + p, \tag{3.13}$$

这里 w 为切向位移, ρ 为单位体积的质量密度, p 为切向负载, 字符上方的点表示时间微分, B 是弯曲刚度, 并由材料的弹性模量 E、泊松系数 ν 以及板厚 h 共同决定:

$$B = \frac{Eh^3}{12(1-\nu^2)}. \tag{3.14}$$

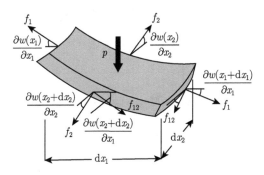

图 3.4　施加预应力以及剪切负载 p 的弹性基尔霍夫板中位移为 w 的一个单元。预应力具有法向分量 f_1, f_2 和切向分量 f_{12}

假设预应力没有剪切分量, 即 $f_{12} = 0$, 时谐的自由振动需满足方程

$$B\nabla^4 w - \rho h w^2 w - f_1 \frac{\partial^2 w}{\partial x_1^2} - f_2 \frac{\partial^2 w}{\partial x_2^2} = 0, \tag{3.15}$$

这里 ω 是角频率。式 (3.15) 在板的区域 Ω 内都成立。因此可变换式 (3.15) 得到板动力学的弱形式

$$\int_{\Omega^*}(\chi \cdot C_\chi)\mathrm{d}\Omega^* - \rho h w^2 \int_{\Omega^*} w^2 \mathrm{d}\Omega^* - \int_{\Omega^*}\left[f_1\left(\frac{\partial w}{\partial x_1}\right)^2 + f_2\left(\frac{\partial w}{\partial x_2}\right)^2\right]\mathrm{d}\Omega^* = 0, \tag{3.16}$$

在 Ω 中任意的子域有

$$\chi = \left(\frac{\partial^2 w}{\partial x_1^2}, \frac{\partial^2 w}{\partial x_2^2}, \frac{\partial^2 w}{\partial x_1 \partial x_2}\right)^{\mathrm{T}}, \quad C = B\begin{pmatrix} 1 & \nu & 0 \\ \nu & 1 & 0 \\ 0 & 0 & (1-\nu)/2 \end{pmatrix}. \tag{3.17}$$

通过形函数 (行向量 $\boldsymbol{\Phi}$) 对 Ω 进行有限元离散化, 从而剪切位移和旋转可以表示为

$$w = \boldsymbol{\Phi} \cdot \boldsymbol{u}^e, \tag{3.18}$$

$\boldsymbol{u}^e$ 是包含了第 e 个单元节点位移和旋转的矢量。

将式 (3.18) 代入式 (3.17), 可得

$$\chi = \boldsymbol{D}\boldsymbol{u}^e, \quad \frac{\partial w}{\partial x_1} = \frac{\partial \boldsymbol{\Phi}}{\partial x_1}\boldsymbol{u}^e, \quad \frac{\partial w}{\partial x_2} = \frac{\partial \boldsymbol{\Phi}}{\partial x_2}\boldsymbol{u}^e, \tag{3.19}$$

在第 e 个单元中, 这三个方程成立, 且

$$\boldsymbol{D} = \left(\frac{\partial^2 \boldsymbol{\Phi}^{\mathrm{T}}}{\partial x_1^2}, \frac{\partial^2 \boldsymbol{\Phi}^{\mathrm{T}}}{\partial x_2^2}, \frac{\partial^2 \boldsymbol{\Phi}^{\mathrm{T}}}{\partial x_1 \partial x_2}\right)^{\mathrm{T}}. \tag{3.20}$$

将式 (3.19) 代入式 (3.16), 并将第 e 个单元子域 Ω^* 表示为 Ω^e, 可以得到约束此单元时谐振动的本征方程。

$$\boldsymbol{u}^e \cdot (\boldsymbol{K}_e + \boldsymbol{K}_{fe} - \omega^2 \boldsymbol{M}_e)\boldsymbol{u}^e = 0, \tag{3.21}$$

这里, 对第 e 个单元, $\boldsymbol{M}_e$ 是质量矩阵, $\boldsymbol{K}_e$ 是刚性矩阵, $\boldsymbol{K}_{fe}$ 表征预应力效应, 其表达式为

$$\boldsymbol{M}_e = \int_{\Omega^e} \rho h \boldsymbol{\Phi}\boldsymbol{\Phi}^{\mathrm{T}}\mathrm{d}\Omega^e,$$

$$\boldsymbol{K}_e = \int_{\Omega^e} \boldsymbol{D}^{\mathrm{T}}\boldsymbol{C}\boldsymbol{D}\mathrm{d}\Omega^e, \tag{3.22}$$

$$\boldsymbol{K}_{fe} = \int_{\Omega^e} \boldsymbol{D}_f \cdot \boldsymbol{C}_f \boldsymbol{D}_f \mathrm{d}\Omega^e,$$

这里

$$D_f = \left(\boldsymbol{\Phi}^{\mathrm{T}}, \frac{\partial \boldsymbol{\Phi}^{\mathrm{T}}}{\partial x_1}, \frac{\partial \boldsymbol{\Phi}^{\mathrm{T}}}{\partial x_2}, \right)^{\mathrm{T}}, \quad C_f = \begin{pmatrix} 0 & 0 & 0 \\ 0 & f_1 & 0 \\ 0 & 0 & f_2 \end{pmatrix}. \tag{3.23}$$

将式 (3.21) 应用到全部区域 Ω 并将单元矩阵整合, 可以得到整个系统的质量矩阵和刚度矩阵

$$\boldsymbol{M} = \sum_e \boldsymbol{M}_e, \quad \boldsymbol{K} = \sum_e \boldsymbol{K}_e, \quad \boldsymbol{K}_f = \sum_e \boldsymbol{K}_{fe}, \tag{3.24}$$

$\boldsymbol{M}_e$, $\boldsymbol{K}_e$ 和 $\boldsymbol{K}_{fe}$ 为系统的扩展矩阵, 最终可以得到整个板时谐振动的本征方程

$$\boldsymbol{u} \cdot \left(\boldsymbol{K} + \boldsymbol{K}_f - \omega^2 \boldsymbol{M} \right) \boldsymbol{u} = 0, \tag{3.25}$$

其中 $\boldsymbol{u}$ 是包含了节点位移和单元旋转的向量。

边长为 d 的正方单元构成的周期系统 (图 3.5), 其单元的 Floquet-Bloch 条件可以写成对切向位移 w 的函数:

$$w(x_1 + md, x_2 + nd) = w(x_1, x_2)\mathrm{e}^{\mathrm{i}(k_1 md + k_2 nd)}, \tag{3.26}$$

其中 m 和 n 为整数, 为晶格单元节点的序数, $\boldsymbol{k} = (k_1, k_2)$ 是 Bloch 矢量。注意式 (3.26) 对转动也同时施加了周期性约束 (相应地, 弯曲矩和剪切力也与之一样)。

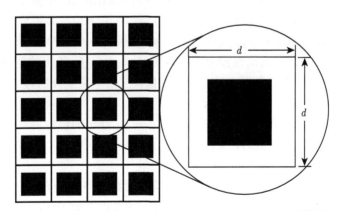

图 3.5 示例所研究的周期板, 内嵌材料被黑色标出, 它具有较小的弹性模量以及比基底更大的密度

通过有限元方法分析其中的一个单元, 根据式 (3.26), 其边界处满足

$$\begin{aligned} u(d, x_2) &= u(0, x_2)\mathrm{e}^{\mathrm{i}k_1 d}, \quad 0 \leqslant x_2 \leqslant d, \\ u(x_1, d) &= u(x_1, 0)\mathrm{e}^{\mathrm{i}k_2 d}, \quad 0 \leqslant x_1 \leqslant d, \end{aligned} \tag{3.27}$$

这里用广义位移 (包含了位移和旋转) 来描述。

式 (3.27) 给定了对广义位移中某些量的线性依赖关系, 假定这些沿单元周期边界的位移线性依赖分量 $\tilde{u}$ 可以写成

$$u = T(K)\tilde{u},\tag{3.28}$$

从而此本征问题的最终形式为

$$(\widetilde{K} + \widetilde{K}_f - \omega^2 \widetilde{M})\tilde{u} = 0,\tag{3.29}$$

其中

$$\widetilde{K} = T(k)^{\mathrm{T}} K T(k), \quad \widetilde{K}_f = T(k)^{\mathrm{T}} K_f T(k), \quad \widetilde{M} = T(k)^{\mathrm{T}} M T(k).\tag{3.30}$$

式 (3.29) 中的本征问题可数值求解 (我们使用了 MATLAB R2007b©)。式 (3.29) 的无量纲形式可以写为

$$\left(K^* + \Xi K_f^* - \tilde{\omega}^2 M^*\right)\tilde{u} = 0,\tag{3.31}$$

其中 K_f^* 依赖于无量纲比率 f_1/f_2, 并且

$$\Xi = \frac{f_1 d^2}{h^3 E}, \quad \tilde{\omega} = \frac{d^2}{h}\sqrt{\frac{\rho}{E}}\omega.\tag{3.32}$$

通过求解式 (3.31) 中的本征值问题, 得到色散图如图 3.6 和图 3.7 所示, 其中嵌入物体假设为面积为 $0.36d^2$ 的正方截面物体 (图 3.5), 其刚度和密度分别为 $E_{\mathrm{matrix}}/E_{\mathrm{inclusion}} = 100$ 和 $\rho_{\mathrm{matrix}}/\rho_{\mathrm{inclusion}} = 1/100$。

- 图 3.6 中, 若为各向同性预应力的情况 $f_1 = f_2 = f$, 给出的色散曲线为无量纲频率 $\tilde{\omega}/(2\pi)$ 沿右手三角形 ΓMX 上的取值, 三角形顶点分别为 Γ= (0, 0), M= (π, 0), X=(π,π), 如嵌入的插图所示。

- 图 3.7 中, 若为单轴预应力的情况 $f_2 = 0$, 给出的色散曲线为无量纲频率 $\tilde{\omega}/(2\pi)$ 沿右手正方形 ΓMXN 上的取值, 其顶点分别为 Γ= (0, 0), M=(π,0), X=(π, π), N =(0,π), 如嵌入的插图所示。

需注意完全禁带和部分禁带的区别, 前者相应的灰色横跨了图 3.6 和图 3.7 中的整个区域, 而后者仅延伸到三角形 ΓMX 或者正方形 ΓMXN 一条边的范围。部分禁带意味着波的传播只有在特定的方向区间才能通过, 而另一些方向的波在此特定的范围内无法传播。部分禁带可用来设计实现特殊的振动特性。图 3.6 和图 3.7 中的结果表明, 完全禁带和部分禁带都明显受到预应力较强的影响: ① 禁带频率的偏移 (当预应力为伸张应力时向高频移动); ② 禁带宽度的增减; ③ 禁带的产生和消除。

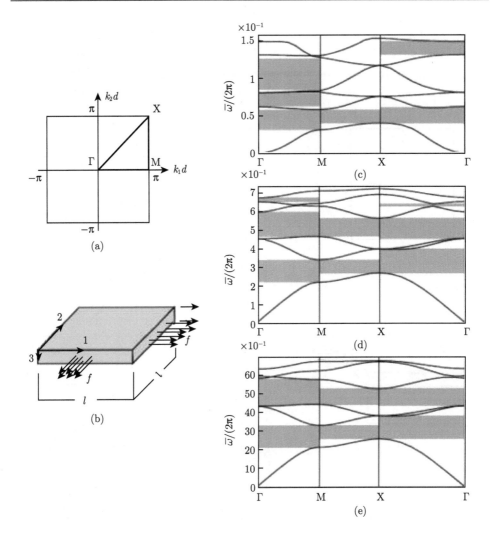

图 3.6　在 x_1-x_2 平面的各向同性预应力板, $f_1 = f_2 = f$, (a) 第一不可约布里渊区; (b) 预应力板. 不同预应力取值时周期板的色散曲线: (c) 零预应力; (d) 中等预应力 $f = Eh^3/d^2$; (e) 强预应力 $f = 10^2 Eh^3/d^2$. 灰色区间表示禁带, 需注意完全禁带 (沿 ΓMX) 和部分禁带的区别

　　在图 3.6(预应力各向同性) 和图 3.7(预应力各向异性) 中预应力起到了不同的作用: 对各向异性 (各向同性) 预应力, 伸张预应力增强时会使禁带的数量明显地减少 (增加), 从而图 3.6 中产生了一个完全禁带, 而在图 3.7 中, 减少了一个完全禁带. 此外, 图 3.7 中, 增加预应力使沿 ΓM(NΓ) 方向的若干部分禁带也消失 (形成) 了.

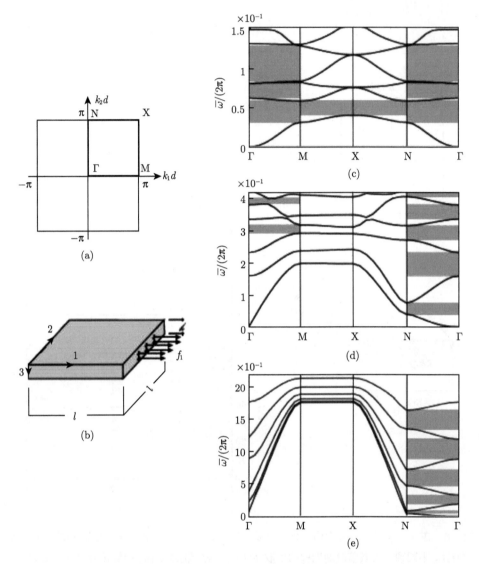

图 3.7　沿平行于 x_1 轴方向施加预应力的板。(a) 第一不可约布里渊区；(b) 预应力板。不同预应力取值时周期板的色散曲线：(c) 零预应力；(d) 中等预应力 $f_1 = Eh^3/d^2$；(e) 强预应力 $f_1 = 10^2 Eh^3/d^2$。灰色区间表示禁带，需注意完全禁带 (沿 ΓMXN) 和部分禁带的区别

　　与预应力关联的各向异性效应也可在图 3.7 中观察到，能带图中，只有沿预应力方向的禁带被消除。这一效应的重要性在于，我们可以据此设计特定频率范围的波导并控制振动方向，如图 3.8 所示，一个点源的振动被引导到预应力所调制的特定方向。

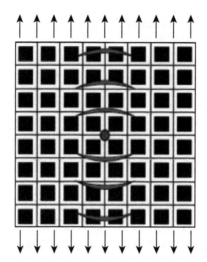

图 3.8　预应力周期结构所导致的波导效应，一定频率范围内点源的脉冲振动被引导到预应力所调制的特定方向

3.5　准周期梁结构中的禁带和自相似性

下面研究无限长准周期多支撑梁结构中的弯曲振动。本节所分析的结构通过将两种均一成分组成一维的准周期模式 (这里采用 Fibonacci 序列，也可采用其他的准周期序列，比如 ThueMorse 序列 [25] 构成)，在此结构上施加轴向预应力。研究目的为将准周期声子晶体的特性延伸到类似的结构中，更多的细节可参考文献 [10]。

此结构的基本单元通过按照 Fibonacci 序列在相应的位置排列支撑构成。引入符号 $F_0 = (S), F_1 = (L)$, $S(\text{“short”})$ 和 $L(\text{“long”})$ 表示两种不同的分段，Fibonacci 序列遵从迭代规则 $F_i = (F_{i-1}F_{i-2})$ $(i \geqslant 2)$, i 是生成序数，从而 $F_2 = (LS)$, $F_3 = (LSL), \cdots$。F_i 单元数量为 $n_i = n_{i-1} + n_{i-2}(i \geqslant 2, n_0 = n_1 = 1)$, 且 $\lim\limits_{i \to \infty} n_{i+1}/n_i = \phi$, ϕ 为黄金比例 $[\phi = (\sqrt{5} + 1)/2]$。

假设这里梁是均一的，弯曲刚度为 B, 施加的预应力为 $\overline{N}$, 从而约束横向位移的时谐方程为

$$\boldsymbol{B}w'''' - \boldsymbol{N}w'' - \rho\omega^2 w = 0. \tag{3.33}$$

方程解的形式为 $w(z) = C\exp(\mathrm{i}kz)$, 从而特征方程为

$$(kr)^4 + \overline{N}(kr)^2 - p\omega^2 = 0, \tag{3.34}$$

r 是结构横截面的惯性半径, 在前面已经得出

$$\overline{N} = \frac{Nr^2}{B}, \quad P = \frac{\rho r^4}{B}. \tag{3.35}$$

方程 (3.34) 可得出四个 k 解:

$$k_{1,2} = \pm \frac{1}{r} \sqrt{-\frac{\overline{N}}{2} + \sqrt{\frac{\overline{N}^2}{4} + p\omega^2}}, \quad k_{3,4} = \pm \frac{1}{r} \sqrt{-\frac{\overline{N}}{2} + \sqrt{\frac{\overline{N}^2}{4} + p\omega^2}}, \tag{3.36}$$

这样我们可以对式 (3.33) 积分, 第一个序数与符号 "+" 相关联。通过对单元 (与序列 F_i 对应) 建立传递矩阵 M_i, 将单元前后边界的特征动力学量联系起来, 可以得到色散图。在这里, 如果各点的旋转量 $\phi(z)$ 及其微分 $\phi'(z)$ 已知, 梁的参数即可以确定 [图 3.1(c)]。有

$$V_r = M_i V_l, \tag{3.37}$$

$V_j = \left[\varphi_j \varphi_j'\right]^{\mathrm{T}}$, 下标 r 和 l 分别表示单元的左边界或右边界, 矩阵 M_i 可通过与单元内部相联系的 $(M^X, X \in \{L, S\})$ 矩阵相乘得到

$$M_i = \prod_{p=1}^{n_i} M^X, \tag{3.38}$$

其中

$$M^X = \begin{bmatrix} \dfrac{\Psi_{bb}^X}{\Psi_{ab}^X} & \Psi_{ba}^X \dfrac{\Psi_{bb}^X \Psi_{aa}^X}{\Psi_{ab}^X} \\ \dfrac{1}{\Psi_{ab}^X} & -\dfrac{\Psi_{aa}^X}{\Psi_{ab}^X} \end{bmatrix}. \tag{3.39}$$

矩阵各元素由下式计算得出:

$$\Psi_{aa}^X = \frac{k_1 \cot(k_1 l_X) - k_3 \cot(k_3 l_X)}{k_3^2 - k_1^2}, \quad \Psi_{bb}^X = \frac{k_1 \cot(k_1 l_X) - k_3 \cot(k_3 l_X)}{k_1^2 - k_3^2}, \tag{3.40}$$

$$\Psi_{ab}^X = \frac{k_1 \mathrm{cosec}(k_1 l_X) - k_3 \mathrm{cosec}(k_3 l_X)}{k_1^2 - k_3^2}, \quad \Psi_{ba}^X = \frac{k_1 \mathrm{cosec}(k_1 l_X) - k_3 \mathrm{cosec}(k_3 l_X)}{k_3^2 - k_1^2}, \tag{3.41}$$

各量依赖于角频率、预应力 $\overline{N}$ 和 k_1、k_3[见式 (3.36)]。

在分析此准周期结构的过程中可利用传递矩阵 M_i 的一些重要特性:

• 遵从递推规则 $M_{i+1} = M_{i-1} M_i, M_0 = M^S$ 并且 $M_1 = M^L$;

- 满足单位模 $M_i = 1$, 从而可以给出方程的迹

$$M_{i+1} + M_{i-2}^{-1} = M_{i-1}M_i + M_{i-1}M_i^{-1},$$

可以得出 $y_i = \mathrm{tr}M_i/2$ 遵循递推规则[19]

$$y_{i+1} = 2y_i y_{i-1} - y_{i-2}, \tag{3.42}$$

初始条件为 $y_0 = \mathrm{tr}M^S/2, y_1 = \mathrm{tr}M^L/2, y_2 = \mathrm{tr}(M^S M^L)/2$。

根据 Bloch 边界条件 $V_r = \exp(\mathrm{i}K) V_1$, 将其代入式 (3.37), 色散方程形式为

$$|M_i - \exp(\mathrm{i}k)I| = 0, \tag{3.43}$$

或

$$K = \arccos\left(\frac{\mathrm{tr}M_i}{2}\right), \tag{3.44}$$

当 $|\mathrm{tr}M_i/2| \leqslant 1$ 时将得到实数解。

3.5.1 色散图以及通带禁带分布

色散图以及禁带通带分布将用无量纲量 $l_S = l_L/2$ 来表示。一个与 Kohmoto 等[19] 提出的函数 (用来分析准周期势场下薛定谔方程的解) 类似, 并被用来研究光子晶体透射特性[21] 的函数将有助于理解其特性。当式 (3.42) 中的递推规则成立时, 相关结果表明下列物理量与序数 i 无关:

$$J(\omega) = y_{i+1}^2 + y_i^2 + y_{i-1}^2 - 2y_{i+1}y_i y_{i-1} - 1. \tag{3.45}$$

$J(\omega)$ 的显式表达式为

$$J(\omega) = \frac{k_1^2 k_3^2}{[k_3\sin(k_1 l_L) - k_1\sin(k_3 l_L)]^2 [k_3\sin(k_1 l_S) - k_1\sin(k_3 l_S)]^2}$$
$$\times \{\sin(k_1 l_L)\sin(k_3 l_L)[1 - \cos(k_1 l_S)\cos(k_3 l_S)]$$
$$+\sin(k_1 l_S)\sin(k_3 l_S)[\cos(k_1 l_L)\cos(k_3 l_L) - 1]\}^2, \tag{3.46}$$

此函数为一个调制的周期函数, 图 3.9 给出了四个不同无量纲预应力 $\overline{N}$ 下的情况。$l_L = l_S$ 时, $J(\omega)$ 函数取值恒为零, 对应了梁受到等距离支撑的情形。在图 3.9 中还给出了四个不同预应力下 $J(\omega)$ 函数取零的两点之间的频率范围, 在后面我们将着重讨论第二个频率范围。

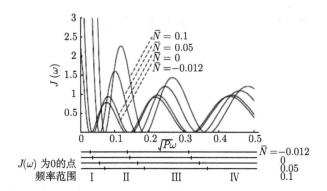

图 3.9　$J(\omega)$ 函数图，式 (3.46) 对于四个不同无量纲预应力 $\overline{N}$ 下的情况 $(l_L = l_S/2)$，给出了不同预应力下 $J(\omega)$ 函数取零的两点之间的频率范围。引自文献 [10][版权所有 (2010)：美国物理联合会]

不同生成序列的单一色散图由图 3.10(a) 给出，图 3.10(b) 则给出了与支撑

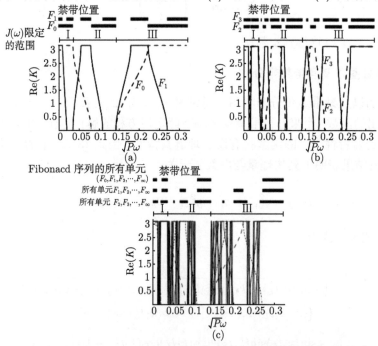

图 3.10　不同生成序列 (a)F_0 和 F_1，(b)F_2 和 F_3 所构成的梁中弯曲波色散曲线；(c) 由序列 $F_i(i = 0,\cdots,7)F_0$ 到 F_7 生成单元所对应结果结合起来的全局色散图以及因 Fibonacci 序列形成的共同禁带分布特性，对于任意由 $F_i, i = 0,\cdots,\infty$ 到 $F_i, i = 1,\cdots,\infty$ 到 $F_i, i = 2,\cdots,\infty$ 这样形成的结构，波都所无法传播通过的频率区间。长虚线：F_0 的解，短虚线：F_1 的解，实线：F_2 到 F_7 的累加的解。在所有的结构中都有 $l_S = l_L/2$ 以及 $\overline{N} = 0$。复制获准，引自文献 [10][版权所有 (2010)：美国物理联合会]

分布相关联的截止频率。给定 $J(\omega)$ 函数取零之间的频率范围将有助于下面对不同情况的分析。假设根据序列 F_i 建立了一个单元，在开始的区间 $(0 < \sqrt{P}\omega < 0.03533, \overline{N} = 0)$ 通带和禁带的数量为 n_i，而在其他的区间数量都为 n_{i+1}。在图 3.10(c) 中，给出了由序列 F_0 到 F_7 生成单元所对应结果结合起来的全局色散图。有意思的是，对于所有的 F_i 序列，色散图中的不同分支都局域在特定的频率范围并且禁带都是一致的。因此共同的禁带位置是 Fibonacci 序列的特征之一，禁带位置可通过调节比率 l_S/l_L 以及支撑间的距离来控制。

通带的分布在序列序数增加时符合自相似规律。这一特性可通过分析图 3.11 中的矩形区域得出。此处对第二个频率区间 $(0.03553 < \sqrt{P}\omega < 0.14212)$ 进行了详尽的分析。所有的矩形区域都包括了若干条通带，从上往下满足 Fibonacci 递推规律：$1, 1, 2, 3, \cdots$。然而不同于文献 [10] 中的轴向波问题，这里通带的相对位置受到了明显的影响，并且还取决于其在能带谱中的位置。

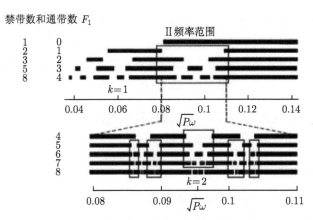

图 3.11　对于由 F_0 到 F_3 生成的梁结构，第二个频率区间中的禁带结构 $(0.03553 < \sqrt{P}\omega < 0.14212$，见图 3.10)，有 $l_S = l_L/2$ 以及 $\overline{N} = 0$。序数 k 表示归一化频率 $\sqrt{P}\omega = 0.06(k=1)$ 和 $0.0956(k=2)$ 的取值 (见图 3.12)。通带的分布在序列序数增加时符合自相似规律。复制获许可，引自 Elsevier[10] [版权所有 (2010)：美国物理联合会]

函数 $J(\omega)$ 还决定了改变生成序列 F_i 时通带宽度的变化。量子力学中，Kohmoto 和 Oono[20] 建立了由 $f(\omega)$ 给出的同样中心频率处两个通带 $(F_i$ 和 $F_{i+3}, \forall i)$ 宽度的比例关系，其中 $f(\omega)$ 依赖于 $J(\omega)$：

$$f(\omega) = \sqrt{1 + 4\left[J(\omega) + 1\right]^2} + 2[1 + J(\omega)]. \tag{3.47}$$

与 Kohmoto 和 Oono 的情况相比，他们的模型中 $J(\omega)$ 为一常数，f 取决于 ω，然而其在设定尺度方面的重要作用依然不变。四种预应力下的函数 $f(\omega)$ 由图 3.12(a)

给出。仅当生成序数 i 相对较大时, 如图 3.12(b) 中的两种情况 ($\sqrt{P}\omega = 0.060, k = 1$, 以及 $\sqrt{P}\omega = 0.0956, k = 2$), 用 $q_k(F_i)$ 表示与 F_i 对应的序数为 k 的通带宽度, f 表示其尺度, 即 $q_k(F_i)/q_k(F_i+3)$。

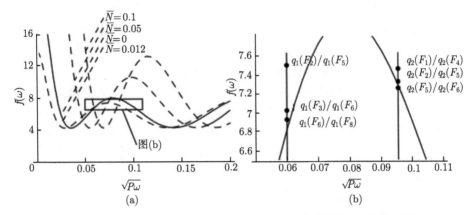

图 3.12　四种预应力下的描述弯曲波问题中 F_i 到 $F_i + 3$ 间通带宽度尺度因子的函数 $f(\omega)$。在图 (b) 中, 对于 $\overline{N}=0$ 的 $f(\omega)$ 图由实线给出, 相应的尺度因子可根据 $\sqrt{P}\omega = 0.06(k = 1)$ 和 $0.0956(k = 2)$ 处的通带得到验证, 在两种情况下都用 f 表示对应高阶序数 i 的通带宽度的尺度, 即 $q_k(F_i)/q_k(F_i+3)$

　　自相似性使由准周期单元构成的周期结构能产生非常窄的禁带和通带, 从而理论上可以用来构造非常灵敏的滤波器。

3.5.2　预应力效应

　　接下来我们将分析预应力对准周期多支撑梁中弯曲波能带禁带和通带位置的影响。在压缩作用下结构可能会在负载处弯曲, 可在式 (3.33) 中令 $\omega = 0$ 来对这一情况求解, 并将 $\overline{N}$ 作为式 (3.43) 的一个本征值[1]。

　　在图 3.13(a) 中给出了由序列 F_4 生成的结构禁带通带位置随轴向负载 $\overline{N}$($\sqrt{P}\omega < 0.1421$) 的变化。$\overline{N}$ 分别取六个不同值: 其中 $\overline{N} = -0.012$, 比弯曲负载绝对值稍低, 弯曲负载为 $\overline{N}_{\text{buckl}} = -0.01304$(见脚注 1), $\overline{N} = 0, 0.025, 0.05, 0.075$和$0.1$。很清楚, 伸张应力下带频率几乎线性地向高频移动, 而压缩应力下带位置向低频移动, 与前面对其他结构的分析一致。但这里没有禁带被消除。

　　轴向负载对通带禁带的宽度也有影响。在图 3.13(b) 中分析了图 3.13(a) 中的 $\overline{N} = 0$ 时位于频率区间 $0.08 < \sqrt{P}\omega < 0.11$ 的通带禁带 (见图 3.13(a))。特别地, 不

---

1 对于序列 F_i, 无量纲弯曲负载为 $\overline{N}_{\text{buckl}}(F_0) = -0.03553$, $\overline{N}_{\text{buckl}}(F_1) = -0.00888$, $\overline{N}_{\text{buckl}}(F_2) = -0.01579$, $\overline{N}_{\text{buckl}}(F_3) = -0.01233$, $\overline{N}_{\text{buckl}}(F_4) = -0.01304$, $\overline{N}_{\text{buckl}}(F_5) = -0.01269$, $\overline{N}_{\text{buckl}}(F_6) = -0.01276$。

同 $\overline{N}$ 以及 $\overline{N}=0$ 时其通带禁带的宽度比例也在图中给出。可以看到禁带宽度 (可观察相关比率 $\overline{q}_a/\overline{q}_{0a}, \overline{q}_b/\overline{q}_{0b}$ 的变化) 受预应力的影响较小, 而通带宽度在施加伸张 (压缩) 应力后明显减小 (增加)(可观察 $q_a/q_{0a}, q_b/q_{0b}$)。

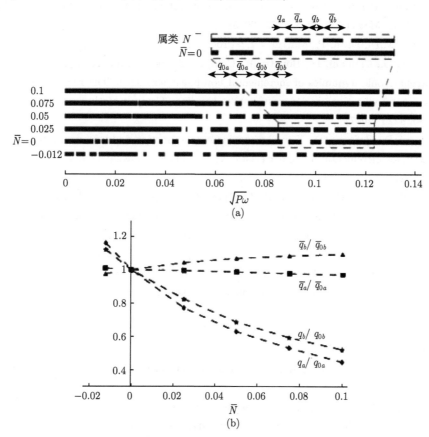

图 3.13 (a) 由序列 F_4 生成的多支撑准周期梁结构中弯曲波禁带通带位置受预应力 $\overline{N}$ 作用的影响；(b) 预应力 $\overline{N}$ 对通带宽度 (由 q_a/q_{0a}, q_b/q_{0b} 表示) 和禁带宽度 (由 $\overline{q}_a/\overline{q}_{0a}$, $\overline{q}_b/\overline{q}_{0b}$ 表示) 的影响。下标 0 表示预应力值 $\overline{N}=0$。复制获许可, 引自 Elsevier[10] [版权所有 (2010): 美国物理联合会]

致谢 M.G. 和 M.B. 向意大利教育部、大学和研究所 (PRIN grant No. 2009XWL FKW) 表示衷心的感谢。D.B. 和 A.B.M. 在合约 No. PIAP-GA-2011-286110-INTER CER2. 中得到来自欧盟的资助，表示衷心的感谢。

参 考 文 献

[1] Aynaou, H., El Boudouti, E.H., Djafari-Rouhani, B., Akjouj, A., Velasco, V.R.: Prop-
     agation and localization of acoustic waves in Fibonacci phononic circuits. J. Phys.
     Condens. Matter **17**, 4245–4262 (2005)

[2] Bacon, M.D., Dean, P., Martin, J.L.: Proc. Phys. Soc. **80**, 174 (1962)

[3] Bigoni, D., Capuani, D., Bonetti, P., Colli, S.: A novel boundary element approach to
     timeharmonic dynamics of incremental non-linear elasticity: The role of pre-stress on
     structural vibrations and dynamic shear banding. Comput.Methods Appl.Mech. Eng.
     196, 4222 (2007)

[4] Bigoni, D., Capuani, D.: Time-harmonic Green's function and boundary integral formu-
     lation for incremental nonlinear elasticity: Dynamics of wave patterns and shear bands.
     J. Mech. Phys. Solids **53**, 1163 (2005)

[5] Bigoni, D., Gei, M., Movchan, A.B.: Dynamics of a prestressed stiff layer on an elastic
     half space: filtering and band gap characteristics of periodic structural models derived
     from longwave asymptotics. J. Mech. Phys. Solids **56**, 2494–2520 (2008)

[6] Chen, A.L., Wang, Y.S.: Study on band gaps of elastic waves propagating in one-
     dimensional disordered phononic crystals. Physica B **392**, 369–378 (2007)

[7] Cremer, L., Leilich, H.O.: Zur theorie der biegekettenleiter. Arch. Elektr. Übertrag. **7**,
     261 (1953)

[8] Feynman, R.: The Feynman Lectures on Physics, vol. 2. Addison-Wesley, Reading
     (1965)

[9] Gei, M.: Elastic waves guided by a material interface. Eur. J. Mech. A, Solids **27**,
     328–345 (2008)

[10] Gei, M.: Wave propagation in quasiperiodic structures: Stop/pass band distribution
     and prestress effects. Int. J. Solids Struct. **47**, 3067–3075 (2010)

[11] Gei, M., Bigoni, D., Franceschini, G.: Thermoelastic small-amplitude wave propagation
     in nonlinear elastic multilayer. Math. Mech. Solids **9**, 555–568 (2004)

[12] Gei, M., Movchan, A.B., Bigoni, D.: Band-gap shift and defect induced annihilation in
     prestressed elastic structures. J. Appl. Phys. **105**, 063507 (2009)

[13] Gei, M., Ogden, R.W.: Vibration of a surface-coated elastic block subject to bending.
     Math. Mech. Solids **7**, 607–629 (2002)

[14] Gurtin, M.E., Murdoch, A.I.: A continuum theory of elastic material surfaces. Arch.
     Ration. Mech. Anal. **57**, 291–323 (1975)

[15] Hladky-Hennion, A.-C., Vasseur, J., Dubus, B., Djafari-Rouhani, B., Ekeom, D., Mor-
     van, B.: J. Appl. Phys. **104**, 094206 (2008)

[16] Hou, Z., Wu, F., Liu, Y.: Acoustic wave propagating in one-dimensional Fibonacci
     binary composite systems. Physica B **344**, 391–397 (2004)

[17] John, S.: Strong localization of photons in certain disordered dielectric superlattices. Phys. Rev. Lett. **58**, 2486–2489 (1987)

[18] King, P.D.C., Cox, T.J.: Acoustic band gaps in periodically and quasiperiodically modulated waveguides. J. Appl. Phys. **102**, 014908 (2007)

[19] Kohmoto, M., Kadanoff, L.P., Tang, C.: Localization problem in one dimension: Mapping and escape. Phys. Rev. Lett. **50**, 1870–1872 (1983)

[20] Kohmoto, M., Oono, Y.: Cantor spectrum for an almost periodic Schroedinger equation and a dynamical map. Phys. Lett. A **102**, 145–148 (1984)

[21] Kohmoto, M., Sutherland, B., Iguchi, K.: Localization in optics: Quasiperiodic media. Phys. Rev. Lett. **58**, 2436–2438 (1987)

[22] Kushwaha, M.S., Halevi, P., Dobrzynski, L., Djafari-Rouhani, B.: Acoustic band structure of periodic elastic composites. Phys. Rev. Lett. **71**, 2022–2025 (1993)

[23] Lin, Y.K.: Free vibrations of a continuous beam on elastic supports. Int. J. Mech. Sci. **4**, 409–423 (1962)

[24] Liu, Z., Chan, C. T, Sheng, P.: Analytic model of phononic crystals with local resonances. Phys. Rev. B **71**, 014103 (2005)

[25] Liu, Z., Zhang, W.: Bifurcation in band-gap structures and extended states of piezoelectric Thue-Morse superlattices. Phys. Rev. B **75**, 064207 (2007)

[26] Mead, D.J.: Wave propagation in continuous periodic structures: Research contributions from Southampton. J. Sound Vib. **190**, 495 (1996)

[27] Mead, D.J.: Wave propagation and natural modes in periodic systems. II. Multi-coupled systems, with and without damping. J. Sound Vib. **40**, 19 (1975)

[28] Miles, J.W.: Vibrations of beams on many supports. J. Eng. Mech. **82**, 1–9 (1956)

[29] Milton, G.W., Willis, J.R.: On modifications of Newton's second law and linear continuum elastodynamics. Proc. R. Soc. Lond. A **463**, 855 (2007)

[30] Movchan, A.B., Slepyan, L.I.: Band gap Green's functions and localized oscillations. Proc. R. Soc. Lond. A **463**, 2709 (2007)

[31] Ogden, R.W., Steigmann, D.J.: Plane strain dynamics of elastic solids with intrinsic boundary elasticity, with application to surface wave propagation. J. Mech. Phys. Solids **50**, 1869–1896 (2002)

[32] Page, J.H., Sukhovich, A., Yang, S., Cowan, M.L., Van Der Biest, F., Tourin, A., Fink, M., Liu, Z., Chan, C.T., Sheng, P.: Phys. Status Solidi B **241**, 3454 (2004)

[33] Parnell, W.J.: Effective wave propagation in a prestressed nonlinear elastic composite bar. IMA J. Appl. Math. **72**, 223–244 (2007)

[34] Pendry, J.B.: Negative refraction makes a perfect lens. Phys. Rev. Lett. **85**, 3966 (2000)

[35] Sheng, P., Zhang, X.X., Liu, Z., Chan, C.T.: Physica B **338**, 201 (2003)

[36] Sigalas, M.M., Economou, E.N.: Elastic and acoustic-wave band-structure. J. Sound Vib. **158**, 377–382 (1992)

[37] Steigmann, D.J., Ogden, R.W.: Plane deformations of elastic solids with intrinsic boundary elasticity. Proc. R. Soc. Lond. A **453**, 853–877 (1997)

[38] Timoshenko, S.P., Weaver, W., Young, D.H.: Vibration Problems in Engineering. Wiley, New York (1974)

[39] Yablonovitch, E.: Inhibited spontaneous emission in solid-state physics and electronics. Phys. Rev. Lett. **58**, 2059–2062 (1987)

[40] Yang, S., Page, J.H., Liu, Z., Cowan, M.L., Chan, C.T., Sheng, P.: Phys. Rev. Lett. **93**, 024301 (2004)

[41] Zhang, X., Liu, Z.: Appl. Phys. Lett. **85**, 341 (2004)

第4章 周期性穿孔板结构的超声透射特性

Héctor Estrada, F. Javier García de Abajo, Pilar Candelas,
Antonio Uris, Francisco Belmar, Francisco Meseguer

摘要 本章研究了亚波长穿孔板的声透射现象。建立了一个刚性固体模型，同时还根据完全的弹性-声学理论对实验结果进行了分析。在一个解析的框架上比较了声学和光学中相关现象的异同。结果显示：与光不同，声可以通过带有单个亚波长小孔的完全刚性薄膜，且透射与小孔面积正相关。另外，由于没有晶格共振，周期穿孔的刚性薄膜不能形成完全的声透射。因此周期穿孔导致的完全共振透射在声学

H. Estrada · P. Candelas · A. Uris · F. Belmar · F. Meseguer
Centro de Tecnologías Físicas, Unidad Asociada ICMM-CSIC/UPV, Universidad Politécnica de Valencia, Av. Naranjos s/n. 46022 Valencia, Spain

P. Candelas
e-mail: pcandelas@fis.upv.es

A. Uris
e-mail: auris@fis.upv.es

F. Belmar
e-mail: fbelmar@fis.upv.es

F. Meseguer(✉)
e-mail: fmese@fis.upv.es

F.J. García de Abajo
Instituto de Óptica CSIC, Unidad Asociada CSIC-Universidade de Vigo, Serrano 121, 28006 Madrid, Spain
e-mail: J.G.deAbajo@csic.es

H. Estrada · F. Meseguer
Instituto de Ciencia de Materiales de Madrid (CSIC), Cantoblanco, 28049 Madrid, Spain

H. Estrada
e-mail: hector.estrada@icmm.csic.es

R.V. Craster, S. Guenneau (eds.), *Acoustic Metamaterials*,
Springer Series in Materials Science 166, DOI 10.1007/978-94-007-4813-2_4,

并不是很反常的。然而，我们还观察到超过质量定律预期的反常声屏障效应。最后，我们找到了 Wood 反常和板波模式 (兰姆波模式) 强烈相互作用的声学机制，这一机制可形成与光完全不同的声学中所独有的透射现象。

4.1　引　言

4.1.1　均匀板

周期穿孔板或者周期穿孔薄膜在如今的技术应用中无处不在，相关结构也为声学工程设计 [31] 提供了一个很重要的元素，因此在孔径尺寸与波长相比较小时，其声学特性已经广为人知。另外，在过去的十多年中，由于光学反常透射 (EOT) 的发现 [16]，周期结构得到了人们的广泛关注。一些通常为有序系统中电子波在原子尺度的现象 [53]，也在光学中较大尺度上类似地实现了。声子 [48,64] 和光子 [32] 超构材料现今是已经得到确认的研究领域，一般由两种以上材料组分构成并且其宏观性质主要取决于其具体结构。对这些材料的主要兴趣在于相应结构能够实现一些传统材料无法实现的特殊性质，为控制声波或者光波提供了全新的思路。因此禁带 [60,78]、局域模态 [34,67]、波导 [36,49]、斗篷以及负折射 [63,65] 等新奇的现象得以实现。在这一范畴下，很多声学领域已经广为应用的周期穿孔板 (PPP) 也具有新的特性，并可以用来拓展新的应用。

对声与周期结构相互作用的研究最早可以追溯到 Rayleigh 在 19 世纪的相关工作 [58]，他研究了一维栅结构的反射系数。后来，Norris 和 Luo 于 1987 年发现了半无限刚性固体上二维周期穿孔阵列的全反射现象，阵列周期为 a，全反射波长 $\lambda = a$。相关问题在周期穿孔薄膜的 EOT 实验工作发表后得到了更多的关注 [16]，这一实验验证了光子晶体超构材料和声子晶体超构材料的可类比性 [60]。Ebbesen 等实验上验证了在金属薄膜上开周期亚波长小孔阵列后，每个孔的光透射比根据 Bethe 理论 [5] 所得出的透射要大得多。这一效应产生于与结构周期相关联的特定波长处。还有诸多的理论或实验研究报道了一维或者二维栅结构的 EOT 现象 [3,25,54,66,68,79]，并且一些研究中 EOT 横跨了较大的频率范围 [26,61]。被指出可能产生 EOT 的一些机制包括表面等离子共振 [4,47]、共振腔 [23]、动态衍射 [68]，所有这些现象都可以用一个简单的解析表达式来描述 [23]。

声学的波动本质可以用来产生与 EOT 类似的效应。受 Barnes 等 [4] 的启发，Christensen 等提出用中心开孔的波纹状板进行声准直 [10]，并在空气中一个这样的铁板上实验验证了相关结果 [82]。作为对周期穿孔板的早期研究工作之一，Zhang[80] 根据多重散射方法数值计算了空气中一维铁柱阵列的声透射，铁柱之间空气缝隙非常窄，形成一个类似的缝阵列。共振透射以及 Wood 异常导致的透射谷也得到了相应的研究[76]。Zhou 和 Kriegsmann[81] 基于谐振腔第一模式的传输矩阵方法预见了二维亚波长穿孔阵列的完全透射现象。两个课题组分别在实验上用浸在水中的穿孔铜板和空气中的铁穿孔阵列验证了这一完全透射现象[30,46]。此完全透射现象被称为反常声学透射 (EAT)[46]，与 EOT 相类比。然而在这里，小孔的 Fabry-Pérot 共振是完全透射峰的主要原因。另外，孔中存在一个无截止频率的模式也是声学与电磁波情况的主要不同点之一。由于倏逝波和衍射表面波会导致透射峰对 Fabry-Pérot 条件的较大偏移，相关情况会变得复杂。而且，有学者认为 Wood 异常附近的完全透射峰是晶格共振导致的[30]。Christensen 等[11,13] 在刚性固体的极限假定下，理论推导了一维和二维正方阵列的相关结果，给出了漏表面模式和非漏表面模式的色散关系。他们指出了 Fabry-Pérot 共振与这些模式的杂化现象。Wang[71,72] 在对小孔作了活塞行为的假设后，得到了完全声透射的阻抗描述。这样，Wood 异常附近的完全透射可以看作是由小孔辐射阻抗的奇点所致。He 等[27] 研究了浸在水中的铜板结构，由于流固耦合共振导致了非漏表面弹性模式，无需在板上开口即可获得较高的透射。此外，两层刚性周期穿孔板[12,45] 被用来构成了一个完全的声屏障。Liu 和 Jin[44] 预见了当孔阵列非对称时相位共振对完全透射峰的抑制。

在本章中，我们将展示穿孔板结构不仅具有较高的透射，由于水动力学的短路效应，还能形成超出质量定律[17] 预期的超构声屏障效应。对于浸在水中的铝 (Al) 板，超声频率下穿孔板结构可以比非穿孔结构更有效地屏蔽声波。水动力学短路屏蔽被证明比水中的双周期穿孔 PMMA(polymethyl methacrylate) 板[43] 更有效。穿孔体积率以及晶格的几何特性对穿孔板透射特性的影响也在文中给出，结果表明，通过调节几何参数可以改变透射峰的位置和宽度 (参见文献 [19])。与之前的相关工作[29] 不同的是，之前只是建立了一个简单的等效流体模型来描述浸在水中的周期穿孔铜板的声学行为，而对于水中的周期穿孔铝板，情况更为复杂。板本身振动所导致的漏表面波 (兰姆波) 成为较重要的因素，并与 Wood 异常相互作用[18,21]，我们将对此进行理论和实验研究。最后，我们将对单孔、孔阵列结构的光波、电子波、声波透射特性做一个总结归纳[24]，分析不同波动现象透射效应的异同。

4.2 研究背景

在过去已经对均一固体的声透射问题进行了广泛的研究[40,41,70]，多本教科书都对固体中波和超声的传播有详细的论述[39,59]。一个简单的液体–固体–液体模型可被用来研究入射平面波的透射和声能量透射率 τ，如图 4.1 所示。

可以观察到一些高透射的区域，结果展现出复杂的色散效应。这一情况下可以得到三种模式[52]：Scholte-Stoneley 模式，对称漏兰姆波模式 S_n，以及反对称漏兰姆波模式 A_n。Scholte-Stoneley 模式以比水中声速稍低的相速度传播穿过固液界面，在低频，此模式将与 A_0 模式混合并随 ω 增加逐渐收敛到声线。由于纵波模式以及面外剪切模式在两个板–流体界面的多次反射，形成漏兰姆波模式。图 4.1 的嵌入图给出了对称模式 (S_n) 和反对称模式 (A_n) 的不同样式。两种无截止模式 A_0 和 S_0 展现了不同的透射特性。与对称模式相比，反对称模式有更宽的透射峰，并且相速度更小。两种模式在较高频率最后都会收敛到 Rayleigh 波的相速度上。高阶兰姆波模式具有如负群速度、零群速度 (如 S_1)、模式分裂 (如 S_1 和 S_2) 和模式交叉 (如 A_2 和 S_2) 等有趣的特性。

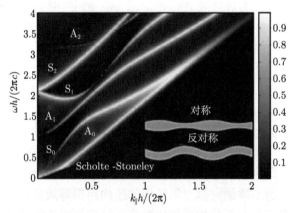

图 4.1   入射平面波对浸于水中的均一铝板的声能量透射率 τ 随平行波矢和频率的变化关系，波矢 $k_\parallel$ 和频率 ω 都用板厚 h 归一化。不同的模式根据其对称性分别标出，如内嵌图所示

通过研究沿 x 方向传播的情况我们可以得到关于板位移的更多信息。由于我们着眼于系统中的各种模式，因此将入射波也考虑在内。施加声和弹性波的边界条件，可以得到这些模式存在的条件，即所谓的色散关系 [39,52,59,70]。色散方程相当复杂，并且对于非线性系统只能通过数值求解。因此我们使用尽管简单却能得到正确色散关系的透射方法。兰姆波在板状结构的超声无损检测中应用广泛。比如，一个板的内部缺陷可用兰姆波的方法探测到。不仅可以检测各向同性的板，也能检测各向异性的板以及多层结构。此外，由于可以通过研究兰姆波传播反推板的弹性常数，还可使用兰姆波的方法进行材料表征 [22]。多数应用场合会涉及与水相耦合的兰姆波激发与检测，对空气中板的无损检测通常需要利用零群速度 [28] 的相关技术来增加流固的耦合。

4.2.1   单孔情况

作为多孔穿孔板声透射的一部分，我们首先分析单孔的情况。关于圆形孔的声透射问题在不同尺度和不同方法下有很多相关研究。在 19 世纪末，Rayleigh[55,56] 在零厚度板假设和标量波假设 (对声和后来发现的电子适用) 下最早开始了相关研究。Bouwkamp[6] 在 1941 年建立了三维衍射问题的精确解，并在 1954 年写下了不仅适用于标量波，还适用于矢量波 (光) 的综述论文 [7]，对当时相关问题的已有成果进行了概括，在其论文中也作了零厚度板假设。

尽管均一区域中声波、电子和光都需要满足同样的波动方程 $(\nabla^2 + k^2)\phi = 0$，边界条件将会对它们的散射特性产生非常不同的影响。为了统一关于完美边界条件的标准，我们考虑对于声波的完全刚性屏，电子的无限势阱以及光的理想导体。根据 Babinet 原理，声和电子会表现出互补行为，这是一个严密的结论 [24]。声 (电子) 经过圆盘的衍射和电子 (声) 通过孔径的衍射实质上是一样的。然而一个理想屏上的小孔对于声是可以穿透的，而对于电子或光却几乎完全无法通过。更技术性地论述这一思想，即亚波长孔径的声透射近似与孔径面积成正比，而电子几乎被完全屏蔽，其透射率与孔径半径对波长比率的四次方成正比。利用 Babinet 原理可以推断亚波长散射体对声的散射很小，但其对电子的散射截面与其物理尺寸正相关。

Nomura 和 Inawashiro 解决了有限厚度屏的衍射问题，并得到了精确解，但其方法执行起来较为复杂。之后 Wilson 和 Soroka 推导得到了正入射情况下的近似解，并与测量结果很好地吻合。文献 [35] 中基于模式展开方法进一步给出了一个更为严格的精确求解方法。还有一些相关工作在漫入射等方面取得了进展，并在理论和实验上对各种方法进行了对比分析 [62,69]。本章作者也参与到相关研究中，发表了任意厚度薄膜上的单孔或者孔阵列对光子、电子和声的不同作用的对比研究，其中涉及一个统一的理论框架，可参考文献 [23]。

这里将使用模式展开方法 [35] 来给出圆形孔径的透射特性。然后还将给出活塞近似和模式展开方法之间的对比分析。根据文献 [35] 中所描述的方法，问题的几何模型如图 4.2 所示，由于孔的对称性并为了方便研究，选取坐标系为柱坐标系。简单起见，在本章中都假设外界时谐激发，因此在后文中可以省略时间依赖项 $\exp(-\mathrm{i}\omega t)$。入射声压 ϕ_0 和镜面反射声压 ϕ_R 均为平面波，而背向散射场声压 (ϕ_s) 以及透射声压 (ϕ_T) 由平面波展开给出。在刚性固体的假设下，固体内部没有声场，孔内的声压 ϕ_2 包含了圆孔平面内的本征模式以及背向和前向声场在 z 轴的分量。因此三个区域内的声场可以写为

$$\phi_1 = (\exp(\mathrm{i}q_0 z) + \exp(-\mathrm{i}q_0 z)) \sum_{m=-\infty}^{\infty} \mathrm{i}^m \mathrm{J}_m(Q_0 r)\mathrm{e}^{\mathrm{i}m\varphi}$$

$$+ \sum_{m=-\infty}^{\infty} \mathrm{e}^{\mathrm{i}m\varphi} \int_0^{\infty} \beta_{Q_m}^+ \mathrm{J}_m(Qr)\mathrm{e}^{\mathrm{i}qz} Q\mathrm{d}Q, \tag{4.1}$$

$$\phi_2 = \sum_{m=-\infty}^{\infty} \sum_{n=1}^{\infty} \mathrm{J}_m(Q_{mn}r)\mathrm{e}^{\mathrm{i}m\varphi}\Psi_{mn}^+(z), \tag{4.2}$$

$$\phi_3 = \phi_T = \sum_{m=-\infty}^{\infty} \mathrm{e}^{\mathrm{i}m\varphi} \int_0^{\infty} \beta_{Q_m}^- \mathrm{J}_m(Qr)\mathrm{e}^{-\mathrm{i}q(z+h)} Q\mathrm{d}Q, \tag{4.3}$$

其中

$$\Psi_{mn}^{\pm}(z) = [\alpha_{mn}^{+} \exp(\mathrm{i}q_{mn}z) \pm \alpha_{mn}^{-} \exp(-\mathrm{i}q_{mn}z)], \tag{4.4}$$

$Q_0 = k_0 \sin\theta$ 和 $q_0 = k_0 \cos\theta$ 是入射波矢的投影。孔内和孔外满足亥姆霍兹方程的波矢在 z 轴方向的投影分别为 $q = \sqrt{k_0^2 - Q^2}$ 和 $q_{mn} = \sqrt{k_0^2 - Q_{mn}^2}$，$m$ 阶第一类贝塞尔函数表示为 $\mathrm{J}_m(x)$。需注意 $\phi_1 = \phi_0 + \phi_R + \phi_s$ 并且入射和反射平面波沿板方向的分量可写成 Jacobi-Anger 展开的形式 (参考文献 [1])。在孔的两个开口处，声场必须满足压强连续和径向速度连续。而在固体表面，法向粒子速度为 0。因此在孔壁满足 $\mathrm{J}_m'(Q_{mn}r_0) = 0$。在 $z = 0, -h$ 处的边界条件由下式给出：

$$\partial_z \phi_1|_{z=0} = \partial_z \phi_2|_{z=0}, \quad r < r_0, \quad \partial_z \phi_1|_{z=0} = 0, \quad r > r_0, \tag{4.5}$$

$$\partial_z \phi_3|_{z=-h} = \partial_z \phi_2|_{z=-h}, \quad r < r_0, \quad \partial_z \phi_3|_{z=-h} = 0, \quad r > r_0, \tag{4.6}$$

$$\phi_1|_{z=0} = \phi_2|_{z=0}, \quad \phi_3|_{z=-h} = \phi_2|_{z=-h}, \quad r < r_0. \tag{4.7}$$

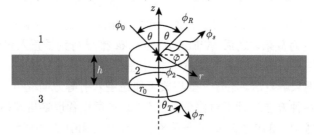

图 4.2   研究声波经过一个半径为 r_0 开孔，厚度为 h 的穿孔板的透射特性的结构单元示意图。由于声波几乎不能进入固体，在 $j = 1, 2, 3$ 的三个区域都假定为相同的流体，使用柱坐标系 (r, ϕ, z) 进行分析

利用贝塞尔函数的正交性 (参考文献 [1])，可通过对式 (4.5) 和式 (4.6) 作汉克尔变换，得到

$$\beta_{Qm}^{+} = \sum_{n=0}^{\infty} \frac{q_{mn}}{q} \Psi_{mn}^{-}(0)\mathrm{I}(Q_{mn}, Q), \tag{4.8}$$

$$\beta_{Qm}^{-} = -\sum_{n=0}^{\infty} \frac{q_{mn}}{q} \Psi_{mn}^{-}(-h)\mathrm{I}(Q_{mn}, Q), \tag{4.9}$$

以及 [1]

$$\mathrm{I}(Q_{mn}, Q) = \int_0^{r_0} \mathrm{J}_m(Q_{mn}r)\mathrm{J}_m(Qr)r\mathrm{d}r$$

$$= \begin{cases} \dfrac{r_0}{Q_{mn}^2 - Q^2}[Q\mathrm{J}_m(Q_{mn}r_0)\mathrm{J}_{m-1}(Qr_0) \\ \qquad - Q_{mn}\mathrm{J}_m(Qr_0)\mathrm{J}_{m-1}(Q_{mn}r_0)], & Q_{mn} \neq Q, \\ \dfrac{r_0^2}{2}\mathrm{J}_m^2(Q_{mn}r_0)\left[1 - \dfrac{m^2}{(Q_{mn}r_0)^2}\right], & Q_{mn} = Q. \end{cases} \tag{4.10}$$

类似地，将式 (4.8) 和式 (4.9) 代入式 (4.7) 并乘上 $J_m(Q_{mn'}r)r$，在区间 $0\sim r_0$ 对 r 做积分，可以得到

$$2i^m I(Q_0, Q_{mn'}) + \sum_{n=0}^{\infty} \Psi_{mn}^-(0) I_{nn'}^m = \sum_{n=0}^{\infty} \Psi_{mn}^+(0) I(Q_{mn}, Q_{mn'}), \tag{4.11}$$

$$-\sum_{n=0}^{\infty} \Psi_{mn}^-(-h) I_{nn'}^m = \sum_{n=0}^{\infty} \Psi_{mn}^+(-h) I(Q_{mn}, Q_{mn'}), \tag{4.12}$$

这里

$$\mathbf{I}_{nn'}^m = \int_0^{\infty} \frac{q_{mn}}{q} I(Q_{mn}, Q) I(Q_{mn'}, Q) Q \mathrm{d}Q, \tag{4.13}$$

我们数值求解此式。将式 (4.11) 和式 (4.12) 中对 n, n' 和 m 的求和截断到第 N, N 和 M 项，可以得到一个 $2(M+N) \times 2(M+N)$ 的线性方程组，其中的变量 $\alpha_{mn}^{\pm}$ 为未知量

$$\begin{bmatrix} \boldsymbol{A}_{11} & \boldsymbol{A}_{12} \\ \boldsymbol{A}_{21} & \boldsymbol{A}_{22} \end{bmatrix} \begin{bmatrix} \alpha_{mn}^+ \\ \alpha_{mn}^- \end{bmatrix} = \begin{bmatrix} 2i^m I(Q_0, Q_{mn'}) \\ 0 \end{bmatrix}, \tag{4.14}$$

$$\boldsymbol{A}_{11} = I(Q_{mn}, Q_{mn'}) - \mathbf{I}_{nn'}^m, \tag{4.15}$$

$$\boldsymbol{A}_{12} = I(Q_{mn}, Q_{mn'}) + \mathbf{I}_{nn'}^m, \tag{4.16}$$

$$\boldsymbol{A}_{21} = [I(Q_{mn}, Q_{mn'}) + \mathbf{I}_{nn'}^m] \exp(-iq_{mn}h), \tag{4.17}$$

$$\boldsymbol{A}_{22} = [I(Q_{mn}, Q_{mn'}) - \mathbf{I}_{nn'}^m] \exp(iq_{mn}h). \tag{4.18}$$

然而我们还需要由式 (4.9) 求得 $\beta_{Q_m}^-$，并且求解式 (4.3) 的积分。为了获得远场解并解决此复杂积分，我们作了固定相位近似 [74]，作此近似后的最终表达式为

$$\phi_3 \approx \Phi_3 = iq_T \exp(-iq_T h) \frac{\exp(-ik_0 R)}{R} \sum_m i^m \beta_{Q_T m}^- e^{im\varphi}, \tag{4.19}$$

其中 $r = R\sin\theta_T, z = R\cos\theta_T, Q_T = k_0\sin\theta_T, q_T = k_0\cos\theta_T$。注意 R 是柱坐标系中的径向距离，如此透射声能量系数为

$$\tau = \frac{\Pi_T(\omega, \theta)}{\Pi_0(\omega, \theta)}, \tag{4.20}$$

$$\Pi_0(\omega, \theta) = \frac{1}{2}\mathrm{Re}\left\{ \int_0^{2\pi} \int_0^{r_0} \phi_0 \left(\frac{i\partial_z \partial_0}{\omega\rho}\right)^* , r\mathrm{d}r\mathrm{d}\varphi \right\} = \frac{\pi r_0^2 \cos\theta}{2\rho c}, \tag{4.21}$$

其中星标表示复共轭，Re 表示实部。表达式 (4.21) 对应的是入射波在孔径面积上积分得到的时间平均强度。声辐射能量可按文献 [35] 的方法计算：

$$\Pi_T(\omega, \theta) = \frac{1}{2}\mathrm{Re}\left\{ \int_0^{2\pi} \int_0^{r_0} \phi_2|_{z=-h} \left(\frac{i\partial_z \phi_2|_{z=-h}}{\omega\rho}\right)^* r\mathrm{d}r\mathrm{d}\varphi \right\}, \tag{4.22}$$

或者利用远场声压 Φ_3 对 θ_T 和 φ_T 做数值积分，可得

$$\Pi_T(\omega,\theta) = \frac{1}{2\rho c} \int_0^{\pi/2} \int_0^{2\pi} |\Phi_3|^2 R^2 \sin(\theta_T)\mathrm{d}\varphi_T\mathrm{d}\theta_T. \tag{4.23}$$

　　尽管涉及数值积分，由于其较为简单可行，我们依然采用了第二种计算方法。实际上法向入射仅涉及 $m=0$ 这一分量，对式 (4.23) 积分可得到 $q_T^2|\beta_{Q_{T0}}^-|^2 \sin\theta_T$。

　　法向入射下此模型的结果如图 4.3(a) 所示，横坐标为 r_0/λ，并且计算了不同 h/r_0 的情况。作为比较，还给出了 Fabry-Pérot 共振条件下 $h = n\lambda/2\ (n \in \mathbb{N})$ 的开口管的对应结果，如白色实线所示。在厚度增加时，在透射谱上可以观察到更多共振点。共振处的波长都比根据开口管共振所得到的相应波长更长。这一偏离通常用等效厚度或者末端修正理论来修正 [37]。当 $h=0$ 时，在大波长极限下透射趋向于 $8/\pi^{2}$[6]（见图 4.3 中点 (0,0.8)）。图 4.3(b) 总结了文献 [24] 中所给出的光波、电子波、声波对单孔的不同透射特性。与电子或者电磁波所不同的是，被孔散射的声表现为一个单极子 (4.19) 而非偶极子。光波、电子波、声波中的另外一个不同点在于，声学中存在一个无截止频率的模式，此模式下，孔中的流体如同一个声质量块一样做同相运动。两边的流体空间通过小孔相连。长波极限下限制声从一端透射到另外一端的因素为孔径的辐射效率。这一点可由图 4.3(b) 中厚度为 0 时的情况观察到。尽管几乎所有的声能量可以透过此圆孔区域，光或电子却会出现透射谱中的截止现象。图 4.4 给出了 Wilson 和 Soroka 近似与此模型正入射结果的对比。对于所研究的三种不同的 h/r_0 情况，$r_0/\lambda < 0.5$ 时两种结果很好地相符合，而 $r_0/\lambda > 0.5$ 情况下有所区别，此区别的原因在于前者对于开口的平面活塞运动的近似中并

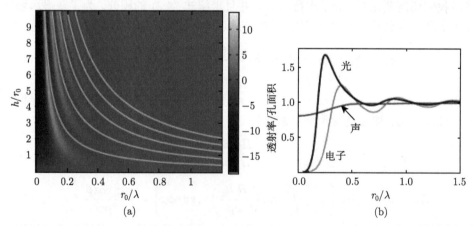

(a)　　　　　　　　　　　　　　　　　(b)

图 4.3　(a) 圆形孔的正入射声能量透射率 τ(dB) 随 r_0/λ 和 h/r_0 的变化关系，白色实线给出了 Fabry-Pérot 共振条件下 $h = n\lambda/2(n \in \mathbb{N})$ 开口管的对应结果；(b) 光、电子和声分别经过开圆形小孔的理想导体、无限深势阱以及刚性固体膜的法向入射透射谱，三种情况都假设为 0 厚度

没有考虑高阶圆对称模式。因此我们采用了后面的模式分析方法，相对于平面活塞近似，此方法在更宽的频率范围内可得到更高的求解精度。

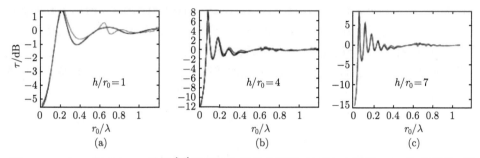

(a)　　　　　　　　(b)　　　　　　　　(c)

图 4.4　Wilson 和 Soroka 近似 [75](黑色) 与这里的模型 (灰色) 在不同 h/r_0 取值下的对比

4.3　周期穿孔板理论

在本节中，我们将给出一个为理解实验结果而建立的理论模型，首先简单地介绍二维阵列的标注和几何参数，之后推导对此模型的刚性固体理论。

4.3.1　几何关系

此二维结构的几何关系可通过在平板上周期穿孔获得。为了表征此二维周期结构，我们借用了固体物理中在分析原子尺度有序结构时的一些思想和术语 [2,38]，这些微小尺度下的几何方面的相关结果在本研究中也很有用。表述小孔阵列的关键参数为小孔半径 r_0 和空间距离 a，如图 4.5 所示。我们还需要用 h 来描述薄板厚度。

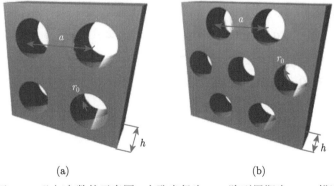

(a)　　　　　　　　　　　　　(b)

图 4.5　关于 PPP 几何参数的示意图，小孔半径为 r_0，阵列周期为 a，h 描述薄板厚度。
(a) 正方晶格；(b) 三角晶格

　　一个更为一般的、不仅与小孔尺寸还与空间周期相关的参数为小孔的体积比 f，这里可以定义为小孔面积与周期单元面积的比值。因此，正方晶格下小孔的体积比为 $f_\square = \pi r_0^2/a^2$，而三角晶格下为 $f_\triangle = 2\pi r_0^2/(\sqrt{3}a^2)$。图 4.6 给出了孔的体积比随穿孔板几何尺度 $2r_0/a = d/a$ 和 h/a 的变化关系。由于此几何参数空间能提供关于此现象的一个全局视角，在研究板的透射特性时十分有用。两个参数空间的主要不同点在于 $f_\triangle \max > f_\square \max$，通过比较图 4.6 中 $d/a = 1$ 时的色值，可以得出这一结论。

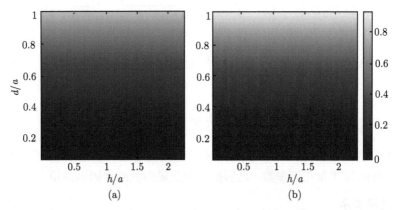

(a)   (b)

图 4.6　(a) 正方晶格 PPP 参数空间; (b) 三角晶格 PPP 参数空间。$d = 2r_0$ 为小孔直径，阵列周期为 a, h 描述薄板厚度。色度表示小孔的体积比 (彩图见封底二维码)

　　每个小孔的位置可以写成 $\boldsymbol{r}_n = n_1\boldsymbol{a}_1 + n_2\boldsymbol{a}_2$，这里 $\boldsymbol{a}_i$ 为原胞的晶格常数，其中 n_i 为整数。正方晶格满足

$$\boldsymbol{a}_1 = a\hat{\boldsymbol{x}}, \quad \boldsymbol{a}_2 = a\hat{\boldsymbol{y}}, \tag{4.24}$$

而对于三角晶格

$$\boldsymbol{a}_1 = \frac{a}{2}(\hat{\boldsymbol{x}} + \sqrt{3}\hat{\boldsymbol{y}}), \quad \boldsymbol{a}_2 = \frac{a}{2}(\hat{\boldsymbol{x}} - \sqrt{3}\hat{\boldsymbol{y}}). \tag{4.25}$$

正方晶格单元的面积为 $S = a^2$，而三角晶格为 $S = \sqrt{3}a^2/4$。整个阵列可以看成无穷多个周期分布的 Dirac-delta 函数

$$\Delta(\boldsymbol{r}_n) = \sum_{n=-\infty}^{\infty} \delta(\boldsymbol{r} - \boldsymbol{r}_n), \tag{4.26}$$

其傅里叶变换

$$\mathscr{F}_x\mathscr{F}_y\{\Delta(\boldsymbol{r}_n)\} = \frac{4\pi^2}{S} \sum_{m=-\infty}^{\infty} \delta(\boldsymbol{k} - \boldsymbol{G}), \tag{4.27}$$

同样也是 Dirac-delta 函数的无穷周期分布，但这个函数是在相应于正空间的倒格矢空间中的 (注意 $\mathscr{F}_x\{\}$ 和 $\mathscr{F}_y\{\}$ 分别表示沿 x 和 y 方向的傅里叶变换)，从而带

来倒格点阵的概念

$$\boldsymbol{G} = m_1\boldsymbol{b}_1 + m_2\boldsymbol{b}_2 \tag{4.28}$$

为倒格矢, $\boldsymbol{b}_i$ 为倒格子的基矢量, 整数 m_i 称为 Miller 常数。对于正方晶格

$$\boldsymbol{b}_1 = \frac{2\pi}{a}\hat{\boldsymbol{x}}, \quad \boldsymbol{b}_2 = \frac{2\pi}{a}\hat{\boldsymbol{y}}, \tag{4.29}$$

对于三角晶格

$$\boldsymbol{b}_1 = \frac{2\pi}{a}\left(\hat{\boldsymbol{x}} + \frac{\hat{\boldsymbol{y}}}{\sqrt{3}}\right), \quad \boldsymbol{b}_2 = \frac{2\pi}{a}\left(\hat{\boldsymbol{x}} - \frac{\hat{\boldsymbol{y}}}{\sqrt{3}}\right). \tag{4.30}$$

由于倒易空间的周期性, 研究其中大片区域的物理特性时, 会产生冗余, 为了避免这一点, 通常只沿第一布里渊区进行分析[9]。正方晶格的第一布里渊区如图 4.7(a) 所示, 三角晶格的第一布里渊区如图 4.7(b) 所示。另外, 如果布里渊区具有一定的对称性, 还可以进一步将其限定到不可约布里渊区, 如图 4.7 中的暗色标注。

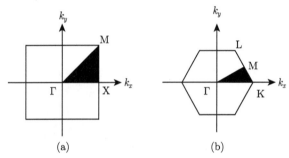

图 4.7 倒易空间中的第一布里渊区: (a) 正方晶格;(b) 三角晶格。
不可约布里渊区由暗色表示

4.3.2 刚性固体理论

与研究单孔的透射特性类似, 周期孔的透射特性也可用刚性固体近似, 并利用其周期特性。相关研究也是由 Rayleigh 首次发起的, 他在其著作 1896 年版《声学理论》[58] 中研究了周期表面对平面波的散射问题, 在研究中使用了刚性假设, 被称为 Rayleigh 假设。之后他将相关研究拓展到电磁波中[57], 并尝试解释 Wood 异常[76]。如 Wood 所述[77]:

Rayleigh 证明了声波法向通过非常窄的平行狭缝时, 当狭缝之间的距离为波长的整数倍时, 狭缝的能量透射可能因狭缝之间的相互作用而抵消。

约一个世纪之后, Norris 和 Luo 在研究二维半无限穿孔刚性固体时, 也得出了类似的结论[51]。Zhou 和 Kriegsmann 将 Norris 和 Luo 所用的方法延伸到二维周期穿孔板的研究中[81], 他们利用小孔中的无截止模式实现了小孔的完全能量透射。最近, 一个不同的研究小组同时发现了与之类似的 PPP 中的完全透射峰[11,30,46]。

虽然 Rayleigh 假设对电磁波栅格的有效性依然存在争论 [73]，我们使用 Rayleigh 假设计算声能量的透射，并拓展了 Takakura 在文献 [20] 中对光通过狭缝阵列所建立的模型 [66]。

相关几何参数如图 4.8 所示。一声压为 ϕ_0 的平面波入射到穿孔板。对反射声压场 ϕ_R 和透射声压场 ϕ_T 作平面波展开，腔中的声压场由与单孔情况 (4.2) 下相同形式的导波来表述，将整个空间分为三个区域，声压场分别可以写成

$$\phi_1 = \exp(\mathrm{i}(\boldsymbol{Q}_0 \boldsymbol{r}_{||} - q_0 z)) + \iint_{-\infty}^{\infty} \beta^+(\boldsymbol{Q}) \mathrm{e}^{\mathrm{i}(\boldsymbol{Q}\boldsymbol{r}_{||} + qz)} \mathrm{d}^2\boldsymbol{Q}, \tag{4.31a}$$

$$\phi_2 = \sum_{m=-\infty}^{\infty} \sum_{n=1}^{\infty} \mathrm{J}_m(Q_{mn} r) \mathrm{e}^{\mathrm{i}m\varphi} \Psi_{mn}^+(z), \tag{4.31b}$$

$$\phi_3 = \iint_{-\infty}^{\infty} \beta^-(\boldsymbol{Q}) \mathrm{e}^{\mathrm{i}(\boldsymbol{Q}\boldsymbol{r}_{||} - q(z+h))} \mathrm{d}^2\boldsymbol{Q}, \tag{4.31c}$$

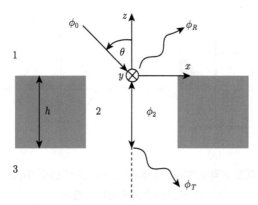

图 4.8   周期穿孔板结构单元截面图。由于圆形对称，使用了极坐标系 (r,ϕ) 和笛卡儿坐标系。孔和板的尺度由图 4.5 给出，声场被划分为 j=1,2,3 的三个流体区域

并且

$$\Psi_{mn}^{\pm}(z) = [\alpha_{mn}^+ \exp(\mathrm{i}q_{mn}(z+h)) \pm \alpha_{mn}^- \exp(-\mathrm{i}q_{mn}z)], \tag{4.32}$$

其中 $\boldsymbol{k}_0 = (\boldsymbol{Q}_0, q_0)$ 是入射波矢，$\boldsymbol{r}_{||} = (x, y) = (r, \varphi)$，$q = \sqrt{\boldsymbol{k}_0^2 - \boldsymbol{Q}^2}$ 并且 $q_{mn} = \sqrt{\boldsymbol{k}_0^2 - Q_{mn}^2}$ 为满足 z 方向亥姆霍兹方程在孔内和孔外的波数。另外 $\beta^+(\boldsymbol{Q}), \beta^-(\boldsymbol{Q})$ 对应着孔和半无限空间的耦合系数。由于声几乎不能穿透进入固体，孔内的偶极子本征函数必须满足 $\mathrm{J}_m'(Q_{mn} r_0) = 0$, 这和假设孔壁上的零法向速度是等效的。根据平面波展开可将系数 $\beta^{\pm}(\boldsymbol{Q})$ 与薄板两边的粒子速度联系起来。由于粒子速度沿板的方向是周期性的，结合 Rayleigh 假设，可在薄膜两边进行傅里叶变换

$$\beta^+(\boldsymbol{Q}) = \delta(\boldsymbol{Q} - \boldsymbol{Q}_0) + \sum_{\boldsymbol{G}} \beta_{\boldsymbol{G}}^+ \delta(\boldsymbol{Q} - \boldsymbol{Q}_{\boldsymbol{G}}), \tag{4.33}$$

$$\beta^-(\boldsymbol{Q}) = \sum_{\boldsymbol{G}} \beta_{\boldsymbol{G}}^- \delta(\boldsymbol{Q} - \boldsymbol{Q_G}), \tag{4.34}$$

其中 $\boldsymbol{Q_G} = \boldsymbol{Q}_0 + \boldsymbol{G}$,$\boldsymbol{G}$ 是式 (4.28) 中定义的倒格矢。这样式 (4.31a) 和式 (4.31c) 可写成

$$\phi_1 = 2\exp(i\boldsymbol{Q}_0\boldsymbol{r}_{||})\cos(q_0 z) + \sum_{\boldsymbol{G}} \beta_{\boldsymbol{G}}^+ \exp(i(\boldsymbol{Q_G}\boldsymbol{r}_{||} + q_{\boldsymbol{G}}z)), \tag{4.35}$$

$$\phi_3 = \sum_{\boldsymbol{G}} \beta_{\boldsymbol{G}}^- \exp(i(\boldsymbol{Q_G}\boldsymbol{r}_{||} - q_{\boldsymbol{G}}(z+h))). \tag{4.36}$$

根据孔开口处粒子速度的连续性,乘以 $\exp(-i\boldsymbol{Q}_{\boldsymbol{G}'}\boldsymbol{r}_{||})$ 并在原胞内积分,可以得到

$$\beta_{\boldsymbol{G}}^+ = \frac{1}{S}\sum_{mn} \frac{q_{mn}}{q_{\boldsymbol{G}}} \Psi_{mn}^-(0) \mathrm{I}_n^m(\boldsymbol{Q_G}), \tag{4.37}$$

$$\beta_{\boldsymbol{G}}^- = -\frac{1}{S}\sum_{mn} \frac{q_{mn}}{q_{\boldsymbol{G}}} \Psi_{mn}^-(-h) \mathrm{I}_n^m(\boldsymbol{Q_G}), \tag{4.38}$$

其中 S 为原胞面积,而 $\mathrm{I}_n^m(\boldsymbol{Q_G})$ 表示为

$$
\begin{aligned}
&\mathrm{I}_n^m(\boldsymbol{Q_G}) \\
&= \int_0^{2\pi}\int_0^{r_0} \mathrm{J}_m(Q_{mn}r)\mathrm{e}^{im\varphi}\exp(-i\boldsymbol{Q_G}\boldsymbol{r}_{||})r\mathrm{d}r\mathrm{d}\varphi \\
&= 2\pi i^m \exp(im\varphi_{\boldsymbol{G}})
\begin{cases}
\dfrac{|\boldsymbol{Q_G}|r_0}{|\boldsymbol{Q_G}|^2 - Q_{mn}^2}\mathrm{J}_m(Q_{mn}r_0)\mathrm{J}_m'(|\boldsymbol{Q_G}|r_0), & Q_{mn} \neq |\boldsymbol{Q_G}|, \\[3mm]
\dfrac{r_0^2}{2}\mathrm{J}_m^2(Q_{mn}r_0)\left[1 - \dfrac{m^2}{(Q_{mn}r_0)^2}\right], & Q_{mn} = |\boldsymbol{Q_G}|.
\end{cases}
\end{aligned} \tag{4.39}
$$

这里 $\varphi_{\boldsymbol{G}} = \arcsin(\boldsymbol{Q}_{\boldsymbol{G}_y}/\boldsymbol{Q}_{\boldsymbol{G}_x})$。孔开口处的声压连续要求

$$2\exp(i\boldsymbol{Q}_0\boldsymbol{r}_{||}) + \sum_{\boldsymbol{G}} \beta_{\boldsymbol{G}}^+ \exp(i\boldsymbol{Q_G}\boldsymbol{r}_{||}) = \sum_{mn} \mathrm{J}_m(Q_{mn}r)\mathrm{e}^{im\varphi}\Psi_{mn}^+(0), \tag{4.40}$$

$$\sum_{\boldsymbol{G}} \beta_{\boldsymbol{G}}^- \exp(i\boldsymbol{Q_G}\boldsymbol{r}_{||}) = \sum_{mn} \mathrm{J}_m(Q_{mn}r)\mathrm{e}^{im\varphi}\Psi_{mn}^+(-h). \tag{4.41}$$

将式 (1.37) 和式 (4.38) 分别代入式 (4.40) 和式 (4.41),乘上 $r\mathrm{J}_m(Q_{mn'}r)\exp(-im'\varphi)$ 并在孔区域积分,得到

$$
\begin{aligned}
&\delta_{mn'}\Psi_{mn}^+(0)\mathrm{I}(Q_{mn}, Q_{mn'}) \\
&= \frac{1}{S}\sum_{mn} q_{mn}\Psi_{mn}^-(0)\sum_{\boldsymbol{G}} \frac{\mathrm{I}_n^m(\boldsymbol{Q_G})(\mathrm{I}_{n'}^{m'}(\boldsymbol{Q_G}))^*}{q_{\boldsymbol{G}}} + 2(\mathrm{I}_{n'}^{m'}(\boldsymbol{Q}_0))^*,
\end{aligned} \tag{4.42}
$$

$$\delta_{mm'}\Psi_{mn}^{+}(-h)\mathrm{I}(Q_{mn}, Q_{mn'})$$

$$= -\frac{1}{S}\sum_{mn}q_{mn}\Psi_{mn}^{-}(-h)\sum_{G}\frac{\mathrm{I}_{n}^{m}(\boldsymbol{Q_G})(\mathrm{I}_{n'}^{m'}(\boldsymbol{Q_G}))^{*}}{q_{G}}, \tag{4.43}$$

其中 $\delta_{mm'}$ 为 Kronecker delta 符号。可以得到一个只涉及 $\alpha_{mn}^{\pm}$ 的线性方程组，我们将孔内模式及其倒格矢的求和进行有限项截取，把式 (4.2) 和式 (4.3) 写成矩阵形式

$$\begin{bmatrix} \boldsymbol{D}_{11} & \boldsymbol{D}_{12} \\ \boldsymbol{D}_{21} & \boldsymbol{D}_{22} \end{bmatrix} \begin{bmatrix} \alpha_{mn}^{+} \\ \alpha_{mn}^{-} \end{bmatrix} = \begin{bmatrix} 2(\mathrm{I}_{n'}^{m'}(\boldsymbol{Q}_0))^{*} \\ 0 \end{bmatrix}, \tag{4.44}$$

其中

$$\boldsymbol{D}_{11} = \left[\delta_{mm'}\mathrm{I}(Q_{mn}, Q_{mn'}) - \frac{1}{S}q_{mn}\boldsymbol{M}_{nn'}^{mm'}(\boldsymbol{Q_G})\right]\mathrm{e}^{\mathrm{i}q_{mn}h}, \tag{4.45}$$

$$\boldsymbol{D}_{12} = \delta_{mm'}\mathrm{I}(Q_{mn}, Q_{mn'}) + \frac{1}{S}q_{mn}\boldsymbol{M}_{nn'}^{mm'}(\boldsymbol{Q_G}), \tag{4.46}$$

$$\boldsymbol{D}_{21} = \delta_{mm'}\mathrm{I}(Q_{mn}, Q_{mn'}) + \frac{1}{S}q_{mn}\boldsymbol{M}_{nn'}^{mm'}(\boldsymbol{Q_G}), \tag{4.47}$$

$$\boldsymbol{D}_{22} = \left[\delta_{mm'}\mathrm{I}(Q_{mn}, Q_{mn'}) - \frac{1}{S}q_{mn}\boldsymbol{M}_{nn'}^{mm'}(\boldsymbol{Q_G})\right]\mathrm{e}^{\mathrm{i}q_{mn}h}, \tag{4.48}$$

并且

$$\boldsymbol{M}_{nn'}^{mm'}(\boldsymbol{Q_G}) = \sum_{G}\frac{\mathrm{I}_{n}^{m}(\boldsymbol{Q_G})(\mathrm{I}_{n'}^{m'}(\boldsymbol{Q_G}))^{*}}{q_{G}}. \tag{4.49}$$

我们已经计算出了系数 $\alpha_{mn}^{\pm}$，而系数 $\beta_{\boldsymbol{G}}^{\pm}$ 可以简单地代入式 (4.37) 和式 (4.38) 进行求解。

由于已经假设穿孔板在 $\boldsymbol{r}_{||}$ 平面无限延伸，声辐射能量 [74] 为

$$\Pi(\omega) = \frac{\rho c k_0}{8\pi^2}\mathrm{Re}\left\{\iint_{-\infty}^{\infty}\frac{|V(\boldsymbol{Q})|^2}{\sqrt{k_0^2 - \boldsymbol{Q}^2}}\mathrm{d}^2\boldsymbol{Q}\right\}, \quad V(\boldsymbol{Q}) = \mathscr{F}_x\mathscr{F}_y\left\{\frac{\mathrm{i}\partial_z\phi}{\omega\rho}\Big|_{z=0,-h}\right\},$$
$$\tag{4.50}$$

具体到入射声能量和辐射声能量，可得

$$\tau = \frac{\Pi_T(\omega)}{\Pi_0(\omega, \theta, \varphi)} = \sum_{\boldsymbol{G}}\mathrm{Re}\left\{\frac{q_{\boldsymbol{G}}}{q_0}\right\}|\beta_{\boldsymbol{G}}^{-}|^2. \tag{4.51}$$

为了进一步理解这一现象，我们计算了正方阵列孔在一定角度入射时的声透射。对于本节中约 20 孔模式的情况，得到了较为一致的结果，图 4.9 为四种不同板的结果，其几何参数在图片下面标出。

透射率 τ 对于归一化频率 $k_0 a/\pi$ 的变化关系以及对于平行于薄板方向的沿不可约布里渊区对称方向 MΓ 和 ΓX 的波矢量 $\boldsymbol{Q}_0$ 的变化关系由线性尺度标出。$f_{\square}$ 所起的作用根据透射图可见。可以得出体积率越小，透射峰越窄的结论。值得一提的是，

对于所有的透射谱，其极小值位置相同，这是由于这些极小值对应着类似的 Wood 异常效应。透射峰的个数不仅取决于板的厚度，因受周期晶格的相互作用影响，还取决于周期尺寸。有意思的是，完全透射峰与入射角度没有关系，主要来源于单孔 Fabry-Pérot 共振，以上结论如图 4.9(a)、(b) 和 (d) 所示。一个更为详细的分析在 4.5 节中给出，并将得到的结果与实验测量进行比对。

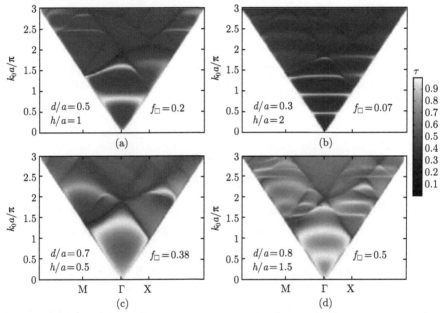

图 4.9 正方阵列孔在一定角度入射时的声能量透射系数 τ(色度表示) 随归一化频率 $k_0 a / \pi$ 以及沿不可约布里渊区 MΓX 方向 (图 4.7) 的波矢量 $\boldsymbol{Q}_0$ 的变化关系。给出了四种不同板的结果，其几何参数在图片下部标出 (彩图见封底二维码)

4.4 实 验 装 置

为了测试穿孔板的透射谱，超声范围的选择主要基于以下两点的考虑：

(1) 当板浸于水中时，与 A4 纸尺寸相当的薄板可应用于超声频段。

(2) 水的声阻抗 $Z_{\text{water}} = \rho c$ 相对较高，因此可利用常规材料来抵消水和板的阻抗失配。

实验装置基于众所周知的超声浸入透射技术 (图 4.10)。此技术利用一对发射接收超声换能器，其中心频率为 250kHz(Imasonic 浸入式换能器，有效半径 32mm)，频率范围在 155~350kHz。一个脉冲发生/采集器连接到发射换能器并形成脉冲信号，此信号将传播经过待测板，然后由接收换能器探测到，脉冲发生/采集器得到数据经过后置放大器放大，并由数字示波器 (Picoscope model 3224) 数字化编码。

在对 100 组测量结果取平均, 并通过加时间窗的方法去除不希望的反射信号后, 对相应的时域数据进行了分析。透射谱通过公式 $|T(\omega)|^2 = |H(\omega)|^2/|H_0(\omega)|^2$ 计算得到, 即信号能量谱 $H(\omega)$ 对参考信号能量谱 $H_0(\omega)$ 的比值, 其中参考信号能量谱是在没有放置待测板时所测量得到的。

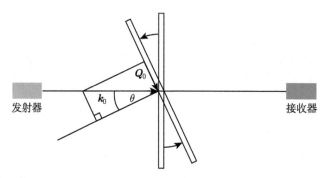

图 4.10　实验示意图。此装置可以进行不同入射角度下透射系数的测量。Q_0 为入射波矢 k_0 平行于薄板方向的分量

实验中所用到的铝板宽 200mm, 长 350mm ($\rho = 2700\text{kg/m}^3, c_l = 6500\text{m/s}, c_t = 3130\text{m/s}$), 并浸于水中 ($\rho = 1000\text{kg/m}^3, c_l = 1480\text{m/s}$)。另外还对铜板 ($\rho = 8560\text{kg/m}^3, c_l = 4280\text{m/s}, c_t = 2030\text{m/s}$) 和 PMMA ($\rho = 1190\text{kg/m}^3, c_l = 2700\text{m/s}, c_t = 1330\text{m/s}$) 板进行了测量。每个换能器离薄板的距离都在相应的近场范围 (43mm) 之外, 并和薄板对齐。

实验中使用了综合孔径技术 (synthetic aperture technique, SAT)[33] 来减小有限尺寸效应。测量过程中, 在不同的接收位置进行多次测量。通过数据的后处理使得到的结果与换能器阵列直接测得的结果等效。由于所研究的薄板的几何参数以及换能器的尺寸, SAT 和单点测量所得到的结果相差很小。

4.5　结　　果

本节将给出使用上述方法测得的实验结果, 并对照理论模型进行讨论分析。我们得到了与应用声学中如众所周知的质量定律等相符的一些结论。当没有穿孔时, 根据质量定律 [14], 法向声透射率近似为

$$\tau \approx \left(\frac{2\rho c}{m''\omega}\right)^2, \tag{4.52}$$

其中 $m'' = \rho_s h$ 为单位面积上板的质量。根据质量定律可知隔声墙的质量越重, 隔声效果越好。因此增加板的质量将带来声透射率的降低。然而, 与通常的直觉以及质量定律相悖的是, PPP 的声透射率比均匀板的声透射率低。图 4.11(a) 给出了几

个不同厚度、不同周期穿孔板正向入射下的透射谱。当 $\lambda \approx a$ 时，穿孔板能比非穿孔板更好地屏蔽声音。当波长远大于周期时，出现小孔共振效应，并导致高透射率。对所有 $a= 5\mathrm{mm}$ 的板，透射谷都出现在类似的位置，而对于 $a= 6\mathrm{mm}$ 的板，透射谷出现在更大波长处。

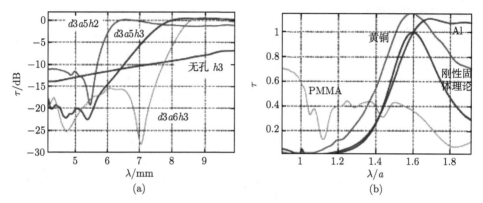

图 4.11　(a) 不同几何参数铝穿孔板正向入射下的透射谱，具体参数由标签给出 (单位:mm)；(b) 刚性固体理论和测量结果之间的对比。穿孔板由不同材料构成 (黄铜、Al、PMMA)，几何参数相同，$d= 3\mathrm{mm}$, $a= 5\mathrm{mm}$, $h= 3\mathrm{mm}$。获许可引自文献 [17]，版权所有 (2008)：美国物理学会

相位失配的关键作用可由图 4.11(b) 中看到。正向入射时，利用刚性固体理论对不同材料构成的正方晶格 PPP 的透射谱进行了比较。黄铜对空气的相对阻抗比率为 25，铝为 11.8，PMMA 为 2.1。黄铜的透射曲线与刚性固体理论的结果非常吻合。对于铝穿孔板的情况，除了波长较大处共振透射时与理论和黄铜板比差别很大，其他频段也与刚性固体理论较为吻合。铝穿孔板结果中的阶跃行为可归因为更低的阻抗失配。而 PMMA 呈现出与铝板和黄铜板完全不一样的结果。PMMA 与水的强烈相互作用导致大部分声能量可以穿透结构。而且在 $\lambda \approx a$ 的 Wood 异常处，也有 60% 的透射率。

对于不同穿孔特性和不同晶格穿孔板，刚性固体理论的结果与实验测量结果的对比如图 4.12(a)～(f) 所示。可以看到铝板的测量结果与刚性固体理论很好地相符，主要的区别在于图 4.12(a)、(b)、(d) 和 (e) 共振点以上区域的高透射率，可由铝和水之间的有限阻抗失配解释，如上所示，而具体的材料参数相关因素在理论中并没有被考虑在内。共振处透射率略大于 1 可能是换能器和穿孔板的有限尺寸效应造成的。Wood 异常发生的位置依赖于晶格的几何参数。相对于正方晶格 $\lambda/a = 1$ 的位置，三角晶格中的相应位置为 $\lambda/a = \sqrt{3}/2 \approx 0.87$。在全部两种晶格情况下，增加板的厚度会使透射峰向更大波长的方向偏移。尽管看起来在 $h= 5\mathrm{mm}$ 时与此结论不符合，但实际上此处的透射峰与一阶 Fabry-Pérot 共振而非零阶 Fabry-Pérot

共振联系在一起,因此超出了我们的测量范围。图 4.12(e) 同时给出了一阶 Fabry-Pérot 共振峰和零阶 Fabry-Pérot 共振峰,其中靠近 Wood 异常处的窄峰可回溯到一阶共振。根据理论分析,相关的现象也出现在图 4.12(b) 中,但是此情况下透射峰由于太窄而无法在实验中测到。水中或者小孔中的微弱衰减有可能使这些很窄的透射峰难以探测到。

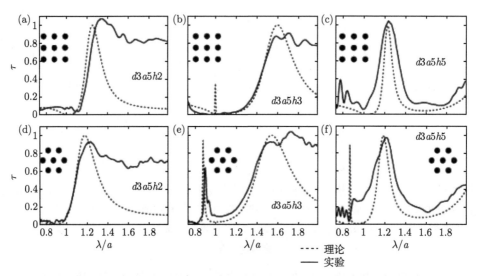

图 4.12　正入射下 PPP 的声能量透射谱,刚性固体理论的结果与实验测量结果的对比,采用了不同穿孔特性和不同晶格穿孔板,保持 d 和 a 为常数,如图中标签所示,实验测量的是浸于水中的铝穿孔板,而理论计算引自刚性固体模型。获许可,引自文献 [17],版权所有
(2008): 美国物理学会

　　正入射下根据刚性固体模型计算得到的透射系数随穿孔板几何参数以及孔阵列的变化关系如图 4.13 所示。每个等值线图对应了图 4.13(a) 中参数空间的一条线,并与不同的 d/h 值相关联。保持 d/h 不变,可通过调节 a 来改变体积率。根据图 4.13 即可以解释所有情况下的完全透射。透射峰的数目直接与板的厚度相关,这是由于这些透射峰基于孔内 Fabry-Pérot 共振形成。然而透射峰的位置还受到阵列周期的较大影响。对于一个开口管,Fabry-Pérot 共振出现在$\lambda/h = 2/j$(这里 j 为整数) 的位置,此位置与高填充率完全透射的情况非常接近,但是单孔的透射峰通常在更大的波长处,如图 4.13(b)~(e) 中的竖直白色实线所示。因此此类穿孔板共振峰位置可在开口管共振峰位置与单孔透射共振位置之间调节。当减小填充率时,共振峰随着$\lambda = a$ 极小值向大波长区间移动,并变得更窄。然而对于单孔,其低阶 Fabry-Pérot 模式的透射峰更高。在周期的情况下每个 Fabry-Pérot 模式都可以达到几乎完全透射 (如图 4.4 所示)。通过改变周期来改变小孔体积率所造成的影响

体现了强烈的孔间相互作用，并同时伴随着透射峰位置向更大波长移动。

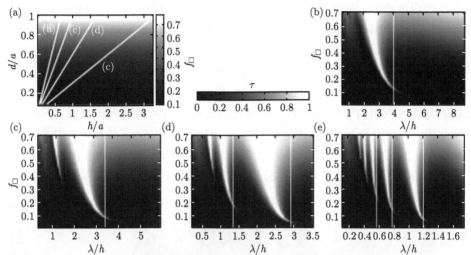

图 4.13　正入射下根据刚性固体模型计算得到的正入射能量透射系数 τ 随 PPP 几何参数 λ/h 以及正方阵列体积率的变化关系。参数空间 (a) 给出可能的穿孔板比例关系以及相应体积比，每个等高线图对应着 (a) 中的一条线，(b) $d/h=$ 1.5, (c) $d/h=$ 1, (d) $d/h=0.6$, (e) $d/h=$ 0.3。竖直白色实线为单孔情况下计算得到的共振位置 (彩图见封底二维码)

　　通过改变两种晶格中入射声波的入射角度，可以得到更多的结果，如图 4.14 所示。色度对应着 τ 的 dB 值，自变量为不可约布里渊区的平行波矢以及归一化入射波数 $k_0 a/(2\pi)$。测量了三种不同厚度铝板中按正方晶格和三角晶格穿孔的情况。可以观测到透射谱中极大和极小点间复杂的相互作用，并且可以得知晶格的对称性会导致透射谱对角度的依赖关系 [21]。在图 4.14(a)~(f) 中, Wood 异常在透射图中用白色虚线标注。这些最小值也即 Wood 在研究光通过衍射光栅时所观察到的尖锐的反射极大。正如 Rayleigh 所述，这些最小值是由小孔之间的相关干涉形成的。Wood 异常的条件由下式给出：

$$k_0 = |\boldsymbol{Q}_0 + \boldsymbol{G}|, \tag{4.53}$$

此为被衍射光束与阵列平面的关系。因此，相关特性仅依赖于阵列的对称性。式 (4.53) 对于正方晶格可以写成

$$\frac{\omega}{c} = |\boldsymbol{Q}_0 + \boldsymbol{G}| = \sqrt{\left(Q_{0x} + \frac{2\pi}{a}m_1\right)^2 + \left(Q_{0y} + \frac{2\pi}{a}m_2\right)^2} \tag{4.54}$$

对于三角晶格可以写成

$$\frac{\omega}{c} = |\boldsymbol{Q}_0 + \boldsymbol{G}| = \sqrt{\left(Q_{0x} + \frac{2\pi}{a}(m_1 + m_2)\right)^2 + \left(Q_{0y} + \frac{2\pi}{a\sqrt{3}}(m_1 - m_2)\right)^2} \tag{4.55}$$

当此条件满足时，透射将变为零。不同的 Miller 序数 (m_1, m_2) 的取值将形成图 4.14 中不同的白色虚线。与光学中的情况类似，这些透射极小是由于孔阵列散射同相积累构成晶格求和奇点而形成的。当板的厚度很小时，测量得到的极小点位置与式 (4.45) 和式 (4.46) 所预测的情况非常好地吻合。然而在图像底部出现的极小点并不能通过 Wood 异常来解释，此现象是与表面模态联系在一起的，其相速度可以测量得到。实际上，阵列几何上的各向异性将导致模式相速度的各向异性。这些表面模式与均一板中由于板共振和流固耦合所形成的漏兰姆波模式相似。因此可以怀疑此情况下对浸在水中的铝作刚性固体假设的有效性，尤其是图 4.9 中并没有类似表面模式的相关线索。因此，需要通过将板振动和流固耦合考虑在内的理论来进一步研究相关现象。一个选择是使用完全弹性声理论 (FEAT)，涉及以下几个步骤：

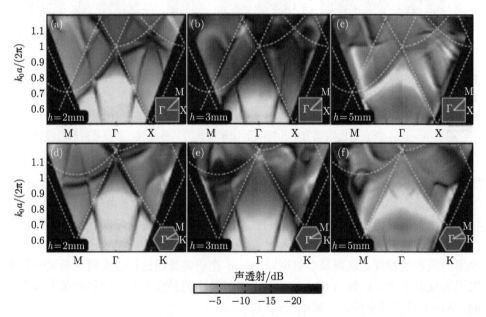

图 4.14　不同板厚 h 的正方晶格 (a)~(c) 和三角晶格 (d)~(f)(见内嵌图) 周期穿孔铝板的测量声透射随平行波矢 $\boldsymbol{Q}_0$ 以及法向入射波矢 $k_0 a/(2\pi)$ 的变化关系。周期 a=5mm，孔直径 d=3mm。白色虚线对应 Wood 异常 (彩图见封底二维码)

(1) 位移场 $\boldsymbol{u}$, 板密度 ρ, 以及 Lamé 系数 λ, μ, 沿平行于周期板的方向作傅里叶展开。

(2) 求解非均匀弹性波动方程的二次本征值问题，得到由与穿孔板相同周期的无限长孔阵列构成的二维晶体的本征模态 (参见 [8, p. 12])。

(3) 在板相邻的水中对位移作 Rayleigh 展开，而对板中的位移场按照其本征模态展开，其本征模态可由前述非均匀弹性波动方程计算得到。

(4) 在薄板边界处的位移连续和应力连续构成线性方程组，求解展开式各项的系数。这一求解方法将给出有限大薄板的严格展开，其厚度体现在内部二维模式和外部 Rayleigh 展开相匹配的边界条件中。

将均一板、刚性固体理论以及 FEAT 三种理论的结果与实验结果进行对比，如图 4.15 所示。能量透射率τ由色度给出，自变量为沿 ΓX 方向的平行波矢以及归一化入射波数 k_0a/π。三个具有不同 h/a 但保持相同体积比 $(f_\square = 0.28)$ 的薄板结果如图 4.15 所示。在均匀薄板的计算中，两个坐标轴方向用晶格周期归一化是为了画等值线图时与其他情况保持相同的标度。第一列图为均匀薄板的透射图，其中主要包含了无截止频率的对称和反对称漏兰姆波模式，后者在 $h/a = 0.2, 0.4$ 并接近$\omega = ck_{\parallel}$(c 为水中的相速度) 线时与 Scholte-Stoneley 模式结合为一个混合模式。这三幅图都给出了图 4.1 所示的水中铝板特性的缩放版本，图 4.1 适用于任意厚度。当板的厚度增加时，高阶模式将进入所研究的频率范围 (参见 $h/a = 1.0$ 时的情况)，第二列图为计算得到的刚性固体近似下的 PPP 声透射图。可以观测到由小孔共振所形成的完全透射峰。在 $h/a = 0.2$ 时共振峰非常窄并靠近 Wood 处。增加 h/a 可将透射峰向低频移动，而且导致高阶模式进入所研究的频率范围。第三列是由 FEAT 计算得到的结果，其中考虑了小孔的共振、孔阵列的相干散射以及板的弹性振动等效应。这三种效应的共同影响导致了实验所测得的复杂透射特性，如第四列图所示。尽管 FEAT 的计算结果中出现了一些数值结果的不稳定性，固体和流体之间

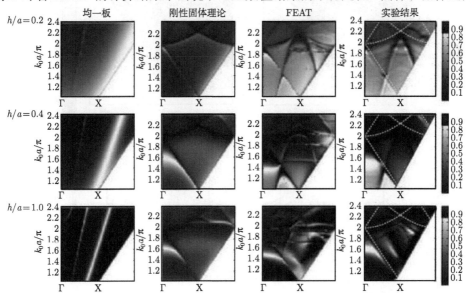

图 4.15　正方阵列沿 ΓX 方向均一板、刚性固体理论以及 FEAT 三种理论的能量透射率τ结果与实验结果进行对比 $(f = 0.28)$。空晶格情况由实验结果图中的白色虚线给出 (彩图见封底二维码)

有限阻抗失配所导致的一些主要特性依然近似地重现了。当 $h/a = 0.2$ 时，FEAT 正确地预见到曲线从图底部开始向上直到零群速度的 X 点然后由于 X 点附近的对称性重新向下，形成透射谷。将此结果与刚性固体理论的结果对比可知，此透射谷引自与兰姆波类似的表面模式，即引自板本身的振动。FEAT 还恰当地给出了 X 点左侧的低频高透射率，而刚性固体模型无法做到这一点。在 $h/a = 0.4$ 时，结果也是类似的。在实验结果和 FEAT 的计算结果中可以清楚地看到 Wood 异常和表面模式的交叉。交叉涉及表面模式、Wood 异常以及透射峰，几个效应混合在一处使得交叉点有特别的意义。交叉点之下的高透射率与正入射时的阶跃透射特性 [如图 4.12(a)、(b)、(d) 和 (e) 所示] 相关。这一现象正确地被归因为有限阻抗失配效应，而此效应在 FEAT 模型中已经涵盖。由于板的振动，完全透射峰也受到影响并向低频移动。对于厚板 ($h/a = 1.0$)，表面模态、小孔间的相干散射以及小孔共振之间的相互作用都更为强烈，导致更加丰富而复杂的现象，需要进一步的仔细研究。

　　为了澄清对称特性在穿孔板透射特性中的关键作用，我们将周期晶格与随机晶格进行了对比，两者的体积比相同 (随机阵列的平均体积比为 f) 并且板的厚度相同。相关结果如图 4.16 所示，其中 (a) 和 (b) 对应着透射关系，(c) 和 (d) 对应着两

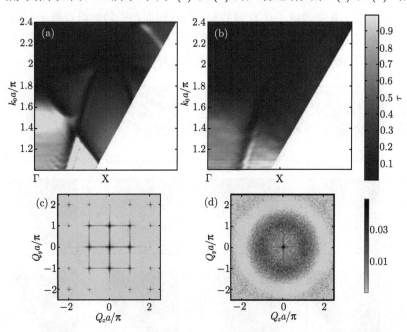

图 4.16　(a) 正方形和 (b) 随机晶格的不可约布里渊区沿着 ΓX 对称方向穿过穿孔板的声透射功率测量值 τ(彩色色标) 与归一化频率 $k_0 a/\pi$ 和 $\boldsymbol{Q}_0$ 之间的函数关系；(c) 周期性和 (d) 随机阵列的薄膜开口的二维傅里叶变换 (对数刻度的轮廓图)。获文献 [21] 许可转载。版权所有 (2009): 美国物理学会 (彩图见封底二维码)

种晶格的二维傅里叶变换。有序阵列下晶格模式与板本身模式之间的相互作用在随机晶格中不会出现。但是随机晶格却呈现出与板振动表面模式相类似的特性，由于不具备 X 点附近的阵列对称性从而曲线没有在此处向下。有趣的是，按二维随机阵列分布的几何结构的傅里叶变换在半径 $|\boldsymbol{Q}_0| = \pi/a$ 附近呈现出较宽的圆形极大，此极大导致正入射时的暗色区域，与有序阵列的 Wood 异常接近。而随机阵列正向入射的透射峰降低为几乎一半大小，其在 X 点附近低频区域的高透射也主要是来源于板的振动，而非小孔共振。

最后，还可以从另外的阵列结构因子发散的角度来分析 Wood 异常现象[23] 在零厚度和小孔近似下，根据 Babinet 原理将圆碟阵列对电子的反射系数与相应的孔阵列互补结构对声的透射系数联系起来[24]

$$T = \frac{1}{1 + \mathrm{i}\dfrac{Sq_0}{2\pi}\mathrm{Re}\left\{\dfrac{1}{\alpha} - \mathscr{G}(\boldsymbol{Q}_0)\right\}}, \tag{4.56}$$

其中

$$\mathscr{G}(\boldsymbol{Q}_0) = \sum_n \exp(-\mathrm{i}\boldsymbol{Q}_0\boldsymbol{r_n})\frac{\exp(\mathrm{i}k_0 R)}{R} \tag{4.57}$$

对应着孔内相互作用，$\mathrm{Re}\{\alpha\} = -r_0/\pi, \mathrm{Im}\{\alpha^{-1}\} = -2k_0$ 为单孔的散射系数。当 $\mathrm{Re}\{\mathscr{G}(\boldsymbol{Q}_0)\}$ 发散时，透射为零，而 $\mathscr{G}(\boldsymbol{Q}_0)$ 发散的条件[23] 为

$$\mathscr{G}(\boldsymbol{Q}_0) \propto \frac{1}{\sqrt{|\boldsymbol{Q}_0 + \boldsymbol{G}|^2 - k_0^2}}, \tag{4.58}$$

这与之前给出的 Wood 异常的条件一致。这一方法同样可以给完全透射峰的分析带来方便，完全透射时需满足条件 $\mathrm{Re}\{\alpha^{-1} - \mathscr{G}(\boldsymbol{Q}_0)\} = 0$。这一条件由于 $\mathrm{Re}\{\alpha\} < 0$ 并且 $\mathrm{Re}\{\mathscr{G}(\boldsymbol{Q}_0)\} > 0$ 在声学情况下不能实现，这与电子的情况类似，而与光学中任意小孔都能产生完全透射的情况不同[24]。因此，声学中不可能通过晶格共振来形成完全透射峰；声学中的完全透射峰直接来源于 Fabry-Pérot 共振。

我们将得到的结果在表 4.1 中进行归纳总结，对不同形式波的不同透射特性进行了陈述。我们指出了光和声透射特性的差别，而其他研究小组之前重点分析了

表 4.1　单独小孔的亚波长透射 (ST)，阵列小孔的非正常透射 (ET)，以及阵列的边界模式。单独小孔的声透射率与它们的面积成正比，而任意小孔阵列能够把光套住实现全光学透射

波类型	ST 单孔	ET 孔阵列	边界态
声波	是	不是	不是
电子波	不是	不是	不是
光波	不是	是	是

两者之间的类似特性 [11,30,46]。在声学中单孔有可能产生亚波长透射，而电子和光则不会出现这一现象 [见图 4.3(b)]。来源于晶格共振的超构透射特性以及表面约束模态仅存在于光学中，而无法在声学或电子中发现相关现象，尽管在声学中可能由于 Fabry-Pérot 共振形成完全透射。

4.6　总结和结论

总之，我们对周期穿孔板的超声透射特性进行了理论和实验研究。对包括正方阵列、三角阵列和随机阵列在内的不同阵列几何的水中铝板进行了实验测量，得到以下结论：

(1) 周期穿孔板的透射特性涉及三种不同的物理现象：小孔的 Fabry-Pérot 共振，小孔阵列的相干散射，以及板的弹性表面模式。这些现象的相互作用导致下述透射特性：① 完全透射峰，② Wood 异常点，③ 由于本征表面模式产生的极小和极大。① 和② 主要依赖于结构的几何参数，③ 依赖于组成材料的物理特性。

(2) 证明了 Fabry-Pérot 共振对完全透射峰形成的关键作用。周期性分布使得不同小孔处的幅值相干叠加，增加了结果的复杂度。透射峰的位置和宽度都可以通过改变孔的体积比来调节，透射峰的数量取决于板的厚度以及孔的体积比。

(3) 从结果可见，由于水动力学的短路效应，穿孔板的声透射率可以比非穿孔均匀板低得多，这样更轻的声屏障可以造成更大的插入损失。这种水动态短路声屏障在水声中可能会有一些有趣的应用。

(4) 我们分析了两种理论模型，由于两者的差别只在于板的特性，此差别使我们得以提取出板的振动及其与周期孔中模式的相互作用对整个结构特性的影响。刚性固体模型在正入射时与实验结果很好地吻合，而 FEAT 方法则正确地重现了任意角度入射时透射谱中的一些关键特征。

(5) 完全声透射不能被称为超构透射。与光学中的相关现象不同，声学中并不存在晶格共振现象 [23,24]，并且由于在连接薄板两边的小孔内有无截止的模式，穿孔板的完全透射是一个可预期的正常透射现象。

我们希望我们的研究可以在更宽的频带内对更多材料构成的穿孔板的声学特性形成较为清晰的描述。

致谢　作者希望向项目 MICINN MAT2010-16879 以及 Consolider Nanolight.es CSD-2007-0046 和 PROMETEO/2010/043 Generalitat Valenciana.　H.E. a CSIC-JAE scholarship 的资助者西班牙教育和科技部表示感谢。

参 考 文 献

[1] Abramowitz, M., Stegun, I.A.: Handbook of Mathematical Functions with Formulas, Graphs, and Mathematical Tables, 9th Dover printing, 10th GPO printing edn. Dover, New York (1964)

[2] Ashcroft, N.W., Mermin, N.D.: Solid State Physics. Harcourt Brace, Orlando (1976)

[3] Barbara, A., Quémerais, P., Bustarret, E., Lopez-Rios, T.: Optical transmission through subwavelength metallic gratings. Phys. Rev. B **66**(16), 161403 (2002). doi:10.1103/ PhysRevB. 66.161403

[4] Barnes,W.L., Dereux, A., Ebbesen, T.W.: Surface plasmon subwavelength optics. Nature **424**, 824–830 (2003). http://dx.doi.org/10.1038/nature01937

[5] Bethe, H.A.: Theory of diffractiBethe, H.A.: Theory of diffraction by small holes. Phys. Rev. **66**(7–8), 163–182 (1944).

[6] Bouwkamp, C.J.: Theoretische en numerieke behandeling van de buiging door een ronde opening. Ph.D. thesis, University of Groningen (1941)

[7] Bouwkamp, C.J.: Diffraction theory. Rep. Prog. Phys. **17**(1), 35–100 (1954). http://stacks.iop. org/0034-4885/17/35

[8] Brekhovskikh, L.M., Godin, O.A.: Acoustics of Layered Media. Springer Series on Wave Phenomena, vol. I, 2nd edn. Springer, Berlin (1998)

[9] Brillouin, L.: Wave Propagation in Periodic Structures. Dover, New York (1953)

[10] Christensen, J., Fernandez-Dominguez, A.I., de Leon-Perez, F., Martin-Moreno, L., Garcia- Vidal, F.J.: Collimation of sound assisted by acoustic surface waves. Nat. Phys. **3**, 851–852 (2007). doi:10.1038/nphys774, http://dx.doi.org/10.1038/nphys774

[11] Christensen, J., Martin-Moreno, L., Garcia-Vidal, F.J.: Theory of resonant acoustic transmission through subwavelength apertures. Phys. Rev. Lett. **101**(1), 014301 (2008). doi:10.1103/PhysRevLett.101.014301, http://link.aps.org/abstract/PRL/v101/ e014301

[12] Christensen, J., Martín-Moreno, L., García-Vidal, F.J.: All-angle blockage of sound by an acoustic double-fishnet metamaterial. Appl. Phys. Lett. **97**(13), 134106 (2010). doi:10.1063/1.3491289, http://link.aip.org/link/?APL/97/134106/1

[13] Christensen, J., Martín-Moreno, L., García-Vidal, F.J.: Enhanced acoustical transmission and beaming effect through a single aperture. Phys. Rev. B **81**(17), 174104 (2010). doi:10.1103/ PhysRevB.81.174104

[14] Cremer, L., Möser, M.: Technische Akustik, 5th edn. Springer, Berlin (2003)

[15] Cummer, S.A., Schurig, D.: One path to acoustic cloaking. New J. Phys. **9**(3), 45 (2007). http://stacks.iop.org/1367-2630/9/45

[16] Ebbesen, T.W., Lezec, H.J., Ghaemi, H.F., Thio, T., Wolff, P.A.: Extraordinary optical transmission through sub-wavelength hole arrays. Nature **391**(6668), 667–669 (1998).

http://dx.doi.org/10.1038/35570

[17] Estrada, H., Candelas, P., Uris, A., Belmar, F., García de Abajo, F.J., Meseguer, F.: Extraordinary sound screening in perforated plates. Phys. Rev. Lett. **101**(8), 084302 (2008). doi:10.1103/PhysRevLett.101.084302, http://link.aps.org/abstract/PRL/v101/e084302

[18] Estrada, H., Candelas, P., Uris, A., Belmar, F., García de Abajo, F.J., Meseguer, F.: Influence of lattice symmetry on ultrasound transmission through plates with subwavelength aperture arrays. Appl. Phys. Lett. **95**(5), 051906 (2009). doi:10.1063/1.3196330, http://link.aip.org/link/?APL/95/051906/1

[19] Estrada, H., Candelas, P., Uris, A., Belmar, F., Meseguer, F., García de Abajo, F.J.: Influence of the hole filling fraction on the ultrasonic transmission through plates with subwavelength aperture arrays. Appl. Phys. Lett. **93**(1), 011907 (2008). doi:10.1063/1.2955825, http://link.aip.org/link/?APL/93/011907/1

[20] Estrada, H., Candelas, P., Uris, A., Belmar, F., Meseguer, F., García de Abajo, F.J.: Sound transmission through perforated plates with subwavelength hole arrays: A rigid-solid model. Wave Motion **48**(3), 235–242 (2011). doi:10.1016/j.wavemoti.2010.10.008, http://www.sciencedirect.com/science/article/B6TW5-51D7HPV-1/2/fa69698be2a24bb62629 931deab14e4f

[21] Estrada, H., García de Abajo, F.J, Candelas, P., Uris, A., Belmar, F., Meseguer, F.: Angledependent ultrasonic transmission through plates with subwavelength hole arrays. Phys. Rev. Lett. **102**(14), 144301 (2009). doi:10.1103/PhysRevLett.102.144301, http://link.aps. org/abstract/PRL/v102/e144301

[22] Fei, D., Chimenti, D.E., Teles, S.V.: Material property estimation in thin plates using focused, synthetic-aperture acoustic beams. J. Acoust. Soc. Am. **113**(5), 2599–2610 (2003). doi:10.1121/1.1561496, http://link.aip.org/link/?JAS/113/2599/1

[23] García de Abajo, F.J.; Colloquium: Light scattering by particle and hole arrays. Rev. Mod. Phys. **79**(4), 1267 (2007). doi:10.1103/RevModPhys.79.1267, http://link.aps.org/abstract/RMP/v79/p1267

[24] García de Abajo, F.J., Estrada, H., Meseguer, F.J.: Diacritical study of light, electrons, and sound scattering by particles and holes. New J. Phys. **11**(9), 093013 (2009). http://stacks.iop. org/1367-2630/11/i=9/a=09301

[25] Genet, C., Ebbesen, T.W.: Light in tiny holes. Nature **445**, 39–46 (2007). http://dx.doi.org/10.1038/nature05350

[26] Gómez Rivas, J., Schotsch, C., Haring Bolivar, P., Kurz, H.: Enhanced transmission of the radiation through subwavelength holes. Phys. Rev. B **68**(20), 201,306 (2003). doi:10.1103/PhysRevB.68.201306

[27] He, Z., Jia, H., Qiu, C., Peng, S., Mei, X., Cai, F., Peng, P., Ke, M., Liu, Z.: Acoustic transmission enhancement through a periodically structured stiff plate without any

opening. Phys. Rev. Lett. **105**(7), 074301 (2010). doi:10.1103/PhysRevLett.105.074301

[28] Holland, S.D., Chimenti, D.E.: Air-coupled acoustic imaging with zero-group-velocity lamb modes. Appl. Phys. Lett. **83**(13), 2704–2706 (2003). doi:10.1063/1.1613046, http://link.aip.org/link/?APL/83/2704/1

[29] Hou, B., Mei, J., Ke, M., Liu, Z., Shi, J., Wen, W.: Experimental determination for resonanceinduced transmission of acoustic waves through subwavelength hole arrays. J. Appl. Phys. **104**(1), 014909 (2008). doi:10.1063/1.2951457, http://link.aip.org/link/?JAP/104/014909/1

[30] Hou, B., Mei, J., Ke, M., Wen, W., Liu, Z., Shi, J., Sheng, P.: Tuning Fabry-Perot resonances via diffraction evanescent waves. Phys. Rev. B **76**(5), 054303 (2007). doi:10.1103/PhysRevB. 76.054303, http://link.aps.org/abstract/PRB/v76/e054303

[31] Ingard, U., Bolt, R.H.: Absorption characteristics of acoustic material with perforated facings. J. Acoust. Soc. Am. **23**(5), 533–540 (1951). http://link.aip.org/link/?JAS/23/533/1

[32] Joannopoulos, J.D., Meade, R.D., Winn, J.N.: Photonic Crystals: Molding the Flow of Light. Princeton University Press, Princeton (1995)

[33] Jocker, J., Smeulders, D.: Minimization of finite beam effects in the determination of reflection and transmission coefficients of an elastic layer. Ultrasonics **46**, 42–50 (2007). http://www.sciencedirect.com/science/article/B6TW2-4MBCGB5-1/2/ f117c6f285ef 0f4f621c6bd2eddb3912

[34] John, S.: Strong localization of photons in certain disordered dielectric superlattices. Phys. Rev. Lett. **58**(23), 2486–2489 (1987). doi:10.1103/PhysRevLett.58.2486

[35] Jun, K.H., Eom, H.J.: Acoustic scattering from a circular aperture in a thick hard screen. J. Acoust. Soc. Am. **98**(4), 2324–2327 (1995). doi:10.1121/1.414404, http://link.aip.org/link/?JAS/98/2324/1

[36] Khelif, A., Choujaa, A., Benchabane, S., Djafari-Rouhani, B., Laude, V.: Guiding and bending of acoustic waves in highly confined phononic crystal waveguides. Appl. Phys. Lett. **84**(22), 4400–4402 (2004). doi:10.1063/1.1757642, http://link.aip.org/link/?APL/84/4400/1

[37] Kinsler, L.E.: Fundamentals of Acoustics, 4th edn. Wiley, New York (2000)

[38] Kittel, C.: Introduction to Solid State Physics, 7th edn. Wiley, New York (1996)

[39] Kundu, T.: Ultrasonic Nondestructive Evaluation. CRC, Boca Raton (2004)

[40] Lamb, H.: On waves in an elastic plate. Proc. R. Soc. Lond., a Contain. Pap. Math. Phys. Character **93**(648), 114–128 (1917). http://www.jstor.org/stable/93792

[41] Lamb, H.: On the vibrations of an elastic plate in contact with water. Proc. R. Soc. Lond., a Contain. Pap. Math. Phys. Character **98**(690), 205–216 (1920). http://www.jstor.org/stable/93996

[42] Leonhardt, U.: Optical conformal mapping. Science **312**(5781), 1777–1780 (2006). doi:10. 1126/science.1126493, http://www.sciencemag.org/cgi/content/abstract/312/5781/1777

[43] Liu, F., Cai, F., Ding, Y., Liu, Z.: Tunable transmission spectra of acoustic waves through double phononic crystal slabs. Appl. Phys. Lett. **92**(10), 103504 (2008). doi:10.1063/1.2896146, http://link.aip.org/link/?APL/92/103504/1

[44] Liu, Z., Jin, G.: Resonant acoustic transmission through compound subwavelength hole arrays: The role of phase resonances. J. Phys. Condens. Matter **21**(44), 445,401 (2009). http://stacks.iop.org/0953-8984/21/i=44/a=445401

[45] Liu, Z., Jin, G.: Acoustic transmission resonance and suppression through double-layer subwavelength hole arrays. J. Phys. Condens. Matter **22**(30), 305003 (2010). http://stacks.iop. org/0953-8984/22/i=30/a=305003

[46] Lu, M.H., Liu, X.K., Feng, L., Li, J., Huang, C.P., Chen, Y.F., Zhu, Y.Y., Zhu, S.N., Ming, N.B.: Extraordinary acoustic transmission through a 1d grating with very narrow apertures. Phys. Rev. Lett. **99**(17), 174301 (2007). doi:10.1103/PhysRevLett.99.174301, http://link.aps.org/abstract/PRL/v99/e174301

[47] Martín-Moreno, L., García-Vidal, F.J., Lezec, H.J., Pellerin, K.M., Thio, T., Pendry, J.B., Ebbesen, T.W.: Theory of extraordinary optical transmission through subwavelength hole arrays. Phys. Rev. Lett. **86**(6), 1114–1117 (2001). doi:10.1103/PhysRevLett.86.1114

[48] Martinez-Sala, R., Sancho, J., Sanchez, J.V., Gomez, V., Llinares, J., Meseguer, F.: Sound attenuation by sculpture. Nature **378**, 241 (1995). http://dx.doi.org/10.1038/378241a0

[49] Mekis, A., Chen, J.C., Kurland, I., Fan, S., Villeneuve, P.R., Joannopoulos, J.D.: High transmission through sharp bends in photonic crystal waveguides. Phys. Rev. Lett. **77**(18), 3787– 3790 (1996). doi:10.1103/PhysRevLett.77.3787

[50] Nomura, Y., Inawashiro, S.: On the transmission of acoustic waves through a circular channel of a thick wall. Res. Inst. Elec. Commun. **2**, 57–71 (1960)

[51] Norris, A.N., Luo, H.A.: Acoustic radiation and reflection from a periodically perforated rigid solid. J. Acoust. Soc. Am. **82**(6), 2113–2122 (1987). doi:10.1121/1.395656, http://link.aip.org/link/?JAS/82/2113/1

[52] Osborne, M.F.M., Hart, S.D.: Transmission, reflection, and guiding of an exponential pulse by a steel plate in water. I. Theory. J. Acoust. Soc. Am. **17**(1), 1–18 (1945). http://link.aip.org/link/?JAS/17/1/1

[53] Pendry, J.B.: Low Energy Electron Diffraction: The Theory and Its Application to Determination of Surface Structure. Academic Press, London (1974)

[54] Porto, J.A., García-Vidal, F.J., Pendry, J.B.: Transmission resonances on metallic gratings with very narrow slits. Phys. Rev. Lett. **83**(14), 2845–2848 (1999). doi:10.1103/

PhysRevLett.83.2845

[55] Rayleigh, L.: On the incidence of aerial and electric waves upon small obstacles in the form of ellipsoids or elliptic cylinders, and on the passage of electric waves through a circular aperture in a conducting screen. Philos. Mag. **44**, 28–52 (1897)

[56] Rayleigh, L.: On the passage of waves through apertures in plane screens, and allied problems. Philos. Mag. **43**, 259–272 (1897)

[57] Rayleigh, L.: On the dynamical theory of gratings. Proc. R. Soc. A **79**, 399–416 (1907)

[58] Rayleigh, L.: The Theory of Sound, vol. II, 2nd edn. Courier Dover Publications (1945)

[59] Royer, D., Dieulesaint, E.: Elastic Waves in Solids, vol. I. Springer, Berlin (2000)

[60] ánchez-Pérez, J.V., Caballero, D., Mártinez-Sala, R., Rubio, C., Sánchez-Dehesa, J., Meseguer, F., Llinares, J., Gálvez, F.: Sound attenuation by a two-dimensional array of rigid cylinders. Phys. Rev. Lett. **80**(24), 5325–5328 (1998). doi:10.1103/PhysRevLett. 80.5325

[61] Selcuk, S., Woo, K., Tanner, D.B., Hebard, A.F., Borisov, A.G., Shabanov, S.V.: Trapped electromagnetic modes and scaling in the transmittance of perforated metal films. Phys. Rev. Lett. **97**(6), 067403 (2006). doi:10.1103/PhysRevLett.97.067403, http://link.aps.org/ abstract/PRL/v97/e067403

[62] Sgard, F., Nelisse, H., Atalla, N.: On the modeling of the diffuse field sound transmission loss of finite thickness apertures. J. Acoust. Soc. Am. **122**(1), 302–313 (2007). doi:10.1121/1.2735109, http://link.aip.org/link/?JAS/122/302/1

[63] Shelby, R.A., Smith, D.R., Schultz, S.: Experimental verification of a negative index of refraction. Science **292**(5514), 77–79 (2001). doi:10.1126/science.1058847, http://www. sciencemag.org/cgi/content/abstract/292/5514/77

[64] Sigalas, M., Kushwaha, M.S., Economou, E.N., Kafesaki, M., Psarobas, I.E., Steurer, W.: Classical vibrational modes in phononic lattices: theory and experiment. Z. Kristallogr. **220**(9–10), 765–809 (2005). http://www.atypon-link.com/OLD/doi/abs/10.1524/ zkri.2005.220.9-10.765

[65] Sukhovich, A., Jing, L., Page, J.H.: Negative refraction and focusing of ultrasound in two-dimensional phononic crystals. Phys. Rev. B **77**(1), 014301 (2008). doi:10.1103/ PhysRevB.77.014301, http://link.aps.org/abstract/PRB/v77/e014301

[66] Takakura, Y.: Optical resonance in a narrow slit in a thick metallic66. Takakura, Y.: Optical resonance in a narrow slit in a thick metallic screen. Phys. Rev. Lett.

[67] Torres, M., Montero de Espinosa, F.R., García-Pablos, D., García, N.: Sonic band gaps in finite elastic media: surface states and localization phenomena in linear and point defects. Phys. Rev. Lett. **82**(15), 3054–3057 (1999). doi:10.1103/PhysRevLett.82.3054

[68] Treacy, M.M.J.: Dynamical diffraction in metallic optical gratings. Appl. Phys. Lett. **75**(5), 606–608 (1999). doi:10.1063/1.124455, http://link.aip.org/link/?APL/75/606/1

[69] Trompette, N., Barbry, J.L., Sgard, F., Nelisse, H.: Sound transmission loss of rectangular and slit-shaped apertures: Experimental results and correlation with a modal model. J. Acoust. Soc. Am. **125**(1), 31–41 (2009). doi:10.1121/1.3003084, http://link.aip.org/link/?JAS/125/31/1

[70] Viktorov, I.A.: Rayleigh and Lamb Waves. Plenum Press, New York (1967)

[71] Wang, X.: Acoustical mechanism for the extraordinary sound transmission through subwavelength apertures. Appl. Phys. Lett. **96**(13), 134104 (2010). doi:10.1063/1.3378268, http://link.aip.org/link/?APL/96/134104/1

[72] Wang, X.: Theory of resonant sound transmission through small apertures on periodically perforated slabs. J. Appl. Phys. **108**(6), 064903 (2010). doi:10.1063/1.3481434, http://link.aip.org/link/?JAP/108/064903/1

[73] Wauer, J., Rother, T.: Considerations to Rayleigh's hypothesis. Opt. Commun. **282**, 339–350 (2009). doi:10.1016/j.optcom.2008.10.023

[74] Williams, E.G.: Fourier Acoustics: Sound Radiation and Nearfield Acoustical Holography. Academic Press, San Diego (1999)

[75] Wilson, G.P., Soroka, W.W.: Approximation to the diffraction of sound by a circular aperture in a rigid wall of finite thickness. J. Acoust. Soc. Am. **37**(2), 286–297 (1965). http://link.aip.org/link/?JAS/37/286/1

[76] Wood, R.W.: Philos. Mag. **4**, 396 (1902)

[77] Wood, R.W.: Anomalous diffraction gratings. Phys. Rev. **48**(12), 928–936 (1935). doi:10.1103/PhysRev.48.928

[78] Yablonovitch, E., Gmitter, T.J.: Photonic band structure: the face-centered-cubic case. Phys. Rev. Lett. **63**(18), 1950–1953 (1989). doi:10.1103/PhysRevLett.63.1950

[79] Yang, F., Sambles, J.R.: Resonant transmission of microwaves through a narrow metallic slit. Phys. Rev. Lett. **89**(6), 063901 (2002). doi:10.1103/PhysRevLett.89.063901

[80] Zhang, X.: Acoustic resonant transmission through acoustic gratings with very narrow slits: Multiple-scattering numerical simulations. Phys. Rev. B **71**(24), 241102 (2005). doi:10.1103/PhysRevB.71.241102

[81] Zhou, L., Kriegsmann, G.A.: Complete transmission through a periodically perforated rigid slab. J. Acoust. Soc. Am. **121**(6), 3288–3299 (2007). doi:10.1121/1.2721878, http://link.aip. org/link/?JAS/121/3288/1

[82] Zhou, Y., Lu, M.H., Feng, L., Ni, X., Chen, Y.F., Zhu, Y.Y., Zhu, S.N., Ming, N.B.: Acoustic surface evanescent wave and its dominant contribution to extraordinary acoustic transmission and collimation of sound. Phys. Rev. Lett. **104**(16), 164301(2010).doi. 10.1103/PhysRevLett. 104. 164301

第 5 章 新型超声成像之应用

Francesco Simonetti

摘要 常规的超声成像的一些应用包括相控阵技术以及用于成像的波束形成 (BF) 方法。尽管 BF 非常强劲,但是在其过程中损失了很多超声信号中所包含的信息。因此,BF 能重现物体的一些几何特征,但由于衍射极限,成像分辨率受到限制。逆散射理论是区别于 BF 成像的另一种有潜力的成像方法,有可能打破衍射极限并提取出关于物体材料力学特性的一些定量信息。高分辨率定量成像是现代诊断技术的核心,可通过高灵敏度和有限的误判率实现高效率的检测。本章给出了包含一些理论和实验结果的框架,在此框架上可将逆散射理论与现代阵列技术结合在一起,实现超高分辨率的高质量成像。

5.1 引 言

无论是探测人体中的肿瘤物质,或是检测金属中的损伤,还是检测油气中的 CO_2,介质的复杂性常常会使整个过程变得极为困难。举例来说,要表征人体结构中从分子大小到器官系统量级的不同空间尺度,并最终得到其生物功能性,将需要一个非常复杂的体系,才有可能分辨出疾病的情况,尤其是区分出早期疾病与正常功能的器官,成为一个基础性的挑战。

考虑到在检测过程的最后一步需做的诊断,就能更好地理解检测方面的这一挑战。在此方面,最基本的检测形式就是基于对如图 5.1(a) 所示的信号进行的分析。为了解释其中的基本原理,我们以无损检测 (NDE) 中的损伤检测为例,类似的情况也适用于其他相关领域。信号中包含了与损伤相关的信息,以及一些与损伤无直接联系的、由基体介质复杂性导致的干扰特征。这里,这些干扰特征可以看作

F. Simonetti(✉)

College of Engineering and Applied Science, School of Aerospace Systems,

University of Cincinnati, 726 Rhodes Hall, P. O. Box 210070, Cincinnati, OH 45221, USA

e-mail: f.simonetti@uc.edu

R.V. Craster, S. Guenneau (eds.), *Acoustic Metamaterials*,

Springer Series in Materials Science 166, DOI 10.1007/978-94-007-4813-2_5,

噪声。诊断中的关键难点就是确定信号中某一个特征是引自于噪声，还是引自于我们所关注的情况。为此观察者通常会设定一个阈值，这样当信号中某处的特征幅值超过这个阈值时，即可确定出现了损伤。因为阈值从某种程度来说是人为任意确定的，所以这种阈值的方法只在损伤特征幅值大于噪声特征幅值的时候才有效，此时信号需有较高的信噪比 (SNR)。实际上，如果损伤较小，特征幅值可能小于阈值，导致缺陷没法被探测到。为了探测小的缺陷，有必要降低阈值，如图 5.1(c) 所示；然而，这样会导致噪声也达到此阈值，并造成在没有损伤的地方的错误判定，如图 5.1(d) 所示。在微弱特征或微小缺陷探测和错误判断之间的权衡是诊断技术成本效益评估中非常重要的方面，尤其是当错误判定方面的消耗远比诊断本身的直接消耗更为重要时。比如说，基于 X 射线的乳房成像术是乳腺癌探测的黄金标准。然而，在致密性乳腺情况下，这种技术会导致 80 % 的错误阳性判定率 (PFP) 并导致不必要的活检 [22]。结果，在美国每年有两亿多美元主要都花费在活检上，在良性损伤上的花费则排在其后。

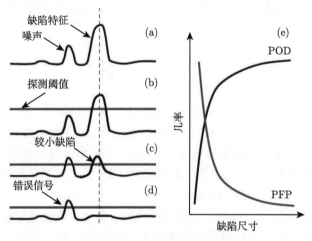

图 5.1   检测问题。(a) 信号中包含了噪声和所需要研究的特征信号；(b) 为了区分噪声和检测特征信号引入了一个阈值；(c) 降低阈值能够探测到一些较小的特性; (d) 但会导致错误阳性判定率；(e) 探测几率 (POD) 和错误阳性判定率 (PFP) 随特征尺寸的变化关系典型趋势

为了评估诊断方法的成本效益需要用到两个度量：灵敏度和特异度 [43]。前者意味着正确的阳性判定率，后者则给出正确的阴性判定率。在 NDE 中，灵敏度常被称作探测几率 (POD)。在理想状况下，一项检测技术应该有 100% 的灵敏度和 100% 的特异度。然而实际情况中灵敏度和特异度都会低于理想值，并且根据目标特征变化。图 5.1(e) 给出了一个典型的 NDE 检测技术中 POD 随损伤大小变化的典型趋势以及相应 PFP 的变化关系 (PFP=1− 特异度)。损伤尺寸减小，POD 也随之减小，而由于更低的检测阈值，PFP 会随之升高。POD 和 PFP 曲线可以结合

为一条曲线，我们称之为 ROC(receiver-operating characteristic)，这一曲线表征了一个诊断系统的性能。

在很多领域中对小尺寸结构的探测变得越来越重要。比如癌症的早期检测，它是降低死亡率的主要措施，另外对损伤预兆的检测是延长如发动机引擎等复杂机械系统寿命的重要途径。

成像技术为提高诊断方法的灵敏度并同时限制 PFP 甚至降低 PFP 提供了可能性。由于所成图像是传感器沿孔径不同位置所记录的多次测量结果信息的综合，成像技术在这方面有潜在的优越性。空间的多方位性能带来补充信息，但这些信息被整合在一起形成图像时，可以增强单一信号的 SNR。

尽管在基于图像的检测中也可以使用阈值的方法并与传统的检测方法类似地将阈值施加到整个图像上，这种阈值的方法并不能充分利用图像中的所有信息。实际上，一张图像可以给出物体内部结构的几何信息，这样有可能直接瞄准目标特征，将其从其他的无关信息中提取出来，从而实现在高度复杂背景中进行有效探测。

定量描述图像中信息量的度量为分辨率。如图 5.2 所示为一个石棺上面象形文字的高分辨率照片和低分辨率照片。从高分率照片中可以看到，石棺上有一个类似于数字 9(箭头指示) 的象形文字。而从低分辨率照片中则没法得出这一结论。这个例子清楚地阐释了分辨率的损失将导致信息的缺失。

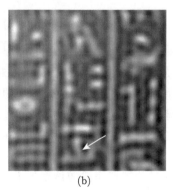

(a)　　　　　　　　　　　　　　(b)

图 5.2　不列颠博物馆中石棺上象形文字照片：(a) 高分辨率版本和 (b) 低分辨率版本。箭头指向形如数字 9 的一处图形，但分辨率降低，此图形将无法分辨出来

虽然分辨率在分辨图像中不同几何特征时非常重要，但还不足以表征图像中所包含的全部信息。比如，图 5.3 展示了复杂三维胸部模型成像的两张实验图像，图 5.3(a) 是基于超声扫描获得的，由于散斑现象，图像呈颗粒状形貌 [1]。好在散斑有一定的对比度，可以在模型中检测到两个圆形的暗色嵌入物。第二幅图是通过文献 [37] 方法获得的对同一个对象的超声断层图像。图片给出了声速随空间位置

变化的情况，而声速与模型中材料的力学性质相联系。图中不同的灰度对应着不同的声速数值。超声扫描图给出了包含几何信息的结构图，图 5.3(b) 的断层图则是包含了检测物体几何信息以及材料性质的定量图。重要的是，借助图 5.3(b) 中的声速对比，可以观测到两个内嵌物性质的区别，而在扫描图中，两者看起来是一样的。声速的相关信息在提高特异度 (降低 PFP) 方面是至关重要的。比方说，在人体组织中，一般癌症物质要比健康组织硬度更大，因此具有更大的声速 [17]。这样通过观察图 5.3(b) 的图像可知，亮色的具有更大声速的内嵌物是癌症物质，而暗色的可能只是脂肪块。因此，虽然图 5.3 中的两张图片分辨率接近，定量图中包含了更多的信息，并提高了特异度，因此构成了更好的诊断技术。

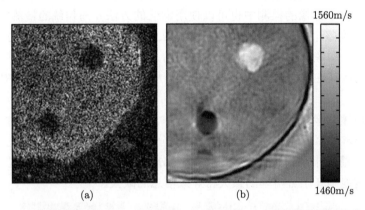

图 5.3　一个三维物体的结构图 (a) 和定量图 (b) 的对比。(a) 根据散斑的对比度，可以探测出结构轮廓；(b) 灰度值给出了整个物体中声速的空间分布图

　　为了满足现代诊断学中对高灵敏度和特异度的要求，成像方法需要能给出高分辨率的定量信息。然而经典成像方法的分辨率受到衍射极限所限，导致最小可分辨尺寸与检测波长相当 (参考文献 [16])。这在次表面成像中具有重要的实际意义。为了获取高分率图像，需要使用短波长的探测波，然而降低波长会增加吸收和散射，从而减小检测波的渗透深度。这样，分辨率越高，可以进行成像的物体区域越靠近浅表。这是传统超声成像体系的主要局限。

　　本章将给出超声成像方法中能够打破衍射极限并获得超高分辨率以及重建材料特性空间分布图等方面的最新进展的一个综述。5.2 节中阐述了相关的成像问题并介绍了经典的衍射极限。5.3 节中通过一个一般性的波与物质相互作用模型将散射问题与成像问题相联系。5.4 节介绍了常规超声成像中用到的波束形成及其与衍射断层成像的关系。5.5 节给出了亚波长分辨率成像方法，其非线性逆散射方面的理论基础在 5.6 节中给出。为了证明逆散射相关方法，5.7 节中给出了相关的实验结果，并在随后的 5.8 节中总结了本章内容。

5.2 成 像 问 题

在固体电子学和微加工等方面的最新进展带来了超声相控阵的快速发展，并构成了现代成像技术的基础。

利用不同配置、不同分布的换能器可以展开散射实验。如果整个表面都是开放的，这些换能器可以按照全视角配置方案 (图 5.4(a)) 进行布置。而在有限视角的情况下，可用阵列来获取可探测表面的数据 (图 5.4(b))。阵列单元可以单独激发，向背景介质发射声波，声波将被介质中的结构散射。所有换能器都将探测到散射声场并分别记录。因此对于具有 N 个单元的阵列，将能得到 N^2 个信号。

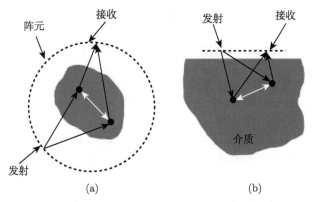

图 5.4 声学成像的典型超声换能器分布图。每个阵列中排列的发射和接收单元的组合对应的信号都被收集起来。(a) 全视角;(b) 有限视角

一般的成像问题可以表述为从一系列用阵列施行的散射实验中重建表征了物体结构特性的一个或者多个物理参数的空间分布。假设散射可以由一个标量波场 ψ 来描述，此波场为

$$\hat{H}\psi(\boldsymbol{r}, k\hat{\boldsymbol{r}}_0, \omega) = -4\pi O(\boldsymbol{r}, \omega)\psi(\boldsymbol{r}, k\hat{\boldsymbol{r}}_0, \omega) \tag{5.1}$$

的解，其中 $\hat{H}$ 为亥姆霍兹算子 $(\nabla^2 + k^2)$, k 为背景波数 $(2\pi/\lambda)$, $\hat{\boldsymbol{r}}_0$ 表示照射到物体上的平面波方向，ω 是角频率。物体通过物函数 $O(\boldsymbol{r}, \omega)$ 来描述, 对应到物体占有的空间

$$O(\boldsymbol{r}, \omega) = \frac{1}{4\pi}\left(\frac{\omega}{c_0(\omega)}\right)^2\left[\left(\frac{c_0(\omega)}{c(\boldsymbol{r}, \omega)}\right)^2 - 1\right] - \frac{1}{4\pi}\rho^{1/2}(\boldsymbol{r})\nabla^2\rho^{-1/2}(\boldsymbol{r}), \tag{5.2}$$

其中 c_0 是均一背景介质中的声速, $c(\boldsymbol{r})$ 和 $\rho(\boldsymbol{r})$ 是物体中的声速和质量密度分布 [27]。在本章所进行的分析中只考虑单频声场，关于 ω 的变化项可以约去。

　　式 (5.1) 和式 (5.2) 给出了忽略了弹性效应情况下声散射问题的精确描述。因此此模型可以有效描述人体组织中的超声传播，但对固体中的超声 NDE 情况以及地层中的地震波散射的描述却不够准确。尽管如此，此声学模型还是可以支持绝大多数 NDE 和地震相关的成像方法，因此这个模型被选为本章理论部分的基本模型。

　　为了获取一个物体的定量图，需要根据一系列散射实验重建空间分布函数 $O(r)$。通过反推式 (5.2) 可以获得声速和密度的空间分布图 [23]。而结构成像只能重建 $O(r)$ 的快速变化边界，如图 5.3(a) 的声扫描图所示。

　　即使利用最先进的定量成像方法，也无法准确重建 $O(r)$，因为这将需要无限大的分辨率。对分辨率的严格定义可以根据物函数在空间频率域 Ω 上的表达式给出，此式可通过对 $O(r)$ 做三维傅里叶变换得到

$$\tilde{O}(\Omega) = \int_{-\infty}^{\infty} \mathrm{d}^3 r O(r) \mathrm{e}^{-\mathrm{i}\Omega \cdot r}. \tag{5.3}$$

一个成像系统的分辨率通常由系统能够重建的最大的空间频率 $|\Omega|$ 给出。

5.2.1　衍射极限

　　均一介质中按照比波长还要小的空间尺度振动的单频波无法传播时，此亚波长振动会在待测物体的表面和内部进行 [16]。此亚波长振动由约束在物体表面的倏逝波场描述，且不会将能量辐射到远场。辐射场和倏逝波场的相互作用可通过考察平面对平面波入射场的散射观察到。假设 $\psi^s(r_{||}, 0)$ 为所导致的复杂散射场，沿靠近此表面的孔径处 ($\ll \lambda$) 测量得到。根据角谱方法 [16]，在一个距离此孔径 z 的平行孔径上的声场谱为 $\tilde{\psi}^s(k_{||}, z) = \tilde{\psi}^s(k_{||}, 0) \exp(\mathrm{i}k_{\perp} z)$，其中 $\tilde{\psi}^s(k_{||}, 0)$ 是 $\psi^s(r_{||}, 0)$ 的谱，$k_{||}$ 和 $k_{\perp}$ 与介质中的波数 k 相关联

$$k_{\perp} = \begin{cases} \sqrt{k^2 - k_{||}^2}, & |k_{||}| \leqslant k, \\ \mathrm{i}\sqrt{k_{||}^2 - k^2}, & |k_{||}| > k. \end{cases} \tag{5.4}$$

条件 $|k_{||}| \leqslant k$，意味着声波能够从物体传播到远场处的探测器。这里，$k_{||}$ 和 $k_{\perp}$ 为波矢量 k 在孔径平面方向和与之垂直的方向上的投影。因为 $|k_{||}| \leqslant k$，声场以大于 λ ($k = 2\pi/\lambda$) 的空间尺度振荡。与之对应，$|k_{||}| > k$ 时相应的为沿与孔径平面垂直方向指数衰减的倏逝波场，因此当探测器向远离物体表面方向移动时，倏逝波场的测量将会变得更加困难。倏逝波能够在物体表面按亚波长的空间尺度振动，并且空间尺度越小，其衰减越快。这样，当探测器置于距离物体几个波长之外时，其探测到的倏逝波几乎可以忽略不计，所能探测的声波的有效带宽受限 $\mathscr{B} = 2k$ [16]。

　　经典的成像方法，从显微成像到超声扫描成像，都是基于辐射场以及物函数 $\tilde{O}(\Omega)$ 中的空间频率 Ω 的线性点到点的映射 [4]。由于所得到的波场带宽被局限在

$2k$, 最大的物空间带宽也是 $2k$, 这将导致经典的 Rayleigh 极限 [16]。

1928 年, Synge 提出可通过直接测量倏逝波场获得亚波长分辨率。这一方法的前提是由于倏逝波场的超振荡特性, 倏逝波记录了关于物体亚波长特性的信息。Synge 的原创性思想导致了近场扫描光学显微成像 (NSOM) 的发展, 基于这一技术, 有研究者报道了百分之一波长量级的分辨率 (此领域的综述可参考文献 [11])。然而 NSOM 的一个主要限制是, 为了探测倏逝波, 探针需要在离成像物体表面很近的位置 ($< \lambda$) 进行扫描。这在一系列亚表面成像的问题中是行不通的, 这时所要成像的表面往往离传感器超过一个波长。本章将探索传感器置于远场 ($\gg \lambda$) 时超分辨率成像的可能性。

5.3   声散射以及远场算符

物函数空间频率与散射场的关系由描述波与物质相互作用的散射机制给出。本节将基于声散射理论进一步探讨这一关系。为此, 可观察到式 (5.1) 中的势函数也是 Lippman-Schwinger 方程的一个解

$$\psi(\boldsymbol{r}, k\hat{\boldsymbol{r}}_0) = \exp(\mathrm{i}k\hat{\boldsymbol{r}}_0 \cdot \boldsymbol{r}) + \int_D \mathrm{d}^3 r' G(\boldsymbol{r}, \boldsymbol{r}') O(\boldsymbol{r}')\psi(\boldsymbol{r}', k\hat{\boldsymbol{r}}_0), \tag{5.5}$$

$\exp(\mathrm{i}k\hat{\boldsymbol{r}}_0 \cdot \boldsymbol{r})$ 是入射平面波, $G(\boldsymbol{r}, \boldsymbol{r}')$ 是自由空间的格林函数解 $\hat{H}G(\boldsymbol{r}, \boldsymbol{r}') = -4\pi\delta(|\boldsymbol{r} - \boldsymbol{r}'|)$。利用远场近似 $|\boldsymbol{r} - \boldsymbol{r}'| \to r[1 - (\boldsymbol{r} \cdot \boldsymbol{r}')/r^2]$, 通过式 (5.5) 将得到 ψ 的渐近解。

$$\lim_{r \to \infty} \psi(\boldsymbol{r}, k\hat{\boldsymbol{r}}_0) = \mathrm{e}^{\mathrm{i}k\hat{\boldsymbol{r}}_0 \cdot \boldsymbol{r}} + f(k\hat{\boldsymbol{r}}, k\hat{\boldsymbol{r}}_0)\frac{\mathrm{e}^{\mathrm{i}kr}}{r}, \tag{5.6}$$

其中 $f(k\hat{\boldsymbol{r}}, k\hat{\boldsymbol{r}}_0)$ 是散射幅值, 定义为

$$f(k\hat{\boldsymbol{r}}, k\hat{\boldsymbol{r}}_0) = \int_D \mathrm{d}^3 r' \mathrm{e}^{-\mathrm{i}k\hat{\boldsymbol{r}} \cdot \boldsymbol{r}'} O(\boldsymbol{r}')\psi(\boldsymbol{r}', k\hat{\boldsymbol{r}}_0). \tag{5.7}$$

引入 T 矩阵或者传递振幅 [41]

$$T(\alpha\hat{\boldsymbol{u}}, k\hat{\boldsymbol{r}}_0) = \int_D \mathrm{d}^3 r' \mathrm{e}^{-\mathrm{i}\alpha\hat{\boldsymbol{u}} \cdot \boldsymbol{r}'} O(\boldsymbol{r}')\psi(\boldsymbol{r}', k\hat{\boldsymbol{r}}_0), \tag{5.8}$$

这样对于 $\alpha\hat{\boldsymbol{u}} = k\hat{\boldsymbol{r}}$ 有 $T(\alpha\hat{\boldsymbol{u}}, k\hat{\boldsymbol{r}}_0) = f(k\hat{\boldsymbol{r}}, k\hat{\boldsymbol{r}}_0)$. 如文献 [32] 所述散射幅度与物函数的空间表达式 $\tilde{O}(\Omega)$ 以及传递矩阵相关联, 满足

$$f(k\hat{\boldsymbol{r}}, k\hat{\boldsymbol{r}}_0) = \tilde{O}[k(\boldsymbol{r} - \hat{\boldsymbol{r}}_0)] + \frac{1}{2\pi^2}\int_{-\infty}^{+\infty} \mathrm{d}^3\alpha \frac{\tilde{O}[k\hat{\boldsymbol{r}} - \alpha\hat{\boldsymbol{u}}]T(\alpha\hat{\boldsymbol{u}}, k\hat{\boldsymbol{r}}_0)}{k^2 - \alpha^2 + \mathrm{i}\varepsilon}, \tag{5.9}$$

这里 ε 是为了消除 $k=\alpha$ 处的奇异性引入的无穷小量。方程 (5.9) 将 $O(\boldsymbol{r})$ 的谱与测量值相联系, 是 5.5 节中所述的超分辨率成像的核心。

5.3.1 玻恩近似

根据玻恩近似，式 (5.5) 积分符号下的总声场近似为入射声场，这将导致式 (5.9) 中的积分项被忽略[32]。因此玻恩近似会导致测量的散射幅值 $f(k\hat{r}, k\hat{r}_0)$ 与空间频率 $\Omega = k(\hat{r} - \hat{r}_0)$ 下的 $\tilde{O}(\Omega)$ 一一对应，即

$$f(k\hat{r}, k\hat{r}_0) \approx \tilde{O}[k(\hat{r} - \hat{r}_0)]. \tag{5.10}$$

为了解释此一一对应关系的物理含义，图 5.5 描述了一个二维散射问题。如果用一个包含了 N 个换能器的阵列来探测此物体，根据式 (5.6) 可以测量 N^2 个入射角 θ 与散射角 ϕ 组合的散射幅度场。所测得的数据可以形成一个 $N \times N$ 矩阵，即所谓的多基矩阵。其中的 $i - j$ 项是对散射角为 ϕ_i，对物体的入射角为 θ_j 所测得的散射幅度。根据式 (5.10)，多基矩阵中的各项可以映射到 Ω 空间的一个子集，并且恰好与半径为 $2k$ 的所谓 Ewald 圆盘 (在三维情况下为圆球) 相符[4]。这也意味着在玻恩近似下，测量值与物体中大于 $2k$ 的空间频率无关，或者说物函数中空间尺度小于 $\lambda/2$ 的空间分布不影响远场的测量值。因此，既然测得的结果与小于 $\lambda/2$ 的结构无关，符合玻恩近似的任何成像方法都无法获得小于 $\lambda/2$ 的分辨率。

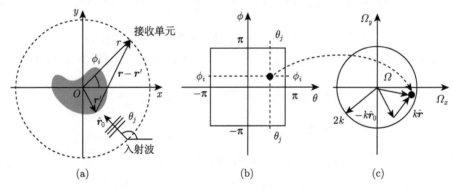

图 5.5   (a) 散射实验示意图，发射单元 T_x 发射平面波，接收单元 R_x 探测散射声场；(b) 多基矩阵，T_∞ 算符的离散表示；(c) 相应的空间频域，表现了如何将测量映射到 Ewald 约束圆盘上

满足玻恩近似需要的条件为物体参数相对于背景介质参数反差较小。此外，物体尺寸需要与波长相当，这样入射场在物体内部传播所积累的相位延迟小于 π[19]。在多数的实际应用中这是一个非常苛刻的条件，并且与其他一些线性近似等效，比如 Rytov 近似[24]。而且，研究表明玻恩近似违反能量守恒定律[18]。

5.3.2 分解远场算符 T_∞

我们延续 Kirsch 所提出的方法[20,21]。任何成像方法的核心为远场算符 T_∞：

$L^2(S) \to L^2(S)$，定义为

$$T_\infty|g(\hat{\boldsymbol{r}})\rangle = \int_{\mathbb{S}} \mathrm{d}s(\hat{\boldsymbol{r}}_0) f(k\hat{\boldsymbol{r}}, k\hat{\boldsymbol{r}}_0) g(k\hat{\boldsymbol{r}}_0), \tag{5.11}$$

其中我们使用了 Dirac 符号，$\mathbb{S}$ 是 $\mathbb{R}^3$ 中的单位球壳。T_∞ 的物理意义在于，由于复幅度为 $g(k\hat{\boldsymbol{r}}_0)$ 的入射平面波 $\exp(\mathrm{i}k\hat{\boldsymbol{r}}_0 \cdot \boldsymbol{r})$ 线性组合，通过观察可知 $T_\infty|g\rangle$ 是散射场在远场处的分布 $|u_s\rangle$，即

$$|u_s\rangle = T_\infty|g\rangle. \tag{5.12}$$

因此 T_∞ 描述了任意的入射场被物体散射的情况。从泛函分析的角度，T_∞ 定义了入射场的函数空间 $|g\rangle$ 到远场散射分布的空间 $|u_s\rangle$ 的映射。

关于 T_∞ 的定义使我们可以将散射过程描述为三个连续事件的结合: ① 入射场从远场 (或者换能器阵列) 到物体的传播; ② 入射场与特定物理特性的物体相互作用并形成入射场在局部的扰动; ③ 扰动场从物体到远场的辐射。

三个散射事件可以分别用三个数学算符来描述，并结合在一起形成 T_∞。为了说明这一情况，我们引入入射算符 $H : L^2(\mathbb{S}) \to L^2(D)$ 将入射函数 $|g\rangle$ 映射到物体内部的入射场 $|\phi\rangle$

$$|\phi\rangle = H|g\rangle = \int_{\mathbb{S}} \mathrm{d}s(\hat{\boldsymbol{r}}_0) \exp(\mathrm{i}k\hat{\boldsymbol{r}}_0 \cdot \boldsymbol{r}) g(k\hat{\boldsymbol{r}}_0). \tag{5.13}$$

类似地，还可以定义辐射算符 $H^\dagger : L^2(D) \to L^2(\mathbb{S})$ 将 D 中连续函数 $|\sigma\rangle$ 所描述的强度连续的点源分布映射到辐射后的远场分布

$$|u_s\rangle = H^\dagger|\sigma\rangle = \int_D \mathrm{d}r^3 \exp(-\mathrm{i}k\hat{\boldsymbol{r}}_0 \cdot \boldsymbol{r}) \sigma(\boldsymbol{r}). \tag{5.14}$$

所定义的 $H^\dagger$ 为 H 的伴随矩阵。关键的是 H 和 $H^\dagger$ 都取决于散射体的几何形状，但和散射体的力学性质无关。

最后我们引入相互作用算符 $S : L^2(D) \to L^2(D)$ 将物体内的入射场 $|\phi\rangle$ 映射到表征入射场扰动的源分布 $|\sigma\rangle$。这个算符将给出物质与波的相互作用，并且根据不同的散射模型取不同的形式。比如，在玻恩近似下假设散射体内部的每一点都构成一个独立的点状散射体，这样，等效的声源分布等于入射场乘以物函数，这样 S 即是一个对角算符，可定义为

$$|\sigma\rangle = S|\phi\rangle = O(\boldsymbol{r})\phi(\boldsymbol{r}). \tag{5.15}$$

多重散射中的 S 算符可见参考文献 [21]。

这样我们可以将远场算符按照散射过程的三个步骤进行分解，特别地，从图 5.6 可清楚地看到 $|u_s\rangle = T_\infty|g\rangle = H^\dagger SH|g\rangle$，并导致下述分解:

$$T_\infty = H^\dagger SH. \tag{5.16}$$

T_∞ 的分解意味着成像的过程。具体来说，我们已经得出只有 S 依赖于 $O(\boldsymbol{r})$。因此根据 T_∞ 重建 $O(\boldsymbol{r})$，有必要将 S 从 H 和 $H^\dagger$ 中分离出来。

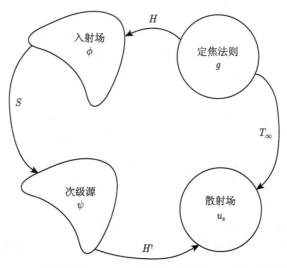

图 5.6　从出射空间 $|g\rangle$ 到散射场空间 $|u_s\rangle$ 的映射可通过三个算符来描述。按照逆时针的顺序出射函数空间 $|g\rangle$ 通过 H 映射到物体内部的入射场空间 $|\phi\rangle$。入射场空间再通过 S 映射到次级源空间 $|\sigma\rangle$。最后次级源通过 $H^\dagger$ 辐射到散射场空间 $|u_s\rangle$

5.4　波数形成和衍射断层成像

波束形成 (BF) 是目前商业化了的成像技术中的基础性图像形成方法。可能的应用场合包括声呐 [3]、医学诊断 [42] 和无损检测 [13]。

尽管人们提出了多种 BF 相关的软件和硬件方法，其一般的工作原理主要包含了如图 5.7 所示的两个步骤。在第一步对成像空间的每一点 z 定义定焦法则。这将会在每一个阵列换能器之间定好入射信号的相对时间延迟，这样由阵列单元激发的声波只有在达到 z 之后才会发生相干干涉。为了此目的，离 z 最远的换能器首先启动，而离 z 最近的换能器最后启动。从阵列单元发出的声波叠加形成的声场将构成在 z 处聚焦的声波束。如果在 z 处有一个点状散射体，此波束将被散射形成从 z 点发出的柱面波。此散射波随后将会被阵列单元探测到，每个单元将记录下取决于单元离 z 点相对位置的不同到达时间的波包络。这些信号将通过与发射时同样的延迟法则再一次进行时移然后相干叠加。这样可以确保从 z 点散射的能量占了最大的权重，这就是 BF 成像的第二个步骤。两个步骤基于同样的在共聚焦显微成像中也用到的物理原则。为了成像，对于空间需要成像的每一点重复此 BF 过程，并假设对于某个空间位置发生的散射与其相邻处的散射无关，即忽略了多重散射效应。因此，BF 方法是基于玻恩近似的。

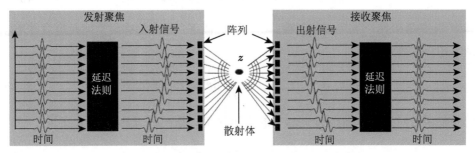

图 5.7 波束形成的两个主要步骤。在发射阶段，每一个阵列换能器之间定好入射信号的相
对时间延迟，构成在 z 处聚焦的声波束；在接收阶段，每个单元将记录下取决于单元离 z 点
相对位置的不同到达时间的波包络。这些信号将通过与发射时同样的延迟法则再一次进行时
移然后相干叠加，确保独立出从 z 点散射的能量。为了示意，这里分别给出了两组阵列，实际
中这六个步骤通常都是用同一个阵列进行的

BF 过程中的两个步骤主要目的是在 T_∞ 分解时将相互作用算符 S 从 H 和
$H^\dagger$ 中分离出来。为了说明这一点，我们考虑一个理想的情况，在空间有可能以无
限的分辨率将波束聚焦到 z 点，或者说存在一个 $|g_z\rangle$ 使

$$H|g_z\rangle = \delta(|\boldsymbol{r} - \boldsymbol{z}|). \tag{5.17}$$

根据互易原理，这意味着能够以无限的分辨率观察到同样位置处的次级声源

$$\langle g_z|H^\dagger|\sigma\rangle = \sigma(\boldsymbol{z}). \tag{5.18}$$

利用式 (5.17) 和式 (5.18) 中的特性，以及式 (5.16) 中 T_∞ 的分解，可以得到

$$\langle g_z|T_\infty|g_z\rangle = S(\boldsymbol{z}, \boldsymbol{z}). \tag{5.19}$$

根据玻恩近似，从式 (5.15) 和式 (5.19) 可得出

$$\langle g_z|T_\infty|g_z\rangle = O(\boldsymbol{z}), \tag{5.20}$$

这样就以无限分辨率重建了物函数。然而式 (5.17) 和式 (5.18) 中的理想聚焦在物
理上是不允许的。出于对称性，对于均一介质中远离焦点处的发射源，最尖锐的波
束可通过定焦法则获得

$$|g_z\rangle = \exp(-\mathrm{i}k\hat{\boldsymbol{r}}_0 \cdot \boldsymbol{z}), \tag{5.21}$$

这也被称作控制函数。此函数在声源间形成一个与 BF 成像时阵列单元之间时间
延迟等效的相对相位。因此，式 (5.17) 和式 (5.18) 变成

$$H|g_z\rangle = 4\pi\mathrm{j}_0(k|\boldsymbol{z} - \boldsymbol{r}|), \tag{5.22}$$

$$\langle g_z | H^\dagger | \sigma \rangle = 4\pi \int_D \mathrm{d}r^3 O(\boldsymbol{r}) \mathrm{j}_0(k|\boldsymbol{z} - \boldsymbol{r}|), \tag{5.23}$$

其中 j_0 是零阶第一类贝塞尔函数。在玻恩近似下，焦点的有限空间尺度意味着物函数由 BF 重建，

$$R_{\mathrm{BF}}(\boldsymbol{z}) = \langle g_z | T_\infty | g_z \rangle = \int_D \mathrm{d}\boldsymbol{r}^3 O(\boldsymbol{r}) h_{\mathrm{BF}}(|\boldsymbol{r} - \boldsymbol{z}|), \tag{5.24}$$

此为物函数对于点分布函数 (PSF) 的空间卷积，其中 $h_{\mathrm{BF}}(|\boldsymbol{r} - \boldsymbol{z}|)$ 定义为

$$h_{\mathrm{BF}}(|\boldsymbol{r} - \boldsymbol{z}|) = \langle g_z | I | g_z \rangle = 16\pi^2 \mathrm{j}_0^2(k|\boldsymbol{r} - \boldsymbol{z}|). \tag{5.25}$$

在空间频域 (5.24) 中的卷积等效为

$$\tilde{R}_{\mathrm{BF}}(\Omega) = \tilde{O}(\Omega)\tilde{h}_{\mathrm{BF}}(\Omega), \tag{5.26}$$

其中 $\tilde{h}_{\mathrm{BF}}(\Omega)$ 是式 (5.25) 的傅里叶变换。

$$\tilde{h}_{\mathrm{BF}}(\Omega) = \begin{cases} \dfrac{16\pi^3}{k^2} \dfrac{1}{|\Omega|}, & |\Omega| \leqslant 2k, \\ 0, & |\Omega| > 2k. \end{cases} \tag{5.27}$$

根据式 (5.26) 和式 (5.27) 可知，BF 过程所得到的重建物函数是一个通过了与衍射极限一致的截止频率为 $2k$ 的低通滤波器的 $O(\boldsymbol{r})$。然而 BF 还引入了由式 (5.27) 中 $\dfrac{1}{|\Omega|}$ 导致的畸变，这会导致对物体空间低频率成分的放大并损失高频率成分。由于这一畸变，BF 方法被局限于结构成像，如同前述的扫描成像方法一样。衍射断层成像 (DT) 算法纠正了这一畸变，并且同时保留了与通过在区域 $|\Omega| < 2k$ 内设定平直谱 $\tilde{h}_{\mathrm{DT}}(\Omega) = 1$ 而在区域外设为零来构造 PSF 时相同的分辨率 [4]。因此重建的物函数为低通滤波的物函数

$$\tilde{R}_{\mathrm{DT}}(\Omega) = \tilde{O}(\Omega)\tilde{h}_{\mathrm{DT}}(\Omega), \tag{5.28}$$

其中

$$h_{\mathrm{DT}}(\boldsymbol{r}) = \frac{4k^3}{\pi^2} \left[\frac{\mathrm{j}_1(2k|\boldsymbol{r} - \boldsymbol{z}|)}{2k|\boldsymbol{r} - \boldsymbol{z}|} \right], \tag{5.29}$$

其中 $\mathrm{j}_1(\cdot)$ 是一阶第一类贝塞尔函数。

根据式 (5.26) 和式 (5.28) 可知，DT 成像可通过式 (5.27) 中的 BFDSF 对 BF 成像结果去卷积得到。类似的方法对二维问题同样有效 [33]。

5.5 亚波长成像

方程 (5.9) 描述了将亚波长信息编码到远场的方法, 实际上式 (5.9) 中的积分项来源于多重散射, 由于积分是对于整个 $\mathbb{R}^3$ 空间进行的, 而不是在 Edwald 球内的特定点进行的, 此积分项将整个 $O(r)$ 的谱与单次的散射测量 $f(k\hat{r}, k\hat{r}_0)$ 联系在一起。因此远场测量对大于 $2k$ 的空间频率成分以及物体的亚波长结构是敏感的。这是一个重要结论, 因为如果相应的测量对物体的亚波长结构敏感, 则有可能根据测量结果反推出这些亚波长信息。对简单的两点散射情况下的编码机制在文献 [29,36] 中进行了研究。

为了从远场提取这些信息, 需要解决相应的逆散射问题。正散射问题可以从物函数预测散射声场 [求解式 (5.1)], 逆问题则尝试从测得的 T_∞ 反推 $O(r)$。从 Hadamard 方面来说, 前者是适定的, 而后者是不适定的, 这是因为逆问题的解虽然存在并且唯一 (至少在全视角条件下), 却不稳定 [9]。

从纯数学的角度来看, 由于只有准确的物函数才是逆问题的解, 逆问题解的唯一性就意味着物函数能够以无限的分辨率进行重建。然而这一问题是不稳定的, 也就是说很小的测量误差 (比如噪声) 可能在重建的图像中被放大, 并导致非常大的伪影甚至导致解不存在。这样成像问题的核心就变为寻找逆散射问题的稳定求解方式。

逆问题求解的非线性特性使其进一步复杂化。实际上虽然正问题对于入射场是线性的, 由于多重散射的存在, 它对于物函数却是非线性的。换句话说, 在玻恩近似下, 由于忽略了多重散射效应, 问题就变为线性了。这样, DT 和 BF 为线性化的逆散射问题的解。这也意味着, 即使实际的测量受到多重散射的影响, DT 和 BF 都无法给出多重散射所包含的亚波长信息。

为了提取亚波长信息, 必须考虑表征了入射场与物体相互作用的实际物理机制, 并求解非线性逆问题。

5.5.1 含噪声测量结果的信息容量

在探讨求解逆散射问题的方法之前, 有必要先考察含噪声测量结果中的信息含量。根据 5.2 节中所引入的定义, 关于 $O(r)$, $R(r)$ 的超分辨率图, 其特征是空间带宽 $B > 4/\lambda$。既然 $R(r)$ 的带宽是一个有限的完整表达式, 可通过计算 $R(r)$ 在空间按照 $1/B$ 间隔的常规格点上的 $R(r)$ 值来获得。如果物体处在一个尺寸为 L 的立方场中, $R(r)$ 则可以通过 $N_R = (1 + LB)^3$ 个节点值给定; 这里我们把 N_R 称为重建自由度 (DOF)。$R(r)$ 的 N_R 个节点值可通过求解逆散射问题获得, 其中将会用到 T_∞ 矩阵表示中包含的离散多次测量作为输入。另外, 如果使用包含 N 个换能器的阵列进行测量, 互易原理导致一些测试是冗余的, 在进行了所有可能的发射接收试验后独立的测量次数为 $M = N(N+1)/2$。如果测量的次数维持为一常数, 尝试提高分辨率将会使逆问题变得更加不适定。一个数值较大的 DOF 问题需要同样多的测量次数 M 来进行定征。这意味着可以通过增加测量次数, 即增加阵列的换能器个数来在不增加问题不适定度的前提下提高分辨率。然而在噪声的影响下, 实际上只有有限次测量是相互独立的。为了证明这一点, 我们考虑一个半径为 R_0 的球形空间中的物体, 并使用一个与球空间同心的半径为 $R \gg R_0$ 的理想球形阵列探测此物体。当一个换能器激发后阵列测得的散射场为

$$\psi^s(k\hat{\boldsymbol{r}}_0, r, \theta, \phi) = \sum_{n=0}^{\infty} \sum_{m=-n}^{n} a_{mn}(k\hat{\boldsymbol{r}}_0) \frac{\mathrm{h}_n^{(1)}(kr)}{\mathrm{h}_n^{(1)}(kR_0)} \mathrm{Y}_n^m(\theta, \phi), \tag{5.30}$$

其中接收阵列单元的位置用柱坐标 $\{r, \theta, \phi\}$ 来描述。系数 $a_{mn}(k\hat{\boldsymbol{r}}_0)$ 取决于半径为 R_0 的圆柱内的散射场分布, 并且随入射方向 $\hat{\boldsymbol{r}}_0$ 变化, 包含了物体性质的相关信息。即使声场中不包含倏逝波, 任意阶数的系数 a_{nm} 也可以不为零。函数 $\mathrm{h}_n^{(1)}$ 为第一类汉克尔函数, 阶数 n 表示向外传播的波, $\mathrm{Y}_n^m(\theta, \phi)$ 为阶数为 n 且度数为 m 的球谐函数 [2]。通过考虑渐近极限 $r \to \infty, \mathrm{h}_n^{(1)}(kr) \approx (-\mathrm{i})^{n+1} \exp(\mathrm{i}kr)/r$, 散射幅度可以写成

$$f(k\hat{\boldsymbol{r}}_0, \theta, \phi) = \sum_{n=0}^{\infty} \sum_{m=-n}^{n} (-\mathrm{i})^{n+1} \frac{a_{mn}(k\hat{\boldsymbol{r}}_0)}{\mathrm{h}_n^{(1)}(kR_0)} \mathrm{Y}_n^m(\theta, \phi). \tag{5.31}$$

方程 (5.31) 给出了半径为 R_0 的圆柱上散射场的任意阶数辐射到远场的情况。所有的球面波按照相同的速度 $1/r$ 衰减; 因此测量到一个特定系数 a_{mn} 的可能性取决于相应球面波从物体辐射出来的效率, 而这又取决于式 (5.31) 中的 $1/\mathrm{h}_n^{(1)}(kR_0)$ 因子, 在 $n \gg kR_0$ 处具有渐近的形式

$$\frac{1}{\mathrm{h}_n^{(1)}(kR_0)} \approx \exp\left(-n \ln \frac{2n}{ekR_0}\right). \tag{5.32}$$

通过这个表达式可以清楚地看到, 对于高阶球面波 $n \gg kR_0$, 辐射效率随着阶数 n 的增加而迅速衰减。换句话说, 辐射机制导致了越高阶的球面波衰减越快, 相应地对其探测也就越困难。还存在一个能够被阵列探测到的球面波最大阶数的上限 $n_{\max}$, 并且这个上限还取决于噪声特性以及阵列系统的动态测试范围, 后者即探测器同时探测大信号和小信号的能力, 定义为 $\mathscr{D} = 20 \log(S_{\max}/S_{\min})$, 其中 $S_{\min}$ 为能被探测到的最小信号幅值。

假定所有的系数取值为相同量级, 到达探测器的球面波幅值将仅取决于其辐射效率, 在 $n > kR_0$ 时此辐射效率按式 (5.32) 衰减。这样, 如果要探测到 $n_{\max}$ 阶, 大阶数 $(n > kR_0)$ 波的最小动态测试范围为 $\mathscr{D}(n_{\max})$, 需满足

$$\mathscr{D}(n_{\max}) \propto n_{\max} \ln \frac{2n_{\max}}{ekR_0}. \tag{5.33}$$

图 5.8 给出了 $kR_0 = 10$ 时更大阶数 n 的动态范围。对于 $n > kR_0$, 相应阶数需要被探测到的话, 动态范围需迅速增大。

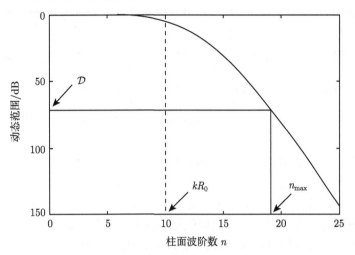

图 5.8 $kR_0 = 10$ 时所需的动态范围与所探测的柱面波阶数的关系。如果阵列系统的动态范围是 $\mathcal{D}$, 只有到 $n_{\max}$ 阶的波能被探测到

由于一般探测器仅有有限的动态范围, 所得到的声波场带宽是有限的, 其上限为系统所能感知的最大阶数, 即 $B = n_{\max}$, 其中 B 为有效带宽。对于一个有限带宽的场按照球面采样, 其空间采样标准由 Driscoll 和 Healy 给出 [14], 这表明声波场可以用分布在等角度格点 (ϕ_i, θ_j), $i, j = 0, \cdots, 2B - 1$ 上的 B^2 个采样点的数据来表示, 其中 $\phi_i = \pi i/(2B)$, $\theta_j = \pi j/B$。

因此总的采样点个数为 $n_{\max}^2$, 更多的探测器将会导致信息冗余。对于低动态范围的探测器, 可以假设最高阶数为 kR_0; 这样只要用单元数如下式的阵列即可足够表征此声场 [5,34]

$$N \approx \begin{cases} k^2 R_0^2, & \text{在3D中,} \\ 2kR_0, & \text{在2D中,} \end{cases} \tag{5.34}$$

根据互易原理可知独立的发射方向数也受到系统的动态范围所限, 独立的散射实验数目依然为 $M = N(N+1)/2$, 其中 N 如前所述受等效带宽的限制。

截止到现在, 都假设了所有的散射实验是在单一频率上进行的。然而超声成像中一般都会使用宽频信号, 这样可以通过傅里叶分析提取出对于不同频率的测量结果。因此可以预见不同频率的测量结果之间可产生一些互相补充的信息。从信息论的角度来说, 可用成像系统的信息量来描述。在如显微镜这样的光学系统中, 为了描述入射平面波场, 需要的 DOF 数目为

$$N_F = 2(1 + L_x B_x)(1 + L_y B_y)(1 + T B_T), \tag{5.35}$$

其中 B_x 和 B_y 取决于不同光学系统的空间带宽, L_x 和 L_y 为矩形成像区间沿 x 和 y 方向的宽度。T 为观察时间, B_T 为信号的时间带宽, 因子 2 是考虑了两种可能的偏振模式。根据不变性定理 [25], 在没有噪声时, 式 (5.35) 中的空间带宽可以通过损失其他方面的带宽进行拓宽 —— 如果 N_F 保持为一个常数。通过引入信息量的概念, 不变性定理可以延伸到含噪声测量的情况, 其中信息量定义为

$$N_C = (1 + 2L_xB_x)(1 + 2L_yB_y)(1 + 2TB_T) \log(1 + \mathscr{S}|\mathscr{N}), \qquad (5.36)$$

$\mathscr{S}$ 和 $\mathscr{N}$ 是平均信号和噪声能量。根据对于 N_C 的不变性定理, 有可能通过损失其他的参量来提高空间带宽, 包括在有一些先验性信息的情况下损失一定的噪声级 [12]。对于本章中所考察的声学问题, 假设成像物体尺寸有限并且其性质不随时间改变是具有实际意义的。其性质不随时间改变的假设意味着可通过保持相同的 SNR 损失时间带宽来增加空间带宽, 这就是所谓的时间多路技术 [30]。我们注意到一个超声阵列可被看作是一个无透镜光学系统的像平面, 这样式 (5.36) 中的空间带宽对应着阵列的空间带宽 B(取决于其动态范围)。这样, 原则上可以通过 B_T 来增加 B, 或者说通过对不同频率的多次测量来提高有效的测量数据数。

5.6　非线性逆散射

自从 Tikhonov 针对非适定问题引入正则化方法以来, 非线性逆散射问题吸引了多个领域的广泛研究兴趣。可以根据逆向方法是直接方法还是通过多次迭代将相关研究分为两个主要流派。

迭代的逆散射方法属于优化方法和非线性滤波的范畴。已经有多种具体的方法相继被提出, 读者可参考综述文章 [8]。所有迭代方法中的共同点即使用了正演模型, 模型在已知物函数的情况下可以预见到散射实验的结果。这些方法的主要思想就是在正演模型中不断更新物函数, 直到根据测量声场和预估散射场之间的差距所定义的函数值被降为最小。正演问题的数值求解器中可以使用精确的波与物质相互作用的模型。迭代方法中要求在迭代开始时先预设一个初始的物函数模型。这是其中关键的一步, 因为如果此初始模型不足够接近最终的实际物函数, 可能需要多次的迭代才能收敛到一个结果, 更为关键的是, 迭代有可能收敛到一个局部的最小值, 而并非全局的最小值。为了解决此问题, 经常会用到跳频技术。其主要思想即进行频率扫描, 利用较低频率处的成像结果作为下一步更高频率情况的初始模型。这样做的前提是较低频率下成像分辨率也较低, 这样初始模型的精确度就不是很关键。另外, 多频率方法的运用使有限带宽的探测系统可以从时域展开。这一方法已经被应用到地球物理 [28] 和导致实验上超分辨率重建得以实现的光学与微波成像中 [6,7]。

尽管迭代方法非常灵活，却无法在测量值和重建值之间建立表达式，因此下面的部分将主要讨论直接逆散射方法。

5.6.1 取样方法

这里，非线性逆问题将被第一类线性积分方程替代，同时还将多重散射效应考虑在内。然而，与迭代方法可以重建出物函数不同，这些方法只能重建其支撑 D，也即物体的形状。

取样方法是基于对 T_∞ 的分解进行的，并利用了两个主要结论：① 如果算符 $H^\dagger$ 已知，物体形状可以精确重建；② $H^\dagger$ 可通过式 (5.16) 中对 T_∞ 的分解进行表征。

可以发现 [9]，如果在像空间选择一点 z，并且考虑在 z 点处点源的远场分布 $g_z = \exp(-ik\hat{r} \cdot z)$，只需要满足 $z \in D$，

$$H^\dagger|a\rangle = |g_z\rangle, \tag{5.37}$$

的解存在。换句话说，如果 z 在 D 中存在一个连续的源分布，在 D 中的 $|a\rangle$ 会形成一个与 z 处单一点源所形成分布相同的远场分布。另一方面，如果 z 在 D 外，则不会存在这样一个源分布。因此，物体的形状即为式 (5.37) 可解的情况下所有 z 点所形成的轨迹。在泛函分析中这一 (可解) 条件可以表达为 g_z 是在算符 $H^\dagger$ 的范围内。

第二个结论是基于 $H^\dagger$ 的范围可以从算符 T_∞ 中得到，而无需直接得出 $H^\dagger$。Kirsch[20,21] 证明了 $H^\dagger$ 的范围与算符 $\sqrt{T_\infty}$ 相同。这样式 (5.37) 的解存在的条件可以通过下述方程来判断：

$$\sqrt{T_\infty}|a\rangle = |g_z\rangle. \tag{5.38}$$

这个条件可以通过进行奇异值分解 $T_\infty\{\mu_n, |p_n\rangle, |q_n\rangle\}$ 来确定，其中 μ_n 是奇异值 (实数)。

$$T_\infty|p_n\rangle = \mu_n|q_n\rangle, \quad T_\infty^\dagger|q_n\rangle = \mu_n|p_n\rangle. \tag{5.39}$$

根据 Picard 理论，若 $T_\infty|x\rangle = |y\rangle$ 的解存在当且仅当

$$\sum_{n=1}^{\infty} \frac{1}{\mu_n^2} |\langle y|q_n\rangle|^2 < \infty. \tag{5.40}$$

根据 Silvester 理论，T_∞ 的奇异值分解为 $\{\sqrt{\mu_n}, |p_n\rangle, |q_n\rangle\}$；因此根据式 (5.37)~式 (5.40) 可得到采样方法中的核心结论

$$z \in D \Longleftrightarrow \sum_{n=1}^{\infty} \frac{1}{\mu_n} |\langle g_z|q_n\rangle|^2 < \infty. \tag{5.41}$$

这意味着此级数仅在散射体内部收敛，物体形状的像可以通过下式得到：

$$F(z) = \left(\sum_{n=1}^{\infty} \frac{1}{\mu_n} |\langle g_z | q_n \rangle|^2 \right)^{-1}, \tag{5.42}$$

此函数在物体内部为非零值，而在物体外为零。方程 (5.42) 定义了分解方法 (FM)[20]；在线性取样方法 [8] 和时间反转与音乐 [26] 等文献中给出了一个稍有不同的表达式。

　　在不考虑噪声的情况下，式 (5.41) 中条件的准确性将导致以无限分辨率对物体形状的重建。然而在考虑噪声之后，分辨率将降低。实际上，T_{∞} 是一个在零点附近有若干个奇异值的紧凑的算符，或者说，当 $n \to \infty, \mu_n \to 0$ 时，奇异值将按照如图 5.8 所示的类似趋势变化，截止阶数为 $n = kR_0$ [10]。因此当式 (5.41) 中级数项的阶数增加时，对奇异函数 $|q_n\rangle$ 估值的误差也会被分母上的小的奇异值所放大。

　　BF 分辨率受限也可以通过对 T_{∞} 的奇异值分解来进行说明 [33]

$$R_{\mathrm{BF}}(\boldsymbol{z}) = \langle g_z | T_{\infty} | g_z \rangle = \sum_{n=1}^{\infty} \mu_n \langle g_z | q_n \rangle \langle p_n | g_z \rangle. \tag{5.43}$$

由于阶数大于 kR_0 时奇异值迅速减小，仅级数中的第一项 $n \approx kR_0$ 对 R_{BF} 有贡献。这样，由于相应奇异值 μ_n 权重很小，高阶奇异函数中所包含的信息丢失。

5.7　实验结果

　　为了展示如何将逆散射方法应用到实验数据上，本节将给出之前学术界已经报道了的一些方法和结果。我们将从全视角的实验开始，其中用到了一个乳房超声断层成像 (BUST) 的标准阵列系统 [15]。BUST 利用超声，而不是 CT 中的电磁辐射来形成乳房的断层图像。基本的测试装置如图 5.9(a) 所示。病人将俯伏在一个圆桌上，并将乳房通过桌上的孔径悬于水槽中，一个曲面的换能器阵列环绕乳房一周并竖直地从胸壁到乳头区域进行扫描。阵列包括了 256 个换能器，安装在一个 200mm 直径的圆环上，此设备可以在 1s 内测试到多基矩阵。这段时间内将记录到 65536 组信号，约 100MB 的数据被存储到 RAM 中。另外，还有研究者制备了更多阵列单元的类似系统，如文献 [40] 所述。

　　信号为宽带的，因此特定频率处多基矩阵的第 $i - j$ 项是通过对第 $i - j$ 个信号做傅里叶变换并选取此频率的复数频谱值得到的。这将形成如图 5.9(b)、(c) 所示的 750kHz 测量所得的多基矩阵的幅度图和相位图，相应三维 CT 图中的复杂伪影如图 5.9(d) 所示。

　　图 5.9(e) 是根据图 5.9(b)、(c) 中数据得到的声速分布图，所用到的逆散射方法可参考文献 [37]。所重建的声场分布图与 CT 图惊人地接近，比如在右侧的亮色

内嵌物的不规则轮廓。在伪影边界外部的一些缺陷是由空间欠采样导致混叠所引起的。

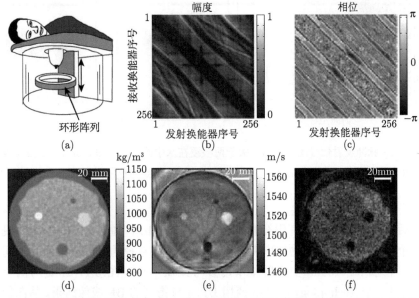

图 5.9　全视角情况下的定量成像。(a) 癌症检测的 BUST 装置示意图；750kHz 下 (b) 幅度和 (c) 相位的多基矩阵；(d) 关于密度分布的利用 X 射线成像的复杂三维乳房 CT 图；(e) 通过逆散射方法得到的声速分布图；(f)BF 重建图

图 5.9(e) 中重建结果的另外一个重要特性是出现的散斑相对较少，而散斑在图 5.9(f) 所示的根据 BF 方法得到的反射成像图中是占主要地位的 [38]。由于散斑的对比度，可以看到乳腺组织的不规则轮廓以及四个嵌入物中的三个。同时，散斑遮盖了第四个嵌入物使其无法被观察到，这样就破坏了 BF 方法对较小尺寸病灶的敏感度。结果表明目前的超声阵列技术足够成熟，可以得到较高分辨率的复杂三维物体的横断图像，所得结果质量可与 X 射线的 CT 相比拟。

逆散射方法的超分辨能力可以通过采样方法来说明。如图 5.10 中的案例所示，在实验中将两个直径 0.25mm 的尼龙线浸在水槽中，并与阵列平面垂直 (实验的具体细节可以参考文献 [35])。由于线的直径与波长相比很小，图 5.10(a) 中所示的反射信号非常微弱。反射被掩埋于背景噪声之中，相应的 SNR 低于 0dB。

图 5.10(b) 为 1MHz($\lambda = 1.5$mm) 下通过 FM 方法得到的尼龙线及其周围 $\lambda \times \lambda$ 的区域上的单频图。为做对比，BF 成像图如图 5.10(c) 所示。可以看到 BF 方法无法分辨出两根导线，而 FM 可以清楚地分辨出两根导线，尽管它们之间只有 $\lambda/4$ 大小的间距。而且 FM 可以提供一个关于散射体形状的较好重建图，其中小于 $\lambda/4$ 的特征也能较好地重现。这里尼龙线的直径为 $\lambda/6$。考虑到很低的 SNR，以及线和传

感器之间相对较远的距离 (约 70λ)，这是一个相当惊人的结果。

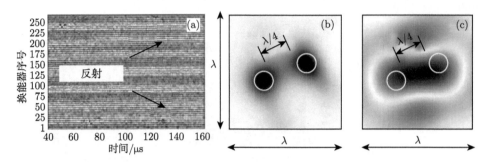

图 5.10　(a) 脉冲反射信号图中给出了关于两根浸在水中的直径 0.25mm 尼龙线的反射信号 (120μs 和 140μs 之间); (b)1MHz(λ=1.5mm) 通过 FM 得到的单色图; (c)1MHz 通过 BF 得到的单色图

　　最后，我们考虑一个有限视角的情况 [图 5.4(b)]，通过 32 个单元的线性阵列对一个铁块进行探测。物体中有两个相互平行的直径为 1mm 的通孔，间隔为 1.5mm，阵列相距 46mm(更多的细节可参考文献 [31])。图 5.11(a) 是对两个孔在 2MHz 通过一个 Technology Design 商用 BF 系统得到的 BF 成像结果。从图像可以观察到散射体的存在，却无法区分它们。而在图 5.11(b) 中这点更加清晰，此图是图 5.11(a) 在通过两孔中心方向的截面图，其分辨率较低，可以根据 Rayleigh 准则预知这一结论，对于相应的阵列孔径以及小孔深度得知最小的成像距离 $d = 0.61\lambda/\sin\theta = 1.32\lambda$。由于 $\lambda = 3$mm, $d = 4$mm，比实际的小孔间的距离大。

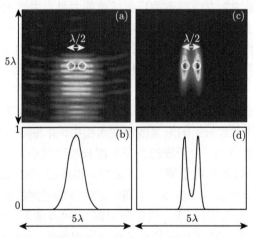

图 5.11　有限视角下超分辨率成像的实验结果。图中给出了一个 15mm×15mm 的铁块区域，中间有两个小孔，白色小圆圈表示了小孔的位置和实际大小。(a) 商用 BF 成像图; (b) 关于 (a) 的截面图; (c) 超分辨率成像图; (d) 关于 (c) 的截面图

图 5.11(c) 和 (d) 为采样方法在 2MHz 得到的重建图 [31], 通过与 BF 的结果对比可以发现这里两个小孔完全地区分开了, 并且图像很清晰, 图 5.11(d) 中的图像可以更清楚地看到这一点。此处可分辨的距离是 Rayleigh 极限所预见的最小分辨距离的五分之二, 这意味着要通过 BF 方法获得相同的分辨率, 需要 5MHz 的频率, 这将会造成更大的衰减 (在金属中由于晶界散射的增大而衰减, 并且衰减随频率的平方增加)。

5.8 结　　论

对复杂背景介质中细微结构的探测是很多应用领域中的一个常见问题, 医学诊断和无损检测就是其中的两个重要领域。在此背景下, 能够提高灵敏度并限制误判率的成像技术有很大的应用潜力。然而为了完全实现这一目标, 关键在于提取用来构成图像的物理信号中的所有信息。目前, 已有的超声成像技术主要基于波束形成方法, 此方法尽管有很好的鲁棒性, 却忽略了超声信号所携带的很多信息。因此 BF 方法能够重建物体的几何特征, 但其分辨率由于衍射极限而受到探测信号波长的限制。

本章依据了这一观点, 即散射测量包含了比 BF 方法所能提取的关于物体结构的更多信息。特别是当探测声场传播穿过物体内部并产生扰动, 这一现象是由多重散射引起的, 其在远场散射波形中包含了关于物体亚波长细节的信息。为了获取相关信息, 有必要基于逆散射方法来建立图像。通过在求解逆散射问题时考虑此多重散射效应, 有可能得到超过衍射极限的亚波长分辨率。并且对于 BF 只能限制于对物体的几何特征进行结构成像, 逆散射方法还能引入进一步的突破, 通过定量成像给出一些关于物体力学性质的补充信息。

致谢　作者感谢物理科学研究委员会 (EPSRC) 通过项目 EP/F00947X/1 给予的资金支持。

参 考 文 献

[1] Abbott, J.G., Thurstone, F.L.: Acoustic speckle: Theory and experimental analysis. Ultrason. Imag. **1**, 303–324 (1979)

[2] Arfken, G.B., Weber, H.J.: Mathematical Methods for Physicists. Academic Press, London (2001)

[3] Baggeroer, A.B.: Sonar arrays and array processing. In: Thompson, D.O., Chimenti, D.E. (eds.) Rev. Prog. Quant. NDE, vol. 760, pp. 3–24 (2005)

[4] Born, M., Wolf, E.: Principles of Optics. Cambridge University Press, Cambridge (1999)

[5]   Bucci, O.M., Insernia, T.: Electromagnetic inverse scattering: Retrievable information and measurement strategies. Radio Sci. **32**, 2123–2137 (1997)

[6]   Chaumet, P., Belkebir, K., Sentenac, A.: Experimental microwave imaging of threedimensional targets with different inversion procedures. J. Appl. Phys. **106**, 034901 (2009)

[7]   Chen, F.C., Chew, W.C.: Experimental verification of super resolution in nonlinear inverse scattering. Appl. Phys. Lett. **72**, 3080–3082 (1998)

[8]   Colton, D., Coyle, J., Monk, P.: Recent developments in inverse acoustic scattering theory. SIAM Rev. **42**, 369–414 (2000)

[9]   Colton, D., Kress, R.: Inverse Acoustic and Electromagnetic Scattering Theory, vol. 93. Springer, Berlin (1992)

[10] Colton, D., Kress, R.: Eigenvalues of the far field operator for the Helmholtz equation in an absorbing medium. SIAM J. Appl. Math. **55**, 1724–1735

[11] Courjon, D.: Near-field Microscopy and Near-field Optics. Imperial College Press, London (2003)

[12] Cox, I.J., Sheppard, C.J.R.: Information capacity and resolution in an optical system. J. Opt. Soc. Am. A **3**, 1152–1158 (1986)

[13] Drinkwater, B.,Wilcox, P.: Ultrasonic arrays for non-destructive evaluation: A review. NDT E Int. **39**, 525–541 (2006)

[14] Driscoll, J.R., Healy, D.M.: Computing Fourier transforms and convolutions on the 2-sphere. Adv. Appl. Math. **15**, 202–250 (1994)

[15] Duric, N., Poulo, L.P., et al.: Detection of breast cancer with ultrasound tomography: first results with the computed ultrasound risk evaluation (CURE) prototype. Med. Phys. **34**, 773–785 (2007)

[16] Goodman, J.W.: Introduction to Fourier Optics. McGraw-Hill, New York (1996)

[17] Huang, S., Ingber, D.E.: Cell Tension, Matrix Mechanics and Cancer Development. Cancer Cell **8**, 175–176 (2005)

[18] Jackson, W.D.: Classical Electrodynamics. Wiley, New York (1999)

[19] Kak, A.C., Slaney, M.: Principles of Computerized Tomographic Reconstruction. IEEE Press, New York (1998)

[20] Kirsch, A.: Characterization of the shape of a scattering obstacle using the spectral data of the far field operator. Inverse Probl. **14**, 1489–1512 (1998)

[21] Kirsch, A.: The MUSIC algorithm and the factorization method in inverse scattering theory for inhomogeneous media. Inverse Probl. **18**, 1025–1040 (2002)

[22] Kolb, T.M., Lichy, J., Newhouse, J.H.: Comparison of the performance of screening mammography, physical examination, and breast us and evaluation of factors that influence them: an analysis of 27,825 patient evaluation. Radiology **225**, 165–175 (2002)

[23] Lavarello, R.J., Oelze, M.L.: Density imaging using inverse scattering. J. Acoust. Soc. Am. **125**, 793–802 (2009)

[24] Lin, F.C., Fiddy, A.: The Born-Rytov controversy: I. Comparing analytical and approximate expressions for the one-dimensional deterministic case. J. Opt. Soc. Am. A **9**, 1102–1110 (1992)

[25] Lukosz, W.: Optical systems with resolving powers exceeding the classical limit. J. Opt. Soc. Am. **56**, 932–941 (1966)

[26] Marengo, E.A., Gruber, F.K., Simonetti, F.: Time-reversal music imaging of extended targets. IEEE Trans. Image Process. **16**, 1967–1984 (2007)

[27] Morse, P.M., Ingard, K.U.: Theoretical Acoustics. McGraw-Hill, New York (1968)

[28] Pratt, G.R.: Seismic waveform inversion in the frequency domain, part 1: Theory and verification in a physical scale model. Geophysics **64**, 888–901 (1999)

[29] Sentenac, A., Guerin, C.A., Chaumet, P.C., et al.: Influence of multiple scattering on the resolution of an imaging system: A Cramer-Rao analysis. Opt. Express **15**, 1340–1347 (2007)

[30] Shemer, A., Mendlovic, D., Zalevsky, Z., et al.: Superresolving optical system with time multiplexing and computer encoding. Appl. Opt. **38**, 7245–7251 (1999)

[31] Simonetti, F.: Localization of point-like scatterers in solids with subwavelength resolution. Appl. Phys. Lett. **89**, 094105 (2006)

[32] Simonetti, F.: Multiple scattering: The key to unravel the subwavelength world from the farfield pattern of a scattered wave. Phys. Rev. E **73**, 036619 (2006)

[33] Simonetti, F., Huang, L.: From beamforming to diffraction tomography. J. Appl. Phys. **103**, 103110 (2008)

[34] Simonetti, F., Huang, L., Duric, N.: On the sampling of the far-field operator with a circular ring array. J. Appl. Phys. **101**, 083103 (2007)

[35] Simonetti, F., Huang, L., Duric, N., Rama, O.: Imaging beyond the Born approximation: An experimental investigation with an ultrasonic ring array. Phys. Rev. E **76**, 036601 (2007)

[36] Simonetti, F.: Illustration of the role of multiple scattering in subwavelength imaging from far-fieldmeasurements. J. Opt. Soc. Am. A **25**, 292–303 (2008)

[37] Simonetti, F., Huang, L., Duric, N.: A multiscale approach to diffraction tomography of complex three-dimensional objects. Appl. Phys. Lett. **95**, 067904 (2009)

[38] Simonetti, F., Huang, L., Duric, N., Littrup, P.: Diffraction and coherence in breast ultrasound tomography: A study with a toroidal array. Med. Phys. **36**, 2955–2965 (2009)

[39] Stratton, J.A.: Electromagnetic Theory. McGraw-Hill, New York (1941)

[40] Waag, R.C., Fedewa, R.J.: A ring transducer system for medical ultrasound research. IEEE Trans. Ultrason. Ferroelectr. Freq. Control **53**, 1707–1718 (2006)

[41]　Waterman, P.C.: New formulation of acoustic scattering. J. Acoust. Soc. Am. **45**, 1417–1429 (1968)

[42]　Wells, P.N.T.: Ultrasonic imaging of the human body. Rep. Prog. Phys. **62**, 671–722 (1999)

[43]　Zweig, M.H., Campbell, G.: Receiver-operating characteristics (ROC) plots: A fundamental evaluation tool in clinical medicine. Clin. Chem. **39**, 561–577 (1993)

第6章 超构材料中利用远场时间反转实现亚波长聚焦

Mathias Fink, Fabrice Lemoult, Julien de Rosny, Arnaud Tourin, Geoffroy Lerosey

摘要 时间反转的物理概念使人们可以同时在空域和时域上对波进行聚焦而无视复杂的传播介质。时间反转镜现象首先是在声学领域提出的,之后被延伸到电磁波领域,并在包括从水下通信到传感等多个领域得到了广泛的研究。

本章中,我们将首先回顾时间反转的一些基本原理,主要结合了在复杂介质中进行聚焦的相关方面。我们的结果表明相对于时间反转镜本身对聚焦效应的影响,传播介质对聚焦效应的影响更大。我们采用了模式分析的方法对结果进行阐释,并论证了相关概念下的物理机制。

其中得到特别关注的一点是利用时间反转突破远场处的衍射极限的可能性。基于这一目的,我们返回到此原创性方法的一些基本概念上。相关结果可由亚波长模式的相干激发进行解释。我们证明了在由相互耦合的亚波长共鸣器组成的有限尺寸介质中可以支持将源的近场信息高效地传播到远场的模式,其中的亚波长共鸣器我们称之为共振超透镜。根据可逆性,这一过程使我们可以通过远场时间反转打破衍射极限,此结果可证明是由时间反转内在的宽带特性所导致的。我们进一步将此概念一般化以适用于其他类型介质,最后在实验上验证了相关理论适用于声波,并在苏打罐阵列中得到了深度亚波长聚焦焦斑。

M. Fink · F. Lemoult · J. de Rosny · A. Tourin · G. Lerosey(✉)
Institut Langevin, ESPCI ParisTech – CNRS, 10 rue Vauquelin, 75005 Paris, France
e-mail: geoffroy.lerosey@espci.fr

R.V. Craster, S. Guenneau (eds.), *Acoustic Metamaterials*,
Springer Series in Materials Science 166, DOI 10.1007/978-94-007-4813-2_6,
©Springer Science+Business Media Dordrecht 2013

6.1 引　　言

约束波动传播的波动方程，包括声波方程和电磁波方程，其可逆性是物理学众多领域中的一个重要关注点。从一个基础性的视角来看，这一性质非常有趣并在近年来导致了很多新奇的发现。其中时间反转 (TR) 是如超声学、地震学、微波以及最近的光学等诸多领域中的一个重要研究课题。

在一个典型的 TR 实验中，源向介质中发出一个短脉冲，并形成相应的向远处传播的波场。然后通过在多个位置分布的传感器阵列探测此波场，相应的传感器阵列即所谓的时间反转镜 (TRM)。所测到的信号将被数字化编码、存储并进行时间反转，也即将相关数据在时域进行翻转。其中的第一步我们称之为学习步，其结果是源和 TRM 之间的脉冲响应的集合，对应着宽带格林函数。第二步为时间反转操作，时间反转的信号将通过传感器发射回介质中，这将导致所产生的波场在初始源的位置进行时空聚焦，聚焦形成的时间我们称之为延迟时间 [10,11,18]。

相关结果表明波的时间聚焦取决于传播介质、所用的带宽以及组成 TRM 的传感器数目 [10-12]。而在空间上，时间反转的波在均一介质中将汇聚到一个焦点，焦点尺寸受到 TRM 的数值孔径所限制，这与传统的光学聚焦透镜类似 [18,22]。然而在非均一介质中，TRM 与传统透镜完全不同，相关结果表明，当介质复杂性增加后，TRM 的数值孔径将不再具有任何影响 [10]。在极端情况下的 TR，比如一个混沌的封闭腔中，有研究表明，如果使用宽带的信号，单通道的 TRM 可以将波动聚焦到半波长大小的斑点上，即达到衍射极限。

TR 首先在超声领域被提出，在声学领域中得到了广泛的研究，并导致了如 TR 水下通信 [28]、声武器 [20] 等有趣的概念。之后此概念被延伸到电磁领域以及微波领域中。有结果表明，基于调制信号的 TR 实验可在很高的频率进行，并且此情况下，仅信号中低频率成分的复杂波包需要被时间反转 [35,37]。自此，电磁波的 TR 在诸如传感 [9,62]、无线通信 [36,48,53,56] 以及医学成像治疗 [24,27] 等领域中得到了广泛的研究。

电磁波 TR 的一个最惊人的成果是可以通过 TRM 和微结构材料打破衍射极限，换句话说，人们可以通过 TR 从远场将电磁波聚焦到深度亚波长的一点上 [15,21,38]。这将在远程通信 [48]、成像 [27] 或者微波治疗 [24] 以及光刻和高频传感 [2,50] 等领域打开非常有前景的研究道路。

本章的目的是回顾通过 TR 进行亚波长聚焦的一些近期研究工作，对相关概念进行阐释，将此方法一般化并将相关理论应用到新的研究对象上。我们将首先解释 TR 的一些基本原理，并且指出 TR 实验的宽带特性是我们的兴趣所在，这将使 TR 方法与相位共轭方法区分开来。随后我们将集中讨论电磁场中的情况并给出 TR 聚焦实验的解析结果。我们将给出利用远场 TR 将电磁波以亚波长尺度聚焦到随机分布的金属散射体内部可行性的证明。TR 聚焦的相关理论详见 6.4 节，随后进行了相关研究并通过被称为共振超透镜的亚波长共鸣器周期阵列中的亚波长 Bloch 波模式来解释相关结果；我们还将相关概念一般化以适用于其他类型的介质。最后，在 6.5 节中我们通过在声学中的延伸给出了一般性的概念，利用时间反转和简单的苏打罐阵列对可听域声波得到了约波长尺寸的 1/25 的焦斑。

6.2 时间反转聚焦的基本原理

TR 的基本原理是，在忽略吸收的条件下，支配波传播的波动方程只包含关于时间变量的二阶导，此特性即可逆性。这意味着将波动方程的解所给定的声场中的时间变量 t 改为 $-t$，所产生的声场也是波动方程的解。或者说，在给定的一个介质内如果存在一个波动方程的解标记为 $S(t)$，则必然存在另外一个与之相对应的时间反转的解 $S(-t)$。如果能够将放置在一个可逆介质中的发散点源所形成的整个声场完全记录下来，进行时间反转后将所记录的信号重新发射则可以形成向原点源处汇聚的波场。这样的理想的 TR 实验需要整个介质内的全部声场信息，在很多的实际应用环境下这是不可能做到的。在实际中，通常根据亥姆霍兹–基尔霍夫积分理论，一个波场及其在某封闭表面边界上的法向导数包含了此表面所围绕的区域内整个波场的全部信息，这使得 TR 得以实现。因此，一个更为实际的 TR 实验如图 6.1 所示：点源在非均一介质内产生一个简单脉冲，介质周围排列传感器将相应的时变场记录下来直到所有的能量激发并离开此封闭表面。在第二步，传感器播放所记录信号的时间反转信号，并在封闭曲面边界上产生时间反转的波场。

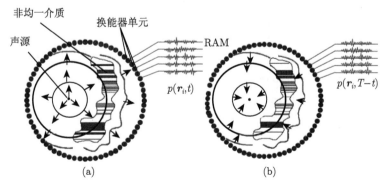

图 6.1 (a) 记录阶段，由传感器单元构成封闭曲面，类似点源发出波前并被非匀质介质扰动，扰动后的声场用封闭腔单元记录; (b) 时间反转重建阶段：被记录的信号经过时间反转由封闭腔单元重新发出。时间反转的声压场背向传播并准确地在原来位置重新聚焦

相关学者对这一被称为时间反转腔的概念性 TR 实验进行了声学理论研究 [7,19]。通过单频的方法，所得结果表明其在点 r 处产生的给定频率的声场与点源 r_0 处和 r 之间的格林函数的复数部分成正比。

$$\phi_{\mathrm{TR}}(r,\omega) \propto \mathrm{Im}\{G(\omega,r_0,r)\}. \tag{6.1}$$

根据 Nyquist 准则，在整个曲面上覆盖一组传感器将需要大量的电子设备，对于实验来说显然并不合适。在实际操作中，完备的 TRM 很难实现，TR 操作通常是在有限角度的区域内进行的，当然这会在一定程度上限制聚焦的效果。一个 TRM 通常只包括一定数量的单元或者时间反转通道。与传统的聚焦设备 (透镜、波束形成) 相比，TRM 的主要兴趣点在于介质复杂度与焦斑尺寸之间的关系。一个 TRM 如同天线一样，利用其周边的复杂环境使自身比实际情况看起来更宽大，这样可以得到与 TRM 孔径大小无关的聚焦质量。

基于小孔径 TRM 的参考实验如下所示 [10-12]：多重散射介质置于点状传感器和按远大于波长间隔排列的 TRM[图 6.2(a)] 之间。点源发射短脉冲后，组成 TRM 的传感器阵列接收并采集引自点源的脉冲响应。这些响应信号在时间上进行翻转后又由充当源的 TRM 发射回去。通过将原来的点源传感器沿多重散射介质外表面平行移动，则可以对 TR 聚焦所形成的场进行扫描。这样做即可以得到一个尺寸与 TRM 数值孔径无关的焦斑，此焦斑尺寸实际上可能与整个多重散射介质的尺度相关联，这可以比 TRM 数值孔径大得多。此聚焦实验中时空信号对于噪声的比值与介质的自由度总数，即阵列中非关联传感器数量乘上信号带宽中非关联频率数，线性相关 [10,11]。有意思的是，光学领域中相关学者最近意识到此实验可以通过可见光调制器在可见光领域进行。根据此思想通过在 SLM 和 CCD 相机之间加入多重散射介质 (一层漆) 可以在传统透镜的 Rayleigh 极限以下进行聚焦 [1,26,45,46,57,58]。

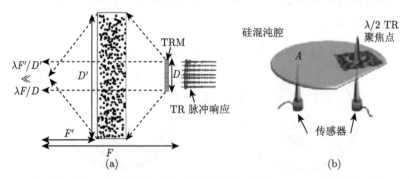

图 6.2　(a) 典型的基于 TR 的聚焦实验。多重散射介质置于 TRM 和点状传感器之间。通过 TR 得到的焦斑尺寸不受 TRM 孔径限制，但受限于多重散射介质。(b) 在一个硅腔中实现的单通道 TR 聚焦实验的简图。延迟的 TR 场经过水听器扫描，相应的场在腔中叠加，仅用一个发射器即得到有限衍射斑

如果将 TRM 中的传感器数量减少为只有一个结果会如何呢? 考虑到上文所述的光学实验, 这个问题的答案很明显: 一个单一的激光光源穿过多重散射介质之后将会出现所谓的散斑分布, 即随机的干涉分布。很清楚, 这一情况下无论如何都不会形成聚焦, 改变单一光源的相位仅仅会改变输出散斑的相位, 排除了形成任何聚焦效应的可能性。解决这一问题的关键在于利用统计无关的散斑之间的干涉, 等效来说, 就是利用非关联频率的散斑分布。这是 TR 与其之前的单频方法非常不同的地方。实际上声学专业的学生在其实践课程中每天都能看到这一实验现象。一个单一的传感器被当作 TRM, 多重散射的介质被置于 TRM 和可移动的波长大小的传感器之间。在 TR 之后, 他们可以观察到声波被很好地汇聚在原声源的位置, 当多重散射介质的数值孔径大于单位值时, 焦斑尺寸取决于衍射极限。

这个简单而有趣的实验可以由图 6.2(b)[16] 中的装置更好地理解。一个铝锥与传感器耦合在一个非对称的各态历经的硅腔中的一点 (A) 并产生声波。另一个传感器作为接收器。传感器的中心频率为 1MHz, 其相对带宽为 100% ($\Delta f = 1$MHz)。由于锥尖远小于中心频率处的波长, 此源可以看作是各向同性点源。用外差式激光干涉仪测量腔中不同位置的位移随时间的变化, 结果可以得到腔中传播场的时空图。在学习步骤, 采集 A 点和 B 点之间的脉冲响应, 对其编码并进行时间反转。时间反转的信号从 A 点发射, 使用干涉仪在 B 点周围扫描由 TR 产生的声场。在延迟时间, 如图所示的声场因衍射极限所限被汇聚到半波长大小的焦斑上。或者说, 由于 TR 在腔内, 有可能仅用一个传感器就达到聚焦衍射极限。

这可以进一步用一个简单的物理图景进行阐释。这样的腔实际上可以通过模式来描述, 这些模式即腔中的本征模式, 相应的本征值为其共振频率。当点源在介质中 (A 点) 发射短脉冲时, 将会激发出所有在此点不为零的模式, 每个模式有其相应的共振频率, 类似于拍击吉他弦的情况。在 B 点测量场值也等效于获取腔中本征模式在此点的相位以及幅值, 结果对应着各共振频率。由于脉冲激发的所有模式在 A 点处的相位是一致的。这样 TR 聚焦自然可以这样来实现: 对于一个脉冲响应的时间反转等效于对信号带宽内各频率成分做相位共轭, $S(t)$ 到 $S(-t) \Leftrightarrow S(\omega)$ 到 $S^*(\omega)$。实际上发射引自 A 点的时间反转的脉冲响应将抵消在 B 点各本征模式的相位, 这样带宽内的各本征模式将可以在特定的延迟时间于此点相干叠加。根据这个简单的方法, 也可以得出这个聚焦过程中信号对噪声的比值。这个比值可以定义为 TR 能量峰值除以 B 点外所测量的非延迟时间处场值的标准差。在延迟时间以及 B 点处所有的模式相干叠加, 而其他各处、其他时间, 这些模式会非相干叠加: 这样 SNR 大约等于带宽内腔的本征模式数量。和预料的一样, 焦斑尺寸为模式相干长度的平均, 大约为半个中心频率波长。

因此有必要在模式方法和时间反转腔 [7] 的结果之间建立联系, 并将 TR 产生的场与介质内格林函数的复数部分相联系。TR 相应的结果与介质的复杂度无关,

可以简单地在带宽内积分并得到 TR 后在延迟时间随空间变化的场

$$\phi_{\text{TR}}(r, t = 0) \propto \int\limits_{\text{带宽内}} \text{Im}\{G(\omega, r_0, r)\}\mathrm{d}\omega. \tag{6.2}$$

在可以进行模式分析的腔内或者在复杂介质内, 如果没有退化模式 (即高品质因子混沌腔中的情况), 格林函数与本征模态成正比。因此对式 (6.1) 做积分形式上等效于在 r_0 处腔在带宽内共振的本征模式相干叠加。在下文中我们将看到这些原理对于电磁波也成立, 虽然光子极化方向意味着需要使用双值格林函数。

6.3　电磁波的时间反转以及远场亚波长聚焦

6.3.1　基本原理

电磁波和声波的区别主要在于电磁波是有极化偏振方向的, 这一点和弹性波更为接近, 因此我们需要考虑源的方向。在一个典型的时间反转架构中, 沿给定轴方向的偶极子源发射短脉冲, 传播的波场由一个天线或者一系列天线构成的时间反转镜记录下来。之后将这些记录下来的信号进行编码和时间反转再通过这些天线发射回去。对于一个理想的 TRM, 需要电磁时间反转腔完全覆盖一个将源环绕在其内部的封闭曲面, 满足 Nyquist 准则并且能够测量波的所有三个极化方向。这样的腔, 根据亥姆霍兹–基尔霍夫理论, 可以给出封闭曲面内部整个区域的电磁场。由于约束电磁波传播的方程也是可逆的, 所产生的电磁场也将汇聚到源所在的位置, 和上文所述的声波一样。

电磁时间反转腔的理论在最近得以完成。考虑电磁波的情况, 需要用二元格林函数来替代原来的格林函数。对于窄带的振荡脉动信号, 在 r_0 点的时间反转聚焦等同于相位共轭。根据洛伦兹互易原理可以证明, 在 r 点产生的电场可简单地表示为 [5,34]

$$E_{\text{TR}}(r, \omega) = -2\mathrm{i}\mu_0\omega^2\text{Im}\{\overleftrightarrow{G}(r_0, r, \omega)\}P^*. \tag{6.3}$$

其中μ_0是真空中的磁导率, 张量 $\overleftrightarrow{G}$ 表示介质的双值格林函数, P 表示偶极子源的初始矢量方向。当双值格林函数选取在自由空间时, 将会构成 sinc 函数, 如实验结果所证实 [37], 其焦斑尺寸由于衍射极限将被限制在$\lambda/2$ 。仅仅当时间反转镜置于初始源的近场区域时, 格林函数才能包含此源所产生电磁场中的倏逝波成分, 从而实现更小的焦斑 [14]。需注意焦点处场的幅值与格林函数复数部分成正比, 而它本身大小又与所谓的局部态密度 [42](LDOS) 成正比。

考虑到时间反转中利用宽带激发, 这样形成的场有多频率的优势。对于宽带平直频谱激发, 所有频率在特定的延迟时间 ($t = 0$) 同相叠加。此时, 时间反转场 [21] 为

$$E_{\mathrm{TR}}(r, t = 0) \propto \mu_0 \omega^2 \int\limits_{\text{带宽内}} \mathrm{Im}\{\overleftrightarrow{G}(r_0, r, \omega)\} P^* \mathrm{d}\omega. \tag{6.4}$$

此处需做两点说明。第一点是与标量波相比，偏振波可以在 TR 聚焦中提供更多的自由度，在 TR 实验中极化整体是守恒的。这在需要将能量聚焦的无线通信或者多输入多输出 (MIMO) 通信等应用中将具有其重要性。第二点是大家可能会注意到，对于电磁波也有类似情况，即延迟时间在介质中所产生的 TR 场也可以进行模式分析，这个 TR 场是带宽内所有模式在原来的源的位置相干叠加的总和。

6.3.2 通过远场 TR 方法进行亚波长聚焦的实验验证

能够将波从远场聚焦到远小于波长的尺度上，即在波长的尺度操控场一直以来都是学界一个主要的研究方向。实际上，这个概念在诸如传感、光刻、基于 MIMO 集成的天线无线通信，以及更广义来说需要将能量汇集到一个小的焦斑区域等各种领域中都有很多潜在的应用。然而要更进一步在均一介质中将波聚焦到亚波长尺度难以实现的一个屏障，即所谓的衍射极限或者 Abbe 极限，在物理上可以如下解释：

一个给定介质中源产生场，无论源是分布式的或为一个点源，所形成的空间分布都会产生比发射波长变化快得多的空间轮廓。比如，一个小的偶极子源就会形成这样一种现象，其近场区域包含了很多快速变化的分量，这些分量随距离增加而快速衰减；又如平面波入射到一个粗糙表面上，入射波矢量将会被散射成很多分量，其中可能产生一些远大于背景介质中波数 k_0 的分量。若要研究沿某个给定方向上任意波场的传播，一个方便的途径就是在传播方向的垂直 (切向) 平面上对此场作傅里叶变换。在此切向平面上源场中变化快于波长的空间成分具有法向分量远大于介质中波数 k_0 的波矢量 k_t。由于任意波矢，其模的大小须等于 k_0，因此这些亚波长空间变量在其传播方向呈现纯虚数波矢 $k_p(k_p = \mathrm{i}\sqrt{k_t^2 - k_0^2},\ k_t^2 > k_0^2)$。这些波即倏逝波，并且由于其复数形式的传播常数，在所考察的传播方向是指数衰减。这就解释了为何无法从远场聚焦到亚波长尺度：所有携带了小于波长尺度的空间信息的波都在传播过程中损失掉了。Goodman 以另一方式描述了此衍射极限：他将波从一个平面到另一个平面的传播描述为一个低通滤波器，滤波器的截止波长为相应介质中的波长。

总之，为了突破衍射极限，就需要利用所谓的近场技术。近场成像的思想可以追溯到 20 世纪初 Synge 在一次与爱因斯坦关于打破 Abbe 极限的书信交流中所提出的设想 [54]。他所提出的方法包括用通过一个深度亚波长穿孔的非透明屏将光照射到物体的一个小的区域。点状的源将会被物体散射为向自由空间发射的散射波，并携带着关于物体的局部信息和亚波长信息。自从此设想以来，此概念以多种途径延续下来，并导致了近场扫描光学显微镜的发展，相关技术基于有孔探测或者无孔探测，其基本原理是明显一致的 [4,39,44,63]。基本上相应的探针，比如光纤的尖端，在成像时需要在非常靠近物体的近场区域。这种深度亚波长的尖端将会局域散射被成像物体表面处的倏逝波，其中一些倏逝波可能被散射形成传播模式。传统的成像系统收集从探针射出来的光，这样能够提取到特定针尖位置处的物体的近场信息。将针尖在物体上进行点到点扫描，可以重建物体的近场场图，并且利用这样的显微镜，能得到衍射极限以下的高分辨率。

　　然而从聚焦的方面来看，这些方法有很大的局限性。实际上，在处理聚焦问题时，人们的目的是将波聚焦到某些点上而不需要借助任何机械移动装置。近场扫描方法中的针尖接近于一个点，由于在没有机械组件时没有办法进行聚焦的位置控制，聚焦到这样的物体上并没有什么意义，更不要说多焦点聚焦。然而这个方法却给我们一个启发，在此方法中涉及一个将倏逝波转变为传播模式的关键概念，这个概念在从远场进行亚波长尺度聚焦中是不可或缺的。对此概念我们进行如下描述：假设我们构建了一种介质可以将点源产生的倏逝波场转换为可以在远场记录的传播模式，这样，由于方程的可逆性，倏逝波到传播模式的转换也是互易的 [6]，在远场处通过 TR 方法，我们就能将波聚焦回到其初始的点源位置。如果我们在相应的介质中按照小于波长的间距排列一束点源，并且将从这些源得到的脉冲响应输入到 TRM，将能够独立地聚焦到每个源的位置，通过这样的方法打破衍射极限。

　　这就是这里我们所利用来产生远小于波长尺寸焦斑的思想。在最近的一个实验中 [38] 我们考虑了放置于一个强烈共振腔中的 8 个可能的聚焦点 [图 6.3(a)]。在 TR 过程的学习步骤，8 个电磁波源放置在 8 个位置。这些源由一些非常短的天线 (2mm 长，无源、被动响应) 构成。实验的中心频率为 2.45GHz(也就是波长λ为 12cm)，带宽为 100MHz。源之间的距离为λ/30。这 8 个天线形成一个阵列，称为接收阵列。阵列中的每个天线都环绕随机分布的近平行铜导线构成的微结构，此微结构可以将倏逝波散射，使其转化为传播态 [图 6.3(b)]。细铜导线之间的平均距离为 1mm 量级，长度约为 3cm。8 个偶极子天线在远场处构成 TRM，距离接收阵列 10λ。共振腔/TRM 构成的组合形成一个远场时间反转腔。当图 6.3(c) 中标记为#3 的天线发射一个短电磁脉冲 (10ns) 时，TRM 所接收到的 8 个信号由于腔中的强烈共振，将比原脉冲长得多 (一般为 500ns)。比如 TRM 中一个天线接收到的信号见图 6.4(a)。当标记为#4 的天线为发射源时，TRM 中同一天线所接收到的信号 [图 6.4(b)] 看起来非常不同，尽管源#3 和#4 仅距离λ/30。

　　当这些信号经过时间反转并被发射回来时，产生的波将分别聚焦到天线#3 和#4，在其中产生和初始发射脉冲一样短的响应脉冲 [图 6.4(c) 和 (d)]。测量接收阵列中其他天线所接收的脉冲可以给出天线#3 和#4 周围的空间聚焦。结果表明这两个天线几乎是完全独立的，其周围产生的焦斑半径远小于波长 (这里为λ/30)：尽管聚焦点是在 TRM 的远场，衍射极限被克服。

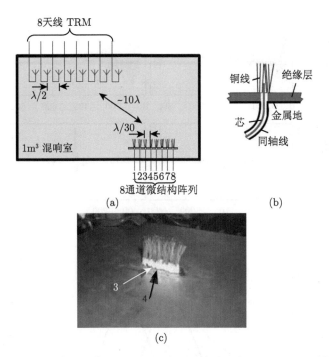

图 6.3 (a) 一个时间反转镜 (TRM) 置于 $1m^3$ 混响室中，离 TRM 10λ 处放置一个亚波长接收阵列；(b) 微结构天线的细节：2mm 长的抗性天线由 3cm 长的铜导线随机环绕；(c)8 单元亚波长阵列的照片，天线#3 和天线#4 用箭头标出。AAAS 许可复制于文献 [38]

在这个非常有说服力的实验中，电磁场高频成分因无序结构的散射形成，互易性使得时间反转散射过程在源的附近形成亚波长聚焦 [6]。或者说初始的倏逝波被随机分布的导线转换为传播模式。在时间反转的步骤中，这些传播模式从远场以时间反转的形式被发射回来。空间互易性和时间上的可逆性使得传播态电磁波和随机分布的导线相互作用，重新形成焦点附近的初始倏逝波场。

然而此实验中相关物理过程还有多个不太明确的地方。倏逝波到传播模态转化的机制尚不清晰，这阻碍了将这一方法应用到不同频率或者不同形式波动的其他系统中的可行性。而且目前还存在很多开放性的问题。第一个问题是关于带宽的，或者说，这个实验有可能在单频的情况下实现么？这个介质是否能高效率地进行亚波长聚焦？我们能否找到更好的介质？波能够如同实验中所呈现的那样，没有限制地聚焦到亚波长尺度么？还是会存在一些影响 TR 聚焦焦斑尺寸下限的因素呢？这个方法与式 (6.2) 和式 (6.4) 的格林函数有什么联系呢？

下一部分我们将对这些问题进行探索，并给出相关答案。为了此目的，首先对一个简化版本的介质做深入的分析，然后根据这些原理对相关概念做概括。

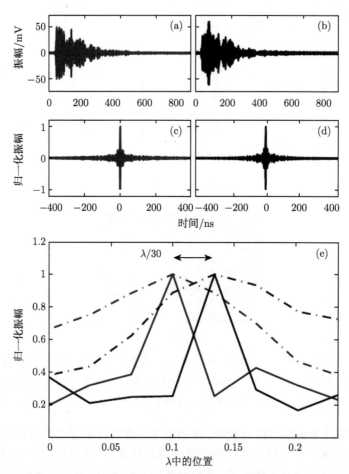

图 6.4　(a)(以及 (b))TRM 中一个天线所接收到的引自天线#3(#4) 的 10ns 脉冲。(a) 和 (b) 中的信号差别很大,尽管两者距离只有 λ/30。(c)(以及 (d)) 天线#3(#4) 接收到的信号的时间压缩,引自天线#3(#4) 的 8 个信号经过时间反转并由 TRM 返回。(e) 天线#3(#4) 周围的聚焦焦斑,其宽度为 λ/30,因此天线#3(#4) 相互独立。经过 AAAS 许可复制于文献 [38]

6.4　在共振导线阵列中基于时间反转的远场亚波长聚焦

在文献 [38] 中有一点不是很明显,在使用随机分布的金属散射体构成微结构介质时,金属导线基本为相同长度。此微结构介质可被看做共振导线阵列。实际上这些导线尺度基本都约为四分之一波长,并排列在铜底面上 (共振单极子)。这样的共振阵列耦合,与 N 个耦合的弹簧振子系统类似。这就是我们为了掌握此介质物理机理所提出的想法, 并试图将其与亚波长尺度的 TR 聚焦结果联系起来。

为了研究在这样的共振单元阵列中的远场 TR, 我们对系统进行了简化, 相应的介质 [图 6.5(a)] 由 $N = 20 \times 20$ 个等长度的铜导线 (长 $L = 40 \text{cm}$, 周期 $a = 1.2 \text{cm}$, 导线直径 $d = 3 \text{mm}$) 组成的周期阵列构成。导线长度沿 z 方向并在 (x, y) 平面上按周期排列。而且我们分别在自由空间和共振腔中进行了所有的测量和数值模拟, 以将介质的效应和共振腔的效应 [38] 区分开来。将随机介质简化为相同共振体的阵列有以下两大好处: 首先, 可以进行 Bloch 模式分析, 从而简化相关研究; 其次, 可以在过去不同方向已有过深度研究的导线介质的框架下分析此处的介质 [3,51]。

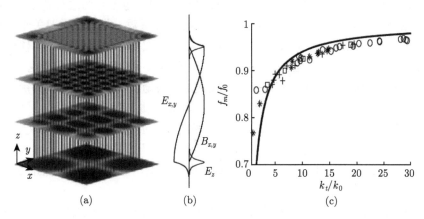

图 6.5　(a) 共振超透镜导线阵列的实验和数值结果。20×20 根直径 3mm、长 40cm 导线按照 1.2cm 周期排列出正方晶格, 结构中 400 个中的 4 个 Bloch 模式的电场。(b) 结构中的 TEM 场包络, 在结构介质的中间横磁 (电) 场最大 (为零), 在介质与空气的界面横磁 (电) 场为零 (最大), 在 z 方向介质外仅存在电磁倏逝波成分。(c) 将模式横向波矢量 k_t (对 π/a 归一化) 与其共振频率 f_m 联系起来的色散曲线 (对单根导线共振频率 f_0 归一化)。实线是式 (6.5) 的解析结果, 符号表示数值上得到的不同模式。曲线表示 z 方向衰减的 Bloch 模式 (光线之下的曲线), 呈现色散性。经过 AAAS 许可复制于文献 [30]

我们对此导线阵列进行了深入的研究, 并结合相应介质中 TR 的基本原理, 给出基于相关研究的一些基本结果。此项研究的一部分内容发表在一篇快报上, 其余部分则发表在两篇长文章中 [30-32]。首先很明显的是, 既然此系统可以类比为耦合的弹簧振子阵列系统, 则它可以通过本征模式和本振频率的方法来描述。由于导线的密集分布, 导线间的强烈耦合会导致晶格模式。导线的第一个共振频率 f_0 约为 375MHz, 这些导线以深度亚波长的尺度排列, 其等效共振波长为 $\lambda_0 = 80 \text{cm}$, 也即周期为 $\lambda/70$。此介质与如声子晶体这样的波长尺度周期介质间最大的不同在于我们的情况中可以存在深度亚波长空间尺度的 Bloch 模式。在此系统中根据 Bloch 理论, 如果有 N 个振子, 则可以得到 N 个模式。这些模式在 (x, y) 平面的波矢量为k_t (在后面我们将称之为切平面)，其法向分量将在区间 $[0,\pi/a]$ 内。因此由深度亚波长导线阵列支撑的模式可以具有各种尺度的空间变化，其范围可从其中基本模式所对应的系统的横向尺度到高阶模式所对应的系统的周期尺度。这里可以对文献 [38] 中系统的一个重要特性有所认识，在文献 [30-32] 中有对其更深入的研究：相应的介质支持深度亚波长模式，可以与介质内部或者介质近场区域的源产生的倏逝波成分相互耦合。让我们观察这些模式的色散曲线，即其本征波矢和其本征频率的关系曲线。

这样由 N 个谐振器周期排列形成的系统可以在经典的耦合振荡器框架下进行分析：N 个方程构成的方程组可以用来对每个导线中的电学行为进行建模，方程中包括一些将特定导线与其相邻导线联系起来的耦合系数。此方法需要关于耦合矩阵的相关信息并进行相关计算；实际上还存在一种取得相关结果的更为便捷的方法。其思想是从无限长导线构成的同样的周期介质入手，并且导线直径也一致。由于深度亚波长的周期性，TE 模式和 TM 模式都为倏逝波，这样的介质，即所谓的导线介质，只允许剪切电磁波模式 (类似于在共轴线中传播的 TEM 模式)[3,51]。TEM 模式一般都为非色散的：其纵向波矢量k_z与横向波矢量k_t无关且等于ω/c，其中ω 是波的频率，c 是介质中的波速。当一系列 TEM 在介质内传播时，每个模式代表一个复相位 (比如对点源的分解)，这些模式将保持不变，与 z 方向的传播距离无关，这可以部分解释渠化现象 [3,51]。

如果我们在 z 方向将导线截断，使其变成有限长度 L(将此介质放置在 $z = -L/2$ 和 $z= L/2$ 平面之间)，情况将变得很不一样。TEM 将会被束缚在介质内部，并沿 z 方向来回传播：形成一个类似的 Fabry-Pérot 腔。有意思的是，Fabry-Pérot 腔的特性依赖于模式的横向波矢k_t，这将导致色散。可以粗略地以下述方式作相应说明：由于 TEM 模式是亚波长的，或者说其共振频率在光学支以下，TEM 模式在介质 z 方向的 $z= \pm L/2$ 表面外为倏逝波 [图 6.5(b)]。当一列波从介质 1 经过两者的界面入射到介质 2 并在介质 2 中形成倏逝波时，将会在界面处反射构成一个相位项。这个效应是因 Goos-Hänchen 偏移 [23] 产生，并依赖于倏逝波进入介质 2 的穿透深度。将此效应考虑在内将可以很容易得到 TEM 模式横向波矢k_t和相应本征模式的关系

$$\tan\left(\frac{kL}{2}\right) = \frac{\sqrt{k_t^2 - k^2}}{k} \tag{6.5}$$

其中 k 表示介质中的波数，并可以表示频率 (在此处背景介质为空气，因此 $k = k_0 = \omega/c$)。

色散关系以及根据 CST Microwave Studio 得到的数值模拟结果如图 6.5(c) 所示。可以清楚地看到此处 TEM 模式在介质内部不再是非色散的，这将带来很多有意义的结果。如果在介质界面 $z = \pm L/2$ 近场区域放置一个小的电磁源，所产生的

场可以分解成系统的本征模式。这些模式是色散的，每个模式都具有一个不同的共振频率。如果源是宽带的，并且其带宽能覆盖整个色散曲线，对源的傅里叶分解即变成结构内电磁场的谱。这意味着源的亚波长尺度 (结构周期尺度) 的相关信息可以转变为时域波形，或者由于亚波长尺度共振模式的色散关系，转变为复数谱。这构成了我们得以利用时间反转聚焦从远场打破衍射极限的两个基本概念中的第一个。

我们证明了只要信号是宽带的并且能激发所有模式的共振频率，有限长度导线介质一个界面近场区域的亚波长点源可以分解为系统的亚波长模式。但目前介质在 (x,y) 平面还是无限大的。在 (x,y) 平面对其进行截取使其为我们所要研究的有限大小的介质 [图 6.5(a)] 会带来几个主要的结果。首先，明显地，当我们把介质约束为 $N = 20 \times 20$ 根导线时，色散曲线将不再是连续的，因为我们将只有 N 个模式，横向波数 k_t 将变成在区间 $[0, \pi/a]$ 离散取值。结构有限的横向尺寸还将带来一个更重要的结果：由于有限尺寸效应，相应模式将会漏到自由空间，当然这些亚波长模式向自由空间辐射的转化效率非常低，并且亚波长程度越深，转换效率越低。

原来看起来是一个很大的限制在这里并不是一个麻烦的问题，反而提供了一个解决方案。实际上，既然导线阵列是共振的，能量在结构内将会随时间积累。这意味着这些模式不能轻易地离开结构，亚波长程度最深的，约束在介质中的时间最长；这样对这些模式会形成一个更高的品质因子。如此，从单频的角度来看，由于共振增益，在结构内的幅值将会远大于源的幅值，与 Purcell 效应一致 [47]。根据能量守恒，可以简单地推测，如果材料是无损耗的，即使模式向自由空间辐射的转换效率很低，由于共振效应，所有的模式几乎以同样的效率向自由空间辐射。这就是有限尺寸亚波长共振介质的第二个重要方面：亚波长模式向自由空间辐射的低转换效率被模式的共振增益抵消。这就解释了为何这些模式可以在自由空间中有效辐射，即使其在介质内部是深度亚波长的 (由于介质的周期性)。

结合第一条原理，可总结共振超透镜概念的物理机理如下：首先，源置于介质的近场区域可以形成一个宽带场，此场可以分解为介质中的本征模式。由于色散，空间的分解转变为时间、频率特性，相应模式在介质内部共振，亚波长程度最深的模式共振的品质因子更高。因此，由于有限尺寸效应和模式的共振增益，每个模式几乎以同样的效率向自由空间辐射。这解释了文献 [38] 中亚波长信息向自由空间辐射高效转化的原因，以及 TR 方法可以在这种介质中达到亚波长分辨率的原因。如果这种转化可以发生在从源到自由空间的过程中，根据可逆性和互易性，也可以发生在时间反转的过程中。这种亚波长模式的一个例子见图 6.5(a) 中所研究的结构。

我们在实验和数值模拟中对这些原理进行了验证。数值模拟中使用了无损耗的金属，通过 20×20 的导线介质展现了源的所有空间信息，信号无视其亚波长的特性以相近的效率向远场辐射 [30-32]。我们还以此周期系统作为共振腔重复了文献 [38] 中的 TR 实验。如图 6.6 所示,我们用远场处的三个天线记录了介质近场区域单极子所产生的场。这三个天线分别以 0°, 45° 和 90° 放置于介质周围。我们记录了这些天线以及介质近场区域单极子之间的脉冲响应。发射的信号为中心频率 300MHz 处的 10ns 脉冲。从时域信号可以清楚地看到,尽管是在一个共振腔中,单极子和三个天线之间的脉冲响应很长 (1.5μs,即原信号长度的 150 倍)。这意味着此共振导线阵列构成了一个在其内部共振的 TEM 模式的高 Q 值腔。之后,通过所记录脉冲响应的频谱清楚地证明我们的分析是正确的,可以看到接近单一导线共振频率 (375MHz) 的模式具有更高的品质因子。

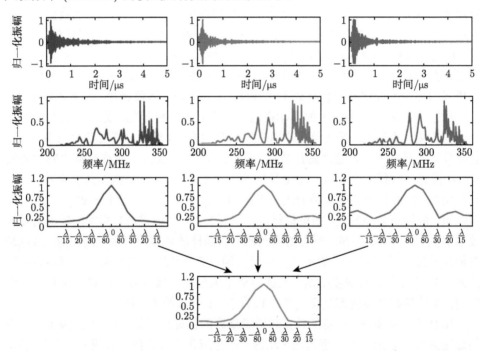

图 6.6　无反射室中的实验结果:时间波形 (第一行),频谱 (第二行),TR 形成的焦斑 (第三行),3 个天线分别以 0°,45° 和 90° 的相对角度置于结构的远场区域。每种情况下由于介质的共振特性,信号都被拉长,频谱在频率趋现于 f_0 时呈现更好的品质因子,测量到的焦斑宽约 $\lambda/25$。最下面一行是同时用三个天线 TR 得到的焦斑,其宽度也是 $\lambda/25$,但旁瓣降低。经 Talor&Francis 许可复制于文献 [32]

我们还利用远场的三个天线进行了 TR 聚焦;引自三个天线的时间响应被时间反转并在特定时间由一个天线发射回来,用排列在导线介质近场区域初始源位置周围的单极子阵列测量相应的场,可以得到 TR 之后的时域信号。很明显,利用三个远场天线中的任意一个进行 TR 聚焦都可以形成一个深度亚波长 (约 $\lambda/25$) 的焦斑，而三个天线的和能够形成一个类似的具有较小旁瓣的焦斑。

此项研究的更多细节可以参考文献 [30]，另外一些相关工作发表在文献 [31,32] 中。在文献 [30] 中由于此系统能够将物体的像通过时域频域特性的编码以亚波长分辨率透射到远场，我们将其称为共振超透镜。我们证明了在这些文献中衍射极限下的 TR 聚焦和远场亚波长分辨率成像都是基于相同的概念。这里我们没有考虑材料的损耗。很明显，损耗将破坏品质因子，并导致在此结构中传播的亚波长模式受到影响。其共振增益将会降低并导致其辐射效率降低。这样无论是在衍射极限下的 TR 聚焦中还是在远场亚波长分辨率成像中都会对系统的分辨率造成一定的限制。

最后，需要将此结果与将延迟时间处 TR 方法形成的场和介质中双值格林函数对应起来的式 (6.4) 建立联系。在这样的周期系统中，介质的格林函数就是各频率处结构中的模式。式 (6.4) 表明延迟时间处 TR 聚焦的结果是双值格林函数在初始源偶极子矢量上投影的积分。在实际操作中，如果是为了利用 TR 进行亚波长尺度的聚焦，其思路可以是将众多相互独立的同相亚波长模式在焦点和延迟时间处求和。这就是 TR 方法中实际所做的，在其中对结构中从远场激发的各个模式的相位进行了补偿，这样这些模式可以在一个特定时间在初始源处聚焦。根据这一方法，只要我们能构造出一个共振超透镜，即支持独立的 (也即介质需要是色散的) 欧姆损耗尽量低的亚波长共振模式的有限尺寸介质，就能取得相应的结果。我们将在下面的部分给出，虽然共振导线由于其小的切向尺寸在相关的研究中非常普遍，却不是唯一的选择。

6.5　相关概念的推广和声学中的应用

6.5.1　使用任意的亚波长谐振器进行远程时间反转的亚波长聚焦

根据前面所得到的结果，任何支持亚波长模式的，由共振单元组成的并且具有色散特性的有限尺寸介质都可以用来进行基于 TR 的远场亚波长聚焦。方便的是，这样的介质最近在超构材料领域已经被广泛研究。从根本上说，超构材料是指具有可以人为定制的特殊性质的，通过周期单元排列形成的工程材料 [49]。多数超构材料是通过共振的亚波长尺度单元结构设计得到的。这样的典型单元结构包括裂环谐振器 (SRR)、平行导线、互补 SRR 等。通常这样的材料是在等效介质理论的框架中进行分析的，等效参数通过对一个单元结构做场平均得到。通过设计可以得到负磁导率材料和负介电常数材料，在特定带宽内具有双负参数的材料就是所谓的负折射率材料 [52]。

　　我们的研究中并不关心为了获取等效参数而做平均的过程，我们的关注点在于有限尺寸介质。这些有限尺寸介质需要支持可以通过 Bloch 方法计算的一些模式。假设介质的单元结构是亚波长的并且是共振的，此介质将与我们前面所研究的共振导线介质类似。实际上，介质的第一条带因为其色散关系在光学支之下，与极化激元类比可知，其模式是倏逝波模式。因此这些模式也将会被束缚在介质内部，介质对于这些束缚模式来说如同一个腔。假设亚波长共振结构排列在一个较密集的阵列中，它们将相互作用，单元之间通常是相互耦合的，这样的介质将具有色散的性质。这样我们就可以将源的亚波长空间信息转化为介质中场的空间频率特性。最后，由于我们只考虑有限尺寸介质，有限尺寸效应可以保证原本很低的亚波长模式向自由空间辐射的转换效率得到介质中共振增益的补偿。

　　因此我们认为，如果能够设计好亚波长尺寸的共振单元并建立起此共振单元的空间紧密排列的周期阵列，基于 TR 方法可以在此介质中聚焦形成亚波长焦斑。在理想的情况下，焦斑的尺寸将只受系统损耗的限制，也有可能因系统中存在损耗而焦斑尺寸的最小极限变大。我们对此结论利用高折射率介电体、螺旋谐振器、负载导线以及裂环谐振器等多种单元进行了验证，所得到的结果在全部情况下至少在数值上与上述结论完全相符，TR 聚焦能够导致亚波长焦斑。这里受篇幅所限，我们不再一一赘述。我们在下面对此概念进行推广并将其应用到声波的情况中去。

6.5.2　利用苏打罐阵列以及时间反转打破声音的衍射极限

　　至今已有一些在声学中进行亚波长聚焦的方案。一些聚焦技术来源于和光学中 "牛眼" 结构 [8,40] 进行类比，还有的是通过负折射率材料 [64] 和声子晶体 [60] 进行超声聚焦。虽然这些结构能够在近场形成亚波长聚焦焦斑，至今还没有能够在实验上实现远场的亚波长聚焦。唯一一个声波的远场亚波长聚焦实验需要用到声学水槽 [13]。为了将声波聚焦到亚波长尺度，我们希望利用亚波长声学共振结构。已经有不少工作报道了一些共振的亚波长结构单元 [41,61]。一个简单的亚波长谐振器在一个世纪之前就被提出，而在最近被用来作为负等效模量或者负折射率超声材料 [17,64] 结构单元的一个选择：亥姆霍兹共鸣器 [59]。

　　在本小节我们将证明可以从远场利用这种亥姆霍兹共鸣器在亚波长尺度上，即远小于空气中声波波长的尺度上，操控和聚焦宽带可听域的声音。为此我们使用了一些日常生活中常见的物品：苏打罐。相关概念基于我们在之前的段落中对共振超透镜的理论分析 [30,33,38]。我们证明了相邻苏打罐之间的强烈耦合引入了单个亥姆霍兹共鸣器共振频率的分裂。我们展示了一个商用的电脑扬声器发出的单频有限衍射波在苏打罐阵列中激发出一些空间周期远小于空气中声波波长的共振周期模式。这些亚波长 Bloch 模式具有依赖其波矢量的不同的共振频率和辐射分布。通过控制宽带声场，我们在实验室从远场实现了亚波长聚焦，焦斑大小仅为空气中波长的 1/25，其位置的分辨率为波长的 1/15，也即苏打罐之间的中心间距。最后我们建立了亚波长声聚焦，得到了很强的声场增益，并且通过可视化实验证明了此现象。

声学中的亥姆霍兹共鸣器等效为电路中的 LC 振荡器，是一个亚波长的开口腔。正如我们在日常生活中所观察到的，瓶子或者罐子在频谱的可听域范围内能产生亥姆霍兹共振。我们使用苏打罐主要有两个原因：首先它们的直径 6.6cm 在共振频率 420Hz 处是亚波长的，相应的波长为 $\lambda_R = 0.8$m；其次在这一尺寸下损耗较小。

首先我们证明了苏打罐阵列构成了一个很好的倏逝波向传播波转化的转换器。也就是说，从远场发射的简谐声波在阵列内能够有效地激发空间变化尺度与苏打罐直径相当的亚波长共振模式。实验装置示意图如图 6.7(a) 所示。所研究的结构为一个 7×7 的苏打罐组合 (2)，排列在周期为 6.6cm 的正方形矩阵中，阵列周期等于苏打罐直径，阵列平面为 xy 平面。在其周围我们排列了 8 个商用电脑扬声器 (1)，与阵列相距 1m(大于一个波场)，因此只有传播模式才能到达苏打罐[22]。扬声器与一个多通道声卡 (4) 相连接，可通过 MATLAB 对其进行控制。我们用一个 3D 步进电机 (5) 移动直径为 1cm 的麦克风 (3) 测量了苏打罐上方所有位置处的声压。

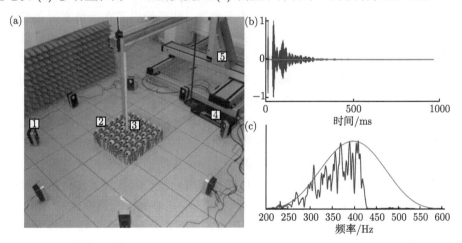

图 6.7　实验装置图。(a) 实验装置示意图。8 个商用电脑扬声器 (1) 通过多通道声卡 (4) 控制，发出声波并入射到亥姆霍兹共鸣器阵列 (即图中的苏打罐组合)(2)，阵列安置于 3D 步进电机 (5) 上，阵列上方用麦克风 (3) 记录声压。(b) 典型的发射脉冲 (红色) 以及在其中一个苏打罐上方测得的声压 (蓝色)。(c) 原脉冲频谱 (红色) 以及阵列中所有苏打罐上方测得的声压的平均频谱 (蓝色)。复制于文献 [33]，版权所有 (2011)：美国物理学会 (彩图见封底二维码)

第一步我们利用一个中心频率约为 400Hz 的 10ms 脉冲得到了 8 个扬声器以及 49 个苏打罐相互间的时域格林函数。一个典型的波形如图 6.7(b) 和 (c) 所示。其中给出了一些大致从 340Hz 到单个苏打罐共振频率 420Hz 之间的一些共振峰。这些宽度远小于单个苏打罐共振的共振峰与空间周期从阵列尺度到结构周期尺度变化的周期模式相关联，由于苏打罐阵列的有限尺寸效应，仅存在分散频率处的 49 个模式，并且对于波矢量的色散关系与图 6.5(c) 中的导线介质的色散关系是类似的。可以将其原因作此理解：与耦合的质量弹簧振荡器类似，N 个耦合的谐振器系统中存在 N 个不同共振频率的 N 个模式。这里，由于谐振器远小于波长，这些模式也是亚波长的。或者说，苏打罐形成的共振腔与空气构成的连续介质混杂，产生表面波激元。与直觉不同的是，这些苏打罐虽然紧密接触，但它们之间通过空气进行耦合而不是机械耦合。

为了确认共振激发模式的亚波长特性，我们在亥姆霍兹共鸣器上方测量了不同频率下的声压场。我们通过含时格林函数估算了模式的共振频率。由于正方格子的对称性以及亚波长的周期性，模式根据其节点数在远场可被散射成四个不同的分布。偶偶模式可形成单极子辐射分布，偶奇模式会形成 X 或者 Y 方向的偶极子场，而奇奇模式会在远场散射成四极子分布。

通过此步骤，我们可以形成与各模式在其共振频率处辐射分布类似的单频声场。然后利用传声器和步进电机，可以测量出所需模式的声压。在图 6.8(a) 中我们给出了苏打罐阵列完全被扬声器包围的示意图。然后给出了在远场亥姆霍兹共鸣器阵列中形成共振模式的例子，所形成的声场以及扬声器和相应波前的示意图如图所示。我们给出了在苏打罐阵列中四个不同频率下所产生的声场，以及近似表示了四个可能的亚波长模式远场辐射分布的波前。在 398Hz 处测量得到的图 6.8(b) 中的声场对应着单极子辐射分布，由于此频率下在两个节点内有约 0.6λ 大小，呈现出亚波长的空间周期。而在图 6.8(c)~(e) 中声场给出的亚波长空间周期从 0.5λ 变化到 0.3λ，其对称性与所产生的波前相符合。

需要指出，实验上测量第一布里渊区边界处那些最深度亚波长的模式由于损耗的存在将会非常困难。实际上由于这些极深度亚波长共振模式向传播波散射的效率较低，其在苏打罐阵列中共振的时间将更长。忽略黏滞和热损耗的情况下，由于谱线宽度会随色散关系变平而降低，所有的模式都能被重现 [30]。然而即使这里的苏打罐损耗较小，那些高频深度亚波长的模式却不能被重现或者独立激发。然而我们将看到，这并不会影响我们在小于介质周期尺度上操控声波的能力。

我们已经证明了入射的有限衍射单频声波将会产生在整个苏打罐阵列上延伸的亚波长共振模式，现在我们将利用这些模式构成亚波长聚焦焦斑。虽然这也可以通过单频下的超构材料方法实现，我们更倾向于使用宽带的信号。实际上一个在介质中聚焦声波的简单方法就是在特定时间和特定位置将其中的模式相干叠加，而在其他位置和时间上非相干叠加。这可以通过时间反转来实现。我们在前面已经证明，从一个传感器阵列到一点的 TR 实际上等效于在此特定位置无相位差地将所有模式叠加，产生时空聚焦的波。

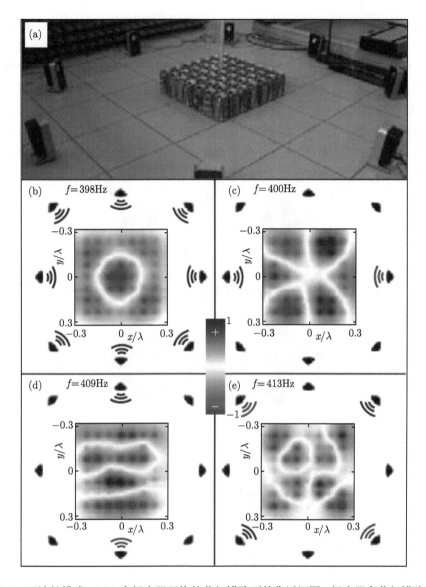

图 6.8　亚波长模式。(a)8 个扬声器环绕的苏打罐阵列的靠近视图。扬声器离苏打罐阵列的
距离大于一个波长，因此倏逝波可忽略。(b)389Hz 处测得的亚波长模式，扬声器激发出单极
子辐射场。这个模式就已经是亚波长，空间周期为 $\lambda/4$。(c)400Hz 处对应于水平偶极子场的
模式。(d) 扬声器在 409Hz 处激发的 $\lambda/3$ 空间周期的竖直偶极子场。(e) 四极子远场激发形
成的 413Hz 处的深度亚波长模式。复制于文献 [33]，版权所有 (2011)：美国物理学会

　　我们用 8 个扬声器在亥姆霍兹共鸣器阵列上方几个不同位置处进行了这一实
验。这里给出在阵列上方两个不同位置处 [分别为 (2,2) 和 (3,5)，图 6.9(c) 和 (d)]

在时间反转之后的声强度分布图。很清楚所获得的焦斑在强度最大值一半处的宽度接近，并且克服了衍射极限，其倍数为 4。尽管由于篇幅的关系我们这里只给出了两个结果图，需强调这样的焦点可以位于阵列中任意一个苏打罐处，只需改变扬声器发出的声波即可进行相应的控制。作为对比，我们也给出了在没有苏打罐时 TR 之后在我们实验室中相同的位置测得的声场强度图，如图 6.9(a) 和 (b) 所示。这些结果无疑证实了亚波长聚焦是来源于谐振器阵列，在没有苏打罐时我们就只能得到典型的受衍射所限制的 λ/2 宽度焦斑。我们强调在苏打罐阵列进行声波聚焦可以得到比单一苏打罐情况下小得多的焦斑。

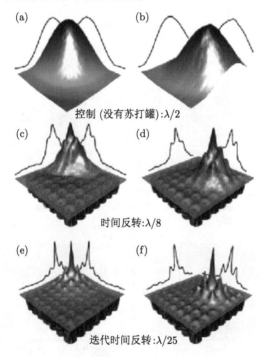

图 6.9　衍射极限下的声聚焦，所有结果按声压强度归一化。(a)，(b) 没有苏打罐阵列时在实验室中利用时间反转得到的聚焦焦斑，呈现出典型的衍射受限焦斑；(c)，(d) 利用亥姆霍兹共鸣器阵列在相同位置利用时间反转得到的聚焦焦斑，其宽度为 λ/8，分辨率为衍射极限的 4 倍；(e)，(f) 相同条件下利用迭代时间反转方法得到的实验结果，其焦斑宽度为 λ/25。声强峰值对于平均的发射能量在 (a) 和 (b) 约为 6.3AU(arbitrary units)，(c) 和 (d) 为 3.5AU，(e) 和 (f) 为 1.9AU。复制于文献 [33]，版权所有 (2011)：美国物理学会

虽然 TR 是一个简单而强大的对声波进行亚波长操控的方法，还有更多更精确的方法可以得到比 TR 方法更好的结果。TR 方法由于不改变信号频谱的相对幅度而只作用在相位上，其在无损介质中确实是最优化的方法。但我们的结果表明，

对于深度亚波长的模式，损耗的影响会变大。这样只要能够在发射时对高衰减模式进行补偿，就可以控制声波使其聚焦到更小的焦斑上。我们使用改进后的 TR 方法 [29,43,55] 产生了可以聚焦到苏打罐阵列任意一点处的声信号。依然使用 8 个扬声器发射所计算的声信号然后在谐振器阵列上方测量声场强度。我们在几个不同的位置重复了相应的操作，并在这里给出其中两处的声强度分布图，分别对应 (2,2) 和 (3,5)，在图 6.9(e) 和 (f) 中。现在测量声场强度最大值一半处的宽度，我们可以得到 $\lambda/25$ 的焦斑，大约相当于苏打罐开口处的尺寸。当然，由于我们无法在苏打罐之间聚焦声波，聚焦分辨率依然受制于介质的周期。总的来说，我们证明了通过此方法可以以 $\lambda/15$ 的位置精度以 12 的因子打破衍射极限。另外，无论有没有苏打罐，所得到的声场强度幅值在一个数量级上，可以证明此方法的效率 (参考图 6.9)。

除了在能量积聚方面明显的作用，所得到的亚波长聚焦声压场还可以产生一些其他的直接结果。与亚波长尺度变化势的电场增强类似，声学的亚波长聚焦可以导致声位移的增强，这在高效地制动和传感中是一个关键特性。我们将在最后的部分给出与此相关的结论。

为了达到这一目的，我们根据 Chladni 的相关工作使用高速相机进行了一个可视化实验。我们在苏打罐阵列上方悬浮一个 $20\mu m$ 厚的镀金属聚酯薄膜。一束白光发射体照亮此薄膜，方向与其法线方向偏离约几度，相机精确地置于其法向入射方向。由于光束与相机之间较小的角度，除了发射体灯泡的像，薄膜将是暗的。我们在薄膜上置一层玻璃粉 (直径约 $120\mu m$)，并用相机拍照，由于有玻璃粉薄膜将非常闪亮。这个效应的发生是由表面上镀金属玻璃粉的光反射导致的。

众所周知，聚酯薄膜对于声来说尤其是低频情况下几乎是透明的：聚酯薄膜将随声场的位移而动。我们使用高速相机以及玻璃粉的反射效应来追踪这个位移。当声场向上的位移足够大时，玻璃粉将在随聚酯薄膜向下的位移运动时产生足够大的动能，并从聚酯薄膜上脱落。这样会使反射效果逐渐消失，聚酯薄膜上的相应区域变暗。用此方法我们可以通过光学上的对比来对亥姆霍兹共鸣器阵列产生的声场位移进行成像。

我们使用上述的实验过程对在苏打罐阵列上方的多个位置处聚焦形成的声场进行了动图的录制。图 6.10 给出了基于 TR 方法 (第二行) 或者基于我们所修改的 TR 方法 (第三行) 所得到的结果动图的截图。我们确认了玻璃粉被振离了亚波长尺寸的聚酯薄膜。当没有苏打罐时我们通过同样的实验过程，并没有观察到玻璃粉的任何移动，尽管在房间内能听到一些混响声 (图 6.10 第一行)。这意味着尽管在有或没有苏打罐的情况下所产生的声压都在同一量级上，我们的方法会导致声场中更强的位移。实际上可以预料，由于位移取决于压力梯度，亚波长的声压力场分布会导致更大的位移。在我们聚焦到苏打罐上方的情况，对于同样的发射能量和前面所提到的焦点处的声强, 我们得到了位移为没有苏打罐时所得到的位移的 7.4 倍 (TR 方法) 和 5.4 倍 (修改后的 TR 方法)。这使得我们的方法可以被用来设计亚波长尺寸的制动器和 MEM 器件。

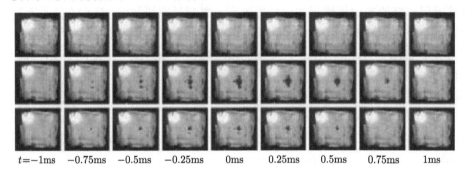

$t=-1\text{ms} \quad -0.75\text{ms} \quad -0.5\text{ms} \quad -0.25\text{ms} \quad 0\text{ms} \quad 0.25\text{ms} \quad 0.5\text{ms} \quad 0.75\text{ms} \quad 1\text{ms}$

图 6.10　第二行和第三行: 基于 TR 和修改后的 TR 在苏打罐阵列中得到的亚波长声场增强, 位移由高速相机拍摄得到。在没有苏打罐时, 观测不到任何位移 (第一行)。复制于文献 [33], 版权所有 (2011): 美国物理学会

我们的实验具有基础性的意义并可以很容易地重复。利用亚波长的耦合共振腔可以有三点主要的好处: 第一, 可以为亚波长尺度上的机械制动和传感装置提供一种可能性; 第二, 由于我们的方法利用了色散效应, 这时我们可以独立地利用多个传感器的时间信号以及多个声源; 第三, 亚波长声压场可以形成声场位移增益, 这在很多领域有潜在的应用。这个方法对大范围内的各种谐振器都适用, 并且还可以方便地应用到固体中弹性波的情况。我们相信此方法为可听域声波操控、声信号生成和工程设计, 以及驱动器阵列、微机电驱动、传感等方面提供很多新的思路。

6.6　结　　论

本章的主要目的在于引入 TR 方法并结合共振介质从远场形成衍射极限下的亚波长尺度聚焦。为了达到此目的, 我们通过对声学中相关结果的简单回顾引入了 TR 方法的一些基本原理, 证明了 TR 聚焦焦斑的形成可以通过对介质格林函数在整个带宽内的各项进行求和来阐明, 这些聚焦结果实际上是可以通过模式分析法给出的介质中模式的叠加。从这些基础的结论入手, 我们重点分析了如何将这些方法应用到电磁波中。除了因为考虑电磁波的极化特性需要采用双值格林函数, TR 方法对于电磁波和声波是同样有效的。我们介绍了第一个在随机金属散射体中从远场进行亚波长聚焦的实验验证。实验可以通过倏逝波向传播模态的转换以及倏逝波的互易性来进行解释。随后我们通过一个共振导线亚波长周期阵列构成的简

化模型对前面的实验及相关理论进行了论证。此类介质的主要特性为：色散现象使源中的倏逝波成分可以与结构中的亚波长 Bloch 模式相互耦合，这样结构中亚波长模式向传播模式转换的低转换效率被模式的共振效应所平衡。我们确认了在此类介质中通过 TR 方法确实可以形成深度亚波长的聚焦焦斑，在我们的实验中此焦斑的尺寸受到结构的损耗所限，宽度极限约为λ/25。受此方法启示，可以进一步一般化相关概念，任意紧密排列的有限尺寸亚波长谐振器阵列可以构成打破衍射极限的 TR 聚焦方法中所需的介质。我们通过将相关过程移植到声学领域，证明了此结论：结果表明利用日常生活中常见的苏打罐构成阵列，可以将可听域的声波聚焦到尺寸约λ/25 的焦斑上。

参 考 文 献

[1] Aulbach, J., et al.: Control of light transmission through opaque scattering media in space and time. Phys. Rev. Lett. **106**, 103901 (2011)

[2] Bartal, G., Lerosey, G., Zhang, X.: Subwavelength dynamic focusing in plasmonic nanostructures using time reversal. Phys. Rev. B **79**, 201103 (2009)

[3] Belov, P.A., Hao, Y., Sudhakaran, S.: Subwavelength microwave imaging using an array of parallel conducting wires as a lens. Phys. Rev. B **73**, 33108 (2006)

[4] Betzig, E., Trautman, J.: Near-field optics: Microscopy, spectroscopy, and surface modification beyond the diffraction limit. Science **257**, 189–195 (1992)

[5] Carminati, R., et al.: Theory of the electromagnetic time reversal cavity. Opt. Lett. **32**, 3107–3109 (2007)

[6] Carminati, R., Nieto-Vesperinas, M., Greffet, J.J.: Reciprocity of evanescent electromagnetic waves. J. Opt. Soc. Am. A **15**, 706–712 (1998)

[7] Cassereau, D., Fink, M.: Time-reversal of ultrasonic fields—Part III: Theory of the closed time reversal cavity. IEEE Trans. Ultrason. Ferroelectr. Freq. Control **39**, 579 (1992)

[8] Christensen, J., et al.: Collimation of sound assisted by acoustic surface waves. Nat. Phys. **3**, 851–852 (2007)

[9] Dehong, L., et al.: Electromagnetic time-reversal imaging of a target in a cluttered environment. IEEE Trans. Antennas Propag. **53**, 3058 (2005)

[10] Derode, A., Roux, P., Fink, M.: Robust acoustic time reversal with high-order multiple scattering. Phys. Rev. Lett. **75**, 4206–4209 (1995)

[11] Derode, A., Tourin, A., Fink, M.: Random multiple scattering of ultrasound. II. Is time reversal a self-averaging process? Phys. Rev. E **64**, 036606 (2001)

[12] Derode, A., et al.: Taking advantage of multiple scattering to communicate with time-reversal antennas. Phys. Rev. Lett. **90**, 014301 (2003)

[13] de Rosny, J., Fink, M.: Overcoming the diffraction limit in wave physics using a time-reversal mirror and a novel acoustic sink. Phys. Rev. Lett. **89**, 124301 (2002)

[14] de Rosny, J., Fink, M.: Focusing properties of near-field time reversal. Phys. Rev. A **76**, 065801 (2007)

[15] de Rosny, J., Lerosey, G., Fink, M.: Theory of electromagnetic time reversal mirrors. IEEE Trans. Antennas Propag. **58**, 3139–3149 (2010)

[16] Draeger, C., Fink, M.: One-channel time reversal of elastic waves in a chaotic 2D-silicon cavity. Phys. Rev. Lett. **79**, 407–410 (1997)

[17] Fang, N., et al.: Ultrasonic metamaterials with. Negative modulus. Nat. Mater. **5**, 452 (2006)

[18] Fink, M.: Time reversed acoustics. Phys. Today **50**, 34–40 (1997)

[19] Fink, M., et al.: Time reversed acoustics. Rep. Prog. Phys. **63**, 1933 (2000)

[20] Fink, M., Montaldo, G., Tanter, M.: Time reversal acoustics in biomedical engineering. Annu. Rev. Biomed. Eng. **5**, 465 (2003)

[21] Fink, M., et al.: Time reversal in metamaterials. C. R. Phys. **10**, 447 (2009)

[22] Goodman, J.: Introduction to Fourier Optics. Roberts & Company, Greenwood Village (2005)

[23] Goos, F., Hänchen, H.: Ann. Phys. **436**, 333 (1947)

[24] Guo, B., Xu, L., Li, J.: Time reversal based microwave hyperthermia treatment of Breast. In: Proc. Conf. Cancer, Signal, Systems and Computers 29th Asilomar, vol. 290 (2005)

[25] Ing, R.K., et al.: In solid localization of finger impacts using acoustic time-reversal process. Appl. Phys. Lett. **87**, 204104 (2005)

[26] Katz, O., Small, E., Bromberg, Y.: Focusing and compression of ultrashort pulses through scattering media. Nat. Photonics **5**, 372–377 (2011)

[27] Kosmas, P., Rappaport, C.M.: Time reversal with the FDTD method for microwave breast cancer detection. IEEE Trans. Microw. Theory Tech. **53**, 2317 (2005)

[28] Kuperman, W.A., et al.: Phase conjugation in the ocean: Experimental demonstration of an acoustic time-reversal mirror. J. Acoust. Soc. Am. **103**, 25–40 (1998)

[29] Lemoult, F., et al.: Manipulating spatiotemporal degrees of freedom of waves in random media. Phys. Rev. Lett. **103**, 173902 (2009)

[30] Lemoult, F., et al.: Resonant metalenses for breaking the diffraction barrier. Phys. Rev. Lett. **104**, 203901 (2010)

[31] Lemoult, F., Lerosey, G., Fink, M.: Revisiting the wire medium: An ideal resonant metalens. Waves in Random and Complex Media **21**, 591–613 (2011)

[32] Lemoult, F., Lerosey, G., Fink, M.: Far field subwavelength imaging and focusing using a wire medium based resonant metalens. Waves Random Complex Media **21**, 614–627 (2011)

[33] Lemoult, F., Fink, M., Lerosey, G.: Acoustic resonators for far field control of sound on a subwavelength scale. Phys. Rev. Lett. **107**, 064301 (2011)

[34] Lerosey, G.: Ph.D. thesis, Université Paris VII (2006)

[35] Lerosey, G., et al.: Time reversal of electromagnetic waves. Phys. Rev. Lett. **92**, 193904 (2004)

[36] Lerosey, G., et al.: Time reversal of electromagnetic waves and telecommunication. Radio Sci. **40**, RS6S12 (2005)

[37] Lerosey, G., et al.: Time reversal of wideband microwaves. Appl. Phys. Lett. **88**, 154101 (2006)

[38] Lerosey, G., et al.: Focusing beyond the diffraction limit with far-field time reversal. Science **315**, 1120–1122 (2007)

[39] Lewis, A., et al.: Development of a 500Å resolution microscope. Ultramicroscopy **13**, 227– 231 (1984)

[40] Lezec, H.J., et al.: Beaming light from a subwavelength aperture. Science **297**, 820 (2002)

[41] Liu, Z., et al.: Locally resonant sonic materials. Science **289**, 1734 (2000)

[42] Mc Phedran, R.C., et al.: Density of states functions for photonic crystals. Phys. Rev. E **69**, 016609 (2004)

[43] Montaldo, G., Tanter, M., Fink, M.: Real time inverse filter focusing through iterative time reversal. J. Acoust. Soc. Am. **115**, 768–775 (2004)

[44] Pohl, D.W., Denk, W., Lanz, M.: Optical stethoscope: Image recording with resolution $\lambda/20$. Appl. Phys. Lett. **44**, 651–653 (1984)

[45] Popoff, S.M., et al.: Measuring the transmission matrix in optics: An approach to the study and control of light propagation in disordered media. Phys. Rev. Lett. **104**, 100601 (2010)

[46] Popoff, S., et al.: Image transmission through an opaque material. Nat. Commun. **1**, 81 (2010). doi:10.1038/ncomms1078

[47] Purcell, E.: Spontaneous transition probabilities in radio-frequency spectroscopy. Phys. Rev. **69**, 681 (1946)

[48] Qiu, R.C., et al.: Time reversal with MISO for ultrawideband communications: Experimental results. IEEE Antennas Wirel. Propag. Lett. **5**, 269 (2006)

[49] Sarychev, A., Shalaev, V.: Electrodynamics of Metamaterials. World Scientific, London (2007)

[50] Sentenac, A., Chaumet, P.: Subdiffraction light focusing on a grating substrate. Phys. Rev. Lett. **101**, 013901 (2008)

[51] Shvets, G., et al.: Guiding, focusing, and sensing on the subwavelength scale using metallic wire arrays. Phys. Rev. Lett. **99**, 53903 (2007)

[52] Smith, D.R., et al.: Composite medium with simultaneously negative permeability and permittivity. Phys. Rev. Lett. **84**, 4184–4187 (2000)

[53] Strohmer, T., et al.: Application of time-reversal with MMSE equalizer to UWB communications. In: Proc. GLOBECOM '04 IEEE, vol. 5, p. 3123 (2005)

[54] Synge, E.: A suggested method for extending microscopic resolution into the ultramicroscopic region. Philos. Mag. **6**, 356–362 (1928)

[55] Tanter, M., Thomas, J.L., Fink, M.: Time reversal and the inverse filter. J. Acoust. Soc. Am. **108**, 223–234 (2000)

[56] Tourin, A., et al.: Time reversal telecommunications in complex environments. C. R. Phys. **7**, 816 (2006)

[57] Vellekoop, I.M., Mosk, A.P: Focusing coherent light through opaque strongly scattering media. Opt. Lett. **32**, 2309–2311 (2007)

[58] Vellekoop, I.M., Lagendijk, A., Mosk, A.P.: Exploiting disorder for perfect focusing. Nat. Photonics **4**, 320–322 (2010)

[59] von Helmholtz, H.: On the Sensations of Tone as a Physiological Basis for the Theory of Music. Longmans, Green, New York (1885)

[60] Yang, S., et al.: Focusing of sound in a 3D phononic crystal. Phys. Rev. Lett. **93**, 024301 (2004)

[61] Yang, Z., et al.: Membrane-type acoustic metamaterial with negative dynamic mass. Phys. Rev. Lett. **101**, 204301 (2008)

[62] Yavuz, M.E., Texeira, F.L.: Space-frequency ultrawideband time reversal imaging. IEEE Trans. Geosci. Remote Sens. **46**, 1115 (2008)

[63] Zenhausern, F., Martin, Y., Wickramasinghe, H.: Scanning interferometric apertureless microscopy. Science **269**, 1083–1085 (1995)

[64] Zhang, S., et al.: Focusing ultrasound with an acoustic metamaterial network. Phys. Rev. Lett. **102**, 194301 (2009)

第7章 变换声学和声学成像中的各向异性超构材料

Jensen Li, Zixian Liang, Jie Zhu, Xiang Zhang

摘要 超构材料作为人造材料的一个分支，正异军突起。它的出现使我们能够获取精确而又特殊的光学性能。其工程灵活性开辟了广泛的应用前景，并为能量流的控制提供了一个有效的途径。通过电磁波和声波之间的类比，很多概念，例如隐身斗篷和亚波长成像，就很容易地从电磁波领域移植到声波领域。然而，当需要构建人造材料和装置时，我们发现声学和光学却有完全不同的方式。这里，我们展示如何通过沿不同的方向排列刚性板来控制等效介质的本构参数，并构建各向异性超构材料。作为例子，我们将用这种方法来讨论如何构建声学斗篷、声学超曲透镜和声学超透镜。

7.1 引 言

声学超构材料给当今的人们带来了新的声波操控方法，这些声波操控方法在过去是十分困难的。例如，一个用局域谐振元件构成的均匀介质可以操控有效的动态密度和动态模量 [17,39]。这种灵活性造就了诸如负折射率、表面共振态和声学超透镜等有趣现象 [1,3,7,8,13,15,19,24,28,33,34,41,64]。通过控制材料在空间上的变化，超构材料可以起变换介质的作用，达到宽带声学隐身和声学亚波长成像的目的。这和电磁学相同领域的发展十分类似 [32,47,49,51]，不同的是我们讨论的超构材料的设计必须适用于声波的情况。

J. Li(✉) · Z. Liang

Department of Physics and Materials Science, City University of Hong Kong, Hong Kong SAR, The People's Republic of China

e-mail: jensen.li@cityu.edu.hk

J. Zhu · X. Zhang

NSF Nanoscale Sience and Engineering Center (NSEC), 5130 Etcheverry Hall, University of California, Berkeley, CA 94720-1740, USA

R. V. Craster, S. Guenneau (eds.) *Acoustic Metamaterials*, Springer Series in Materials Science 166, DOI 10.1007/978-94-007-4813-2_7,

斗篷的工作原理与坐标的变换方式有关, 它基于坐标转换下波动方程的形式不变性原理。 Milton 及其同事发现, 这样的形式不变性对于一般弹性介质中的全弹性波并不适用 [44]。对于流体中声波这样的简单情况, 该变换方法确实是有效的, 并在多个工作中得到确认 [4,6,11,21,22]。相关学者研究过多个声学隐身方案 [12,18,23,45,48,58], 但是因为合适的材料十分有限, 它们的实现受到阻碍。其实, 与光学材料不同, 可供选择的声学材料相当有限, 即使对于构建一个简单的声学镜头也是如此。因此, 我们必须依靠人造声学材料。

基于坐标变换方法的诸多应用中, 介质本构参数被变换了和畸变了。因此, 我们将需要通过一种灵活的方式去控制人造材料的各向异性和折射率。在本章中, 我们将首先讨论在所设计的不同方向对声波进行阻断以便构建各向异性声学超构材料的方案。然后, 在其余部分中, 我们将讨论建造和设计声学斗篷、声学超曲透镜和声学超透镜的相关原理。

7.2   阻断声波的各向异性超构材料

连续可压缩流体的波动方程可以通过牛顿第二定律和连续性方程概括为 (谐波项默认为 $\mathrm{e}^{-\mathrm{i}\omega t}$)

$$\nabla p' - \mathrm{i}\omega\rho'\boldsymbol{v}' = 0, \tag{7.1}$$

$$\nabla \cdot \boldsymbol{v}' - \frac{\mathrm{i}\omega}{B'}p' = 0, \tag{7.2}$$

式中 ω 是角频率, p' 是偏离平衡值的压强, $\boldsymbol{v}$ 是速度场, ρ 表示质量密度, 而 B' 表示流体介质的体模量。两个方程可以合并为单个标量方程:

$$\nabla \cdot \frac{1}{\rho'}\nabla p' + \frac{\omega^2}{B'}p' = 0. \tag{7.3}$$

考虑均匀流体内部的解为 $\exp(\mathrm{i}\boldsymbol{k}' \cdot \boldsymbol{r}')$ 的形式, 我们可以得到如下的色散关系:

$$\omega^2 = k'^2 B'/\rho'. \tag{7.4}$$

现在, 如果我们对上述波动方程采用一种通用的坐标变换, 并按照电磁学中光学变换的理念 [4,11], 则新系统方程的形式不变 (仍表现为一个有体模量和密度剖面的流体系统), 只是原来是标量的密度变成了张量。此外, 得到的密度和体模量通常在已变换坐标系中是随位置变化的。因此新的方程组可以写成

$$\nabla \cdot [\rho[\boldsymbol{r}]]^{-1}\nabla p + \frac{\omega^2}{B(\boldsymbol{r})}p = 0, \tag{7.5}$$

式中

$$[\rho[\boldsymbol{r}]]^{-1} = \boldsymbol{A}[\rho'(\boldsymbol{r}')]^{-1}\boldsymbol{A}^{\mathrm{T}}/\det\boldsymbol{A}, \tag{7.6}$$

$$B(\boldsymbol{r}) = B'(\boldsymbol{r}')\det\boldsymbol{A}, \tag{7.7}$$

以及

$$A_{ij} = \partial x_i / \partial x'_j. \tag{7.8}$$

我们把在系统变换之前的原有系统定义为带有 (′) 符号的虚拟系统，而变换后的系统 [即不带 (′) 符号] 却是一个实实在在的物理系统。这意味着，如果我们能找到一种在物理系统中能实现所需等效密度和模量的超构材料，那么，在虚拟系统中的任何场分布图，通过重写坐标的方式在物理系统中会类似地得以实现。另外，能量流在物理系统中将沿变换的路径流动，为我们提供了一种控制声音 (能量) 的方法。这里，我们的策略是找到一个构建有效流体介质的简单方法，从而实现坐标变换后的密度和弹性模量。我们将在特定的方向嵌入结构 (这里指的是声学板状物体)，以在此方向阻断声波。如果可能，我们应该允许流体能自由地渗透到结构中，而不是去使用另一种与原先基体不同的流体。否则，我们将需要使用轻的薄膜把不同的流体分隔开。此方案中声学特性将由它内部亚波长结构所决定，而并非由相应的物质所左右。还有一些其他的方案，比如用谐振元件和声子晶体 [33,59] 来构建材料。事实上，为了使之能在宽带的频率下工作，我们将采用的结构应该与声频率无关。

对传统的流体而言，各向同性的介质密度 (7.1) 是个标量值。现在通过引入一个如图 7.1 所示的沿 z 方向阻断流体的硬板结构。流体被强制沿着一个长的路径流动，为此，必须施加更大的力才能使沿着此方向的流体流动。流体沿着 z 方向显得更致密，而在 x 和 y 方向，流体不仅能够更自由地流动，而且在此方向流体介质受到的影响最小。这种结构，作为一种声学超构材料，可以在亚波长发挥其特长。因为它的响应具有方向性，这种人工合成材料的密度自然而然是各向异性的，表现出其密度张量在不同方向分量具有不同的数值。

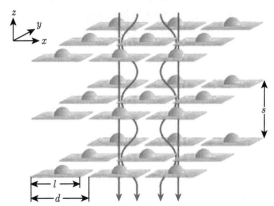

图 7.1 垂直于 z 方向的硬板增加了使流体沿 z 方向运动的压力梯度，而在 xy 平面流体几乎不受影响。各向异性的密度张量沿 z 方向有大的数值。半球形代表一个个附着在硬块上的气泡，从而修正了结构的体模量

假设背景流体是水 (密度为 $1000\mathrm{kg/m^3}$, 体弹性模量为 $2.2\times10^9\mathrm{Pa}$), 硬质板由钢 (密度为 $7860\mathrm{kg/m^3}$, 体弹性模量为 $1.6\times10^{11}\mathrm{Pa}$) 制成。在 x 或 y 方向, 既然其中的流体流动在此方向受影响最小, 超构材料的有效密度 ρ_{xx} 和 ρ_{yy} 具有几乎和水相同的数值。在 z 方向上, 水流被阻断从而其有效密度显示出较大的数值。我们使用 COMSOL Multiphysics 软件 (声学模块) 获得有效密度 ρ_{zz} 的计算机仿真结果。超构材料截面的透射和反射系数可以计算出来, 从而得到材料的有效密度和有效体模量。通过改变长方形钢板的截面, 使之厚度为 $10\mu\mathrm{m}(l)$, 而周期尺度固定为 $d = 167\mu\mathrm{m}$, 并且 $s = 100\mu\mathrm{m}$。其 ρ_{zz}/ρ_{xx} 随钢板宽度的增加如图 7.2 的实线所示。与各向同性的流体相比, 其效应尤为显著。这样, 我们获得了一个各向异性的声学超构材料, 它的各向异性可以通过控制在特定方向上阻断水流的程度进行调整。

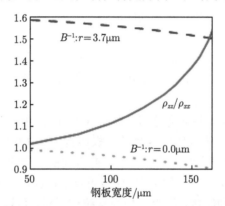

图 7.2　当 $d = 167\mu\mathrm{m}$ 及 $s = 100\mu\mathrm{m}$ 不变时, ρ_{zz}/ρ_{xx}(实线) 随着 l 增大而增大。其结构图见图 7.1。硬板由密度为 $7860\mathrm{kg/m^3}$ 及厚度为 $10\mu\mathrm{m}$ 的钢制成, 其体模量为 $2.2\times10^9\mathrm{Pa}$。此外, 还会受到附着在钢上的半径 $r=3.7\mu\mathrm{m}$ 的气泡影响。半球状的气泡对 ρ_{zz}/ρ_{xx} 的影响微乎其微, 相对体模量 (以水为参照物) 在不用或用半球状气泡时的结果如点线或虚线所示 (B^{-1}: $r=0.0\mu\mathrm{m}/B^{-1}$: $r=3.7\mu\mathrm{m}$)

除去各向异性, 我们还可以通过把不同体弹性模量的流体引入超构材料达到控制体弹性模量的目的。例如, 我们可以将一个一个的气泡 (如空气泡) 引入每个这样的板中。基于那些气体和液体的平均加权, 超构材料的有效体模量则为

$$B^{-1} = B_0^{-1}(1-f) + B_g^{-1}f \approx B_g^{-1}f, \tag{7.9}$$

式中 f 是气体在整个系统中所占的体积比, B_g 是引入的气体的体弹性模量, 而 B_0 是背景水的体弹性模量。由于气体比液体更容易被压缩 (水的体模量比空气大 10^4 倍), 因此, 为了减小超构材料的体弹性模量, 只需要稍许改变气体的体积比例。反过来, 如果我们想增加体模量而不是减小它, 可以通过引入不可压缩材料到超构材料中, 改变不同组分的体弹性模量倒数的体积平均值, 与前面的方式十分类似。作

为一个例子, 对于我们已经讨论的超构材料 (钢板置于水中), 体弹性模量对于周围是水的结果如图 7.2 中的虚线所示。显然, 较厚的钢板使得体模量升高, 因为钢比水更不可压缩。另一方面, 如果我们把半径为 $r=3.7\mu m$ 的半球状气泡加到各个钢板 (半球状的气泡被建模为在钢板中) 上, 体模量可大大降低。在这种情况下, 它减小为水中体模量的 1.7 倍。

7.3 声学斗篷

至此, 我们已经勾画了一个控制各向异性的方案。通过引入袋状气泡或不可压缩材料可以控制声学超构材料的体弹性模量, 而在特定方向阻断声波可以达到控制超构材料有效密度各向异性的目的。在本节, 我们打算展示如何使用各向异性超构材料控制声能量的流动实现声学隐身, 而在 7.4 节我们将讨论声学亚波长的成像问题。

隐身斗篷是一个由超构材料组成的外壳, 使声波绕过斗篷中隐藏的物体。斗篷外的观察者会发现被斗篷包围的物体消失了, 就好像整个系统变成一个纯粹的自由空间 [49]。然而, 这种方法一般需要引入各向异性较大的和参数极端的超构材料并需要折射率的变化范围很大。从拓扑方面考虑, 实际上有三种不同的方法来达到物体隐身的目的, 图 7.3 总结了该三种方法。前两种方法 [图 7.3(a) 和 (b)] 对应于上述的斗篷。斗篷利用声学超构材料包层把物体压缩至一个无穷小的点或者非常细的线, 它有效地降低了物体的散射截面, 使之对观察者而言大小可忽略不计。然而, 这两种情况下, 压缩前后的拓扑是不同的。在数学上, 坐标变换时不可避免会出现奇异点, 要求超构材料具有极端的各向异性和非常特别的折射率, 因而在密度张量上出现奇异值。而第三种方式 [图 7.3(c)] 是把物体压缩为薄板, 该方法的优点是坐标变换不会出现奇点, 因而超构材料的要求不太苛刻。然而, 它的缺点是: 压缩薄板仍然有相当大的散射横截面, 因而隐藏的物体仍然容易被发觉, 除非把它放置在无限大的致密材料上。

当斗篷笼罩的物体坐落在一个平面上时, 斗篷将把物体的散射抵消掉, 于是观察者将认为整个系统仅仅是一个平面, 这样可以达到隐身的目的。我们注意到, 电磁学的隐身技术 [35] 已经有类似的方案。参考文献 [35] 提出了使用不均匀折射率剖面的各向同性材料构成的斗篷对光进行引导, 因为低损耗的各向同性介质在光学频率是常见的。它是光学频率隐身的一种简单方式。事实上, 在微波和光波频率方面, 两个相关的隐身斗篷已经被实验证实了 [14,20,40,43,60]。后来的发展表明, 还存在利用均匀且各向异性的材料实现隐身的另一种方案 [5,42]。这在适度各向异性的情况下可以实现, 例如下面将要探索的声学斗篷。我们将证明, 这种隐身方法仅需适度的各向异性密度张量, 体模量可保持为恒定值, 且和原背景流体非常接近。

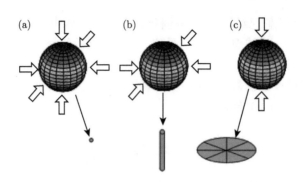

图 7.3　三种使目标隐身的拓扑方式：(a) 把目标压缩到无穷小的点；(b) 把目标压缩到无穷细的线；(c) 把目标压缩到无穷薄的板。(a) 对应于球状物的整体隐身；(b) 对应于圆柱形隐身，适用于微波；(c) 称为地毯斗篷隐身

　　为了简单起见和便于讨论，我们仅考虑声波在 x-y 二维平面里的传播，并考虑在水为背景中的隐身。图 7.4 显示了地毯斗篷的原理图。为了构建水中的斗篷，我们把结构底部 (假设是一个不可压缩的无限大的厚重表面) 的直线 AD 向上升到 $AB'C'D$，从而创建了如图 7.4 所示的被隐身梯形隧道 $AB'C'D$。斗篷由三个部分组成：两个对称的三角形部分 (ABB'，$CC'D$) 和中央的矩形 ($BB'C'C$)。坐标变换把梯形 $ABCD$ 压缩进入斗篷的区域 ($AB'C'DCB$)。在原理图中，我们也标示了斗篷的尺度大小。它的总宽度为 $2w + d$，高度从原有的 h_2 压缩到 $h_2 - h_1$。

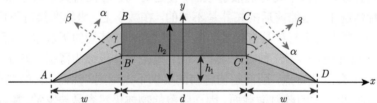

图 7.4　声学斗篷的三个部分包括中间的矩形部分 ($BB'C'C$) 和左 (右) 三角部分。h_1 是隐藏对象区域的高度，h_2 是斗篷加对象的高度，d 是中央矩形的宽度，w 是左 (右) 三角形的宽度，α 和 β 是在左 (右) 三角区声学超构材料的主轴，γ 是主 β 轴和 y 轴之间的角度 (彩图见封底二维码)

　　通过下面的坐标变换得到斗篷的中央部分 ($BB'C'C$)：

$$y = \frac{h_2 - h_1}{h_2}(y' - h_2) + h_2, \quad x = x', \quad z = z'. \tag{7.10}$$

通过如下的坐标变换得到斗篷的左边部分 (ABB')：

$$y = \frac{h_2 - h_1}{h_2}y' + \frac{x' + w + \dfrac{d}{2}}{w}h_1, \quad x = x', \quad z = z' \tag{7.11}$$

通过左侧部分的镜面对称可以很容易地获得斗篷的右三角部分。基于该坐标变换法，我们现在可以从各个部分的坐标变换按照式 (7.6) 和式 (7.7) 得到密度张量 $[\rho]$ 和体模量 B。

首先，我们从斗篷的中部开始。经过一番简单的代数运算，得到

$$[\rho] = \begin{pmatrix} \rho_{xx} & \rho_{xy} \\ \rho_{yx} & \rho_{yy} \end{pmatrix} = \begin{pmatrix} \dfrac{h_2 - h_1}{h_2} & 0 \\ 0 & \dfrac{h_2}{h_2 - h_1} \end{pmatrix} \rho_0, \tag{7.12}$$

以及

$$B = \frac{h_2 - h_1}{h_2} B_0, \tag{7.13}$$

其中 ρ_0 和 B_0 是背景水的密度和弹性模量。我们可以用背景流体的值归一化材料的各向异性的折射率：

$$n_x = \sqrt{\frac{\rho_{xx}}{B}} \Big/ \sqrt{\frac{\rho_0}{B_0}} = 1, \quad n_y = \sqrt{\frac{\rho_{yy}}{B}} \Big/ \sqrt{\frac{\rho_0}{B_0}} = \frac{h_2}{h_2 - h_1}. \tag{7.14}$$

我们仅在 y 方向通过简单的压缩进行了坐标变换。因此，折射率 n_x 正好和背景流体相同，而折射率 n_y 多了一个面积压缩比 $h_2/(h_2 - h_1)$。这一变化可以理解为在 x 与 y 两个正交方向为了在坐标变换前后保持所通过的相位不变而要求的结果。注意由于要求压缩的简单性，有效介质是均质的。

对于左侧的三角部分 (ABB')，其有效体弹性模量实际上是由同样为体弹性模量的式 (7.13) 所左右。通过观察变换规则 (7.7)，就很容易地得出上述结果。简单地说，该规则就是要变换的体模量始终正比于通过坐标变换形成的面积。如果虚拟空间压缩到物理空间，通过坐标变换后，其面积压缩比大于 1，那么通过此压缩比体弹性模量就降低了这个比值。在我们的例子中，在斗篷的每一个部分，此压缩比总是 $h_2/(h_2 - h_1)$。它意味着，有效体模量在整个斗篷中是均匀的。另一方面，斗篷的有效密度张量可以通过式 (7.6) 获得，它的表示式为

$$[\rho] = \begin{pmatrix} \dfrac{h_1^2 h_2}{w^2(h_2 - h_1)} + \dfrac{h_2 - h_1}{h_2} & \dfrac{h_1}{w} \dfrac{h_2}{h_1 - h_2} \\ \dfrac{h_1}{w} \dfrac{h_2}{h_1 - h_2} & \dfrac{h_2}{h_2 - h_1} \end{pmatrix} \rho_0. \tag{7.15}$$

密度张量具有非零的非对角元素，因为 x 和 y 轴不再是主轴。为了便于在声学超构材料中构建这个张量，我们将其对角化从而得到主轴的方向及其相应的对角化密度 $(\rho_\alpha, \rho_\beta)$，这里

$$\rho_\alpha = \frac{1}{2}[\rho_{xx} + \rho_{yy} - \sqrt{4\rho_{xy}\rho_{yx} + (\rho_{xx} - \rho_{yy})^2}], \tag{7.16}$$

$$\rho_\beta = \frac{1}{2}[\rho_{xx} + \rho_{yy} + \sqrt{4\rho_{xy}\rho_{yx} + (\rho_{xx} - \rho_{yy})^2}]. \tag{7.17}$$

图 7.4 的箭头方向显示了主轴 α 和 β。β 轴和 y 轴之间的夹角为

$$\gamma = \arccos\left(\sqrt{\frac{\rho_{yy} - \rho_\alpha}{\rho_\beta - \rho_\alpha}}\right). \tag{7.18}$$

因而，我们又得到沿主轴 (n_α, n_β) 用背景流体归一化的折射系数：

$$n_\alpha = \sqrt{\frac{\rho_\alpha}{B}}\Big/\sqrt{\frac{\rho_0}{B_0}}, \quad n_\beta = \sqrt{\frac{\rho_\beta}{B}}\Big/\sqrt{\frac{\rho_0}{B_0}}. \tag{7.19}$$

斗篷右边的三角部分的有效密度张量也可以以类似的方法得到。主值是与式 (7.16) 和式 (7.17) 相同的，但是 β 轴的方向如图 7.4 所示仅是左部的 β 轴的镜面对称。

　　从上述结果中可知，体弹性模量在整个斗篷中是一个常数，而密度张量在斗篷的各个部分也是恒定的。在下面的例子中，我们想讨论各种几何参数对斗篷的各向异性 (即各向异性折射率) 的影响。这对我们如何使用声学超构材料去构建斗篷很有意义。对于斗篷的中央部分 $(BB'C'C)$，各向异性折射率只是和面积压缩比有关，而且由式 (7.14) 决定。对于左边的或右边的三角区域 $(ABB'/CC'D)$，声学斗篷各向异性由 n_α 和 n_β 描述，依照式 (7.19) 取决于斗篷的所有几何参数：h_1，h_2 和 w。比方说，我们令 $h_2/h_1=6$，然后对 n_α 和 n_β 与 w/h_1 的关系作图。其结果如图 7.5 的蓝色线条 (虚线和实线) 所示。随着厚度 w 的增加，各向异性逐渐减小，同时 n_α 变大而 n_β 变小，这和我们的预期一致。当 w 非常大时，它们趋近于 1，以及面积压缩比 $h_2/(h_2 - h_1)$，这和斗篷的中心区域的情况非常相似，也就是说，坐标变换从式 (7.11) 变为式 (7.10)。此外，我们如果通过增大/减小 h_2/h_1 的办法去减小/增大斗篷，那么，在具有较大/较小各向异性的情况下，曲线 n_β 向上/向下移动，而曲线 n_α 保持基本不变。如图 7.5 所示，我们还可以绘出当 h_2 和 w 同时变化时各向异性因子 n_β/n_α 的变化。从图 7.6 我们看到，较大的 h_2 或 w 皆支持较小的各向异性。换句话说，对于一种可以实现的各向异性 (见第 12 章) 材料，我们可以根据固定各向异性来设计斗篷区间。

　　例如，我们选择模型中各向异性因子为 1.235，从而几何上满足 $h_2 = 6h_1$ 和 $w = 10h_1$，使 h_2 和 w 较小，以便构成小尺寸的地毯斗篷。从图 7.5 可以得出 $n_\beta = 1.22$ 以及 $n_\alpha = 0.985$。选定 $d = 2h_1$ 作为斗篷中心部分的宽度。要测试所设计声学斗篷的效果，我们采用全波仿真软件 (COMSOL Multiphysics with acoustic module) 以 60° 的角度向斗篷发射高斯波束。水中的波长设定为 $1.15h_1$。仅有弯曲的反射面而没有声学斗篷时的总声压场如图 7.7(a) 所示。弯曲的反射表面把入射波束以大约 50° 向上散射 (满足反射定律)，同时将另一部分向前散射。接着，对具有斗篷时的情况进行模拟，其对应的声压场示于图 7.7(b)。在模拟中，斗篷是由式 (7.12) 及式

(7.19) 所描述的有效介质组成, 不过, 我们把模量比值 $\rho_\alpha \to \rho_\alpha B_0/B, \rho_\beta \to \rho_\beta B_0/B$ 以及 $B \to B_0$ 引入密度张量中。这被称为参量缩减近似, 其好处在于我们能专注于用声学超构材料构建密度张量而暂不考虑模量。虽然用了此近似方法 (在背景流体与斗篷之间引入了阻抗不匹配), 但是数值计算结果表明斗篷的边界仅带来了微弱的杂乱反射。总而言之, 斗篷把来自目标的散射抵消掉了因而目标有了隐身斗篷以后看上去就像一个平直硬表面把入射的高斯波束按 60° 的角度镜面反射而无额外散射。此外, 在斗篷内的声场显示出入射波和反射波之间的干涉。如果和无限大反射平面相比较, 干涉图形只是向上压缩了而已。

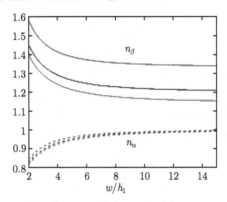

图 7.5　斗篷主体的折射系数 (见图 7.4 的黄色区域) 随 w/h_1 的变化。实线代表 n_β 而虚线代表 n_α。h_2/h_1=4, 6 和 8 的三种情况分别用红、蓝和绿色的曲线表示。斗篷中部的相应参数为当 $w \to \infty$ 时趋近极限数值 (彩图见封底二维码)

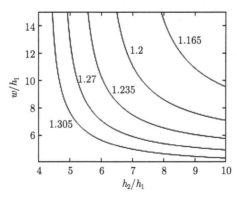

图 7.6　各向异性因子 n_β/n_α 随着斗篷不同 h_2 及 w 的变化

现在, 我们把 7.2 节所讨论的原则在构建优化后的斗篷中进行具体运用。我们不考虑三维的分析方法, 取而代之, 目前仅需要构建二维各向异性的声学超构材料。为了使分析更简便, 我们仅在 β 方向阻断声波。在我们的设计中, 采用的是沿

β 方向把一维的铜块和液态水堆积在一起的方法。使用这种方法也可以构建聚焦声透镜以及实现非常特殊的透射和屏蔽效应 [3,15,41]。这类简单的声学超构材料的等效声学参数服从以下方程：

$$\frac{1}{\rho_\alpha} = \frac{f}{\rho_b} + \frac{1-f}{\rho_0} \approx \frac{1-f}{\rho_0}, \tag{7.20}$$

$$\rho_\beta = f\rho_b + (1-f)\rho_0, \tag{7.21}$$

$$\frac{1}{B} = \frac{f}{B_b} + \frac{1-f}{B_0} \approx \frac{1-f}{B_0}, \tag{7.22}$$

式中 f 是铜的体积填充比，ρ_b 和 ρ_0 是铜和背景水的密度，B_b 和 B_0 是铜和背景水的体模量。于是，在 α 方向，水能够自由流动而且 $n_\alpha \approx 1$，事实上，从式 (7.20) 及式 (7.22)，我们知道它是比 1 略微小的数值。在 β 方向，波被阻断从而有一个大的密度 ρ_β，因而根据式 (7.20) 和式 (7.22)，对应一个大的折射系数 n_β。为了得到需要的 n_β=1.22，我们求解得到填充比为 0.08。注意到我们的结构需要 n_α=0.985，该数值是我们声学超构材料所能够给出的一个数值。此外，根据式 (7.18)，我们也能获得 β 轴的方向。我们可以类似地分析斗篷所有的三个组成部分。如此可完成构建斗篷的微结构的方案以及勾画出如图 7.8(a) 细黑线所示的分层结构。周期选择为 $0.3h_1$，它比 β 方向背景水的波长小得多。

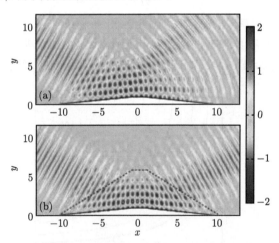

图 7.7　(a) 仅有目标 (一个增高的反射硬表面) 而无斗篷时的声压场；(b) 加上斗篷 (虚线是它的界面) 后的声压场。所有的长度标度均用 h_1 进行归一化。宽度为 $9.2h_1$ 的高斯波束以 60° 从左方入射到斗篷上。波长为 $1.15h_1$，背景为水 (彩图见封底二维码)

带有微结构斗篷的模拟结果如图 7.8 所示，它与图 7.7(b) 相似，只是斗篷现在已具备了全部的微结构。基于所要求的 n_β 和 n_α，求解 γ 从而把它设定为 17.04°。因此，我们按照与 x 轴的角度为 γ 放置好铜层。高斯波束也以 60° 反射但没有散射。事实上，如我们从变换光学得知，不管以何种方式激发，隐身效果总能得以实现。这里，我们将入射角从 60° 变到 45°，斗篷仍然有效。图 7.8(b) 中，一个和图 7.8(a) 一样宽度的高斯波束以 45° 入射到该微结构上。在 45° 得到反射波束，与此同时，该斗篷把来自目标的散射波抵消殆尽。

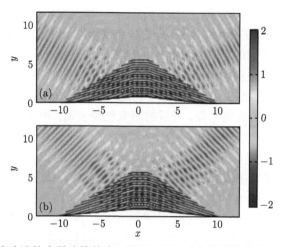

图 7.8 利用微结构建造的声学斗篷的声压图形。细黑线代表填充比值为 0.08 时的铜板，周长选择为 $0.3h_1$。β 轴垂直于铜板层，而 α 轴与层的方向平行。所有的长度都按照 h_1 归一化后的值来计算。宽度为 $9.2h_1$ 的高斯波束以 (a) 60° 和 (b) 45° 从左方入射到斗篷上。波长为 $1.15h_1$，背景为水 (彩图见封底二维码)

7.4　声亚波长成像

与隐身斗篷类似，从同样的思路出发，我们构建另一种类型的声学器件。比较特别的是，放大型的光学超曲透镜 [27,38,50] 展现出它具有克服电磁波衍射极限的能力。超曲透镜能够把目标成像的分辨率极大地提高到比波长的一半还要小的程度。通过使用超构材料方法仔细设计和利用相应的色散表面，超曲透镜不仅能使在其中传播的声波携带包含在倏逝波中的亚波长信息，而且能够把它们放大。本质上，超曲透镜把倏逝波转换成传导波，于是信息得以传播到透镜外的远场。最先所展示的光学超曲透镜片是在径向方向交替地使用金属和电介质的深亚波长层做成的二维超构材料，它沿着传播 (径向) 方向基本呈现出负的有效折射率，与此同时，在横向 (角) 方向呈现出小的有效介电常数 [27,38,50]。对于这样的各向异性材料，其二维色散曲线是一条双曲线，并且在很广的角向波矢量范围内几乎是不变的，说明其中可以支持大角动量的光学模型传播模式存在，因此，亚波长的信息得以在材料中传播。此成功的演示已经激发了人们对具有亚波长分辨率的新型放大透镜的研究热情。这些方案中包括在锥形线之间传播的等离子体或 TEM 模式 [26,30,52]，可以亚波长尺度逐个对像素进行取样，最后在透镜输出端创建一个放大的图像。因为衍射极限是各种波动现象所固有的，常规的声学成像也受到声波波长的限制。因此，如果我们能够实现声学超曲透镜，该技术无疑有益于在无损检测和医学成像等方面的相关应用。

在本节，我们设计并展示了一个可在宽带频率范围内工作的声学超曲透镜。如前所述，声学超曲透镜的原理与其对应的电磁超曲透镜十分相似，不同之处在于我们要实现的是声学超构材料的设计，让它适用于声波而不是电磁波，例如，上述在径向方向上金属–介电的层叠结构已不再适用于声学的要求。事实上，在声学领域，业已有一些相关的研究工作。最近的研究已经表明，声聚焦可通过声子晶体平板 [10,25,31,55,56,61] 和声学超构材料 [63] 来实现。而且，最近有关声学超构材料的超曲透镜的理论工作中已经提出利用正负动态密度的交替层并结合局域共振声学单元的设计，从而实现负密度和平坦色散曲线 [2] 的目标。虽然目前这些声学单元仅仅在狭窄的频带内形成负的动态密度 [39,62]，因而放大图像的损耗过大而且其最大传播距离也十分有限，但是它无疑是构建各向异性声学超构材料的新起点。

这里，我们再一次利用各向异性的声学超构材料来构建声学超曲透镜。这样的设计允许我们在宽带频率范围内以深度亚波长分辨率对目标实现低损耗的成像，这是因为我们不再采用局域共振的方式。图 7.9 显示了在声学超曲透镜中如何使用各向异性的声学超构材料。该超曲透镜由 36 个黄铜叶片组成，从半圆柱体的中心开始，它们的尺寸分别是 3mm 高和 2.7～21.8cm 宽。在角度方向，每个黄铜或空气叶片占据了 2.5°。透镜为在角度方向堆叠黄铜和空气层制成的超构材料。整个超构层间的亚波长间距，允许我们使用式 (7.20) ～ 式 (7.22) 来计算其有效介质特性。现在，背景介质 (下标 0) 是空气。方程中的 α 和 β 方向现在指的是半径和角度方向。图 7.9 是我们最终的超曲透镜样品的照片。该样品是在用计算机数字控制的双轴立式磨床上制造的，在 0.5in (1in=2.54cm) 厚的黄铜板上研磨，在剩余的铜衬底上做成 9.7mm 厚的叶片，足以防止波的泄漏。为了把声波限制在成像实验的二维区域，我们用 0.25in 厚的铝板盖住叶片的顶部。

在我们的设计中，之所以选择铜制作叶片，是因为它的密度比叶片之间的流体 (空气) 大得多。从有效介质方程来看，有效的径向密度接近空气的密度，与此同时，有效的角密度接近黄铜的密度。这种大的各向异性和电磁场的情况十分类似。然而，它们之间的不同之处在于，对电磁波而言，其中两个垂直方向介电常数之间的大比值来自共振部分 (如等离子)，对声学而言，它来自穿孔板的各向异性，而且这种情况可以轻易地扩展到三维情况下的声波 [64]。由于这种显著的各向异性，与电磁场的情况类似，声学超曲透镜被用来克服衍射极限进行物体成像。成像细节最初存储在倏逝波中，通常会随波的传播使得存储的信息逐步减少并最终消失殆尽。

通过超曲透镜，我们把这些倏逝波压缩到传播的波中。其结果是，超曲透镜将图像连同其细节一起放大。原先具有亚波长特征的物体成像可以被放大到与声波波长相当甚至更大的特征尺寸。

图 7.9　声学超曲透镜样品。透镜用 36 个放置在空气中的铜叶片组成 (沿辐射方向的半径为从 2.7cm 开始到 21.8cm 为止)。叶片横跨 180°，坐落在铜基片上。盖板已经移去，为的是让读者看清内部的结构。引自文献 [34]，版权所有 (2011)：自然出版集团

为了证实声学超曲透镜的有效性，我们进行了实验和计算机的全波模拟，确认了超曲透镜的确能使成像达到亚波长的分辨率。实验中的声源如图 7.10 所示，使用了 3 个喇叭。这样的排列一般说来不会破坏成像过程的一般性。3 个喇叭中的两个喇叭从中点到中点保持 1.2cm 的距离，但是偏向一方稍许多一些。第 3 个喇叭与最中间的喇叭，从中点到中点大约有 2cm 的距离。图 7.10(c) 给出了声源的图像。图 7.10(a) 显示出超曲透镜外的声压场的测量结果。声源与透镜边缘的距离是不同的，从而使得三个波束强度也不一样。当声源以 6.6kHz 激励后，三个波束能清晰地呈现在透镜的输出端。基于外圆和内圆半径的大比值，超曲透镜因而能把倏逝波的大部分压缩到传导波中以至于像被放大了 8 倍。例如，当图中左方两个亚波长的声源 (在输入平面彼此相距 0.23λ) 在镜外边缘辐射声场时，其间距比衍射极限 (半波长) 大，变到 1.85λ，而且声源尺寸在透镜出口处被放大到比波长还大，那么在远场也能观察到两条清晰的波束。声压场所对应的全波模拟见图 7.10(b)，它与实验结果吻合得很好。同样的实验在没有超曲透镜的情况下重复过多次，两个声源无法被明显地分辨开。由于我们的设计没有涉及任何局域谐振，因此，它可以在很宽的频带里工作而没有明显的损耗。图 7.11(a) 表示测量到的超曲透镜的宽带响应。在此情况下，在 4.2~7.0kHz 的频带内两个相距 1.2cm(相当于 $\lambda/6.8$–$\lambda/4.1$) 同相位的 1cm 直径的声源放置在透镜内边缘前面发射声波，如图 7.11(b) 所示，在外边缘测量声压，以便在该频率范围内达到亚波长的分辨率。

除了声学超曲透镜以外，最近出现有关另一种亚波长成像装置，即声学超透镜的报道。这种超透镜对于二维的样品而言 [28] 就是平行的狭缝阵列，而对于三维的样品而言就是中空的圆柱体阵列 [64]。光学领域的开拓者 [16,37,46,53,54,57] 建议使用超构材料的薄平板制作超透镜，并让它能够复原所有的倏逝波分量。对于本节的三

维声学超透镜,我们制作了不同类型的呈现显著各向异性结构的多孔超构材料,从而得以让声波在垂直于界面的方向传播,因此,从成像对象散射出来的倏逝波能在圆柱内激发 Fabry-Pérot 的谐振模式。其结果是,深度亚波长的信息成功地通过这种多孔超构材料做成的超透镜发射出去,从而形成了深度亚波长尺度的图像特征恢复。验证此类结构的光学亚波长成像是十分困难的,因为要求使用高电介质常数的材料 [29] 去填充圆柱体。但是,对于声学超透镜而言,声波由于没有截止频率的限制因而在这类深度亚波长尺度的圆柱体内传播不成问题。所以,通过减小圆柱体阵列的周期,声学超透镜有能力重现亚波长信息。

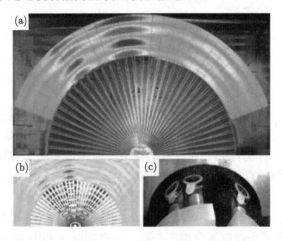

图 7.10　(a) 实验结果显示三束清晰分开的声波透过超曲透镜向外传播;(b) 关于 3 个声源及弹性铜单元的叶片的数值模拟;(c) 用来作为 3 个声源的喇叭,为了便于观察清楚,喇叭已经从实验的位置提升了一些。引自自然出版集团 [34] (彩图见封底二维码)

图 7.12 是我们用来实施声学超透镜功能的实际试样。该试样是一个穿孔的厚硬块嵌着周期性的深度亚波长空洞 (在 x-y 平面)。它的主要部件是布置成方形的 1600(40×40) 个金属管。每个管子的几何参数是:内直径为 0.79mm,外直径和阵列的周期 d 均为 1.58mm,管子的长度 L 为 158mm(沿 z 方向)。和声学超曲透镜类似,我们选择铜合金作为管子的材料,之所以如此,是考虑到它的密度比起内部的流体 (空气) 要大得多。所有的铜管都被平行地紧固在一个 4in 宽的方形铝管内。我们用高强度的胶把管子粘结在一起从而避免彼此间由于声压产生的移动和振动。对这种中空结构的超构材料,为了展示深度亚波长成像的效果,实验和三维数值计算都使用一种名为模式扩展的技术。直径 20mm 的喇叭作为声源,发出连续的正弦平面波。我们把喇叭放在成像物 (即极薄铜片掏空成宽 3.18mm 的字母 "E") 前 20cm 处。

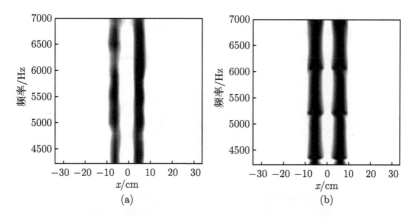

(a)　　　　　　　　　　　(b)

图 7.11　(a) 实验测量透镜外边缘在不同频率和位置的声压强度。频率范围是 4.2∼7.0kHz，对应于 $\lambda/6.8$ –$\lambda/4.1$ 的分辨率。图中每个频率下的声强剖面利用灰度予以标示，因而在全部频率范围内可以清楚地辨识出两个峰值。(b) 利用全波模拟给出理论上该微结构的声压强度。黑/白灰度表明声压的高/低

图 7.12　用于深度亚波长成像的中空结构的声学超构材料

　　声学超透镜就放置在成像物体的后方，因而，从物体散射的倏逝波能够抵达透镜。另外，麦克风用来接收输出端的三维声场分布。整个实验装置用吸音泡沫包围，以防外部的噪声进入。从图 7.13 所示的画面可以看到，实验图像与计算机模拟结果相吻合。3.18mm($\lambda/50$) 的线宽可以清楚地加以分辨。尽管在边缘和接合点有一些轻微的模糊，但是整体来说全字母 "E" 的形状保持完好，在其边角上亚波长的细节部分也能很好地再现出来。

　　这种多孔结构的超构材料解决深亚波长空间信息的能力可以用有效介质法加以解释。在极限情况下，我们可以放心地忽略掉所有的衍射效应，而在圆柱体内的传输过程是以基模为主，于是平行动量 $k_{||} = (k_x, k_y)$ 的零级传输系数 [9] 成为

$$t^{00}(\lambda, \boldsymbol{k}_{||}) = \frac{4|S_{00}|^2 Y \exp(\mathrm{i}q_z L)}{(Y|S_{00}|^2 + 1)^2 + (Y|S_{00}|^2 - 1)^2 \exp(2\mathrm{i}q_z L)}, \tag{7.23}$$

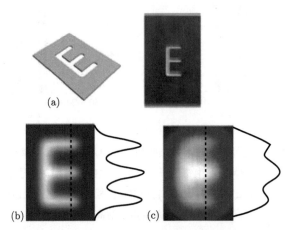

图 7.13   (a) 极薄铜片中挖出字母 "E" 以便用来成像。实验的工作频率为 2.18kHz (λ=158mm)。(c) 透镜输出端 d=1.58mm 处的实验结果。沿横截面的声场分布用虚线标识，它与 (b) 中的计算机模拟非常吻合

这里 $q_z = k_0 = 2\pi/\lambda, S_{00} = l/d, Y = k_0/\sqrt{k_0^2 - k_{||}^2}, k_0$ 是自由空间的波数。因此，在共振条件下，驻波在圆柱体内被激发 ($q_z L = m\pi$, m 为整数) 出来，于是，对于所有平行的动量 (包括倏逝波在内)，其传输系数的模数为 1。这表明，在 Fabry-Pérot 谐振频率，放置在输入侧的物体的声学图像能完美地传送到输出侧。

如果我们从多重散射的角度讨论这个问题，式 (7.23) 可以用双介质散射系数重写为

$$t^{00}(\lambda, \boldsymbol{k}_{||}) = \frac{\tau_{12}\tau_{23}\exp(\mathrm{i}q_z L)}{1 - \eta^2 \exp(2\mathrm{i}q_z L)}, \tag{7.24}$$

式中 $\tau_{12} = 2S_{00}/(1+Y|S_{00}|^2)$ 表示圆柱体内与基模耦合的入射波，$\tau_{23} = 2S_{00}Y/(1+Y|S_{00}|^2)$ 代表在输出端透入零阶衍射波束的导波模式，$\eta = (Y|S_00|^2 - 1)/(Y|S_{00}|^2 + 1)$ 是圆柱体内两端基模的反射系数。当 $|\boldsymbol{k}_{||}| \gg k_0$，即处于深度亚波长时，$\eta$ 接近 1，而 $|\tau_{23}| \approx 2S_{00}k_0/|\boldsymbol{k}_{||}| \ll 1$，于是圆柱体内的基模渗入向外传播的平面波是非常微弱的，而且 Fabry-Pérot 谐振来源于起准反射镜作用的两个界面之间的多重散射。

因此，该方程类似于传递矩阵法中的匀质板的透射系数。实际上，可以从该方程得到这个多孔结构超构材料的有效声阻抗。根据式 (7.24)，垂直入射平面声波的反射系数可表示为 $R = (1-|S_{00}|^2)/(1+|S_{00}|^2)$。经典声学理论告诉我们，声波在两个匀质界面的反射系数可以用它们的声阻抗表示为 $R = (Z_2 - Z_1)/(Z_2 + Z_1)$，式中

Z_1 和 Z_2 分别为超透镜在交界面输入及输出端的声阻抗。由这两个表达式显而易见的是，这种超构材料的超透镜的有效声阻抗相对于空气而言为 $Z = Z_{\mathrm{alr}}/|S_{00}|^2$。

如上所述，声学超构材料做成的超透镜，它的深亚波长图像的有效传输依赖于圆柱体内激发的 Fabry-Pérot 共振。波数大的散射倏逝波分量因而都耦合并转移到成像的输出侧。虽然超透镜不是通过把近场信息转换为远场信息的方法实现图像的放大，但是它可以通过 Fabry-Pérot 共振特性获取非常深的亚波长的特征。

但是，在工作带宽内超曲透镜和超透镜之间有一个非常有趣的点。我们发现，工作带宽对超曲透镜在本质上是宽带的，而对于超透镜在本质上则是窄带的。在下文中，我们将研究导致带宽如此不同的机制。为了解释这种差异，我们必须对超透镜和超曲透镜在转移矩阵中使用通用语言，就像文献 [36] 中对超透镜所使用的那种。为了便于比较，我们专注于二维的超透镜与超曲透镜系统。我们清楚地看到超曲透镜和超透镜的主要区别，这导致两种透镜具有不同的工作频带。为了使用传输矩阵讨论超曲透镜，我们首先通过坐标变换把圆柱形超曲透镜变换到矩形。坐标变换是通过下面的公式实现的：

$$x = R_1\theta', \quad y = r', \quad z = z', \tag{7.25}$$

式中 R_1 是圆柱形超曲透镜的内径，(r', O', z') 是原先圆柱形超曲透镜的圆柱坐标。这里 $\theta' \in [-\pi, \pi]$ 以及 $r' \in (0, \infty)$。(x, y, z) 是使超曲透镜呈矩形的变换后的坐标。基于所述坐标变换方法，根据式 (7.6) 和式 (7.7) 我们可以得到变换后的密度张量 $[\rho(x, y)]$ 和体积模量 $B(x, y)$，它们由下式给出：

$$[\rho(x,y)] = \begin{pmatrix} \rho_{xx} & \rho_{xy} \\ \rho_{yx} & \rho_{yy} \end{pmatrix} = \begin{pmatrix} \dfrac{y}{R_1} & 0 \\ 0 & \dfrac{R_1}{y} \end{pmatrix} \rho'(r', \theta'), \tag{7.26}$$

$$B(x, y) = \frac{R_1}{y} B'(r', \theta'), \tag{7.27}$$

式中 $\rho'(r', \theta')$ 和 $B'(r', \theta')$ 是变换前的质量密度和体积弹性模量。我们注意到 ρ' 与极坐标的 r' 和 θ' 有关。如果坐标是在铜片区域中，那么 ρ' 等于 ρ_b，不然的话，它等于空气中的 ρ_0。体模量 B' 也可用类似的方法推算。

图 7.14 显示从圆柱形坐标变换到直角坐标前后的超曲透镜的微结构。在图 7.14(a) 中，超曲透镜是由内半径 $R_1 = 2.7$cm，外半径 $R_2 = 21.8$cm 的铜叶片和空气构成，其密度和模量分别为 ρ_b, ρ_0 和 B_b, B_0。由于坐标变换，以空气为背景的圆柱形超曲透镜的叶片状微结构变换成层状微结构 [示于图 7.14(b)]，式 (7.26) 和式 (7.27) 表示其密度张量和体模量沿 y 方向的变化。对于圆柱形超曲透镜的叶片微结构，它所对应的周期性变化 (在 θ 方向)$\Delta\theta' = \pi/36$ 变换到矩形超透镜后则变

成沿 x 方向的周期性变化 $a = \dfrac{\pi}{36} R_1$。图 7.14(a) 中的粗虚线看作是虚拟的周期性边界，在直角坐标系中对应为如图 7.14(b) 中粗虚线所示的从 $x = R_1\pi$ 到 $x = -R_1\pi$ 的周期性边界。在 $r' = R_1, R_2$ 的圆柱形超曲透镜的界面变换到矩形超曲透镜则是在 $y = R_1, R_2$ 的界面。

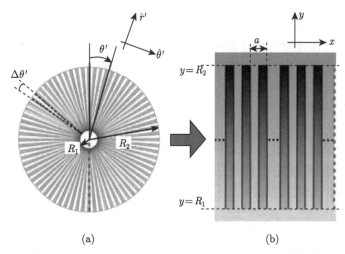

(a)　　　　　　　　　　　(b)

图 7.14　(a) 是圆柱形超曲透镜，(b) 是变换而成的矩形超曲透镜的微结构图。(a) 中的粗虚线是虚拟的周期性边界，对应于 (b) 中的粗虚线。圆柱形超曲透镜的内径 $(r' = R_1)$ 和外径 $(r' = R_2)$ 在 (a) 中的界面对应于矩形超曲透镜 (b) 中的底部 $(y = R_1)$ 和顶部 $(y = R_2)$ 的分界面。R_1=2.7cm 以及 R_2=21.8cm。引自文献 [36]，版权所有 (2011)：美国物理学会

在图 7.15 中，我们画出了当频率为 6.6kHz 时双声源 (相隔 1.2cm) 系统的模拟压力场强度，它们在超曲透镜的内界面激发。需要注意的是坐标变换前后场的强度已分别乘以 r' 和 y 从而有更清晰的呈现。由两个声场的剖面图，我们看到它们可以解决亚波长的分辨率 (显示出透镜的外接口的峰值)，两个声场分布图只要简单地进行坐标变换彼此又是相呼应的。因此，仿真验证了我们的做法，通过数学手段把原有的圆柱形超曲透镜变换成矩形超曲透镜。从现在开始，我们将用变换后的矩形超曲透镜表述原有的圆柱形透镜。

现在，由于变换的超曲透镜在直角坐标系中是横向对称的，我们可以用转移矩阵法 (7.24)，通过使用不同横向波数的平面波去分解输入波。这样的方法有一个优点，即我们可以在共同的基础上讨论上述的超曲透镜和超透镜。图 7.16(a) 显示两个分离 1.2cm 的声源在透镜的输入端用不同频率激励后的声压强度的分布。计算的声压是在变换的矩形超曲透镜边界 $(y = R_2)$ 外 1cm 处的数值。

如我们预期的那样，该结果和图 7.11(b) 采用全波模拟的计算结果十分相似。另一方面，如果去掉变换超曲透镜中的本构参数随 y 的变化，它就成为超透镜。

简单地说，我们只需要在 y 方向排列具有相同的晶格常数 a 的平行狭缝 (黄铜和空气的填充比为 0.5) 就可以实现这种超透镜。由于没有从近场变换到远场，在超透镜尽量接近透镜输出界面处给出图 7.16(b) 所示声压强度的结果以能保持相当好的亚波长分辨率。图 7.16(b) 中的白色箭头表示超透镜工作得很好的几个频率，也就是之前提到的文献 [28] 讨论过的 Fabry-Pérot 共振所处的频率。另一方面，超曲

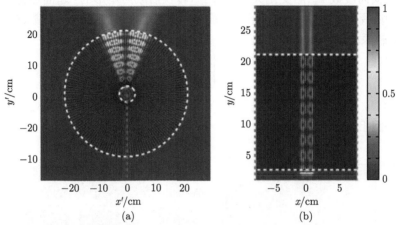

图 7.15　当两个亚波长声源分隔 1.2cm，在输入端激发，频率为 6.6kHz 时的 (a) 圆柱形超曲透镜的压力场和 (b) 变换的矩形超曲透镜的压力场。(a) 中的白圆圈是圆柱形超曲透镜的内界面 ($r' = R_1$) 和外界面 ($r' = R_2$)。白色水平线是变换成矩形超曲透镜的底部 ($y = R$) 和顶部 ($y = r$) 的界面。引自文献 [36]，版权所有 (2011)：美国物理学会 (彩图见封底二维码)

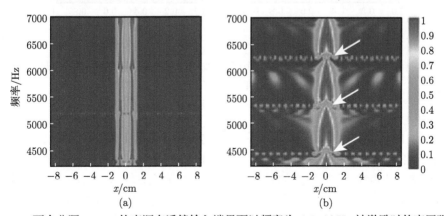

图 7.16　两个分隔 1.2cm 的声源在透镜输入端界面以频率为 4.2~7kHz 被激励时的声压强度分布。(a) 距离转换成矩形超曲透镜外界面 1cm 所计算的强度剖面；(b) 同样条件下的超透镜的强度剖面。按照式 (7.25) 定义超曲透镜的距离 x。超透镜的结构细节见文中的叙述。引自文献 [36]，版权所有 (2011)：美国物理学会 (彩图见封底二维码)

透镜可以在更宽的频带工作, 但是, 有几个频率是例外, 例如, 如图 7.16(a) 所示的 5.2kHz, 因为此时噪声较大以至于两个峰值都被干扰了。这些噪声储存在超曲透镜出口的近场中并最后消失殆尽。

　　为了进一步发掘它们的物理意义, 我们在图 7.17 中画出了二维超曲透镜和二维超透镜的传输系数 T(取对数, 即按 $\log_{10} T$ 作图)(现在是直角坐标系) 在不同的频率时随横向波数 k_x 的变化关系。由于 (转换后成为矩形的) 超曲透镜和超透镜是由相同的周期常数 a 的层状结构构成, 我们使用 π/a 对所有的波数进行归一化处理。传输系数 T 定义为

$$T = \left| \frac{Z_2}{Z_1} \frac{|p_2|^2}{|p_1|^2} \right|, \tag{7.28}$$

式中 Z_i 和 $p_i(i=1,2)$ 是透镜输入端 $(i=1)$/输出端 $(i=2)$ 在界面处不同横向波数时的表面阻抗和声压。

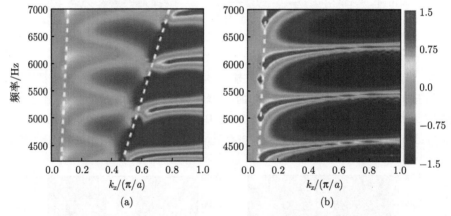

图 7.17　(a) 转换后的二维超曲透镜和 (b) 转换后的二维超透镜的传输系数 T 的 $\log_{10} T$ 数值随横向动量 $k_x/(\pi/a)$ 及频率变化的对比。获美国物理学会授权,
引自文献 [36] (彩图见封底二维码)

　　图 7.17 使我们清晰地理解它们之间在物理图像上的差异。在图 7.17(a) 中, 在超曲透镜的传输系数中有两条声线。分层结构超曲透镜的介质是与位置 y 有关的, 因此, 第一条声线 (具有较大的斜率, $k_x = k_0$) 代表它在输入端 $y = R_1$ 时的特性, 而第二条声线 (具有较小的斜率, $k_x = (R_2/R_1)k_0$) 代表它在输出端 $y = R_2$ 的性质。两条声线合在一起表明超曲透镜如何将近场信息转换到远场。第一条声线的左侧的横向波数分量代表输入超曲透镜的传导波的分量, 而右侧表示输入的包含近场信息的倏逝波分量。两个声线之间的横向波数分量表示在透镜的输入端从倏逝波转换为被认为是远场信息的导波分量。第二声线的右侧的横向波数分量表示超曲

透镜外部界面输出的倏逝波分量。因此，两个声线之间的分量只是近场信息，超曲透镜可以把它转换成远场的信息。从图 7.17(a) 中的传输谱我们看到，这些分量的传输系数实际上是足够大的 (从 0.2 到 1)。它代表这些对超曲透镜亚波长成像分辨率有贡献的傅里叶分量的有效传输的大小。这通常发生在我们所考虑的整个频率范围内。因此，该超曲透镜本质上除了透镜角度方向的导波模式所对应的某些频率外还具有宽带的性质。在这些频率下，例如图 7.16(a) 的 5.2kHz，影响成像质量的噪声出现了共振透射。然而，这些噪声在超曲透镜端面外的一定距离后将减小。所以总的说来，超曲透镜仍然可以有很好的亚波长的分辨率。在图 7.17(b) 中，我们看到超透镜的传输谱中有一条声线将导波分量和倏逝波分量分开。在超透镜中没有输入可以转换成传播波分量的倏逝波分量。由图 7.17(b) 中传输谱我们看到，除了 Fabry-Pérot 的几个共振频率 (在红色平坦区域) 外，大部分倏逝波分量的传输系数都非常小，就像我们先前讨论过的三维超透镜一样。仅在 Fabry-Pérot 谐振频率附近的傅里叶分量可以发送出去，因此，超透镜在本质上是窄带的。尽管如此，超透镜可以通过共振使得它的亚波长分辨率变得十分陡峭。

转换的超曲透镜与图 7.17(a) 还给出了解圆柱形超曲透镜角动量守恒的另一种图像。在超曲透镜中的色散关系可以利用其有效的密度 ($\rho'_{r'}$, ρ'_{θ}) 和有效体模量 (B') 来表达：

$$\frac{k'^2_{r'}}{\rho'_{r'}/B'} + \frac{k'^2_{\theta'}}{\rho'_{\theta'}/B'} = \omega^2, \tag{7.29}$$

式中 $k'_{r'}$ 是纵向波数，$k'_{\theta'} = m/r'$ 是横向波数，$m = 0, 1, 2, \cdots$ 是圆柱形系统中横向波数的阶数。我们知道角动量守恒意味着对于一个大的 m 值，当 m 增加时，$k'_{r'}$ 从虚数变更为随 γ' 增加而变大的实数。它代表着在圆柱形系统中倏逝波转换为传导波。另一方面，在包括超曲透镜在内的转换系统中，色散关系也可用沿 x 和 y 方向的关系式来表示。根据式 (7.6) 和式 (7.7)，我们可以把本构参数 $[\rho]$ 和 B 代入该色散方程中，从而得到

$$\frac{k^2_y}{\rho'_{r'}/B'} + \frac{R_1^2 k^2_x}{y^2 \rho'_{\theta'}/B'} = \omega^2, \tag{7.30}$$

式中 k_y 是在转化系统中的纵波的波数 (现在是矩形的)。$y = R_1$ 和 $y = R_2$ 时的方程是以空气为背景的变换超曲透镜的声线。作为一个例子，当 y 增加并且从变换后的超曲透镜的内边界改变到外边界时，图 7.17(a) 两个声线之间的区域 k_y 从虚数变为实数。因此，倏逝波可以转化为变化后的系统中的传导波。角动量守恒之外，渐变的介质提供了转换机制。换言之，在圆柱形坐标系中，波的角动量守恒等同于在本构参数渐变时直角坐标系中波的传播的情况。

7.5　结　　论

　　通过在不同方向简单地对声波进行阻断的方法可以构建各向异性的声学超构材料, 本章调研了这方面的进展。各向异性使我们能让声波的能量沿我们预先设定的方向传递。本章中的一个实例表明, 我们可以控制硬质表面上一个物体周围声波能量的传输方向。在所需要的方向插入一块薄板构建声学地毯斗篷从而实现物体声学屏蔽。在另外两个实例中, 使用了声学超曲透镜和超透镜, 通过精确设计穿孔板结构达到消除衍射的目的。坐标变换方法被用来比较两个亚波长的声成像透镜。对于声学超曲透镜, 宽带的亚波长成像信息从倏逝波声场到传播的声场被同时传输和放大。而对于超透镜, 当 Fabry-Pérot 共振出现时, 我们得到了深度的亚波长成像。

致谢　JL 和 ZL 向香港城市大学 (SRG 授权码 7002598) 表示感谢。JZ 和 XZ 感谢海军研究实验室 (授权码 N00014-07-1-0626) 的支持。

参 考 文 献

[1] Ambati, M., Fang, N., Sun, C., Zhang, X.: Surface resonant states and superlensing in acoustic metamaterials. Phys. Rev. B **75**, 195447 (2007)

[2] Ao, X., Chan, C.T.: Far-field image magnification for acoustic waves using anisotropic acoustic metamaterials. Phys. Rev. E **77**, 025601(R) (2008)

[3] Cai, F., Liu, F., He, Z., Liu, Z.: High refractive-index sonic material based on periodic subwavelength structure. Appl. Phys. Lett. **91**, 203515 (2007)

[4] Chen, H., Chan, C.T.: Acoustic cloaking in three dimensions using acoustic metamaterials. Appl. Phys. Lett. **91**, 183518 (2007)

[5] Chen, X., Luo, Y., Zhang, J., Jiang, K., Pendry, J.B., Zhang, S.:Macroscopic invisibility cloaking of visible light. Nat. Commun. **2**, 176 (2011)

[6] Cheng, Y., Yang, F., Xu, J.Y., Liu, X.J.: A multilayer structured acoustic cloak with homogeneous isotropic materials. Appl. Phys. Lett. **92**, 151913 (2008)

[7] Christensen, J., Fernandez-Dominguez, A.I., de Leon-Perez, F., Martin-Moreno, L., Garcia-Vidal, F.J.: Collimation of sound assisted by acoustic surface waves. Nat. Phys. **3**, 851–852 (2007)

[8] Christensen, J., Huidobro, P.A.,Martin-Moreno, L., Garcia-Vidal, F.J.: Confining and slowing airborne sound with a corrugated metawire. Appl. Phys. Lett. **93**, 083502 (2008)

[9] Christensen, J., Martin-Moreno, L., Garcia-Vidal, F.J.: Theory of resonant acoustic transmission through subwavelength apertures. Phys. Rev. Lett. **101**, 014301 (2008)

[10] Cervera, F., Sanchis, L., Sanchez-Perez, J.V., Martinez-Sala, R., Rubio, C., Meseguer, F.: Refractive acoustic devices for airborne sound. Phys. Rev. Lett. **88**, 023902 (2002)

[11] Cummer, S.A., Schurig, D.: One path to acoustic cloaking. New J. Phys. **9**, 45 (2007)

[12] Cummer, S.A., Popa, B.-I., Schurig, D., Smith, D.R., Pendry, J.B., Rahm, M., Starr, A.: Scattering theory derivation of a 3D acoustic cloaking shell. Phys. Rev. Lett. **100**, 024301 (2008)

[13] de Rosny, J., Fink, M.: Overcoming the diffraction limit in wave physics using a time-reversal mirror and a novel acoustic sink. Phys. Rev. Lett. **89**, 124301 (2002)

[14] Ergin, T., Stenger, N., Brenner, P., Pendry, J.B., Wegener, M.: Three-dimensional invisibility cloak at optical wavelengths. Science **328**, 337 (2010)

[15] Estrada, H., Candelas, P., Uris, A., Belmar, F., Garcia de Abajo, F.J., Meseguer, F.: Extraordinary sound screening in perforated plates. Phys. Rev. Lett. **101**, 084302 (2008)

[16] Fang, N., Lee, H., Sun, C., Zhang, X.: Sub-diffraction-limited optical imaging with a silver superlens. Science **308**, 534 (2005)

[17] Fang, N., Xi, D., Xu, J., Ambati, M., Srituravanich, W., Sun, C., Zhang, X.: Ultrasonic metamaterials with negative modulus. Nat. Mater. **5**, 452–456 (2006)

[18] Farhat, M., Guenneau, S., Enoch, S., Movchan, A., Zolla, F., Nicolet, A.: A homogenization route towards square cylindrical acoustic cloaks. New J. Phys. **10**, 115030 (2008)

[19] Fok, L., Zhang, X.: Negative acoustic index metamaterial. Phys. Rev. B **83**, 214304 (2011)

[20] Gabrielli, L.H., Cardenas, J., Poitras, C.B., Lipson, M.: Silicon nanostructure cloak operating at optical frequencies. Nat. Photonics **3**, 461 (2009)

[21] Greenleaf, A., Lassas, M., Uhlmann, G.: On nonuniqueness for Calderon's inverse problem. Math. Res. Lett. **10**, 685 (2003)

[22] Greenleaf, A., Lassas, M., Uhlmann, G.: Anisotropic conductivities that cannot be detected by EIT. Physiol. Meas. **24**, 413 (2003)

[23] Greenleaf, A., Kurylev, Y., Lassas, M., Uhlmann, G.: Full-wave invisibility of active devices at all frequencies. Commun. Math. Phys. **275**, 749–789 (2007)

[24] Guenneau, S., Movchan, A., Petursson, G., Ramakrishna, S.A.: Acoustic metamaterials for sound focusing and confinement. New J. Phys. **9**, 399 (2007)

[25] He, Z., Cai, F., Ding, Y., Liu, Z.: Subwavelength imaging of acoustic waves by a canalization mechanism in a two-dimensional phononic crystal. Appl. Phys. Lett. **93**, 233503 (2008)

[26] Ikonen, P., Simovski, C.R., Tretyakov, S., Belov, P., Hao, Y.: Magnification of subwavelength field distributions at microwave frequencies using a wire medium slab operating in the canalization regime. Appl. Phys. Lett. **91**, 104102 (2007)

[27] Jacob, Z., Alekseyev, L.V., Narimanov, E.: Optical hyperlens: Far-field imaging beyond the diffraction limit. Opt. Express **14**, 8247–8256 (2006)

[28] Jia, H., Ke, M., Hao, R., Ye, Y., Liu, F., Liu, Z.: Subwavelength imaging by a simple planar acoustic superlens. Appl. Phys. Lett. **97**, 173507 (2010)

[29] Jung, J., Garcia-Vidal, F.J., Martin-Moreno, L., Pendry, J.B.: Holey metal films make perfect endoscopes. Phys. Rev. B **79**, 153407 (2009)

[30] Kawata, S., Ono, A., Verma, P.: Subwavelength colour imaging with a metallic nanolens. Nat. Photonics **2**, 438–442 (2008)

[31] Ke, M., Liu, Z., Cheng, Z., Li, J., Peng, P., Shi, J.: Flat superlens by using negative refraction in two-dimensional phononic crystals. Solid State Commun. **142**, 177–180 (2007)

[32] Leonhardt, U.: Optical conformal mapping. Science **312**, 1777 (2006)

[33] Li, J., Chan, C.T.: Double-negative acoustic metamaterial. Phys. Rev. E **70**, 055602(R) (2004)

[34] Li, J., Fok, L., Yin, X., Bartal, G., Zhang, X.: Experimental demonstration of an acoustic magnifying hyperlens. Nat. Mater. **8**, 931 (2009)

[35] Li, J., Pendry, J.B.: Hiding under the carpet: A new strategy for cloaking. Phys. Rev. Lett. **101**, 203901 (2008)

[36] Liang, Z., Li, J.: Bandwidth and resolution of super-resolution imaging with perforated solids. AIP Adv. **1**, 041503 (2011)

[37] Liu, Z., Durant, S., Lee, H., Pikus, Y., Fang, N., Xiong, Y., Sun, C., Zhang, X.: Far-field optical superlens. Nano Lett. **7**, 403 (2007)

[38] Liu, Z., Lee, H., Xiong, Y., Sun, C., Zhang, X.: Far-field optical hyperlens magnifying subdiffraction- limited objects. Science **315**, 1686 (2007)

[39] Liu, Z., Zhang, X.,Mao, Y., Zhu, Y.Y., Yang, Z., Chan, C.T., Sheng, P.: Locally resonant sonic materials. Science **289**, 1734–1736 (2000)

[40] Liu, R., Ji, C., Mock, J.J., Chin, J.Y., Cui, T.J., Smith, D.R.: Broadband ground-plane cloak. Science **323**, 366 (2009)

[41] Lu,M., Liu, X., Feng, L., Li, J., Huang, C., Chen, Y., Zhu, Y., Zhu, S.,Ming, N.: Extraordinary acoustic transmission through a 1D grating with very narrow apertures. Phys. Rev. Lett. **99**, 174301 (2007)

[42] Luo, Y., Zhang, J., Chen, H., Ran, L., Wu, B.-I., Kong, J.A.: A rigorous analysis of planetransformed invisibility cloaks. IEEE Trans. Antennas Propag. **57**, 3926 (2009)

[43] Ma, H.F., Cui, T.J.: Three-dimensional broadband ground-plane cloak made of meta-materials. Nat. Commun. **1**, 21 (2010)

[44] Milton, G.W., Briane, M., Willis, J.R.: On cloaking for elasticity and physical equations with a transformation invariant form. New J. Phys. **8**, 248 (2006)

[45] Norris, A.N.: Acoustic metafluids. J. Acoust. Soc. Am. **125**, 839–849 (2009)

[46] Pendry, J.B.: Negative refraction makes a perfect lens. Phys. Rev. Lett. **85**, 3966 (2000)

[47] Pendry, J.B., Holden, A.J., Robbins, D.J., Stewart, W.J.: Magnetism from conductors and enhanced nonlinear phenomena. IEEE Trans. Microw. Theory Tech. **47**, 2075 (1999)

[48] Pendry, J.B., Li, J.: An acoustic metafluid: Realizing a broadband acoustic cloak. New J. Phys. **10**, 115032 (2008)

[49] Pendry, J.B., Schurig, D., Smith, D.R.: Controlling electromagnetic fields. Science **312**, 1780 (2006)

[50] Salandrino, A., Engheta, N.: Far-field subdiffraction optical microscopy using metamaterial crystals: Theory and simulations. Phys. Rev. B **74**, 075103 (2006)

[51] Schurig, D., Mock, J.J., Justice, B.J., Cummer, S.A., Pendry, J.B., Starr, A.F., Smith, D.R.: Metamaterial electromagnetic cloak at microwave frequencies. Science **314**, 977 (2006)

[52] Shvets, G., Trendafilov, S., Pendry, J.B., Sarychev, A.: Guiding, focusing, and sensing on the subwavelength scale using metallic wire arrays. Phys. Rev. Lett. **99**, 053903 (2007)

[53] Smith, D.R., Pendry, J.B., Wiltshire, M.C.K.: Metamaterials and negative refractive index. Science **305**, 788 (2004)

[54] Soukoulis, C.M., Linden, S., Wegener, M.: Negative refractive index at optical wavelengths. Science **315**, 47 (2007)

[55] Sukhovich, A., Jing, L., Page, J.H.: Negative refraction and focusing of ultrasound in twodimensional phononic crystals. Phys. Rev. B **77**, 014301 (2008)

[56] Sukhovich, A., Merheb, B., Muralidharan, K., Vasseur, J.O., Pennec, Y., Deymier, P.A., Page, J.H.: Experimental and theoretical evidence for subwavelength imaging in phononic crystals. Phys. Rev. Lett. **102**, 154301 (2009)

[57] Taubner, T., Korobkin, D., Urzhumov, Y., Shvets, G., Hillenbrand, R.: Near-field microscopy through a SiC superlens. Science **313**, 1595 (2006)

[58] Torrent, D., Sanchez-Dehesa, J.: Acoustic cloaking in two dimensions: A feasible approach. New J. Phys. **10**, 063015 (2008)

[59] Torrent, D., Sanchez-Dehesa, J.: Anisotropic mass density by two-dimensional acoustic metamaterials. New J. Phys. **10**, 023004 (2008)

[60] Valentine, J., Li, J., Zentgraf, T., Bartal, G., Zhang, X.: An optical cloak made of dielectrics. Nat. Mater. **8**, 568 (2009)

[61] Yang, S., Page, J.H., Liu, Z., Cowan, M.L., Chan, C.T., Sheng, P.: Focusing of sound in a 3D phononic crystal. Phys. Rev. Lett. **93**, 024301 (2004)

[62] Yang, Z., Mei, J., Yang, M., Chan, N.H., Sheng, P.: Membrane-type acoustic metamaterial with negative dynamic mass. Phys. Rev. Lett. **101**, 204301 (2008)

[63]　Zhang, S., Yin, L., Fang, N.: Focusing ultrasound with an acoustic metamaterial network. Phys. Rev. Lett. **102**, 194301 (2009)

[64]　Zhu, J., Christensen, J., Jung, J., Martin-Moreno, L., Yin, X., Fok, L., Zhang, X., Garcia- Vidal, F.J.: A holey-structured metamaterial for acoustic deep-subwavelength imaging. Nat. Phys. **7**, 52 (2011)

第8章 变换声学

Steven A. Cummer

摘要 我们在本章中回顾变换声学相关理念的发展。通过使用复杂的声学超构材料使得人们可以通过变换声学的方法达到随意操控声场的目标。我们描述几种不同形式的理论和设计方程,并给出几个使用变换声学的设计实例。我们简单地描述从最初的思路出发逐渐形成的几个理论结果后,总结了变换声学器件所需的复合材料制备方法,当然,这些超构材料通常具有非均质和各向异性的特性。

8.1 引 言

假定可以操控声学装置中的声波以一种特定的方式传播。让我们说得更具体些:假设能通过拉伸或挤压或移位或其他方式对声波进行操控,比如声场受到这种装置的作用并完美地在一个角落无反射地转了一个弯,或者,该装置把入射的声能量围绕一个中心物体绕了个弯,使它不散射从而投射出阴影 (图 8.1)。

笼统地描绘这样的装置是容易的,但是我们要确定这种装置所需的材料或材料的性质却是十分困难的。如果大致给定材料和结构参数,还需要大量分析或数值计算来分析声波如何与这些材料相互作用以及如何通过这些材料来对声波进行操控。但是,我们提出的问题是更具挑战性的,即已知所需的输出,或者说,所要形成的新声场,我们想知道,怎样的声媒介能够产生这样的效果。其实,能解决这种问题的技术手段是非常有限的。事实上,无法保证一定能找到相应的材料来实现所需的效应。

变换声学在解决这个问题时有一种令人吃惊的直接的方法。更通俗地说,变换声学在设计人造声学材料和装置方面能够解决一些其他方法中很难或几乎是无法

S. A. Cummer(✉)

Department of Electrical and Computer Engineering, Duke University, Durham<NC 27708, USA

e-mail:cummer@ee.duke.com

R.V.Craster, S.Guenneau, *Acoustical Metamaterials*,

Springer Series in Materials Science 166, DOI 10.1007/978-94-00704813-2-8,

解决的问题。该方法基于对任意初始声场进行坐标变换。如果所需装置可以用坐标变换的方式来实现, 例如, 把声场在有限的区域内进行压缩、伸长或者移位, 那么, 变换声学则为坐标变换和可以在同样的特定区域内使声场产生与坐标变换对应的变换效果的特定材料分布设计提供数学手段。

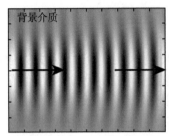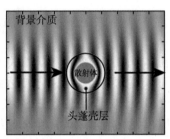

图 8.1　坐标变换实例。左方: 一束电磁波在自由空间中从左向右传播。右方: 电磁波与斗篷层 (见图中加注的圆形实线) 包围的金属圆柱体相互作用下的电磁场分布。层外的分布对于这两种情况是相同的, 这表明被斗篷层包围的圆柱体外没有散射。在层内的电磁场由于坐标变换斗篷而形成相应的变化

　　变换声学的理论是非常强大的, 应用起来既简单又通用。然而, 生活中很少有没有代价的事, 变换声学也不例外。在多数情况下, 能实现相应效果的装置所需求的材料在物理上必定是非常复杂的。变换声学设计的最终结果通常是: 材料具有连续变化的特性, 而且往往是各向异性的。这样的材料通常不是自然界中原本就有的。但是, 可以通过声学超构材料的技术使精心设计的复合材料达到要求。可以肯定, 制作功能化的变换声学装置将是一个挑战。尽管如此, 如何完成这些步骤的基本思路已经到位, 而且可以肯定地说最终真正实现此类新型声学装置的回报是十分可观的。

　　在本章中, 我们回顾变换声学概念的发展过程。经由复杂的声学超构材料人们可以对声场进行随意的操控。我们将详细描述有关的理论, 总结几个不同形式的设计方程系统, 并简要地介绍从原来的基本想法发展到现在的一些理论分支。我们将给出变换声学的明确设计实例。最后, 我们将总结在许多变换声学装置中需要的具有连续变化非均一和各向异性特性的工程复合材料的制备方法。

8.2　初始的想法: 变换电磁学

　　变换声学的发展实际上来源于变换电磁学: 通过相关的电磁场的坐标变换使我们得到特定性能的电磁材料。考虑到这些理论的发展和成熟都是发生在本书成书前 5 年内, 回顾这些影响深刻和广泛的思想, 不仅是有趣的也是有益的。

8.2.1 变换电磁学理论

虽然在电磁学中对物理材料特性进行等效坐标变换的概念由来已久[27,38]，但是这个想法运用于现代应用还是最近的事[26]。应当指出与此密切有关的工作还包括电流分布及电阻抗断层成像方面的应用[14]。

再次重申，变换电磁的概念指出坐标变换引起的电磁场分布的改变也可以通过在相应区域设定特定的材料参数分布达到同样效果。这种变换等效性是描述电磁场的动态方程(著名的麦克斯韦方程组)的坐标变换不变性的直接结果。这种不变性是广义相对论的组成部分，而且长久以来已广为人知。Pendry等凭借出众的洞察力也可以将这种不变性在物理上从电磁材料的角度来解释。

此刻，展示变换电磁学是怎样工作的一些细节将是有益的。虽然Pendry等是用基本矢量和标量因子表示的电磁学介绍了他们的版本，但是，如果使用雅可比矩阵[37]它可以变得更简洁。我们对麦克斯韦方程，或者对满足麦克斯韦方程的任何电磁场分布进行任意的坐标变换。函数F包含了所有我们能想到的诸如拉伸、挤压和位移等变换。变换后，该场方程具有完全同样的形式，但是新材料参数的张量(电介质常数 $\overline{\overline{\varepsilon}}_r$ 和磁导率 $\overline{\overline{\mu}}_r$)以矩阵形式表示:

$$\overline{\overline{\varepsilon}}_r = \frac{A\overline{\overline{\varepsilon}}'_r A^{\mathrm{T}}}{\det(A)}, \quad \overline{\overline{\mu}}_r = \frac{A\overline{\overline{\mu}}'_r A^{\mathrm{T}}}{\det(A)}, \tag{8.1}$$

式中矩阵是变形后的雅可比矩阵(见8.3.1节，更明确的说明见变换声学的章节)。

换句话说，麦克斯韦方程服从坐标变换不变性，而且坐标变换是通过改变材料中先前定义的参数表现出来。这种不变性早已在物理上被理解和接受，但式(8.1)传统上被解释为原先材料参数在一个新的坐标系或者在新的空间中新的表示。Pendry等意识到这可能同样代表了在原先的空间中新的材料参数。这种理念的第一个，也许依旧是最有趣的应用是将一个物体用圆柱形或球形层包围，使光线无反射地绕过物体而达到隐身的目的。入射波能量平滑地绕过壳体的内部，波能量以同相位及同幅度从壳体经过，以至于无法觉察物体的存在。

出于演示的目的，图8.1显示出斗篷壳体内外的电磁场分布，当然，该壳体是由文献[26]所定义的参数的电磁材料构成的。可以看出，在壳体之外，电磁场的分布和没有物体时的情况完全相同。这意味着在任何方向上没有散射波存在，包括难于控制的前向散射和后面的阴影都一并消除，而且外壳内部的任何物体对电磁波而言也是看不见的。还要注意的是在壳体内部所产生的电磁场分布也正是人们所期望的，这是由于通过坐标变换，原先的圆形场分布被压缩成圆环形，并且就此得到所期望的材料特性。

这一发现启发了许多描述了能对电磁场进行特殊操控的复杂材料的相关文献[33,34]，不过就物理上在数值模拟[8]和实验[21,36]的实现方面，这还仅仅是个开始。一般说来，从坐标变换产生的电磁参数是各向异性的，制备起来也是相当复杂的，但电磁超构材料的概念 [25] 非常适合这类复杂材料的设计和制造。

8.2.2 变换电磁可以扩展到其他类型的波吗？

变换电磁学随后的发展带来的一个重要问题是该技术是否可以扩展到其他类型的波动系统。这方面的开创性工作 [22] 分析了弹性动力学方程中的坐标变换不变性，并证明了这一情况下坐标变换不变性不成立，这意味着坐标变换通常无法通过复杂的弹性动力介质来实现。这项工作还表明，声学操控作为弹性动力学的一个子学科，不能通过坐标变换的方式实现。然而，如下所述，最终证明变换声学在一定条件下还是有效的，只不过比起那些电磁场方面的工作稍许有些不同。

8.3 变 换 声 学

这方面第一个开创性工作表明，变换声学的概念至少是部分有效的 [10]，研究发现各向异性张量质量密度的二维声学方程与各向异性介电常数和磁导率的二维单偏振的麦克斯韦方程具有相同的形式。因此，通过类比，任何二维电磁变换的装置或材料可以直接类比成二维的变换声学装置。不久之后发现，这个类比在采取了稍微不同的形式 [3] 后，全三维各向异性张量质量密度的声学方程与有源的电传导方程具有相同的形式，对于后者 [14] 我们知道其变换形式已获解决。

因此在这点上，变换声学证明在概念上是切实可行的。对于声场，通过坐标变换所做的任何复杂的操控，可以通过用复杂的声学材料本身来变换路径去实现。下面，我们通过一些具体的实例来探索和证明这个想法。但是，我们首先要推导基本方程的一个简单形式，使我们能够探索在物理上实现变换声学所需的不同寻常的材料特性。

8.3.1 变换声学的简明推导

虽然变换声学中最初的推导来源于与其他波动系统 [3,10] 的类比，但是真正有益的洞察和理解需来自于变换声学的基本方程的推导过程。在这样的推导中 [9]，使用基于过去在变换电磁 [26] 的原始工作中使用过的单位矢量的方式，通过直接使用雅可比矩阵，我们这里给出变换声学的简洁推导。

图 8.2 阐明了相关的基本观念。我们从原始坐标系出发，此时声场的分布和材料参数 (左图) 用 (′) 标明。这描述了我们要被波"看到"的虚拟空间，在其中声波将如同在包含复杂材料的现实空间中那样传播。坐标变换 $(x, y, z) = F(x', y', z')$ 后，空间变形了，于是处在这样的空间中的声场和材料如图 8.2 的右

图所示。这样所有在虚拟空间中的量 (即坐标、声场以及材料参数) 附加了一个符号 ($'$), 而处于包含复杂材料在内的现实空间中声场变形了, 变形了的量则无 ($'$) 的记号。

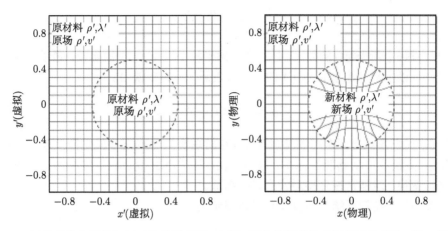

图 8.2 解释变换声学是如何工作的示意图。左图: 原先的用直角坐标描述的系统, 即 "虚拟" 空间, 代表的是简单的匀质流体。右图: 在 $r < 0.5$ 的圆圈内, 坐标系通过收缩半径而变换了。
变形了的圆圈内的声场可以通过变换声学公式推导出复杂声材料参数分布来实现

在这种情况下, 我们选择通过压缩半径的方法改变有限区域 ($r < 0.5$) 的坐标系内的坐标, 但这仅仅是用作示意的例子。图 8.2 右图代表变换后实际的物理空间和变形的物理声场分布, 我们将用变换声学公式确定复杂材料的参数。这些新材料将驻留在变换后的区域, 也就是 $r < 0.5$ 的圆内。圆圈外的坐标没有变化, 因此, 该处的材料变换后也是不变的。

我们现在推导为了在物理上实现坐标变换而需要的新材料性能的表达式。我们从一个简单的无黏滞流体的线性声学中的时谐方程开始讨论:

$$\nabla' p' = \mathrm{i}\omega\rho'\boldsymbol{v}', \tag{8.2}$$

$$\mathrm{i}\omega p' = \lambda'\nabla' \cdot \boldsymbol{v}', \tag{8.3}$$

式中 p' 是压力, v' 是速度, λ' 是体模量, 而 ρ' 是质量密度。注意我们在本章中对于时谐场始终使用了约定的表达式 $\mathrm{e}^{-\mathrm{i}\omega t}$。这些场和材料参数是在虚拟空间 (x', y', z') 中的场和材料参数, 它们通常含有简单的材料参数和简单的声场分布。

我们希望对这些方程使用新的曲线坐标系 x, y 和 z。从 (x', y', z') 变换到 (x, y, z) 的雅可比矩阵 A 是

$$A = \begin{bmatrix} \dfrac{\partial x}{\partial x'} & \dfrac{\partial x}{\partial y'} & \dfrac{\partial x}{\partial z'} \\[2mm] \dfrac{\partial y}{\partial x'} & \dfrac{\partial y}{\partial y'} & \dfrac{\partial y}{\partial z'} \\[2mm] \dfrac{\partial z}{\partial x'} & \dfrac{\partial z}{\partial y'} & \dfrac{\partial z}{\partial z'} \end{bmatrix}, \tag{8.4}$$

式中假设每个新坐标 (例如 x) 是三个原始坐标 $(x',\,y',\,z')$ 的函数。借助于 A, 梯度操作可以用新的未加记号 (′) 的坐标来表示 (例如文献 [15])

$$\nabla' p' = A^{\mathrm{T}} \nabla p' = A^{\mathrm{T}} \nabla p, \tag{8.5}$$

这里 ∇ 代表在新坐标系中的梯度操作, 在新系统中的声压 p 就是简单地从原先的声压 p' 变换或拖动到新坐标系。换句话说, 新的声压 p 反映了如图 8.2 右图所示的坐标变换, 但是它在变换后没有进行缩放。

类似地, 在新系统内散度操作可以表示为

$$\nabla' \cdot \boldsymbol{v}' = \det(A) \nabla \cdot \frac{A}{\det(A)} \boldsymbol{v}' = \det(A) \nabla \cdot \boldsymbol{v}, \tag{8.6}$$

式中 ∇ 代表在新坐标系中的散度操作, 而变换后的速度矢量是

$$\boldsymbol{v} = \frac{A}{\det(A)} \boldsymbol{v}'. \tag{8.7}$$

因此, 和标量声压相比, 速度矢量可以通过坐标变换进行变换和缩放。在最一般的情况下, 缩放可能涉及旋度和幅度变化, 矩阵 A 决定此旋度和幅值的变化。

原先的方程 (8.2) 和方程 (8.3) 在新坐标系中写为

$$\nabla p = \mathrm{i}\omega[\det(A)(A^{\mathrm{T}})^{-1}\rho(A^{-1})]\boldsymbol{v}, \tag{8.8}$$

$$\mathrm{i}\omega p = [\lambda \det(A)]\nabla \cdot \boldsymbol{v}. \tag{8.9}$$

注意这个方程组与原先声学方程 (8.2) 和 (8.3) 相比, 具有完全相同的基本形式但是有新的材料参数

$$\overline{\overline{\rho}} = \det(A)(A^{\mathrm{T}})^{-1}\rho'(A^{-1}), \tag{8.10}$$

$$\lambda = \lambda' \det(A). \tag{8.11}$$

空间坐标变换后方程组的基本结构保持不变是变换声学的特质。也就是说, 如果原先声压 p' 和原先速度场 $\boldsymbol{v}'$ 是由介质原先质量密度 ρ' 和体模量 λ' 所决定的声学方程的解, 那么变换后的 p (它已经根据变换规则通过空间拖动到新坐标系中, 否则它保持不变) 和速度 v[已根据式 (8.7) 通过空间变换到新系统, 而且尺度也变更

了] 都是由转换后的各向异性质量 $\bar{\rho}$ 和上述的体模量 λ 所定义的新介质中声学方程的解。

变换声学因此是解决声学设计或合成问题的一个非常强有力的工具。虽然有很多技术可以告诉你声波如何与某些材料相互作用，当然也有极少数 (如果有) 的通用工具可以确定材料的特性及其空间分布。变换声学就是这样的一个工具，只要所需要的操作符合坐标变换，它就会告诉你操控声波所需要材料的精确特性。下面的 8.4 节用两个实例演示这个概念。

8.3.2 变换声学对材料的一些初始评估

方程 (8.10) 和方程 (8.11) 中描述了在物理上实现变换声学装置所需要的材料。在一般情况下，这些材料都不是简易的，因此知道关于它们的某些属性也许会很有帮助。关于如何实现这些材料更详细的讨论将放在 8.5 节中进行，我们必须指出，至今为止，如何创建这样的材料仍然是非常活跃的研究领域。

对于一个平稳的变换，通常在实践中要求行列式 (A) 在新坐标系 (x, y, z) 中对位置而言将是一个平滑和连续的函数。根据式 (8.11)，这意味着所需材料的体弹性模量必须随位置的变化而平滑地改变。特别重要的是，所得到的材料仍然由一个标量体模量所描述，并且从本质上说，它还是一个非黏性的流体。虽然平缓变化的体弹性模量在真实流体中属于不常见的，可以将复合材料成分设计成在空间上随位置渐变从而近似实现此属性。例如，长期以来人们知道，在某些条件下流体和固体的混合物的有效体模量仅仅取决于复合成分 [41] 的体弹性模量的体积加权平均值。这表明，如果逐渐增加流体中的固体物的比例，该流体最终会具备这种体弹性模量平缓变化的特性。

与此对比，式 (8.10) 表明一个一般的变换声学材料与变换前的流体相比，它在特性上必须表现出明显的不同。在大多数情况下，充斥在原先虚拟空间内的流体将具有一个简单的各向同性质量密度。然而，坐标变换后的物理材料的质量密度必须用张量或矩阵来描述。这意味着对声波而言该流体沿不同方向的振动需要对应不同的质量密度。换句话说，有效的流体动态质量密度必须是各向异性的。

这个概念听起来好像有点疯狂。显然，一团流体本身不会表现出质量的各向异性。如果你抓住这团流体，对它施加稳定的力，它会根据牛顿第二定律 $F = ma$ 而产生加速运动。如果你在不同的方向上，比方说垂直于原先的方向，施加一个稳定的力，该流体将仍然以相同质量 m 加速。然而，振荡运动与稳态运动是不一样的，为了操控声波，我们肯定想去控制流体对振动力的响应。

对于各向异性动态质量的材料，它处理起来相对比较简单，文献 [22] 中论及它的概念性模型。该模型含有一个加载质量的弹簧与空心壳相连接，其中，弹簧在不同方向上具有不同的弹簧常数。内壳的质量在一个特定的频率表现出共振，并因为在不同的方向弹簧常数不同而有所变化。远离谐振频率时给壳体施加某种频率的振动力，则壳体的动态有效质量与其总静止质量接近。然而，如果壳体施加的振荡力接近谐振频率，壳体内部质量的谐振运动会强烈地改变壳体的动态有效质量。沿不同方向上的不同谐振频率意味着该系统展现出各向异性的动态有效质量。

另一种可能创建各向异性有效质量密度的方法是将两个或更多个不同的流体薄层制成复合材料。文献 [35] 亦已对这种结构作了仔细分析。只要这些薄层比波长薄得多，与沿平行于层面传播的声波相比，沿垂直于这些薄层方向传播的声波会经受不一样的有效质量。模拟结果已经表明，原则上，这些交替薄流体层可以作为变换声学装置使用 [5,40]。这些概念性模型主要是为了显示各向异性有效动态质量密度不是不可思议的概念。变换声学在物理上的更多细节，特别是结构简单的物理实体，将在 8.5 节中讨论。

8.4   应 用 实 例

运用上面所列写的方程，我们看到通过坐标变换，在一个特定的，诚然往往是相当复杂的介质中可望在物理上实现声场的改变或修正。在这个阶段，演示几个运用变换声学得到特定应用所需要的材料参数的过程是十分有益的。显然，变换声学以及变换声学装置的发展空间可能是巨大的，下面所要讨论的解析上易处理的例子是为了演示这些可能性，并说明了变换声学的数学力学基础。

8.4.1   声束移位

我们第一个要详细讨论的是声束移位，也就是，当声束纵向通过时使之沿横向出现移位的声材料。这种结构的材料性质首先出现在电磁学 [32]，后来出现在声学中 [9]。虽然不一定是最令人兴奋的装置，但是可以使用笛卡儿坐标系描述，此外，它的雅可比矩阵包含非对角线元素，这使得它在示范变换声学概念时变得十分有用。

我们在图 8.3 看到原先的虚拟空间 (x', y')，以及变换后的物理空间 (x, y)。对于 $x = [0, a]$，它们沿 y 坐标的移位为一个和 x 有关的线性函数，产生扭曲的网格示于该图的右侧。如果 $x = [0, a]$ 的空间充满了由式 (8.10) 和式 (8.11) 定义的材料，那么由此得来的声场将会完全按扭曲网格所示的方式呈现扭曲。因为沿 x 方向传播的声波按图中的箭头方向通过这个介质，因此声波发生横向移位，于是使得在 $x = [0, a]$ 范围内声波在不同位置偏离了最初的位置。

在坐标变换的 $x = [0, a]$ 范围内，它本身的变化为

$$x = x', \quad y = y' + \frac{b}{a}x', \quad z = z'. \tag{8.12}$$

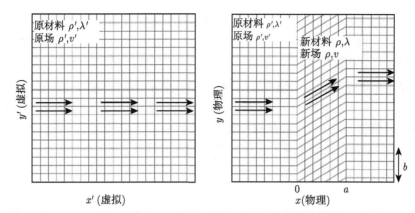

图 8.3 声束移位器设计的说明。左图：原先的虚拟空间采用直角坐标系并充满简单的各向同性的流体。右图：对于 $0 < x < a$，坐标通过把 y 线性移位的方式进行坐标变换，y 在纵向总的移位为 b。平板内部的声场正是以这种方式在变换区域内通过推导的材料参数实施变换。在虚拟空间从左向右传播的声束如左图的箭头所指。如右图所示，声束的传播路径已经改变了

根据式 (8.10) 和式 (8.11)，关键的矩阵是雅可比倒矩阵 A^{-1} 和 $(A^{\mathrm{T}})^{-1}$，根据式 (8.4)，后者成为

$$A^{-1} = \begin{bmatrix} 1 & 0 & 0 \\ \left(-\dfrac{b}{a}\right) & 1 & 0 \\ 0 & 0 & 1 \end{bmatrix} \tag{8.13}$$

以及

$$(A^{\mathrm{T}})^{-1} = \begin{bmatrix} 1 & \left(-\dfrac{b}{a}\right) & 0 \\ 0 & 1 & 0 \\ 0 & 0 & 1 \end{bmatrix}. \tag{8.14}$$

由于 $\det(A) = (\det(A))^{-1} = 1$，式 (8.11) 直接地告诉我们

$$\lambda = \lambda', \tag{8.15}$$

或者在变换的区域内，波束移位器所需要的流体模量是和背景流体相同的，所需要的有效质量比较复杂。利用式 (8.10)，我们得到

$$\bar{\bar{\rho}} = \det(A)(A^{\mathrm{T}})^{-1}\rho'(A^{-1}) = \begin{bmatrix} 1 + \left(\dfrac{b}{a}\right)^2 & \left(-\dfrac{b}{a}\right) & 0 \\ \left(-\dfrac{b}{a}\right) & 1 & 0 \\ 0 & 0 & 1 \end{bmatrix}\rho'. \tag{8.16}$$

因此，为了使声束在变换区域中移位，有效质量密度在直角坐标系内的非对角线元素不为零且呈现非常明显的各向异性。但是我们要注意的是，该矩阵可以被对角化，从而有一个旋转的 (x, y) 坐标系使得质量密度不具有非对角线元素。

于是这个结论演变成变换声学的设计过程。我们确定了在 $0 < x < a$ 区域内的流体的属性，需要一个产生图 8.3 所示的效果的装置。其中沿 x 方向传播的声束无任何反射地偏转，在 $x = a$ 处从材料输出。声束在 y 方向移位了 b 的位置。要指出的是，若需要更显著的波束移位就需要更大的各向异性。变换声学设计的通用特性是：越是强劲的声场操控 (诸如弯曲、移位、压缩等) 就需要操控声场越强劲的材料参数。

通过数值模拟得到从原先坐标变换得来的材料参数 (8.15) 和 (8.16)，从而确认操控声波得以满意实施。我们需要做的是模拟在具有各向异性质量密度材料中传播的声波。常见的商业仿真工具不具备这种能力。因此，为了验证这一想法，我们调用二维的声波和电磁波的等价关系[10]。我们把声学材料参数转换成电磁材料的参数，以及使用 COMSOL Multiphysics 这个商业软件包来计算这种材料声压场分布所对应的等效模型。

图 8.4 给出这些计算的结果。把计算结果转换成声场后，我们看到左图显示的是当波垂直入射到声束移位材料且 $b/a = 1$ 时所产生的由式 (8.15) 和式 (8.16) 描述的声压场分布。显然，声场完全符合按照原先变换所预测的如图 8.3 所示的结果。有趣的是，入射波的等相位面并不因为材料而畸变。这表明虽然声波的能量并不沿着 x 的方向传递，但是声波的位阵面和声波的法向矢量 k 仍然指向 x 方向。这就是材料各向异性的结果。

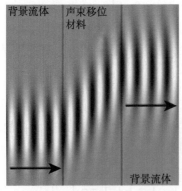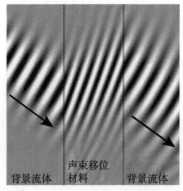

图 8.4　声束移位器的模拟效果。左图：当声束垂直入射在声束移位材料时声场的场图。右图：当声束非垂直入射时，入射的声束被各向异性的声学材料产生移位时的场图。出射的声束按预期值偏离，入射角和出射角相等。两幅图中在移位介质外的声波传播方向如箭头所示

图 8.4 的右侧告诉我们当声束斜入射到同一种材料时发生了什么。它们最终的结果是完全相同的，即在声束从材料射出来位置与它进入材料的位置在 y 方向相偏离的距离正好等于该材料的厚度 (因为我们选择 $b/a = 1$)，而且无论在材料的哪一个界面都不会产生反射，这是由坐标变换的连续性造成的。注意，在这种情况下，声束波前的行为由于它们和坐标方向不平行因而有点复杂。尽管如此，装置的性能完全与原先变换的预期相吻合。理论表明，设计材料所操控的声场是由原先坐标的变换所决定的。这是变换声学的精髓。

8.4.2 声学隐身外壳

在至今为止的变换声学文献中最有趣的装置是一种声学隐身外壳，即材料层包裹一个物体使该复合物 (外壳加物体) 向外的散射完全消失。下面我们将推导材料的属性，并通过模拟演示该装置的性能。

图 8.5 揭示声学隐身外壳背后的构想。一个二维隐身斗篷变换是由虚拟空间内在 $0 < r' < b$ 所定义的圆盘转换到物理空间中在 $a < r < b$ 所定义的圆环 [26]。这种变换把原先充满圆盘的声场挤压到在物理空间中的圆环内，并把圆环的内部移除，因为在圆环内是没有声场存在的。这种物理上的隔断意味着，在理想情况下，没有声场能够进入内部，因此放置在内部的任何物体不会与外部的入射声场相互作用。同样重要的是，在 $r = b$ 的变换连续性确保了环外的声场 ($r > b$) 是完全不受干扰的。因此，不可能有任何形式的波从环上散射，从外部去测量任何声波的尝试必定无功而弃。

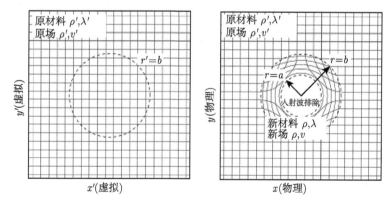

图 8.5 设计声学隐身外壳的说明。左图：原先直角坐标系及充满简单的各向同性流体的虚拟空间。右图：变换开挖了一个中空的洞，它将原先的圆盘 ($r' < b$) 转换到圆环 ($a < r < b$)。这种变换把原先声场压缩到圆环，而且在圆环内创建了与原先虚拟空间对应关系。其结果是任何入射的声束都折弯了而且在圆环内部无反射和散射，藏在内部的物体都不与外部的声波发生相互作用

在 8.3.1 节中基于雅可比推导变换声学的方法可用于推导声学隐身外壳的参数。然而，使用圆柱形或球形坐标来解决这种方法是棘手的 (至少作者这样认为)。因此，我们在这里推荐使用单位向量–标量参数的方法求得隐身材料的参数，该方法最早用于变换电磁学 [26]，在几篇变换声学的论文中 [4,9] 已大致介绍了这种方法，我们在这里将讨论这方面的发展。

在圆柱坐标中处理隐身变换是简洁易行的，它们可表示为

$$r = \frac{(b-a)}{b}r' + a, \quad \phi = \phi', \quad z = z' \tag{8.17}$$

注意，这并非是从 $0 < r' < b$ 变换到 $a < r < b$ 的唯一途径，其他的变换引起的函数形式会导致不同的材料参数。在理想情况下，它们应导致相同的隐身性能。在实践中，不同的变换函数可以导致更困难或更容易实现的材料参数，而且至今为止，这些设计的探索仍然是活跃的话题。为了方便讨论，我们只专注于下面特定的转换。

如果仅仅把 r 压缩为 r'，这种变换就显得特别简单。在这种情况下，依照作者的看法，材料参数的计算通过标量函数的方法 [4,9,26] 比在圆柱坐标系中直接计算雅可比矩阵来得容易。这些标量函数表示在每个坐标方向需要改变多少距离，它们可写作

$$Q_r = \frac{\mathrm{d}r'}{\mathrm{d}r}, \quad Q_\phi = \frac{r'\mathrm{d}\phi'}{r\mathrm{d}\phi}, \quad Q_z = \frac{\mathrm{d}z'}{\mathrm{d}z}. \tag{8.18}$$

对于在式 (8.17) 中的变换，基于物理坐标的特定表示式是

$$Q_r = \frac{b}{b-a}, \quad Q_\phi = \frac{b}{(b-a)}\frac{(r-a)}{r}, \quad Q_z = 1. \tag{8.19}$$

由于我们有效地从柱面坐标变换到柱面坐标，因而基本矢量不变，于是，没有后面将会讨论的变换基本矢量 [9,26] 带来的复杂性。

后面的工作 [4,9] 假设原先材料 (′) 是质量密度为 ρ' 和体模量为 λ' 均匀的各向同性的流体，从这些变换得到的材料参数 (相对于那些背景介质) 用这些标量函数表示为

$$\rho^{-1} = (\rho'_0)^{-1}Q_rQ_\phi Q_z \begin{bmatrix} Q_r^{-2} & 0 & 0 \\ 0 & Q_\phi^{-2} & 0 \\ 0 & 0 & Q_z^{-2} \end{bmatrix} \tag{8.20}$$

以及

$$\lambda = \lambda'_0(Q_rQ_\phi Q_z)^{-1}. \tag{8.21}$$

代入式 (8.19) 的特定值，重新整理后，我们得到

$$\rho_r = \rho'_0\frac{r}{r-a}, \quad \rho_\phi = \rho'_0\frac{r-a}{r}, \quad \rho_z = \rho'_0\frac{(b-a)^2}{b^2}\frac{r}{r-a} \tag{8.22}$$

以及

$$\lambda = \lambda_0' \frac{(b-a)^2}{b^2} \frac{r}{r-a}. \tag{8.23}$$

以上的表示式定义了二维声学隐身外壳的有效质量密度张量的分量和体积模量。所得到的介质具有强烈各向异性的质量密度 (虽然它在圆柱坐标系中是对角的), 并在径向方向它的体积模量和密度张量分量略有不均匀 (但在极角 ϕ 方向是均一的)。这种材料参数在物理上是不容易实现的, 反之, 如果能创建这样复杂的材料性质, 那么我们就能做一个声学隐身外壳。

为了确认这些材料可以形成所需要的波的行为, 我们使用与 8.4.1 节中同样的模拟方法, 即利用电磁波和声波 [10] 的对应关系用 COMSOL Multiphysics 软件中的电磁波模块进行研究。图 8.6 显示了刚性物体散射的固定时间的快照。从左到右分别是时谐声波波束, 没有和有由式 (8.22) 和式 (8.23) 所描述的材料组成隐身外壳的快照。没有壳体时, 如左侧图所示, 由物体引起的散射是巨大的, 与预期相符。该物体形成了强烈的阴影, 这表明如预期那样前向散射十分强烈, 并且还产生几个不同的后向强散射和镜面散射。显然, 由于可以测量得到这个物体的散射声场, 因此, 从声学的角度来说它是可以发觉的。

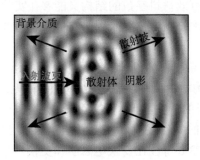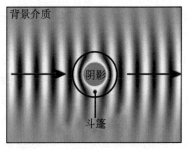

图 8.6 二维声学隐身外壳性能的模拟。左图：声束垂直入射在一个刚性散射体所产生压力场的快照。这个物体在大多数的方向都产生散射而在正向 (阴影) 和其他一些方向产生了强散射。右图：当相同的物体通过声学隐身外壳包围后, 曾经有过的声散射基本上被消除。物体外的声压力场和如果根本不存在物体时的情况 (参见图 8.1 的左图) 基本上是相同的, 这表明散射已不复存在, 并且由于坐标变换, 隐身外壳内声压内场已变形了, 如同设计材料的坐标变换时所预期的那样 (见图 8.5 的右图)

但是, 当同样的刚性物体由声学隐身外壳包围后, 如图 8.6 右图所示, 由壳和散射体组成的复合体外部的压力场与声束在无物空间的结果 (参照图 8.1 的左图) 基本上是一样的。这意味着所有散射, 包括难于消除的前向散射 (即阴影) 被有效地消除了, 而这种被隐身的物体是无法被散射声场探测出来的。还需要注意的是壳内部的压力场变形了, 这和用来设计隐身材料的坐标变换所预测的结果 (见图 8.5)

相同。

8.5   制作变换声学材料

从上面的例子中我们看到，从变换声学装置设计产生的材料特性显然是十分复杂的。方程 (8.10) 和方程 (8.11) 表明，对于一般的设计，体弹性模量必须具有平滑的不均匀性，而有效质量密度不仅需要平滑的不均匀而且还必须是各向异性的，也就是说，需要显示出沿不同的方向有不同的有效质量密度。在 8.3.2 节中，我们简要地描述文献中看到的几种简单的方法，表明人们可能会在工程上制造出具有不均匀的各向异性的有效质量的材料。但是，没有一种方法在制造上是容易实现的。

在这里，我们将简要地描述如何对呈现出各向异性质量又易于制造的复合结构进行仿真和测量。一些初步的步骤表明，至少有一些变换声学装置在物理上是能实现的，而且它们的性能也能进行测试。应当强调的是，在写本章的时候，发展变换声学材料的设计和制作方法是一个非常活跃的研究领域，虽然它还处在早期阶段。正因为如此，如质量、机械强度、外观等方面还受到一些实际限制，有待于解决。我们的目标很简单：设计出达到所需有效材料参数的结构又能够在实验室条件下进行测量。我们将专注于不包含谐振元件的无源结构，因为它们具有有效的宽带性能 [29,39,45]。

应当提到的是，实现复杂声学特性复合材料的设计其实是一个旧的领域，不过现在有了一个现代化的名字——声学超构材料。声学超构材料的领域包括以各种方法在复合材料中实现各种不同有效材料的特性，包括负的动态密度，即材料当受到外力时却沿反方向运动 [17,19]，以及负的体弹性模量，也就是说，当受到挤压力时出现反方向的膨胀运动 [11,18]。这些负参数特性在变换电磁学和变换声学中具有奇特的应用，比如使一个物体变得像另类的东西 [16]，但在大多数情况下，变换方法需要的还是正参数的材料。

在物理上实现平缓不均匀性质以及各向异性质量的复合材料的一种方法是在固体材料层间嵌入宿主流体，或者，把固体散射体排列在一个宿主流体 [29,39,45] 中，如图 8.7 所示。这些间隔有两重目的：一是确保背景流体能渗透到整个超构材料中；二是间隔的尺寸可以很容易逐点进行调整，以便对介质的有效性能进行调节。这种方法亦已在各向同性声学超构材料有效特性的调节以便在诸如渐变指数的水声透镜设备 [6,29,44] 中建立非匀质材料中得到应用。

旋转对称的固态夹杂物会产生不随方向变化的各向同性材料特性。与此相反，旋转不对称可望产生各向异性材料特性。对称夹杂物的晶格的不对称性可以被用来创建具有适度的各向异性有效质量 [39] 的声学超构材料。与此相反，在夹杂物中的不对称本身可以用来创建强烈各向异性的声学超构材料 [29]。此理念通过相同超构材料沿两个不同方向的反射和透射实验已获得证实 [45]。在写这篇文章时，使用这种一般方法制造出的最精密的设备是以水为背景渗透铝结构的二维声学斗篷 [43]。

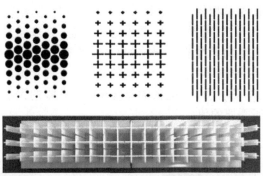

图 8.7 声学超构材料的实例。左上图：被宿主流体包围的不同大小实心圆柱体阵用作各向同性非均质的材料 (引自文献 [6])；上中图：被宿主流体包围的不同大小实心复杂形体阵用作各向同性非均质的材料，具有较低的质量但与背景流体更加匹配 (引自文献 [44])；右上图：薄实心板阵，或者，交替的穿孔薄板阵也能创建各向异性的声学超构材料 (引自文献 [45])；下图：按照上中图建造的声学超构材料的样品实物照片，它的实验结果见文献 [45]

从概念上说，不难理解这类复合介质为何会导致材料具有各向异性有效质量的结果。当声波沿与薄板平行的方向传播时，在声压和板之间的相互作用最小，因此，声波就像在与背景流体特性十分接近的材料中传播一样。但是，当声波沿着与板垂直方向传播时，声波和板之间的相互作用就十分强劲，于是声波就像在与背景流体非常不同的流体中传播一样。这种各向异性的效应和各向异性有效质量产生的效果一样 [29]，这是因为流体已经渗透到整个体积内部以至于该材料具有各向同性和与流体类似的模量。

由于这些限制，一个活跃的研究领域是通过此类方法近似地设计实用装置，它既可以相当好地完成既定任务又能在现实实体中制造出来。与变换声学相比较，这个理念在变换电磁学已更多和更全面地得到探讨，不过，在声学一旦有所突破，普及是不难的。采用不同的坐标变换得到不同的材料特性 [2,7]，以及对于给定材料特性的限制实现装置性能数值最佳化 [1,28] 的这种理念起码在理论上已得到证实。

8.6 变换声学的最新实验结果

本书付印前，作者的研究小组刚刚在文献 [31] 中完成的实验提出了一个在空气中采用变换声学设计声学隐身的方案。这种努力的目标是设计、制造和测试隐身外壳的材料，使之能够在反射面附近声场中隐藏散射物体。这种斗篷被称为 "地毯斗篷"，也被叫作地面斗篷或者反射面斗篷。首先考虑该问题的是在电磁学的范畴 [20]，它现在已成为变换电磁中的一个通用的测试问题，因为实现隐身外壳所需的材料需要具备的特性要比自由空间斗篷简单得多。

这种通过变换在隐藏物体的反射面上形成一个用来隐藏物体的空洞的做法使材料参数与背景流体 (此时就是空气) 没有过大反差，实施起来也比较简单。隐身壳的有效质量密度是各向异性的，一个方向的质量密度可以比另一个方向大 5 倍左右甚至更高 [31]。这种材料在物理上实现的一种做法是用薄的多孔板，层叠之间有气隙，如图 8.8 的左图所示。这些板的厚度和圆形孔眼的大小控制有效质量密度并能高精度地达到所需的值。

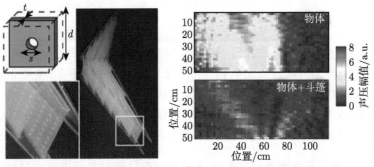

图 8.8　证实空气中声学隐身斗篷的实验装置 [31]。左图：中空穿孔的薄塑料板间隔嵌入空气构成的声学斗篷的照片。该材料做成装置的有效质量具备了各向异性。右图：在对物体进行隐身前后声学散射测量的对比。当物体盖上了壳体后额外的散射大幅度地减小了，达到躲避声波的目的。图片援引自文献 [31]

平面上搁置了一个三角形的散射体然后再罩上一个斗篷壳，测定散射体的散射声场并与无斗篷壳的情况进行比较。测量的散射场，减去入射场和面上反射声场后的声场，在两种情况下的结果示于图 8.8 的右图。表面上有物体时，在两个方向观察到显著的散射。其中之一的散射场来自物体的倾斜表面的镜面反射，另一个是前向散射。存在物体以及斗篷壳时，两个散射场分量都显著降低了，这意味着从放在反射面上被隐身的物体反射过来的声能量仿佛和只在反射面一样。因此，物体被隐藏了。

8.7　相关的理论和启示

变换声学原理对其他领域产生了一些有趣的影响。线性声学的方程 (8.2) 和 (8.3)，可化简为已知的标量亥姆霍兹方程，这意味着，变换的概念可以应用到任何其他可以应用标量亥姆霍兹方程的波系统。这包括表面波[12]、薄板波[13] 以及甚至是量子力学的物质波[42]。后者是特别有趣的，它表明如果人们可以控制粒子的有效质量 (它必须是各向异性的) 以及粒子运动势场，那么人们就可以随意操控粒子波函数，以及统计粒子的位置。实现后者，在物理上将是一个巨大的挑战，不过实现物质的隐身还是相当遥远的事。

应当指出的是，以上的讨论主要在阐述变换声学机制的早期工作[3,9,10]，而且聚焦于基本上属于流体方面的工作。然而事实证明，这不是变换声学得以继续的唯一途径。首先由 Norris[23] 所做的理论工作，以及后来的扩展和阐明性的工作[24] 已经表明，非流体类的材料可以融入变换声学基础原理之列。这些固体材料具有各向异性的刚度以及各向同性的质量。在某些方面，这些材料是类流体的，因而不支持剪切应力，但它们基本上不属于流体，因为它们具有各向异性的刚度。如何设计和建构这种类型的材料在本章中没有作充分的讨论，但是这方面确实是非常活跃的领域，有望建造出非常有趣的装置。

8.8　总　　结

本章简明地总结了变换声学概念的发展过程。成文之前的 4 年期间逐渐成形的设计模式为创建崭新的声学超构材料和装置提供了一种可能性，当然，它真正实施起来还是不容易的，但其设计技术也并非不可能。该领域目前的主要挑战是设计并实现变换声学装置所需复合材料的复杂的声学特性。在这方面的初步工作已经提出了几个充满希望的实施方案，不久以后可望得到完整的实验性结果。

参 考 文 献

[1] Andkjaer, J., Sigmund, O.: Topology optimized low-contrast all-dielectric optical cloak. Appl. Phys. Lett. **98**, 021112 (2011)

[2] Cai, W., et al.: Designs for optical cloaking with high-order transformations. Opt. Express **16**(8), 5444–5452 (2008)

[3] Chen, H., Chan, C.T.: Acoustic cloaking in three dimensions using acoustic metamaterials. Appl. Phys. Lett. **91**, 183518 (2007)

[4] Chen, H., Chan, C.T.: Acoustic cloaking and transformation acoustics. J. Phys. D **43**, 113001 (2010)

[5] Cheng, Y., et al.: A multilayer structured acoustic cloak with homogeneous isotropic materials. Appl. Phys. Lett. **92**, 151913 (2008)

[6] Climente, A., et al.: Sound focusing by gradient index sonic lenses. Appl. Phys. Lett. **97**, 104103 (2010)

[7] Cummer, S.A., et al.: A rigorous and nonsingular two dimensional cloaking coordinate transformation. J. Appl. Phys. **105**, 056102 (2009)

[8] Cummer, S.A., et al.: Full-wave simulations of electromagnetic cloaking structures. Phys. Rev. E **74**(3), 036621 (2006)

[9] Cummer, S.A., et al.:Material parameters and vector scaling in transformation acoustics. New J. Phys. **10**, 115025 (2008)

[10] Cummer, S.A., Schurig, D.: One path to acoustic cloaking. New J. Phys. **9**, 45 (2007)

[11] Fang, N., et al.: Ultrasonic metamaterials with negative modulus. Nat. Mater. **5**, 452–456 (2006)

[12] Farhat, M., et al.: Broadband cylindrical acoustic cloak for linear surface waves in a fluid. Phys. Rev. Lett. **101**, 134501 (2008)

[13] Farhat, M., et al.: Ultrabroadband elastic cloaking in thin plates. Phys. Rev. Lett. **103**, 024301 (2009)

[14] Greenleaf, A., et al.: Anisotropic conductivities that cannot be detected by EIT. Physiol. Meas. **24**, 413–419 (2003)

[15] Knupp, P., Steinberg, S.: Fundamentals of Grid Generation. CRC Press, Boca Raton (1994)

[16] Lai, Y., et al.: Illusion optics: the optical transformation of an object into another object. Phys. Rev. Lett. **102**, 253902 (2009)

[17] Lee, S.H., et al.: Acoustic metamaterial with negative density. Phys. Lett. A **373**, 4464–4469 (2009)

[18] Lee, S.H., et al.: Acoustic metamaterial with negative modulus. J. Phys. Condens. Matter **21**, 175704 (2009)

[19] Li, J., Chan, C.T.: Double-negative acoustic metamaterial. Phys. Rev. E **70**(5), 055602 (2004)

[20] Li, J., Pendry, J.B.: Hiding under the carpet: A new strategy for cloaking. Phys. Rev. Lett. **101**, 203901 (2008)

[21] Liu, R., et al.: Broadband ground-plane cloak. Science **323**, 366 (2009)

[22] Milton, G.W., et al.: On cloaking for elasticity and physical equations with a transformation invariant form. New J. Phys. **8**, 248 (2006)

[23] Norris, A.N.: Acoustic cloaking theory. Proc. R. Soc. A **464**, 2411–2434 (2008)

[24] Norris, A.N.: Acoustic metafluids. J. Acoust. Soc. Am. **464**, 839–849 (2008)

[25] Padilla, W.J., et al.: Negative refractive index metamaterials. Mater. Today **9**, 28 (2006)

[26] Pendry, J.B., et al.: Controlling electromagnetic fields. Science **312**, 1780–1782 (2006)

[27] Plebanski, J.: Electromagnetic waves in gravitational fields. Phys. Rev. **118**, 1396–1408 (1960)

[28] Popa, B.-I., Cummer, S.A.: Cloaking with optimized homogeneous anisotropic layers. Phys. Rev. A **79**, 023806 (2009)

[29] Popa, B.-I., Cummer, S.A.: Design and characterization of broadband acoustic composite metamaterials. Phys. Rev. B **80**, 174303 (2009)

[30] Popa, B.-I., Cummer, S.A.: Homogeneous and compact acoustic ground cloaks. Phys. Rev. B. In review (2011)

[31] Popa, B.-I., et al.: Experimental acoustic ground cloak in air. Phys. Rev. Lett. **106**, 253901 (2011)

[32] Rahm, M., et al.: Optical design of reflectionless complex media by finite embedded coordinate transformations. Phys. Rev. Lett. **100**, 063903 (2008)

[33] Rahm, M., et al.: Transformation-optical design of adaptive beam bends and beam expanders. Opt. Express **16**, 11555 (2008)

[34] Rahm, M., et al.: Design of electromagnetic cloaks and concentrators using form-invariant coordinate transformations of Maxwell' s equations. Photonics Nanostruct. **6**, 87–95 (2008)

[35] Schoenberg, M., Sen, P.N.: Properties of a periodically stratified acoustic half-space and its relation to a Biot fluid. J. Acoust. Soc. Am. **73**, 61–67 (1983)

[36] Schurig, D., et al.: Metamaterial electromagnetic cloak at microwave frequencies. Science **314**, 977–980 (2006)

[37] Schurig, D., et al.: Calculation of material properties and ray tracing in transformation media. Opt. Express **14**, 9794–9804 (2006)

[38] Tamm, I.Y.: Electrodynamics of an anisotropic medium and the special theory of relativity. J. Russ. Phys.-Chem. Soc. **56**, 248 (1924)

[39] Torrent, D., Sanchez-Dehesa, J.: Acoustic metamaterials for new two-dimensional sonic devices. New J. Phys. **9**, 323 (2007)

[40] Torrent, D., Sanchez-Dehesa, J.: Acoustic cloaking in two dimensions: A feasible approach. New J. Phys. **10**, 063015 (2008)

[41] Wood, A.B.: A Textbook of Sound. Macmillan, New York (1955)

[42] Zhang, S., et al.: Cloaking of matter waves. Phys. Rev. Lett. **100**, 123002 (2008)

[43] Zhang, S., et al.: Broadband acoustic cloak for ultrasound waves. Phys. Rev. Lett. **106**, 024301 (2011)

[44] Zigoneanu, L., et al.: Design and measurements of a broadband 2D acoustic lens. Phys. Rev. B **84**, 024305 (2011)

[45] Zigoneanu, L., et al.: Design and measurements of a broadband 2D acoustic metamaterial with anisotropic effective mass density. J. Appl. Phys. **109**, 054906 (2011)

第9章 通过均质化实现声学隐身

José Sánchez-Dehesa, Daniel Torrent

摘要 声学斗篷代表着一种理想的声学隐身机制。我们介绍和讨论一种壳体材料，它把目标物体包围以后使之在声学上变得 "无影无踪"。亦已证明隐身壳体需要非常复杂的声学参数。这种复杂性来自于一个事实，即它们在待隐蔽物体附近的声学参数必须是各向异性的、不均匀的和发散的。本章介绍工程上如何实现被称为声学超构材料或超构流体的人工结构，即能够动态地对各向异性和不均匀作出响应的材料。超构流体是由各向同性和均质阵列的弹性圆柱或者柱形沟槽结构的金属板构成的。我们还提出消除在设计隐身斗篷时参数发散的方法。可以看到，虽然斗篷不容易制造，但是通过使用基于周期性结构的均质化超构流体，隐身斗篷是可望实现的。

9.1 引言：声学隐身斗篷

对围绕给定目标物体的波进行控制和引导是由 Greenleaf，Lassas 和 Uhlmann [15]，Pendry，Schurig 和 Smith [23]，以及 Leonhard 等 [16] 在电磁波 (EM) 中应用变换光学设计实现超构材料的目标。这些在自然界中不存在的性质特殊的材料，被称为超构材料，现在已得以实现。比如说，基于开口环谐振器电磁超构材料已经被 Schurig 和他的同事们 [26] 用实验证实可用于实现对微波的隐身。

二维 (2D) 声学隐身术 (图 9.1) 是基于 Cummer 和 Schurig [11] 通过 TE 模式的电磁场微分方程与声压波之间进行类比后得出的。他们预言的二维斗篷是由自然

J. Sánchez-Dehesa (✉)· D. Torrent

Grupo de Fenómenos Ondulatorios, Departamento de Ingeniería Electrónica, Universidad Politécnica de Valencia, C/Camino de Vera s/n, Valencia, Spain

e-mail: jsdehesa@upvnet.upv.es

D. Torrent

e-mail: datorma1@upvnet.upv.es

R. V. Craster, S. Guenneau (eds.) *Acoustic Metamaterials*,

Springer Series in Materials Science 166, DOI 10.1007/978-94-007-4813-2_9,

界中不存在的具有很大动态力学质量各向异性的介质组成的。Chen 和 Chan [8] 以及 Cummer 等在进一步利用质量的各向异性材料的基础上设想进行三维 (3D) 的声学隐身工作 [12]。在这方面，Milton 等 [20] 从概念出发描述了如何利用弹簧加载质量的方法得到质量各向异性。此外，Torrent 和 Sánchez-Dehesa [28] 提出，可以利用实心圆柱体的非对称晶格在物理上实现超构材料质量密度各向异性的设计。然而，迄今为止还没有看到实验上的声学隐身的报道，尽管在文献 [9,29] 中已经介绍过由多层各向同性的声学材料构成的隐身斗篷。特别值得指出的是，我们还建议，各向同性的超构材料可以通过使用周期排列的弹性圆柱得以实现 [29]。声学隐身的实验验证有待于具有声学隐身所要求的动力学性质的人造结构 (超构流体) 的设计与实现。

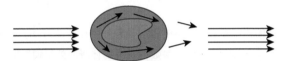

图 9.1 声学隐身术现象的图示。中间区域代表处于声波中的隐身目标。其周围表示具有某种特殊性质的 "隐身壳体"，当声波射入时，声波环绕着中间区域传播，并完美地绕过壳体 (有线条的彩色区域) 后又重新构建 (彩图见封底二维码)

弹性动力学方程具备在坐标变换时的非不变性 [20]，因此，电磁波和声波在处理波的隐身时在本质上应该是不同的。然而，一些报道提到在某些偏振方向出现弹性散射截面减小的 "准" 弹性斗篷 [2,14]。实际上，利用层状结构在物理上已经实现了 "准" 弹性斗篷 [13]。有关声学隐身和变换声学的一份完整的报告，读者可以参考 Chen 和 Chan 的工作 [7]。

本章给出由 Cummer 和 Schurig [11] 完成的关于隐身壳体性能的系统报道。例如，文中提到隐身壳体可以通过使用弹性圆柱体阵列的办法实现，并适用于波长比圆柱体之间的间隔大的情况。我们还将给出通过使用沟槽结构获得质量各向异性的方式。我们将解释如何获得所需的质量 $\rho(r)$ 和模量 $B(r)$ 的径向关系。

对于半径为 R_1 的隐身区域，所需的参数形式是

$$\frac{\rho_r(r)}{\rho_b} = \frac{r}{r - R_1}, \tag{9.1a}$$

$$\frac{\rho_\theta(r)}{\rho_b} = \frac{r - R_1}{r}, \tag{9.1b}$$

$$\frac{B(r)}{B_b} = \left(\frac{R_2 - R_1}{R_2}\right)\frac{r}{r - R_1}, \tag{9.1c}$$

式中 R_1 和 R_2 是隐身壳体的内、外半径，ρ_r 和 ρ_θ 是密度张量的对角线上的分量，带有标记 b 的参数代表周围的背景是流体或气体。从图 9.2 我们清楚地看到这些参

数在隐身区域附近的发散特性。这种罕见特性的材料在自然界中并不存在，因此，
需要创建出动力学性能与之匹配的人造材料。

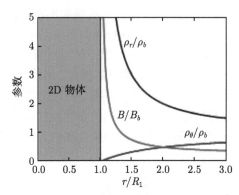

图 9.2　理想隐身壳体的声学参数。壳体的内半径和外半径分别为 R_1 和 $R_2 = 2R_1$。注意基
　　　　于式 (9.1a) ~ 式 (9.1c)，这些参数在接近物体表面处呈现发散式的变化

　　本章是如下安排的：引言之后，在 9.2 节我们重温如何通过使用两种类流体组
成的多层材料去获得动力学质量的各向异性，并显示该属性是如何被转化到柱形
坐标系的。在 9.3 节我们讨论二维弹性结构的均质化特性。这些结构被称为声学晶
体，在大波长的情况，这时它们表现为均匀的类流体的材料，其声学特性甚至可以
量身定制。之后，在 9.4 节，我们通过弹性材料的阵列制作隐身斗篷来说明工程问
题。基于隐身斗篷的超构流体的实际制作问题将在 9.5 节讨论，同时，我们还要引
入不完美隐身并提出改进它们的建议。最后，9.6 节是总结。

9.2　一维流体–流体系统的动力学质量各向异性

　　各向异性的质量密度在普通流体中是无法找到的，这主要归结于流体材料的
"无序"性质。在本章中，我们将要表明这种非同寻常的特性可以在流体–流体合成
物处于准静态近似的极限情况下得以实现。也就是说，在足够低的频率时合成物可
以视为均匀介质。我们将要讨论如何在实际中制作这种材料。

　　Schoenberg 和 Sen[25] 展示了一维 (1D) 周期性多层流体–流体系统的性能 (图
9.3)，在波长比晶格常数 d 大时，它就如同一个具有惊人的质量各向异性的类流
体材料。利用这个结果，通过在散射体周围环绕上述 1D 结构，并且为了满足式
(9.1a)~ 式 (9.1c) 而局部调整流体的声学参数，可以得到柱坐标下 2D 隐身结构所
需要的质量各向异性，如图 9.4 所示。推导有效质量密度张量是直截了当的，而且
是基于 1D 周期结构在极低频率时对频带结构的分析得来的。

　　我们考虑如图 9.3 所示由两种材料 A 和 B 层状交替组合在一起的一个 1D 流

体–流体周期性结构。对于任何周期性系统，体模量 (在均质化的极限条件下) 和晶格的类型 (各向同性或各向异性) 无关；事实上，大波长时的有效体模量 B_{eff} 决定于下式的体模量加权平均值 [28]：

$$\frac{1}{B_{\text{eff}}} = \frac{1}{d_A + d_B} \left[\frac{d_A}{B_A} + \frac{d_B}{B_B} \right], \tag{9.2}$$

式中 B_A 和 B_B 是材料 A 和 B 的体模量，d_A 和 d_B 是 A 层和 B 层的厚度。

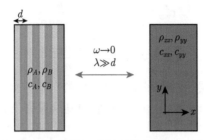

图 9.3　一维流体–流体的多层结构 (左图)。当波长比周期 d 大时，这种结构可以等效为均质的和各向异性的类流体材料

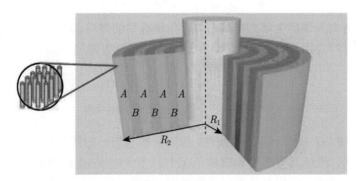

图 9.4　基于两种不同厚度各向同性类流体材料制作成的多层结构的隐身壳体的示意图。如我们在 9.3 节所解释的那样，每一层都是由弹性圆柱体的阵列 (见图中的小插图) 组成的。获得 IOP 的授权，引自文献 [29]

为了得到有效质量张量 ρ_{ij}^2，我们首先需要计算系统的色散关系 $K(\omega)$；也就是说，波数和频率在低频时的函数关系。一旦知道了 $K(\omega)$，我们可以推导有效声速张量 c_{ij}^2。之后，质量密度直接与体模量 B_{eff} 有以下的关系 [28]：

$$\rho_{ij}^{-1} = c_{ij}^2 / B_{\text{eff}}. \tag{9.3}$$

求解 1D 周期系统内波的传播，我们就可以得到色散关系 [33]：

$$\cos K_x d = \cos k_{Ax} d_A \cos k_{Bx} d_B - \frac{1}{2} \left[\frac{\rho_A k_{Bx}}{\rho_B k_{Ax}} + \frac{\rho_B k_{Ax}}{\rho_A k_{Bx}} \right] \sin k_{Ax} d_A \sin k_{Bx} d_B, \tag{9.4}$$

这里

$$k_{ix}^2 = \frac{\omega^2}{c_i^2} - K_y^2, \tag{9.5}$$

式中 $i = A, B$。

有效声速定义为角频率 ω 和波数 K 在低频极限时的比值。该比值可以把变量按三角函数做级数展开到二阶。不难看出有效声速的张量为

$$c_{xx}^2 = B_{\text{eff}} \frac{d_A + d_B}{d_A \rho_A + d_B \rho_B}, \tag{9.6a}$$

$$c_{yy}^2 = B_{\text{eff}} \frac{d_A \rho_A^{-1} + d_B \rho_B^{-1}}{d_A + d_B}, \tag{9.6b}$$

式中 c_{xx} 和 c_{yy} 分别为层状结构张量中沿传播的垂直方向和平行方向的分量。

从式 (9.6a)，式 (9.6b) 和式 (9.3)，我们得到质量密度张量的下列分量：

$$\rho_{xx} = \frac{1}{d_A + d_B}(d_A \rho_A + d_B \rho_B), \tag{9.7a}$$

$$\rho_{yy}^{-1} = \frac{1}{d_A + d_B}(d_A \rho_A^{-1} + d_B \rho_B^{-1}). \tag{9.7b}$$

注意介质中各向异性的主要方向是沿着直角坐标系的方向。现在，如果这个结构被按照图 9.4 进行变换，新的张量将具有沿圆柱形坐标方向的主轴，

$$\rho_{xx} \rightarrow \rho_r,$$

$$\rho_{yy} \rightarrow \rho_\theta.$$

为了满足式 (9.1a) ~ 式 (9.1c) 的条件，我们需要非均一的张量分量；即 $\rho_r = \rho_r(r)$ 和 $\rho_\theta = \rho_\theta(r)$。通过具有密度和模量 (ρ_A, B_A) 和 (ρ_B, B_B) 的类流体材料 A 和 B 可以得到这种特性。它们是关于位置的函数，由此引出这种类流体的结构，显而易见，这种隐身斗篷无法利用天然材料建造。但是，在后面的章节里我们将讨论如何制作具有动态特性的人造材料 (超构流体) 以便获得声学隐身的结果。

9.3　二维声学晶体的均质化

图 9.5 是关于超构流体概念的示意图。嵌入背景流体的圆柱体弹性阵列在低频表现出具有类流体有效特性的行为。这种类型结构的均质化已被广泛用于有序和无序系统中 [6,17,19,27,30,31]。近来，均质化已经延伸到具有不同形状的散射体，由此产生的有效的介质称为声学超构材料或超构流体 [21,22,24]。在这里，我们提出基于这些人造结构的隐身壳体设计的基本思想和所需要的方程。

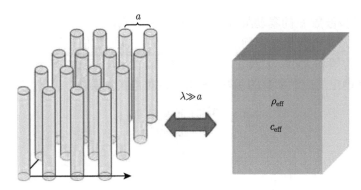

图 9.5 一个二维超构流体。在比波长大得多的情况下一个圆柱阵列 (左方) 就像参数为 $\rho_{\text{eff}}, c_{\text{eff}}$ 的声学材料或超构流体一样, 这些参数可以通过改变晶体中的圆柱体的半径或物理参数而改变

均质化方法基于这样的假设: 在低频这一限制条件下, 通过适当选择其声学参数 $\rho_{\text{eff}}, c_{\text{eff}}$ 我们可以用均一的类流体重现由圆柱体团簇决定的声散射场。这个条件是相当普遍的, 而且它可应用到任何其他结构形状。但是, 为了简单起见, 我们今后仍然采取圆柱形来进行讨论。那么, 对于一个球形团簇的均质化情况, 在数学上可以这样处理:

$$\lim_{\lambda \to \infty} \frac{P_{\text{cluster}}^{sc}(\boldsymbol{r}) - P_{\text{cyl}}^{sc}(\boldsymbol{r})}{P_{\text{cyl}}^{sc}(\boldsymbol{r})} = 0. \tag{9.8}$$

由团簇产生的散射声场 $P_{\text{cluster}}^{sc}(\boldsymbol{r})$ 可以用它的 T 矩阵形式进行计算, 它与入射声场和散射声场呈线性关系:

$$P_{\text{cluster}}^{sc}(\boldsymbol{r}) = \sum_q \sum_s T_{qs}^{\text{cluster}} A_s^0 H_q(kr) \mathrm{e}^{\mathrm{i}q\theta}, \tag{9.9}$$

对圆柱体, 则为

$$P_{\text{cyl}}^{sc}(\boldsymbol{r}) = \sum_q \sum_s T_{qs}^{\text{eff}} A_s^0 H_q(kr) \mathrm{e}^{\mathrm{i}q\theta}. \tag{9.10}$$

依照这些关系, 我们可以发现散射场均质化的条件 (9.8) 变成对于下述矩阵单元的条件:

$$\lim_{\lambda \to \infty} \frac{T_{qs}^{\text{cluster}}}{T_{qs}^{\text{eff}}} = 1. \tag{9.11}$$

因为我们正在考虑接近球形的团簇, 因此预期具有相同动态特性的物体也具有圆球的形状。此外, 这里仅考虑嵌入各向同性晶体 (正方形或六边形) 的团簇, 因为各向异性晶体对本方法要求更复杂的分析。换句话说, 我们将仅考虑对角线的 T 矩阵, 或者说, 适合均质条件的系统。因此, 均质化条件

$$\widehat{T}_q^{\text{cluster}} = \widehat{T}_q^{\text{eff}}, \quad q = 0, \pm 1, \pm 2, \cdots, \tag{9.12}$$

式中 $\widehat{T}$ 代表按波数 k 的泰勒级数展开的低阶项的系数。

团簇的 T 矩阵元素是本问题的输入，它们可以用数值方法获得，而且它们依赖于柱体的位置和大小，以及它们的弹性参数。然而，有效类流体元素的 T 矩阵元素是有待确定的声学参数的函数。例如，该对角线元素是

$$\widehat{T}_{00}^{\mathrm{eff}} = \frac{\mathrm{i}\pi R_{\mathrm{eff}}^2}{4}\left[\frac{\rho_b c_b^2}{\rho_{\mathrm{eff}} c_{\mathrm{eff}}^2} - 1\right], \tag{9.13a}$$

$$\widehat{T}_{11}^{\mathrm{eff}} = \frac{\mathrm{i}\pi R_{\mathrm{eff}}^2}{4}\frac{\rho_{\mathrm{eff}} - \rho_b}{\rho_{\mathrm{eff}} + \rho_b}, \tag{9.13b}$$

$$\widehat{T}_{qq}^{\mathrm{eff}} = \frac{\mathrm{i}\pi R_{\mathrm{eff}}^{2|q|}}{4|q|}\frac{1}{(|q|-1)!|q|!}\frac{\rho_{\mathrm{eff}} - \rho_b}{\rho_{\mathrm{eff}} + \rho_b}k^{|q|}. \tag{9.13c}$$

在这个方法中，不仅可以确定有效声学类圆柱体的参数 (体积模量和动态质量密度)，而且还能确定其半径。这三个未知数可以通过式 (9.11) 中的前三个条件得到，但是，在实践中，我们采用下列简单步骤：

● 首先通过施加圆柱体所占的体积比等于晶格体积比的条件，我们得到有效均质圆柱体的半径 R_{eff}。

● 在式 (9.11) 中对角项 $q = 0$ 的条件下，我们求得 $B_{\mathrm{eff}} = \rho_{\mathrm{eff}} c_{\mathrm{eff}}^2$。

● 在式 (9.11) 中对角项 $q = 1$ 的条件下，我们求得 ρ_{eff}。

● 有效声音速度由 $c_{\mathrm{eff}} = \sqrt{B_{\mathrm{eff}}/\rho_{\mathrm{eff}}}$ 决定。

● 条件 $q > 1$ 用于检查先前结果的一致性。

所以，对角线元素 $\widehat{T}_0$ 和 $\widehat{T}_1$ 对于表征基于流体或弹性圆柱体的声学晶体的均质化已足够了。亦已证明 [31] 弹性圆柱体的元素 $\widehat{T}_0$ 和 $\widehat{T}_1$ 与类流体的这两项元素是相等的，只要有效声速为

$$c_a \equiv \sqrt{c_\ell^2 - c_t^2}, \tag{9.14}$$

式中 c_ℓ 和 c_t 分别为实际弹性圆柱体的纵波和横波的声速。

因此，我们根据文献 [27,30] 给出的一般表示式计算由二维二元的固体 (圆柱体) 和流体 (背景) 复合材料组成的声学晶体的均质化参数，其详细推导见原文。这里我们给出两种类型的不同圆柱体组成的声学晶体的结果，因为我们将使用这种混合来构造隐身壳体的层状物质，我们在下节再讨论这个问题。

我们考虑两种半径各为 R_1 和 R_2 的弹性圆柱体置于常数为 a 的立方形晶体中 (见图 9.6 左上方的方格子)。填充因子各为 $f_1 = \pi R_1^2/(2a^2)$ 和 $f_2 = \pi R_2^2/(2a^2)$。如果它们的类流体参数是 ρ_1，B_{a1}，ρ_2，B_{a2}，那么组合的超构流体具有以下参数：

$$\zeta_{\mathrm{eff}} = \zeta_1 f_1 + \zeta_2 f_2, \tag{9.15a}$$

$$\eta_{\mathrm{eff}} = \eta_1 f_1 + \eta_2 f_2, \tag{9.15b}$$

式中 $\zeta_i = (1 - B_b/B_{ai})$ 以及 $\eta_i = (\rho_i - \rho_b)/(\rho_i + \rho_b)$，其中 $i = 1, 2$。另外，$\zeta_{\mathrm{eff}} = (1 - B_b/B_{\mathrm{eff}})$ 以及 $\eta_{\mathrm{eff}} = (\rho_{\mathrm{eff}} - \rho_b)/(\rho_{\mathrm{eff}} + \rho_b)$。

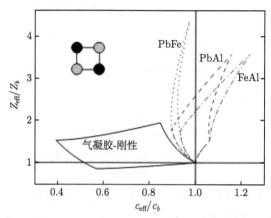

图 9.6　由两种处于背景中的不同的圆柱体构成的声学晶体的声学超构流体的 Z_c 相图。正方形晶体的形状如图中左上方的格子所示，它用来构成各向同性的超构流体。相对声学阻抗 Z_{eff} 和声速 c_{eff} 在给定背景前提下的范围由相同风格的线条表示。计算对应于两种金属以水为背景流体时的组合。另外，还有气体和硬质圆柱体的另一种组合。注意气体和圆柱体的组合使得其阻抗和气体的阻抗完美地匹配。水平线 (垂直线) 对应 $\overline{Z}_{\mathrm{eff}} = 1$ ($\overline{c}_{\mathrm{eff}} = n_{\mathrm{eff}}^{-1} = 1$) 的情况。获 IOP 授权，引自文献 [31]

由以上表示式，我们得到下列有效参数：

$$\frac{1}{B_{\mathrm{eff}}} = \frac{1 - f}{B_b} + \frac{f_1}{B_{a1}} + \frac{f_2}{B_{a2}}, \tag{9.16}$$

$$\rho_{\mathrm{eff}} = \frac{1 + f_1\eta_1 + f_2\eta_2}{1 - f_1\eta_1 - f_2\eta_2}\rho_b, \tag{9.17}$$

$$c_{\mathrm{eff}} = \sqrt{\frac{B_{\mathrm{eff}}}{\rho_{\mathrm{eff}}}}, \tag{9.18}$$

式中 f 是分别由两种圆柱体所占据的总体积，$f = f_1 + f_2$。

结构中包含两种类型的金属带来的好处是通过两种混合圆柱体的参数，例如改变它们的半径，就可以达到改变介质的有效参数的目的，由于我们有两个参数 (f_1 和 f_2)，改变它们我们就可以同时调节 B_{eff} 和 ρ_{eff}。

在文献 [31] 中使用的设计全透明渐变折射率 (GRIN) 透镜的方法是一种声速 $c_{\mathrm{eff}} = c_{\mathrm{eff}}(r)$ 随位置变化的装置，同时，它具有和背景完全匹配的声阻抗 $Z_{\mathrm{eff}} = \rho_{\mathrm{eff}}c_{\mathrm{eff}}$。

为了理解此 GRIN 透镜之所以能工作，让我们看图 9.6，该图给出几种由不同材料制作而成的声学晶体的有效阻抗 Z_{eff} 随 c_{eff} 的变化。计算涉及两类圆柱体

(PbFe，PbAl 和 FeAl) 嵌入水中以及由凝胶和刚性圆柱体构成的声学晶体放置在空气中的结构。在 Z_c 的作图中，对于一个确定的 f，曲线上的每一点都对应于一个 f_1 和 f_2，代表着可能出现的一种超构材料。改变 f_1 和 f_2 得到的同样颜色的曲线代表参数线 $Z_{\mathrm{eff}}(f_1, f_2)$ 和 $c_{\mathrm{eff}}(f_1, f_2)$ 所包括的区域。既然大圆柱体具有半径 $R_1 = a/2$，相应区域的四个顶角对应于 $(f_1 = 0, f_2 = \pi/8)$，$(f_1 = \pi/8, f_2 = 0)$，$(f_1 = \pi/8, f_2 = 0)$，$(f_1 = 0, f_2 = 0)$。最后一种情况总是会位于点 $(1, 1)$。注意，凝胶和刚性圆柱体在空气的组合能创建一种与此时作为背景空气的阻抗完美匹配的超构流体。此外，我们要注意至关重要的是，如果填充因子 (f_1, f_2) 能有宽阔的范围，这种结构就有可能做到对空气而言是声透明的但是具有不同的折射率。因此，这种组合被用来设计前面叙述过的 GRIN 透镜。最近先后有两个验证此透镜效果的相关工作刊出，虽然其阻抗和背景不完全匹配 [10,18]。

据此可类似地采用两类圆柱体来有效构成隐身斗篷两个不同性质层体 A 和 B。这是 9.4 节要讨论的主题。

9.4 实施含声学晶体的声学隐身

我们在 9.2 节描述了由两种各向同性流体的材料 A 和 B 间隔在一起制成的隐身壳体，得到了所需的质量各向异性的结构。这里我们将确定所需特性，并介绍如何通过声学晶体得到这种特性。

我们必须求解下面的系统方程：

$$\rho_r(r) = \frac{1}{d_A + d_B}(d_A \rho_A + d_B \rho_B), \tag{9.19a}$$

$$\rho_\theta^{-1}(r) = \frac{1}{d_A + d_B}(d_A \rho_A^{-1} + d_B \rho_B^{-1}), \tag{9.19b}$$

$$B^{-1}(r) = \frac{1}{d_A + d_B}\left[\frac{d_A}{B_A} + \frac{d_B}{B_B}\right], \tag{9.19c}$$

首先，做一个简化假设，即两层的厚度相等：$d_A = d_B = d/2$，并且假设其中的声速也相等：$c_L = c_A = c_B$，尽管它们的密度不同。这样变量保留到只有三个：层密度 ρ_A，ρ_B 和它们共同的声速 c_L。方程 (9.19a) ~ 方程 (9.19c) 现在成为

$$\rho_r(r) = \frac{1}{2}(\rho_A + \rho_B), \tag{9.20a}$$

$$\rho_\theta^{-1}(r) = \frac{1}{2}(\rho_A^{-1} + \rho_B^{-1}), \tag{9.20b}$$

$$c_L(r) = \sqrt{\frac{B(r)}{\rho_\theta(r)}} \tag{9.20c}$$

上述方程中的最后一个直接来自于体模量的定义 $B_A = \rho_A c_A^2$ 和 $B_B = \rho_B c_B^2$。于是，前面的两个方程提供了层密度的解：

$$\rho_A(r) = \rho_r(r) + \sqrt{\rho_r^2(r) - \rho_r \rho_\theta}, \tag{9.21a}$$

$$\rho_B(r) = \rho_r(r) - \sqrt{\rho_r^2(r) - \rho_r \rho_\theta}, \tag{9.21b}$$

这些表示式和式 (9.20c) 一起描述了组成隐身壳体的两层材料的所需参数 (见图 9.4)，所形成的隐身效果可以证明式 (9.1a)~ 式 (9.1c) 的相关结论。多重散射数值模拟方法 [3-5] 证实了所提出的多层隐身斗篷的性能。硬质圆柱体二维的总压力场分布图如图 9.7 所示，它是由复数振幅 p 的实数部分决定的。这对应的情况是半径为 R_1 的硬质圆柱体被半径为 R_2 的隐身壳体所包围。点声源放置在斗篷表面附近，它所辐射声场的波长为 $\lambda = R_1/2$。隐身壳体是由 50 组由两种材料 A 和 B 叠加为厚度 $d = d_A + d_B = d/2 + d/2$ 的双层结构形成的。隐身壳体的效果是明显的；包围目标物体的隐身壳体内的声场产生了预期的变化，而壳体外的声场也重新建构了；如果增加层的数目，隐身的性能会变得更好。当入射的声波是平面波时，所形成的声场发布见文献 [29] 的报道。

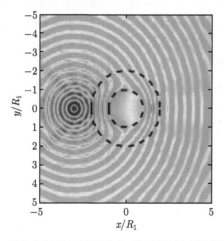

图 9.7 刚性圆柱体用 50 层隐身材料包围后被点声源激发的声波激励形成的散射声场的压力图 (幅度)。刚性圆柱体置于坐标中间，隐身壳体的半径是圆柱体半径的两倍 ($R_2 = 2R_1$)。发射声场的波长是 $\lambda = R_1/2$ (彩图见封底二维码)

分析隐身效果与构成壳体的层数目的关系是饶有趣味的。这种效果的分析对于简化隐身壳体的制造也是很重要的。背向散射场是表征隐身壳体性能的典型参数，它的对数刻度和层数目的关系图见图 9.8。注意，正好 50 对双层结构，背向散射场在宽的频带范围内与硬质圆柱体在无隐身壳体包围的情况相比可以相差一个数量级以上。其他有趣的现象 (例如穿透壳体的隐身) 将不在这里讨论, 但类似于我们预期的结果可以在文献 [5] 中找到。

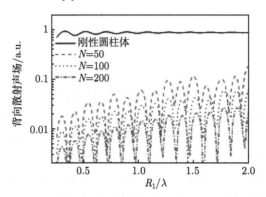

图 9.8　用隐身壳体 (如图 9.4 所示) 包围着刚性圆柱体的背向散射声场的频率响应。N 是结构中的层数。无隐身壳体时刚性圆柱体的结果用连续线表示。获 IOP 授权, 引自文献 [29]

9.4.1　用声学晶体工程实现超构流体

亦已证明可以通过一组 N 个双层结构准确地获取声学隐身所需声学参数, 每层都由两种各向同性的材料 A 和 B 组成, 而且它们的参数都满足式 (9.21a) 和式 (9.21b)。这里, 我们表明所需要的超构流体可以通过声学晶体在工程上得以实现, 图 9.5 所示的人造结构及其整体均质化的性能已经在 9.3 节中讨论过。

我们假设超构流体 A 和 B 由两组参数为 $(\rho_{A\alpha}, c_{A\alpha})$ 和 $(\rho_{A\beta}, c_{A\beta})$ 的圆柱体 A 及 $(\rho_{B\alpha}, c_{B\alpha})$ 和 $(\rho_{B\beta}, c_{B\beta})$ 的圆柱体 B 组成。超构流体 A 和 B 的参数可以在制造过程中通过改变填充因子 $f_{A\alpha}$, $f_{A\beta}$, $f_{B\alpha}$ 及 $f_{B\beta}$ 来调节。

因此,

$$\frac{1}{B_A} = \frac{1 - f_{A\alpha} - f_{A\beta}}{B_b} + \frac{f_{A\alpha}}{B_{A\alpha}} + \frac{f_{A\beta}}{B_{A\beta}}, \tag{9.22a}$$

$$\eta_A = \eta_{A\alpha} f_{A\alpha} + \eta_{A\beta} f_{A\beta}, \tag{9.22b}$$

$$\frac{1}{B_B} = \frac{1 - f_{B\alpha} - f_{B\beta}}{B_b} + \frac{f_{B\alpha}}{B_{B\alpha}} + \frac{f_{B\beta}}{B_{B\beta}}, \tag{9.22c}$$

$$\eta_B = \eta_{B\alpha} f_{B\alpha} + \eta_{B\beta} f_{B\beta}, \tag{9.22d}$$

这里 $\eta_i = (\rho_i - \rho_b)/(\rho_i + \rho_b)$ 中的 i 可以是 A 也可以是 B。

图 9.9 表示的 $(\rho_{\text{eff}}, c_{\text{eff}})$ 相图与 9.3 节中讲到的 $(Z_{\text{eff}}, c_{\text{eff}})$ 参数类似。该图对应由表 9.1 中给出的材料参数制成的圆柱体。相同颜色的线所包括的区域对应超构流体参数 $(\rho_{\text{eff}}, c_{\text{eff}})$ 所能涵盖的区域, 我们只需更改在复合体中所使用材料的填充因子就可以在工程上实现上述超构流体。例如, 该虚线围成的区域指的是对于超构

流体成分 A 使用两种材料 $A\alpha$ 和 $A\beta$ 通过调整填充因子可以实现的参数范围。在此区域内，直线代表为了实现隐身对 A 所需要的参数范围 $(\rho_{\text{eff}}, c_{\text{eff}})$。因此，通过式 (9.21a)、式 (9.21b) 和式 (9.20c) 描述的 A 的参数可以通过表 9.1 中的两种材料 $A\alpha$ 和 $A\beta$ 得以完全实现。对于材料 B 的情况，在图 9.9 中的直线代表实现隐身所需要的变化范围。表 9.1 只是用在隐身斗篷壳结构中为实现声学超构流体所需材料参数的一种可能。为了在实际操作中实现隐身，应该选择匹配得更好的材料。

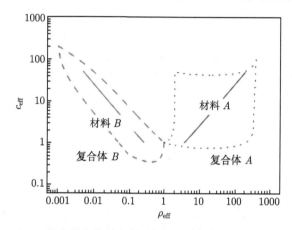

图 9.9　表明材料 A 和 B 的声学参数的相图可以仅使用两种不同材料实现。直线代表材料 A 和 B 所需的数值范围。包含两直线的围线则对应两种情况下声学晶体可以实现的参数范围。获 IOP 的授权，并引自文献 [29]

表 9.1　组成超构材料的组分的声学参数。第三列是弹性圆柱体的有效声速 $c = \sqrt{c_\ell^2 - c_t^2}$，式中 c_ℓ 和 c_t 代表纵波和横波的速度

材料	ρ/ρ_b	c/c_b
A_α	400	100
A_β	2	50
B_α	0.1	0.5
B_β	0.001	200

我们注意到目前的二维声学斗篷可以推广到三维，其中相应的隐身壳体的参数条件见最近的相关文献 [8,12]。然后，通过类似的方法，我们预见到相应的 3D 外壳可以通过多层的两种不同的各向同性材料来实现，因此，工程上可能设计成由不同弹性材料制成的球体。

9.4.2　利用沟槽结构实现超构流体

声波晶体斗篷的制造有一个主要缺点: 它在实际制造时需要处理大量的圆柱

体。另外，这种结构由于损耗会带来很大的声衰减。我们这里提出取代这种由不同动态质量密度的两种类流体材料制成的多层结构的方法。所提出的 2D 多层流体–流体结构是在一个铝质波导平面上获得的，它呈沟槽圆环形的腔体结构，如图 9.10 所示。在腔内设有两个高度为 h_1 和 h_2 以及宽度为 d_1 和 d_2 的交叠区。作为一级近似，在描述高度不连续的波导中，可以假定区域 1 和 2 对应两个不同的流体但是具有和背景介质相同的声速 (即 $c_1 = c_2 = c_b$)，其质量密度关系为 [1]

$$\frac{\rho_1}{\rho_2} = \frac{h_2}{h_1}. \tag{9.23}$$

该表达式仅对于基本模式是成立的。虽然考虑倏逝波模式的耦合后可以获得更精确的结果，但是基于式 (9.23) 的简化处理对于我们已经足够了。

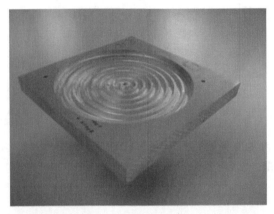

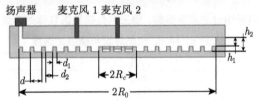

图 9.10　制作和进行声学表征的样品。周期性的沟槽状分布具有周期性流体–流体结构的性能。下图是用于表征的实验装置。谐波激励用来测定该人造结构所定义的超构流体的有效参数。获美国物理学会的授权并引自文献 [32]

多层结构考虑为由高度为 h_1 和 h_2 组成的两个交替空气区域。铝在这里只是作为一个容器，并且由于与空气相比存在巨大的阻抗失配，因此可以认为在铝板内部没有任何声的传播。然后，例如在图 9.10 所示的沟槽结构，可以考虑是由两种交替材料组成的圆柱形的周期性多层结构，其中的一种是宽度为 $d_1(d_2)$ 而声学参数中质量密度为 ρ_1，体模量为 $B_1(\rho_2, B_2)$ 的匀质各向同性的流体。当频率非常低时，这种结构呈现出各向异性的类流体的特性，其有效参数由式 (9.19a) ~ 式 (9.19c)

决定:

$$\rho_r = \frac{1}{d}[d_A\rho_A + d_B\rho_B] = \frac{\rho_1}{d}\left[d_1 + d_2\frac{h_1}{h_2}\right], \tag{9.24a}$$

$$\rho_\theta^{-1} = \frac{1}{d}[d_A\rho_A^{-1} + d_B\rho_B^{-1}] = \frac{\rho_1^{-1}}{d}\left[d_1 + d_2\frac{h_2}{h_1}\right], \tag{9.24b}$$

$$B^{-1} = \frac{1}{d}[d_A B_A^{-1} + d_B B_B^{-1}] = \frac{\rho_\theta^{-1}}{c_b^2}, \tag{9.24c}$$

式中 A 和 B 现在用 1 和 2 代表, 它们的厚度分别为 h_1 和 h_2。最后的表示式是通过 $B_i = \rho_i c_i^2$ 以及 $c_1 = c_2 = c_b$ 得到的。

介质内的声传播决定于声速的径向分量 c_r 和各向异性因子 γ:

$$c_r^2 \equiv B/\rho_r = c_b^2 \frac{d^2}{\left[d_1 + d_2\dfrac{h_1}{h_2}\right]\left[d_1 + d_2\dfrac{h_2}{h_1}\right]}, \tag{9.25}$$

$$\gamma^2 \equiv \rho_r\rho_\theta^{-1} = \frac{1}{d^2}\left[d_1 + d_2\frac{h_1}{h_2}\right]\left[d_1 + d_2\frac{h_2}{h_1}\right]. \tag{9.26}$$

由这些关系, 我们不难发现声速的角向分量:

$$c_\theta = \gamma c_r = c_b. \tag{9.27}$$

为了验证这些预言, 我们制作了四个样本, 它们的声学特征化与图 9.10 相似。所有样品具有相同的空腔半径 $R_0 = 52\text{mm}$, 相同的层厚 $d_1 = 2\text{mm}$, $d_2 = 4\text{mm}$, 区域 2 中相同的高度 $h_2 = 7\text{mm}$。样品之间唯一不同的参数是区域 2 的高度 $h_1=2\text{mm}$, 3mm, 4mm 和 7mm (分别对应于样品 1, 2, 3 和 4)。注意, 样本 4 的高度 $h_1 = h_2 = 7\text{mm}$, 这使得它成为各向同性的圆柱形腔体, 以便获得背景声速度 c_b。

建立的实验装置示于图 9.10 的下方: 扬声器通过在上方钻的洞去激发腔体内的声场。两个麦克风用来测量被激发的声场; 麦克风 1 位于 $r = 0$, 麦克风 2 位于 $r \neq 0$ 的位置。激励的声场是一个覆盖范围为 1.5~5.5kHz 的白噪声, 因为不同样品的基本谐振频率都在这个频率范围内。事实上, 较大的高度即 $h_2 =7\text{mm}$, 从而使得直到频率 $\nu_c \approx 25\text{kHz}$, 所有样品中的传播模式都无法形成沿 z 方向的不同声场分布 (该频率比最大工作频率 $\nu_{\max}=5\text{kHz}$ 还要大)。因此, 该结构可视为二维结构。

声学特征值由腔体内测量的共振频率组成 [32]。单极模式用于获得声速的径向分量 c_r, 而那些高阶模式被用来推导出各向异性因子 γ。声速的角分量 c_θ 是通过式 (9.28) 得到的。

测量的结果汇总于图 9.11, 而且可以确认圆形沟槽结构确实起到了各向异性质量密度的流体状的作用。因此, 这些人造结构是具有质量各向异性的类流体的特性，适合制作声学隐身斗篷的物件。如果局部改变沟槽的高度，那么就达到调整局部质量密度的目的。不幸的是，根据图 9.11，大的动态质量密度利用这个方法是不可能的。然而，在 9.5 节我们将讨论如何通过使用 "非理想" 隐身物避免 ρ_r 出现大的较为发散的数值。

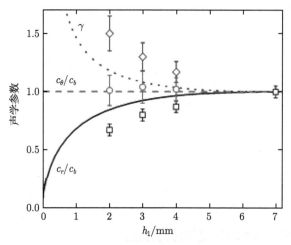

图 9.11　有误差标志的数据代表与背景 (圆圈状和方块状的误差符号) 有关的声速张量分量的实验数据，而钻石状的误差标志代表各向异性因子的实验数据。线条表示对应的理论值。获美国物理学会的授权并引自文献 [32]

9.5　实际制作声学隐身斗篷时遇到的问题

在前面的章节中已经证明，原则上声学斗篷可以通过适当地选择弹性参数的圆柱体多层外壳得以实现。这种结构解决了一开始看似不可能的实现各向异性的又非匀质类流体的壳体问题。

除去质量的各向异性以及参数的非同质性外，另一个参数，声速张量的角分量 ρ_θ 也很难实现。但是，通过检查 c_θ 我们发现它总是高于背景声速 c_b，

$$c_\theta^2 = \frac{B}{\rho_\theta} = \left(\frac{b-a}{a}\right)^2 \left(\frac{r}{r-a}\right)^2 c_b \geqslant c_b. \tag{9.28}$$

在图 9.2 中，我们看到了这个函数的变化情况。它表明在层 A 或层 B(或者两者同时) 中的声速必须比背景材料的声速高。作为各向同性层声学参数的函数，声速张量的角分量 c_θ 满足

$$c_\theta^2 = \frac{\delta \rho_A^{-1} + (1-\delta)\rho_B^{-1}}{\delta B_A^{-1} + (1-\delta)B_B^{-1}} \geqslant c_b^2, \tag{9.29a}$$

式中 $\delta = \mathrm{d}A/\mathrm{d}$ 以及 $1 - \delta = \mathrm{d}B/\mathrm{d}$。该式表示

$$\frac{\delta}{\rho_A}(1 - c_b^2/c_A^2) + \frac{1 - \delta}{\rho_B}(1 - c_b^2/c_B^2) \geqslant 0. \tag{9.29b}$$

显然，这种条件只有在 c_A 或 c_B 比 c_b 大的情况时才能够满足。这是实现声学隐身壳的难点之一。原则上，没有对于声学材料声速的限制 (也许这种限制存在于电磁材料)，但是，如果背景介质材料是水，则很难找到比水中声速更高的材料，反之，如果背景是空气，则很难把材料和背景之间的声阻抗匹配起来。此外，对材料既要求有高的声速，又有要求有低的质量密度，这对普通材料来说是特殊而难以实现的性质。这是由于当我们靠近物体表面时，ρ_θ 趋近于零，因此我们需要非常轻的层体，但是体模量变成一个离散的数值，于是

$$\frac{1}{B} \sim \frac{1}{\rho_B c_B^2} \to 0, \tag{9.30}$$

这又显得不可能，除非 c_B^2 趋向 ∞ 比 ρ_B 趋向零更快。

采用多层壳体结构可以避免发散的问题。事实上，多层壳体可以有一个达到所需性能的最小层数。因此，虽然壳体要求在目标物体表面有一个离散的材料特性，一个分立的多层壳体并非如此。

当层数 N 给定时，层间的距离将会是

$$d = \frac{R_2 - R_1}{N}, \tag{9.31}$$

第 n 层的位置定义为

$$r_n = R_1 + (n - 1/2)d, \tag{9.32}$$

所以，最靠近目标物体表面的一层位于

$$r_{\min} = R_1 + d/2. \tag{9.33}$$

仰仗于我们的结构 (图 9.12)，声学参数是不离散的，但是它们的数值是奇特的:

$$\rho_r^{\max} \approx \frac{2R_1}{d}\rho_0, \tag{9.34a}$$

$$\rho_\theta^{\min} \approx \frac{d}{2R_1}\rho_0, \tag{9.34b}$$

$$B^{\max} \approx \left(\frac{R_2 - R_1}{R_2}\right)^2 \frac{2R_1}{d} B_0. \tag{9.34c}$$

较小的距离 d(或较大的层数 N) 表现出更好的隐身壳体的行为，但也使得材料的声学参数变得更加极端。在进行任何设计时，我们的目标是在正确的层数和材料声学实现可行性之间寻求一个平衡。

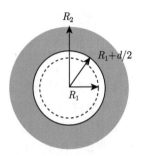

图 9.12　隐身壳体要求在隐藏的目标物体附近的声材料特性具有巨大的离散性。对于小型目标，通过适当的设计可以避免对巨大发散性的要求。得到的壳体是 "非完美" 的，但是能够达到极大减小散射截面的结果。不完美隐身这里用 $R_1 + d/2 \leqslant r \leqslant R_2$ 的灰色区域来表示

虽然可以通过基于声学晶体均质化实现超构流体的声学斗篷，但是在工程上实现所需的声学参数是不容易的，这主要是因为在壳体附近所需参数的发散性。所提出的简化斗篷的离散本质使得所需求的参数发散变得较小，但是为了使壳体具有更好的功能，层数就比较大，于是这类超构流体在工程上就变得越来越难制造。此外，和圆柱体散射联系在一起的损耗也日益成为需要解决的问题，因为这会导致透射声能量非常小。这个问题正是我们实验室里当前的研究课题。

9.6　总　　结

声学隐身是一种先进的类流体装置，可望达到理想的隐身目的。通过采用所谓的超构流体的人造结构，使之声学参数具备三种特性并在设计中一步一步地实现。首先，壳体必须具有各向异性的质量密度和体模量。其次，声学参数也是非均质的，也就是说，参数与目标物体和壳体之间的距离有关。最后，靠近目标物体的表面时，声学参数变得发散，也就是说，相对于背景参数而言它们呈现出无穷大的值或者零值。

具有各向异性的质量密度的类流体材料是通过使用两种同质流体并采用多层弹性圆柱体阵的方法得到解决的。另外，质量的各向异性可以通过使用径向沟槽状的表面结构获得。亦已表明在这两种情况下，对波长比圆柱之间或沟槽之间的典型间距大时，这些结构可以视为均质类流体物质。

此外，如果圆柱体或沟槽式结构的特性可以根据给定的方程局部地加以改变，就可以获得在隐身壳体中所需的特定径向分布的声参数，从而解决了声学隐身斗篷的不均匀性问题。然而所需参数的发散性不容易解决。非完美斗篷是一种解决方案，可以用来对较小的物体实现隐身，其中可以避免参数发散。尽管其效果并非完全理想的，却可以有效地减小散射，可能在一些实际应用中起作用。

致谢   作者得到美国海军研究实验室 (批准号 N000140910554) 和西班牙科学与创新部 [TEC 2010-19751 和 CSD2009-0066(CONSOLIDER 项目)] 的部分财政支持。D. T. 还要感谢巴伦西亚理工大学 (UPV) 的 2010 国际优秀学校项目提供的合同的支持。

参 考 文 献

[1]   Bradley, C.E.: Time-harmonic acoustic Bloch wave-propagation in periodic wave-guides. 1. Theory. J. Acoust. Soc. Am. **96**, 1844–1853 (1994)

[2]   Brun, M., Guenneau, S., Movchan, A.B.: Achieving control of in-plane elastic waves. Appl. Phys. Lett. **94**, 061903 (2009)

[3]   Cai, L.W.: Multiple scattering in single scatterers. J. Acoust. Soc. Am. **115**, 986–995 (2004)

[4]   Cai, L.W., Sánchez-Dehesa, J.: Acoustical scattering by radially stratified scatterers. J. Acoust. Soc. Am. **124**, 2715–2726 (2008)

[5]   Cai, L.W., Sánchez-Dehesa, J.: Analysis of Cummer-Schurig acoustic cloaking. New J. Phys. **9**, 450 (2007)

[6]   Cervera, F., Sanchis, L., Sánchez-Pérez, J.V., Martínez-Sala, R., Rubio, C., Caballero, D., Sánchez-Dehesa, J.: Refractive acoustic devices for airborne sound. Phys. Rev. Lett. **88**, 023902 (2002)

[7]   Chen, H., Chan, C.T.: Acoustic cloaking and transformation acoustics. J. Phys. D, Appl. Phys. **43**, 11301 (2010)

[8]   Chen, H., Chan, C.T.: Acoustic cloaking in three dimensions using acoustic metamaterials. Appl. Phys. Lett. **91**, 183518 (2007)

[9]   Cheng, Y., Yang, F., Xu, J.Y., Liu, X.J.: A multilayer structured acoustic cloak with homogeneous isotropic materials. Appl. Phys. Lett. **92**, 151913 (2008)

[10] Climente, A., Torrent, D., Sánchez-Dehesa, J.: Acoustic metamaterials for new twodimensional sonic devices. Appl. Phys. Lett. **9**, 323 (2010)

[11] Cummer, S.A., Schurig, D.: One path to acoustic cloaking. New J. Phys. **9**, 45 (2007)

[12] Cummer, S.A., Popa, B.-I., Schurig, D., Smith, D.R., Pendry, J., Rahm, M., Starr, A.: Scattering theory derivation of a 3D acoustic cloaking shell. Phys. Rev. Lett. **100**, 024301 (2008)

[13] Farhat,M., Guenneau, S., Enoch, S.: Ultrabroadband elastic cloaking in thin plates. Phys. Rev. Lett. **103**, 024301 (2009)

[14] Farhat, M., Guenneau, S., Enoch, S., Movchan, A.B.: Cloaking bending waves propagating in thin elastic plates. Phys. Rev. B **79**, 033102 (2009)

[15] Greenleaf, A., Lassas, M., Uhlmann, G.: On nonuniqueness for Calderon's inverse problem. Math. Res. Lett. **10**, 685–693 (2003)

[16] Leonhard, U.: Optical conformal mapping. Science **312**, 1777–1779 (2006)

[17] Krokhin, A.A., Arriaga, J., Gumen, L.: Speed of sound in periodic elastic composites. Phys. Rev. Lett. **91**, 264302 (2003)

[18] Martin, T., Nicholas, M., Orris, G., Cai, L.W., Torrent, D., Sánchez-Dehesa, J.: Sonic gradient index lens for aqueous applications. Appl. Phys. Lett. **97**, 113503 (2010)

[19] Mei, J., Liu, Z., Wen, W., Sheng, P.: Effective mass density of fluid-solid composites. Phys. Rev. Lett. **96**, 024301 (2006)

[20] Milton, G.M., Briane, M., Willis, J.R.: On cloaking for elasticity and physical equations with a transformation invariant form. New J. Phys. **8**, 248 (2006)

[21] Norris, A.N.: Acoustic metafluids. J. Acoust. Soc. Am. **125**, 839–849 (2009)

[22] Pendry, J.B., Li, J.: An acoustic metafluid: Realizing a broadband acoustic cloak. New J. Phys. **10**(11), 115032 (2008)

[23] Pendry, J.B., Schurig, D., Smith, D.R.: Controlling electromagnetic fields. Science **312**, 1780–1782 (2006)

[24] Popa, B.I., Cummer, S.A.: Design and characterization of broadband acoustic composite metamaterials. Phys. Rev. B **80**, 174303 (2009)

[25] Schoenberg, M., Sen, P.N.: Properties of a periodically stratified acoustic half-space and its relation to a Biot fluid. J. Acoust. Soc. Am. **73**, 61–67 (1983)

[26] Schurig, D., Mock, J.J., Justice, B.J., Cummer, S.A., Pendry, J.B., Starr, A.F., Smith, D.R.: Metamaterial electromagnetic cloak at microwave frequencies. Science **314**, 977–980 (2006)

[27] Torrent, D., Håkansson, A., Cervera, F., Sánchez-Dehesa, J.: Homogenization of twodimensional clusters of rigid rods in air. Phys. Rev. Lett. **96**, 204302 (2006)

[28] Torrent, D., Sánchez-Dehesa, J.: Anisotropic mass density by two-dimensional acoustic metamaterials. New J. Phys. **9**, 023004 (2008)

[29] Torrent, D., Sánchez-Dehesa, J.: Acoustic cloaking in two dimensions: A feasible approach. New J. Phys. **10**, 063015 (2008)

[30] Torrent, D., Sánchez-Dehesa, J.: Effective parameters of clusters of cylinders embedded in a non viscous fluid or gas. Phys. Rev. B **74**, 224305 (2006)

[31] Torrent, D., Sánchez-Dehesa, J.: Acoustic metamaterials for new two-dimensional sonic devices. New J. Phys. **9**, 323 (2007)

[32] Torrent, D., Sánchez-Dehesa, J.: Anisotropic mass density by radially periodic fluid structures. Phys. Rev. Lett. **105**, 174301 (2010)

[33] Tretyakov, S.: Analytical Modeling in Applied Electromagnetism. Artech House, Norwood (2000)

[34] Waterman, P.C.: New formulation of acoustic scattering. J. Acoust. Soc. Am. **45**, 1417–1429 (1969)

第10章 等离子壳层声学隐身斗篷

Michael R. Haberman，Matthew D. Guild，Andrea Alù

摘要 本章介绍了受电磁波领域中等离子体型隐身斗篷启发的、基于消除散射方法的声学隐身斗篷。使用类比的分析方法，我们证明了各向同性和均质的声学超构材料斗篷可在各种场景中以其较宽的带宽实现强散射消除。本章概述了这种方法的物理基础，通过关于几个适当大小的弹性体或流体散射物的数值示例，给出了由此隐身方法得到的反常声散射抑制效应。

10.1 引 言

　　最近对超构材料隐身的研究一直集中在坐标变换方法方面，这方面的内容已经在之前的章节中讨论过。这种方法是由波动方程的数学变换得来的，相应的数学变换将声场中的一个点映射到完全环绕了需被隐藏空间的封闭曲面上。置于相应区域的任意物体不会对入射的声场产生干扰 [23-30]，使任何周围的观察者察觉不到被隐身的目标系统。通过该方法可得到能使入射声波绕过隐身物体区域的材料特性。虽然这在理论上是令人兴奋的，但此方法在实际应用中带来了一些挑战，这些挑战源于对斗篷外边界处与周边介质阻抗匹配的要求以及斗篷内边界的零法向

M. R. Haberman · M. D. Guild
Applied Research Laboratories and Department of Mechanical Engineering, The University of Texas at Austin, Austin, TX, USA

M. R. Haberman
e-mail: haberman@arlut.utexas.edu

M. D. Guild
e-mail: mdguild@arlut.utexas.edu

A. Alù(✉)
Department of Electrical and Computer Engineering, The University of Texas at Austin,
Austin, TX, USA
e-mail: alu@mail.utexas.edu

R.V. Craster, S. Guenneau (eds.), *Acoustic Metamaterials*, Springer Series in Materials Science 166,
DOI 10.1007/978-94-007-4813-2_10,
© Springer Science+Business Media Dordrecht 2013

相速度和极大的切向相速度 [24]。这些要求转化为对材料的特性要求，需由外到内有一个空间梯度分布，同时在其内表面需要有较为极端的参数。此外，这种方法需要斗篷刚度和密度张量满足精确的各向异性取值，使其实现具有相当大的挑战。为了克服这些困难，研究者提出几个近似变换方法 [25-30]，得到以零散射截面为目的的模型，降低了相关要求，提高了使用声学材料实现隐身的可能性。

　　区别于坐标变换声隐身方法的另一种方法称为散射消除方法。Alù 和 Engheta [2,4] 在电磁 (EM) 领域首先引入这种方法的理论框架，可以移植到声学中来。从概念上讲，散射消除方法利用了等离子体的特殊性质，产生了负散射效应，在某种程度上从散射介质中消除了因散射物体存在而产生的干扰。在典型情况下，如圆柱体或球体的情况下，该方法对散射物和隐身斗篷的复合系统可采用经典散射公式描述，通过对相应逆问题的求解，可以确定能在各个方向消除散射的单层隐身层 (或多层隐身层) 特性。这一过程使得隐身层性质可能是宏观均匀并且各向同性的，也许利用已有材料或者简单的复合材料就可以实现 [17,18]。除了对材料特性的要求有所降低，应用于电磁领域的散射消除方法已被证明能够用于宽带电磁波隐身 [2]。可以预期在声学中能够取得类似的结果甚至更好的结果。此外，散射消除方法很容易推广到多层/或各向异性层的情况。因此，它打开了在更大的带宽内以及对不同几何形状物体 [31] 进行隐身的大门。

10.1.1　概述

　　本章论述了 "等离子型" 声隐身设计。10.2 节介绍了散射消除方法的数学框架并应用到球形物体的问题中，它定义了用于评价声学隐身斗篷效果的度量。这一节从散射问题的声场方程着手，研究了一个浸在流体中的由球壳覆盖的球体，如图 10.1 所示。可以在最一般的各向同性情况下得到散射问题的数学描述：假设覆盖弹性球体的弹性壳以及球体都是各向同性的，以及这其中最简单的情况，即两者都是流体的情况。根据此方法得到的方程可用于搜索参数空间并得到所需的声学斗篷。如 10.2 节所述，通过一个搜索算法计算不同的参数模型，最小化复合弹性体的总散射截面从而得到隐身层的参数。在 10.3 节，我们表明双参数区间的隐身材料可支持强鲁棒性的散射消除。第一个参数区间可被视为 "等离子" 区域，斗篷的密度和可压缩性可类比电磁波隐身中所涉及的等离子体超构材料的磁导率和介电常数。等离子区是 EM 散射消除最常研究的情况，因为它已被证明可形成鲁棒性较好的隐身效果 [2]。第二个参数区间是 "反谐振" 区间，产生于隐身层的散射谐振附近，可提供更好的工作带宽但隐身的鲁棒性较差，虽然如此，相关材料能使用自然材料实现。我们对这两种隐身层的物理特性进行了深入分析，并突出了每种类型的优点和缺点。该部分继续采用在 10.2 节描述的方法。分析了几个数值例子，清楚地说明了声散射消除现象。最后，本章以等离子隐身的几个优点和缺点结束讨论，并指出了此声隐身技术在声学中的几个潜在应用场景。

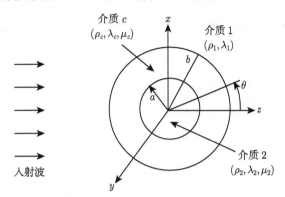

图 10.1　隐身问题的几何结构。介质 1 表示背景流体介质，介质 2 为需要隐身的球体，介质 c 是隐身层。各层密度用 ρ 表示，Lamé 常量用 λ 和 μ 表示

10.2　理论公式和数值计算

可通过一个典型的声波散射问题来引入对等离子体隐身现象的研究，本章中，如图 10.1 所示，研究弹性球外覆盖弹性壳并浸没在流体介质中的情况，如文献 [17,18] 那样。沿 z 方向传播的纵向简谐平面波穿过整个结构。介质的材料密度用 ρ 定义，Lamé 常量用 λ 和 μ 表示，而斗篷内半径和外半径分别记为 A 和 B。这里需要强调的是，几何形状可以是相当任意的，此处如此选择只为简化散射问题和标记。在电磁场的情况中已经证明，对这一理想形状的几何做改变不影响隐身性能，任意形状的物体都可以用类似文献 [31] 中的方法实现隐身。对于各向同性的弹性材料，可用位移势函数 ϕ 和 ψ 及两个解耦的亥姆霍兹方程描述 [1]

$$\nabla^2\phi + \frac{\omega^2}{c_d^2}\phi = \nabla^2\phi + k_d^2\phi = 0, \tag{10.1}$$

$$\nabla^2\psi + \frac{\omega^2}{c_s^2}\psi = \nabla^2\psi + k_s^2\psi = 0, \tag{10.2}$$

式中

$$c_d = \sqrt{\frac{\lambda + 2\mu}{\rho}}, \quad c_s = \sqrt{\frac{\mu}{\rho}}, \tag{10.3}$$

ω 代表角频率，c_d 和 c_s 分别为纵、横波速度，k_d 和 k_s 分别为纵向和横向波数，相应的 μ 与 λ 分别对应材料的 Lamé 常量。注意，λ 在本章中代表 Lamé常量，所有波长用无量纲参数 k_a 表示来避免材料特性和波长之间的混淆。

位移势与位移矢量 $\boldsymbol{u}$ 有关

$$\boldsymbol{u} = \nabla\phi + \nabla \times \boldsymbol{\psi}, \tag{10.4}$$

其中矢量势 $\boldsymbol{\psi}$ 可以写成两个标量德拜势 ψ 和 χ [14]

$$\boldsymbol{\psi} = r\psi\hat{e}_r + \nabla \times (r\chi\hat{e}_r), \tag{10.5}$$

$\hat{e}_r$ 表示在径向方向的单位矢量。考虑到如图 10.1 所示的情况，纵波平面波 $\phi_{\rm inc}$ 沿 z 方向传播，由于对称性 ψ 势为零。因此，本场可由两个标量势 ϕ 和 χ 完整描述。使用这种方法，在各介质中位移势的 Rayleigh 展开由文献 [9] 给出

$$\phi_{\rm inc} = \phi_0 e^{-i\omega t} \sum_{n=0}^{\infty} i^n (2n+1) j_n(k_{d1}r) P_n(\cos\theta), \tag{10.6}$$

$$\phi_1 = \phi_0 e^{-i\omega t} \sum_{n=0}^{\infty} i^n (2n+1) A_n^{(1)} h_n^{(1)}(k_{d1}r) P_n(\cos\theta), \tag{10.7}$$

$$\phi_c = \phi_0 e^{-i\omega t} \sum_{n=0}^{\infty} i^n (2n+1) \times \left[A_n^{(c)} j_n(k_{d,c}r) + B_n^{(c)} n_n(k_{d,c}r) \right] P_n(\cos\theta), \tag{10.8}$$

$$\phi_2 = \phi_0 e^{-i\omega t} \sum_{n=0}^{\infty} i^n (2n+1) A_n^{(2)} j_n(k_{d_2}r) P_n(\cos\theta), \tag{10.9}$$

$$\chi_c = \phi_0 e^{-i\omega t} \sum_{n=0}^{\infty} i^n (2n+1) \times \left[C_n^{(c)} j_n(k_{s,c}r) + D_n^{(c)} n_n(k_{s,c}r) \right] P_n(\cos\theta), \tag{10.10}$$

$$\chi_2 = \phi_0 e^{-i\omega t} \sum_{n=0}^{\infty} i^n (2n+1) C_n^{(2)} j_n(k_{s2}r) P_n(\cos\theta), \tag{10.11}$$

其中 $A_n^{(m)}$, $B_n^{(m)}$, $C_n^{(m)}$ 和 $D_n^{(m)}$ 是 m 介质中第 n 个散射系数。注意，给定的位移势函数 Rayleigh 展开 (10.6)~(10.11) 是计算弹性包层弹性球体声波散射的经典方法，可追溯到 19 世纪 50 年代的文献 [9,10,12-15,19,20]。

在求解这些方程时，为了满足边界条件，首先需要定义各介质中的应力随位移场改变的函数，以确定在介质界面处应力和位移需要满足的方程。对于线性弹性材料，可以通过式 (10.12) 和式 (10.13) 所示的应力–应变和应变–位移关系将应力张量 $\boldsymbol{T}$ 与位移分别联系起来，而位移与位移势的关系由式 (10.14) 给出

$$\boldsymbol{T} = \lambda {\rm tr}(\varepsilon) + 2\mu\varepsilon, \tag{10.12}$$

$$\varepsilon = \frac{1}{2} \left[\nabla\boldsymbol{u} + (\nabla\boldsymbol{u})^{\rm T} \right]. \tag{10.13}$$

在径向弹性界面上的边界条件取决于各介质的性质。对于不同的材料界面，边界条件如下：(i) 固体界面径向和切向应力与位移都必须是连续性的；(ii) 流体–固体界

面要求连续性的径向位移和应力，以及固体界面的零切向应力；(iii) 流体界面的径向应力 (压力) 和径向位移连续。简化的场方程由式 (10.6)~ 式 (10.11) 给出。当其中某一介质不是固体时，可以假设介质的剪切模量 μ 为零并对各式进行简化，消除剪切形变和应力场。

应用式 (10.6)~ 式 (10.11) 的边界条件可得到一个线性方程组

$$\boldsymbol{D} \cdot \boldsymbol{A} = \boldsymbol{r}, \tag{10.14}$$

其中 $\boldsymbol{D}$ 是一个系统矩阵，取决于球体和隐身壳层的几何形状以及各介质的材料性质，$\boldsymbol{r}$ 是入射波的入射向量，$\boldsymbol{A}$ 是含有未知散射系数的向量。当球与壳都是流体时，$\boldsymbol{D}$ 是 4×4 矩阵；当球体是弹性体，壳是流体时，$\boldsymbol{D}$ 是 5×5 矩阵；当球是流体，壳是弹性介质时，$\boldsymbol{D}$ 是 6×6 矩阵；当壳和球都是弹性体时，$\boldsymbol{D}$ 是 7×7 矩阵。固体球和固体壳情况下矩阵 $\boldsymbol{D}$ 和向量 $\boldsymbol{r}$ 的关于材料性质分布以及模型几何信息的分量在文献 [17] 给出，而流体球和流体壳情况可参考文献 [18]，无论此线性系统的确切大小，当介质 1、介质 2 与介质 c 的性质已知时，可以非常直接地通过此方法确定高达 n 阶的散射系数。与 EM 的情况相应，隐身的条件即对周围流体 (介质 1) 中的散射系数的消除。在这种情况下，这个问题就变成搜索介质尺寸和材料属性，使所有散射阶次的散射系数为零，然后可以使用克莱默法则直接计算出相应的散射系数如下：

$$A_n^{(1)} = -\frac{U_n}{U_n + \mathrm{i}V_n}, \tag{10.15}$$

U_n 和 V_n 是由 $\boldsymbol{D}$ 和 $\boldsymbol{r}$ [18] 构成的行列式。该表达式表明对给定模式，散射消除即通过寻找隐身层的属性使 $U_n = 0$，并且 V_n 不等于 0，而 $V_n = 0$ 对应着模态谐振。对于低 ka，以及流体球和壳浸在流体介质中的简单情况，有可能找到流体隐身壳模量和密度的准静态自洽解，使产生明显的散射抑制 [2,9]。在更大 ka 的一般情况下，由于一些多极散射阶次都对物体总的声散射截面有影响，最佳的斗篷参数可利用数值最小化技术得到。使 $A_n^{(1)}$ 最小化的数值计算过程将在下面的 10.2.2 节中更详细描述，其采用的散射强度度量在 10.2.1 节给出。

10.2.1 散射强度的定义与声隐身的方法

采用数值最小化确定隐身层材料的特性，需要定义一个描述整体散射场强度的度量。在本章所报告的工作中，所选择的度量是散射增益 σ_{gain}，将球体 – 斗篷系统散射强度与相同尺寸参考球体的散射场大小联系起来。为了确保有效的数值最小化，并消除因参考对象谐振而导致的误导性的散射增益极小值，选择适当的参考球体是非常重要的。

要正确地确定散射增益，首先需要将式 (10.14) 中的线性系统与声散射强度联系起来。这样，对于一个给定的球–斗篷系统，所有频率下散射系数都可通过反转

式 (10.14) 得到, $\boldsymbol{A} = D^{-1}\boldsymbol{r}$. 然后在式 (10.7) 中根据这些系数通过对每个模式的贡献求和确定周围流体中的总散射压力场 $p_{\rm sc}(r, \theta)$ 的空间分布. 因为动量守恒要求 $p = \rho_1 \omega^2 \phi_1$, 声压幅值通过下式与散射系数相关联:

$$p_{\rm sc}(r, \theta) = \rho_1 \omega^2 \sum_{n=0}^{\infty} A_n^{(1)} (2n+1) {\rm j}_n(k_1 r) {\rm P}_n(\cos\theta), \tag{10.16}$$

其中 ${\rm P}_n(\cos\theta)$ 是勒让德多项式, ${\rm j}_n(k_1 r)$ 是 n 阶第一类球贝塞尔函数, k_1 是周围背景介质中的波数, n 表示 n 阶散射模式. 根据此声压表达式, 径向方向上的散射声强度 $I_{\rm sc}$ 由式 (10.17) 计算出

$$I_{\rm sc}(r, \theta) = p_{\rm sc}(r, \theta)\, \dot{\boldsymbol{u}}(r, \theta) \cdot \hat{\boldsymbol{e}}_r, \tag{10.17}$$

其中 $\dot{\boldsymbol{u}}$ 是介质 1 中位移的时间导数, 由式 (10.4) 给出, $\hat{\boldsymbol{e}}_r$ 是径向方向的单位矢量. 散射强度的这种表达方式可以用来计算总散射截面 $\sigma_{\rm sc}$ [28]

$$\sigma_{\rm sc} = \int_S \frac{\langle I_{\rm sc} \rangle}{\langle I_{\rm inc} \rangle} {\rm d}S, \tag{10.18}$$

其中 S 代表一个包含了隐身对象的完全封闭表面, $\langle\ \rangle$ 表示对括号中物理量的时间平均, $I_{\rm inc} = |p_{\rm inc}|^2/(2\rho_1 c_1)$ 是入射时谐平面波强度. 同样, 一个与被隐身球体具有相同尺寸的未覆盖隐身壳层参考球体的散射截面可以计算得到, 并表示为 $\sigma_{\rm sc}^{({\rm ref})}$. 然后, 散射增益定义为隐身系统与参考球体的散射截面比率:

$$\sigma_{\rm gain} = 10 \log_{10}\left[\frac{\sigma_{\rm sc}}{\sigma_{\rm sc}^{({\rm rigid})}}\right] + 10 \log_{10}\left[\int_S \frac{\langle I_{\rm sc} \rangle}{\langle I_{\rm sc}^{({\rm rigid})} \rangle} {\rm d}S\right]. \tag{10.19}$$

在本章中, 我们采用与隐身对象大小相同的刚性球体作为参考, 而不是隐身对象本身. 如此选择的原因是, 在感兴趣的频率范围内, 由于其尺寸与激发波长可比拟, 一些物体会导致尖锐的模态谐振. 在这样的谐振处, 散射增益可能出现假性极小, 这不一定是由于隐身效果好, 而是因抑制了相关谐振. 通过与一个理想刚性球体的散射作比较, 可解决此问题.

正如一开始所述, 通过散射消除寻找优化的隐身斗篷参数, 可以得到使散射场最小的适当包层. 这是通过寻找适当的材料参数与壳体厚度, 在数值上使式 (10.19) 的散射增益最小而实现的.

为了与其他声隐身的替代方法对比并更好地理解散射消除方法的特殊性, 有必要考虑一个总散射截面中散射系数 $A_n^{(1)}$ 的简化表达式, 首先研究使用散射消除法设计的斗篷. 这种技术的目的是消除问题在给定的频率或在一个频带中的总散射截面. 从前面的章节可知, $\sigma_{\rm sc}$ 通过如下表达式与散射系数以及波数直接关联:

$$\sigma_{\rm sc} = \frac{4\pi}{|k_1|^2} \sum_{n=0}^{\infty} (2n+1) \left| A_n^{(1)} \right|^2. \tag{10.20}$$

根据这种关系结构,可以清楚地看到,仅当所有入射波激发的相关多极模式 $A_n^{(1)} \to 0$ 时 σ_{sc} 才大幅降低。这种方法可确保任何形式激发下、所有角度下和所有观察者眼中,声散射都被抑制。这可与一个更传统的单稳态或双稳态的隐身方法对比,相关方法只需简单地消除特定方向的散射场。作为一个例子,考虑后向散射强度的表达式

$$\sigma_{back} = \frac{4\pi}{|k|^2} \left| \sum_{n=0}^{\infty} (-1)^n (2n+1) A_n \right|^2, \tag{10.21}$$

此式量化了单站探测的有效性程度。根据表达式 (10.21) 可明显看出,当 $\sigma_{back} \to 0$ 时,后向散射场可以消除,此时仅需要在设定频率处求和为 0。条件 $\sigma_{back} \to 0$ 可通过多个不同的方式实现,如入射吸收或匹配技术。然而,这些解决方案通常都会重定向散射到其他方向或在其他方向增强散射场幅值,仅在一个方向抑制散射 (通常在正对传播方向产生大的阴影区域)。相比于条件 $A_n^{(1)} \to 0$,使 $\sigma_{sc} \to 0$ 时任意观察者任意位置的探测达到最小,这显然是一个弱化的要求。

我们还注意到,在诸多的隐身方法中,散射消除与效果显著的坐标变换方法相比,是限制较少的方法。这主要是由于散射消除对斗篷区域内的声场没有要求。而坐标变换方法由于其推导方式,还需要在隐身区域内无任何干扰。在式 (10.7) 和式 (10.11) 散射系数的情况下,散射消除只要求 $A_n^{(1)} \to 0$,如果我们进一步要求 $A_n^{(2)}$,$C_n^{(2)} \to 0$,并且允许隐身层是各向异性且不均匀的,即可得到单一频率下的准坐标变换斗篷。从这个意义上说,坐标变换方法对声场有更多限定,而散射消除的方法也能实现隐身并且对材料参数没有相应的严格要求。此外,要求在隐身区域内声场为 0 根本上制约了斗篷的工作带宽并导制隐身机制中引入频率色散 [5]。

10.2.2 散射场的最小化

声学中散射消除技术的实现需要一个稳定的多维数值最小化方案来搜索隐身层的参数空间,以确定能实现隐身所需的参数取值。在本章中,图 10.2 给出的最小化算法是利用前面章节和参考文献 [17, 18] 中详细描述的散射公式通过 MATLAB 实现的。该方法是一种简单的多变量数值最小化方案,利用矩阵方程 (10.14) 和 (10.20) 确定散射强度并通过使 σ_{sc} 最小找到隐身层参数。需要提供关于隐身层特性的初始猜测,在这种情况下,这些特性包括频率 ka、半径比 b/a、体积模量 κ_c、密度 ρ_c 和泊松比 ν_c,其中对于各向同性的弹性固体 $\nu = \lambda/[2(\lambda+\mu)]$。散射增益 σ_{sc} 通过设计频率处主要的 n 阶散射系数 $A_n^{(1)}$ 来计算。一个采用序列二次规划法 (SQP) 的准牛顿最小化算法用来测试不同的斗篷参数直到使 σ_{sc} 最小化,同时在优化过程中允许对参数值设置约束 [22]。

作者发现,能使优化算法更为高效的初始猜测可以通过计算低 ka 近似下满足散射场为零时的密度和体积弹性模量来确定 [17]。这些值是通过式 (10.22) 和

式 (10.2) 得出的

$$\frac{\kappa_c}{\kappa_1} = \bar{\kappa}\frac{1-\varphi}{\bar{\kappa}-\varphi},\tag{10.22}$$

$$\frac{\rho_c}{\rho_1} = \frac{1}{2\left(1-\varphi\right)}\left[\alpha+\sqrt{\alpha^2+8\bar{\rho}\left(1-\varphi\right)^2}\right],\tag{10.23}$$

常数 α 由下式给定:

$$\alpha = \left(2+\varphi\right)\bar{\rho}-\left(1+2\varphi\right),\tag{10.24}$$

$\bar{\kappa}=\kappa_2/\kappa_1$, $\bar{\rho}=\rho_2/\rho_1$, $\varphi=\left(a/b\right)^3$。当复合球–壳体的壳层为这些参数时,复合体的有效体积模量和有效密度在准静态极限下 [10] 与周围的流体 [33] 相同。然而应该注意的是,对于一些有限的频率处,通过散射最小优化得到的隐身斗篷特性可能会大大不同于这些最初的猜测,此时动态项和高阶多极散射的影响变得显著,甚至在 ka 取值适中时也是这样。

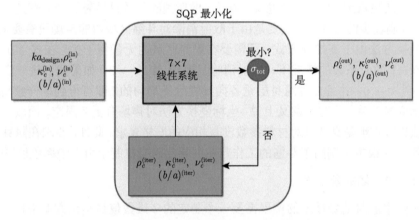

图 10.2 最小化算法的原理图,用于寻找散射消除型斗篷的材料属性以及几何结构的方法

10.3 等离子隐身和反谐振隐身

在下文中我们将给出利用两种完全不同的原理可以得到的对材料参数要求完全不同的散射消除型隐身斗篷。两种参数区间可以分别归类为等离子隐身区间和反谐振隐身区间。本节讨论在以下三种情况下利用这两种参数区间取得声隐身效果的情况: (i) 对刚性球体隐身 (10.3.1 节); (ii) 流体型声隐身 (10.3.2 节); (iii) 各向同性的弹性球体隐身 (10.3.3 节)。在以下的算例中还给出了这些斗篷的详细的物理响应和所需的材料参数,这也是本章的主要着眼点。

10.3.1 固定刚性球体隐身

在有效率地执行散射消除法时的一个主要潜在困难就是在对最小散射截面做数值优化的过程中无法确定所得到的隐身层参数对应的是一个局部最小量还是全局最小量,所得到的结果可能难以实现并且也无法实现较理想的隐身效果。为此,在运行最小值优化代码前需要找到一种可靠且有效率的方法对一些有代表性的参数区间进行初步研究,这样也可以更好地理解散射消除相关的物理现象。一种可能的方法就是保持其他参数不变的情况下画出散射效果对于两个独立隐身参数的二维等高图。图 10.3 给出了这样一个散射效果随壳参数 ρ_c/ρ_1 和 κ_c/κ_1 变化的等高图,其中被覆盖的刚性球体满足 $ka = 0.5$ 而固定的壳厚度与半径比为 $b/a = 1.1$。图中散射的效果用亮度和灰度来表示,亮处表示散射抑制,而暗处表示散射增强。

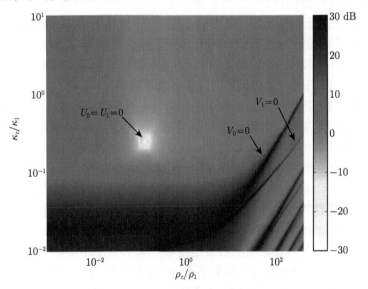

图 10.3 改变斗篷材料参数时,被斗篷层覆盖的刚性圆球散射增益的等高图。
$ka = 0.5$, $b/a = 1.1$。暗色区域对应了散射场被有效减小的材料参数 (彩图见封底二维码)

散射强度的极大和极小与散射系数相关联,根据式 (10.15) 和式 (10.24),即与 $V_n = 0$ 和 $U_n = 0$ 相关联,如图 10.3 的标注所示。我们主要关注对应着散射消除的两个参数区间,第一个区间在低密度比率和高模量比率处,而 $V_0 = 0$ 处球体的第一个谐振模态处相对来说密度更大而模量较小。这个区间的特点是周边没有尖锐的谐振峰,并且形成一个宽阔的散射极小区域。散射极小点在参数空间的位置对应着等离子声隐身的材料特性,这可以与电磁场中的等离子超构材料隐身进行类比 [2,18]。第二个区域处于相对第一个谐振模式的高密度比率和低模量比率处。对于此区间内的材料特性,在壳层中可能会形成尖锐的模式谐振。尽管在这些谐振模式附近散射可能很大, 在这些谐振位置却有可能形成零值点或者反谐振。具有此特性的隐身层可称为反谐振声学斗篷。

等离子区间的概念来源于电磁隐身问题, 相关研究表明具有比自由空间介电常数更小的等离子超常材料可引起局部的反向极化谐振从而显著地抑制特定尺寸物体的散射。在声学领域, 这一现象则对应着密度和模量小于背景流体的材料, 而介质 2 却比周边介质的密度和刚性更大[18]。实际上, 图 10.3 即给出了这样一个隐身区间, 其中隐身壳层的材料参数小于背景介质。在自然界中密度和模量比水更小的材料很多, 这些材料可以构成等离子隐身, 一般来说, 可以将所有的谐振模式转移到更高频率, 从而形成较宽频带内的隐身效果以及较强的散射抑制[18]。电磁等离子隐身由于在隐藏多个物体以及特性有一定偏差的物体时可以形成强鲁棒性的隐身效果而受到广泛关注。

对于图 10.3 所示的等离子型声学斗篷, 利用优化的隐身层特性, 可以分析特定隐身系统散射消除效果随频率的变化关系。根据 10.2 节以及上文中参数的研究可知, 散射消除技术对于给定的 ka 可以得到最优化的隐身层参数使 $A_n^{(1)}$ 为 0。为了突出这一效果, 并进一步分析不同斗篷参数的影响, 下面将对刚性圆球覆盖和不覆盖斗篷两种情况下散射系数的大小进行对比, 研究结果见图 10.4。由图 10.4 中间的图可以明显地看到, 散射消除方法所得到的隐身层参数与单极散射项和偶极散射项为零相关联 (对应 $n = 0$ 和 $n = 1$), 这两个散射项是无斗篷情况下的主要散射成分。优化后的较小的散射场呈现一个残余的四极子 ($n = 2$) 形式, 并且如图 10.4 下图所示, 散射场的散射截面比同样的刚性圆球无斗篷情况下的散射场小 40dB。斗篷的隐身效果以及使用这个动态优化方法的优势可以通过图 10.4 下图进一步说明, 图中给出了 ka 变化到 1 的情况下被隐身刚性圆球的散射消除效果。根据相应的曲线可知, 尽管相应的结果是在单一频率下 ($ka = 0.5$) 优化得到的, 在 $ka = 0$ 到 $ka = 1$ 的全频带可以得到至少 20dB 的散射消除。而在 $ka = 3$, 即目标频率 6 倍频处将无法得到较好的散射消除效果。

在图 10.3 和图 10.4 中给出了给定隐身壳厚度的等离子型斗篷的隐身效果。隐身层材料参数 ρ_c 和 k_c 对壳厚度变化比较敏感, 这样可以通过改变厚度比率来改进隐身效果并在数值上确定 U_0 和 U_1 为零时相应比率的取值。这样就可以得到如图 10.5 所示的优化后的隐身层密度、模量比率随 b/a 的变化关系。在这些最优点处的散射消除效果由图 10.5 下图给出。从这些结果可以很明显看到, 形成斗篷的特性参数随隐身层厚度的变化非常敏感, 对于超薄的隐身层尤其如此。而且所有情况下可以得到的散射抑制都较大, 而可能的情况下一般会使隐身层尽量薄。需要指出的是, 与式 (10.22) 和式 (10.23) 中给出的准静态解 (图中的虚线所示) 相比, 这里的结果几乎互相重叠, 这是由散射体尺寸小所导致的。这表明在低 ka 区域所设计的等离子隐身层能实现非谐振散射消除, 这与准静态相关理论相符。而对于大尺寸物体, 动态散射效应将更加明显, 最后的解将与准静态情况完全不同。利用反谐振的隐身层, 由于是斗篷材料内在的动态响应及其反谐振响应导致了散射消除, 即使在低 ka 区域, 相应的结果也不会趋近于准静态解。还需要指出, 尽管这里 ka 较小, 非谐振等离子隐身也可以类似地在较高的 ka 下实现, 尤其是考虑多层隐身层的情况后, 相关结果将在下文继续讨论。

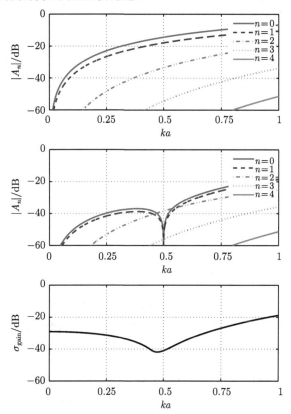

图 10.4 未被隐身 (上) 和被隐身 (中) 刚性圆球的散射系数。隐身情况下的散射增益见下图。隐身层厚度为 $b/a = 1.1$, 并根据 $ka = 0.5$ 时前两阶散射系数进行了优化

(彩图见封底二维码)

10.3.2 可穿透流体球的隐身

在 10.3.1 节中我们讨论了对固定刚性球体的等离子和反谐振隐身特性, 相关内容表明等离子和反谐振隐身一个独特的方面即需要根据被隐身物体专门设计。对于无损耗的流体球, 相关的材料参数可用对周边背景介质的相对密度 ρ_2/ρ_1 和模量 κ_2/κ_1 分别进行完全描述。

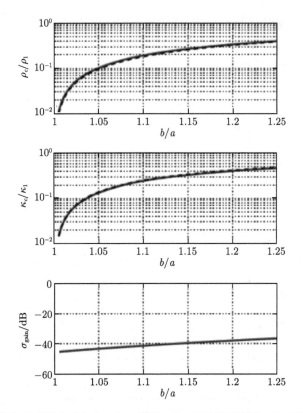

图 10.5　优化的等离子型隐身层密度 (上)、模量 (中) 以及散射增益 (下) 随层厚的变化情况。被隐身刚性圆球满足 $ka = 0.5$。实线为全波计算的结果，虚线为根据准静态近似由式 (10.22) 和式 (10.23) 计算所得的结果

　　与 10.3.1 节讨论类似，为了对任意的流体球构造相应的等离子型斗篷，斗篷层的参数在固定频率和层厚下将会是关于密度 ρ_2/ρ_1 和模量 κ_2/κ_1 的函数。因此可以画出对于任意给定的密度 ρ_2/ρ_1 和模量 κ_2/κ_1 的等离子型超构材料斗篷参数 ρ_c/ρ_1 和 κ_c/κ_1 的二维曲面。比如考虑 $ka = 0.5$ 并且 $b/a = 1.10$ 时的可穿透流体球，其材料参数如图 10.6 所示。在此图中，必要的斗篷层材料参数 ρ_c/ρ_1 (上) 和 κ_c/κ_1 (中) 用灰度变化来表示，小于单位值时为亮色而大于单位值时为暗色。由于需要在较大的范围内对最内部的球参数取值，这里使用了对数坐标尺度。对于给定的 ρ_2/ρ_1 和 κ_2/κ_1，基于散射消除法设计的等离子型斗篷所能得到的最小散射结果由图 10.6 下图给出，散射大小用 dB 给出，参考散射大小为相应相同尺度的刚性球的散射强度。

　　尽管在图 10.6 下图，几乎参数空间的整个区域都能得到 -30dB 以上的散射抑制，在 ρ_2/ρ_1 和 κ_2/κ_1 接近单位值附近有一些区域能得到更加显著的散射抑制。

这个结果是可以预料的，因为当这两个参数为 1 时，即退化为流体球与背景介质一致的情况。当流体球两个材料参数中有一个与背景介质匹配时，显然散射抑制的效果将在 $\rho_2/\rho_1 = 1$ 附近最为明显。

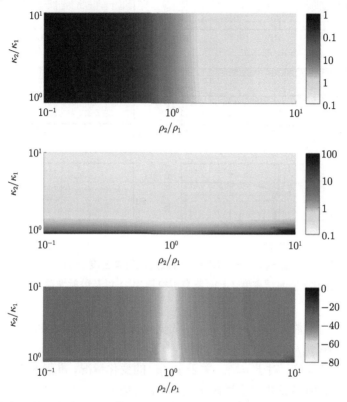

图 10.6　优化的斗篷层密度 (上)、模量 (中) 以及散射增益 (下) 随散射体相对密度和模量的变化关系。相应结果为 $ka = 0.5$ 处斗篷层厚度为 $b/a = 1.10$ 情况下得到的
(彩图见封底二维码)

　　从图 10.6 的上图和中图可知，斗篷层特性变化主要受两个流体球参数中的一个所制约。尤其 ρ_c/ρ_1 的变化主要取决于 ρ_2/ρ_1 的取值，而 κ_c/κ_1 的变化主要受 κ_2/κ_1 的取值所影响。这种特性在此处所考虑的准静态近似是可以预料到的。相关结果直接受局部的体模量和密度所影响。为了进一步分析这一行为，图 10.7 给出了图 10.6 中等高面图的两个切面结果。左图给出了当 $\kappa_2/\kappa_1 = 1$ 时 ρ_c/ρ_1，κ_c/κ_1 以及优化后的增益随 ρ_2/ρ_1 变化关系。相对的，右图给出了保持 ρ_2/ρ_1 取值为 1 不变，相关参数随 κ_2/κ_1 的变化关系。式 (10.22) 和式 (10.23) 所对应的准静态结果已经给出，与全波展开所得结果有所区别。如图 10.7 中图和左图所示，很明显，根据准静态近似得到的壳层密度和模量可以很大地减小散射场，即使在球体和周围

介质参数值相差很大时也是如此，对于较大的 ka 值，必须使用全波展开。

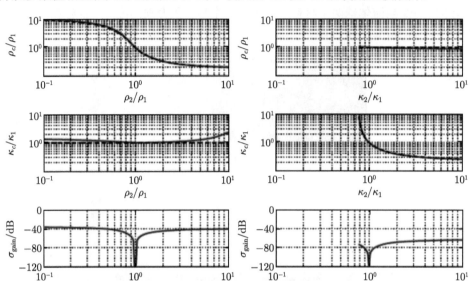

图 10.7   固定散射体模量 $\kappa_2/\kappa_1 = 1$ (左) 或者固定散射体密度 $\rho_2/\rho_1 = 1$ (右)，图 10.6 下图的切面图。分别为隐身层密度 (上)、隐身层模量 (中) 以及散射增益 (下) 的相应结果

当 κ_2/κ_1 为常数时，ρ_c/ρ_1 随 ρ_2/ρ_1 的变化关系与准静态近似结果符合得很好，和预料一样，在 $\rho_2/\rho_1 = \kappa_2/\kappa_1 = 1$ 时，斗篷层密度比率为单位一，此处所产生的散射增益接近负无穷。对于 κ_c/κ_1 关于 ρ_2/ρ_1 的变化情况，准静态近似的结果有类似的变化趋势，但当参数取值远离 ρ_2/ρ_1，尤其是 $\rho_2/\rho_1 \gg 1$ 时，或者 $\rho_2/\rho_1 \ll 1$ 的低自由度情况，这些偏差看起来很小。但对于等离子型斗篷，斗篷特性的一些小的变化都可能会导致所设计频段下结果失效，我们将在 10.3.3 节继续对此进行讨论。

对于图 10.7 右图中 ρ_2/ρ_1 为常数的情况，产生隐身效果所需要的 ρ_c/ρ_1 的变化情况只需要有一点变化即可，这与准静态近似的结果很好地相符。κ_c/κ_1 的变化情况也可以用式 (10.22) 中的准静态表达式较好地给出，当 κ_2/κ_1 值降低时，κ_c/κ_1 值迅速增加。仔细观察相关方程可以找到此现象的原因，这是由于 $\kappa_2/\kappa_1 = (a/b)^3$ 时分母为零。$b/a = 1.10$ 对应着 $\kappa_2/\kappa_1 = 0.7513$ 处。对于小于此值的 κ_2/κ_1，所需要的 κ_c/κ_1 为负数。这将为一个特定物体的隐身带来相当大的挑战。为了解决此问题，并使用 κ_c/κ_1 为正数的材料，一个可能的方案为使用更加厚的壳层，κ_2/κ_1 的临界值与 $(a/b)^3$ 成正比。或者还可以使用反谐振斗篷，此斗篷被证明对水中气泡的情况非常有效，气泡的可压缩比通常比周围介质要高几个数量级。

10.3.3 隐身各向同性的弹性球壳

在很多实际应用中,需要隐身的物体通常是各向同性的弹性体,而非简单流体。对于本章中所考虑的频率范围,背景介质中的声波波长等于或大于物体直径,物体非零切向模量的相关效应并不会显著影响使用单层液态层构成的等离子型斗篷的有效设计。尽管非零切向模量确实会某种程度改变结构的振动模态,相关剪切效应主要存在于 $n = 2$ 阶散射甚至更高阶散射中。为了证明相应情况下等离子型声学斗篷的有效性,作为示例我们研究了一个低 ka 值的弹性球的情况。

为了给出相应情况下等离子隐身方法的鲁棒性,将考虑三种水中的各向同性弹性散射体情况,分别为不锈钢散射体、铝散射体和玻璃散射体。每种情况的材料特性由表 10.1 给出。三种参数分别代表了科技应用中最常用到的材料参数,其密度和弹性模量的取值范围较宽,并且这些材料特性与其周围的水相差很大,因此每一种情况都代表了较强散射强度的物体。

表 10.1　在 10.3.3 节所讨论的被隐身的三种弹性球 [21] 的性能

参数	不锈钢	铝	玻璃
密度 $\rho/(\mathrm{kg/m^3})$	8000	2700	2300
体模量 κ/GPa	170	75	39
泊松比 ν	0.28	0.33	0.24

对于每一种情况,我们分别分析了 $ka = 0.5, 0.75$ 和 1 三个频率下等离子型斗篷的情况。每一材料散射体所对应的等离子型斗篷材料参数见表 10.2,其中斗篷厚度比率为 $b/a = 1.05$。散射大小随 ka 的变化关系由图 10.8 给出。整体来说,所有情况下的等离子型斗篷都呈现出了类似的趋势,在设计频率处至少 30dB 的散射抑制,并在整个较宽的频带内都有明显的散射消除效果。每种情况下在 $ka = 1.5$ 处散射强度都减小了 10~15dB,并且此效果一直延伸到 ka 值为 2.5~3.0 的范围。如这里的结果所示,这些等离子型斗篷的一个重要特性是增加斗篷的层数并不能增加散射的大小,即使带宽延伸到远高于设计频率处。

表 10.2　在 10.3.3 节所讨论的当 $ka = 0.50, 0.75$ 和 1.00 时单流体层等离子层特性

ka	不锈钢			铝			玻璃		
	0.50	0.75	1.00	0.50	0.75	1.00	0.50	0.75	1.00
密度 $\rho/(\mathrm{kg/m^3})$	103.53	98.30	91.28	138.55	129.28	117.25	152.13	141.10	126.86
体模量 κ/MPa	295.85	287.80	276.25	300.83	293.34	282.38	307.41	299.87	288.67

对比几种不同隐身情况下的响应,可以看出与不锈钢的情况相比,铝球和玻璃球得到了更好的散射消除效果。根据前面的章节中对图 10.6 中结果的分析可知,这是由于不锈钢的密度远大于水,并且也几倍于铝和玻璃。对于玻璃以外的两种情

况，在 $ka = 1$ 处继续增加 ka 将导致隐身效果明显破坏。这是由于等离子型斗篷只能消除最低阶的两个散射模式，而当频率增加时，高阶散射模式对最终散射大小的比重将越来越大。而对于玻璃的情况，$ka = 1$ 时频率增加散射消除效果变好是由于所得到的优化参数正好也明显地抑制了四阶散射模式。尽管这不是对于单层等离子型斗篷永远成立的一个普遍结果，确是对于可穿透物体隐身时额外的一个有利效应。

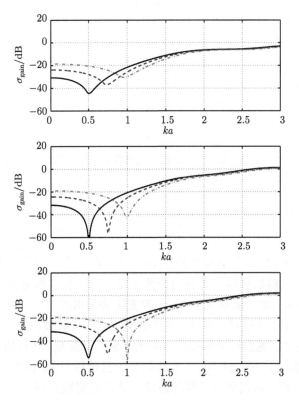

图 10.8　被隐身不锈钢球 (上)、铝球 (中) 和玻璃球 (下) 散射增益随 ka 的变化关系。对于每种情况都给出了三组不同结果，分别是对 $ka = 0.5$ (实线)，$ka = 0.75$ (虚线) 和 $ka = 1$ (点划线) 优化得到的。每种情况的斗篷层材料参数由表 10.2 给出。所有情况下斗篷层厚度比为
$$b/a = 1.05$$

我们一开始已经讨论过，这里优化斗篷效果的标准完全依赖于对系统总的散射大小求最小化值，这是与斗篷–球体系的总散射截面相关联的一个设计方法。尽管这是一个计算所有散射方向上的平均声散射强度值非常有效的方法，并且给出了一个描述特定频率下散射场的单一尺度，此方法不能完全展现出斗篷有效工作的所有物理现象。

　　为了展现此类斗篷的更多特性,有斗篷 (第一行) 和无斗篷 (第二行) 情况下不锈钢球、铝球、玻璃球以及覆盖层和背景介质中总声场的实部由图 10.9 给出。一个时谐的入射平面波由左向右入射,频率 $ka = 1$,这也是斗篷的设计频率。图中的空间尺度 r 用被隐身的球体半径 a 归一化,声压场的大小标度用入射平面波的幅值归一化。等相位线用实线标出,从而突出散射体和斗篷作用于声场的效果。

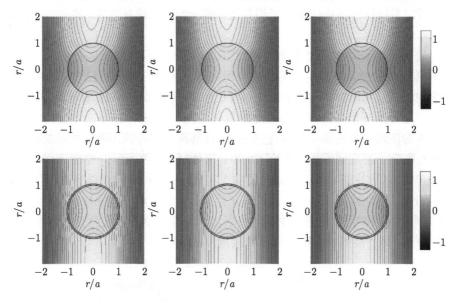

图 10.9　各向同性不锈钢球 (左)、铝球 (中) 和玻璃球 (右) 总声压场的实部。每种情况下,分别给出了无斗篷 (上) 和厚度比为 $b/a = 1.05$ 等离子型斗篷 (下) 的对应结果。入射波为从左至右传播的时谐平面波,声压标度按照入射幅值归一化,$ka = 1$ (彩图见封底二维码)

　　由图 10.9 的第一行中关于无斗篷情况下的结果可清楚地看到入射波对于单一散射体的透射。通过与第二行加了斗篷后的结果相比较,增加的一层等离子型斗篷薄层 (仅球半径的 5%) 有效恢复了周围背景介质中的入射声压场,入射波如图所示,没有干扰地穿透了整个隐身系统。另外还需要说明,我们的斗篷设计标准主要是基于系统的外部散射场消除,坐标变换隐身斗篷和散射消除隐身斗篷的主要区别之一就在于内部散射场的情形,这在图 10.9 中非常明显。图中内部声压场与穿过背景介质的入射声波幅值和相位保持了高度一致。尽管通过坐标变换或者反谐振斗篷都可以在周边流体中获得类似的散射消除结果,其内部的声场结构确是等离子型斗篷所独有的特性。结合各向同性、无谐振以及相对于被隐身球体较薄等特性,此斗篷关于入射场的高保真度可能带来理想声学传感器方面的潜在应用,与电磁波中的相关应用类似,可以在不对周边声场产生干扰的情况下进行探测 [6,7]。

　　另外一个目前还在研究中的实际问题是当使用一个各向同性固体作为等离子型斗篷时球体和斗篷壳之间明显的模式干扰。这是由于周围流体与包覆弹性球体的弹性层之间切向模量失配。正如等离子型斗篷的隐身效果可能很大程度受益于对四极子模式的显著降低和消除，其效果也可能被隐身层非零剪切模量所带来的较大的四极子响应所破坏，即使在低频处也是如此。尽管有此限制，有相关结果表明，可用多层弹性层构成等离子型斗篷，进一步优化隐身效果，消除高阶散射模式 [16]。

　　尽管为了展示导致散射消除的物理原理，前面的示例都限定在低 ka 的区域，依然有必要研究当高阶散射不可忽略时得到等离子型斗篷的可能性。使用多层相互交叠的弹性层和流体层构成的一个可能的示例模型如图 10.10 所示。图中给出了水中由多层等离子型斗篷包裹的铝球的散射情况，斗篷在 $ka = 2.5$ 处优化得到的此频率所对应波长与被隐身圆球直径接近。此等离子型斗篷由两种材料组成：弹性层 (亮色表示)，密度比水大，模量比水小；流体层 (暗色表示)，密度比水小，模量比水大 [16]。这种斗篷可以通过弹性层构造实现，是一种制作声学等离子型斗篷的可实现方案。两种材料以互相间隔的方式排列，由最外端的弹性材料开始，这样的 10 层结构 (5 层弹性层，5 层流体层) 将形成一个总厚度约为被隐身圆球半径 a 的 26% 的斗篷。每一层的材料特性以及壳层厚度由表 10.3 给出。

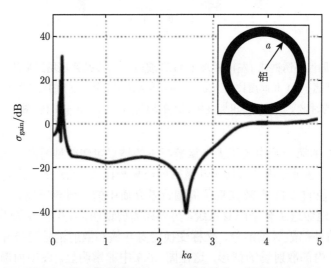

图 10.10　水中铝球覆盖斗篷后散射增益随 ka 的变化情况。等离子型斗篷由 10 层相互交替的弹性层 (亮色) 和流体层 (暗色) 构成。斗篷各材料参数由表 10.3 给出

　　在所设计的 ka 处，得到了约 40dB 的散射抑制，这与图 10.8 中单一流体层斗篷在较低的 ka 处所得到的效果接近。图 10.11 进一步展示了这一散射场消除的效

表 10.3 图 10.10 中多层等离子壳层斗篷性能。壳层的层次从外向内计数。表中壳层的厚度是以被隐身球体半径 a 为参照计算的。壳层的总厚度为 $0.2585a$

材料	密度 $\rho/(\mathrm{kg/m^3})$	体模量 κ/GPa	泊松比 ν
水	1000	2.2	0.50
流体层	251	1.7	0.50
弹性层	10521	0.516	0.25

层次	1	2	3	4	5	6	7	8	9	10
壳厚度/a	0.0078	0.0301	0.0215	0.0344	0.0213	0.0313	0.0202	0.0343	0.0192	0.0385

果，即有无斗篷覆盖情况下水中铝球在设计频率 $ka=2.5$ 处总声压场的实部，根据此图可以清楚地看到时谐的入射波 (由左至右传播) 很明显地被无斗篷覆盖的铝球干扰。加上多层等离子型斗篷后，入射声波几乎无扰动地绕过了铝球。与单层流体等离子型斗篷中所观测到的情况类似，内部波结构与外部的水中入射场保持了高度一致性，两者之间仅仅有一个 180° 的相位差。此相位变化是由于对这个特定模型构造等离子型斗篷时，选择使用了奇数层介质。

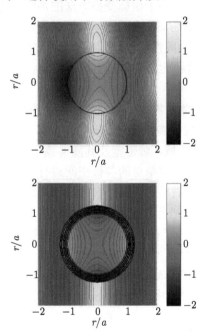

图 10.11 水中铝球无斗篷 (上) 和有斗篷 (下) $ka=2.5$ 时总声压场的实部。等离子型斗篷由 10 层相互交替的弹性层 (亮色) 和流体层 (暗色) 构成。斗篷各材料参数由表 10.3 给出。入射波为从左至右传播的时谐平面波，声压标度按照入射幅值归一 (彩图见封底二维码)

与使用单层介质在低 ka 处取得的散射消除结果类似, 此处的多层等离子型斗篷在一个更宽的带宽内使散射增益降低。在比设计频率更高的区域, 一直到 $ka = 3.5$ 处都有不错的散射消除效果, 一直能保持接近于零的散射增益。在设计频率以下有一个 15~20dB 散射抑制效果的宽带区域, 但与单层流体等离子型斗篷不同, 这一宽带区域不能一直延伸到 $ka = 0$ 的静态极限。此区域有一个低频极限, 在更低频处将由于等离子层和铝球的刚性体位移并形成的切向形变响应而使散射增益增加。相应的结果将是一个低频的偶极子谐振, 如本例中在 $ka = 0.5$ 附近的情形。由于没有任何切向运动模式, 这种效应并不会存在于纯流体构成的斗篷中。尽管图 10.10 中所给出的结果只针对本节所给出的这一特例, 却可以说明等离子型斗篷能够在入射场波长与散射体尺寸接近的情况下对一个参数与背景介质相差很大的散射体提供一个较好的隐身方案。

10.4 总 结

本章通过引入对声波的散射消除方法, 重点分析了两种类型的斗篷设计: 等离子型斗篷和反谐振型斗篷。与基于坐标变换方法的声学斗篷不同, 这两种隐身斗篷是通过约束周边流体中的散射场而得到的, 并不限制声波与散射体的相互作用。散射消除型斗篷可以利用各向同性的匀质层状介质构成。由于入射声场可以与散射体相互作用, 在需要对每种特定散射体进行特殊设计的代价下, 可以得到更好的宽带响应。

本章还从一个刚性球体的等离子型斗篷的设计出发, 给出了对声散射消除方法的详尽论述。通过对相应的参数空间的分析, 表明了其中存在的两种区域, 非谐振的等离子区域和反谐振区域, 对带宽及其随斗篷层厚度的变化情况进行了相应的讨论。根据这一思路, 对可被隐身的参数空间进行了拓展, 考虑了声波可以穿透的流体球的情况。研究了所需要的斗篷层参数随目标流体性质的变化情况, 将相关结果与准静态近似下的情况进行比较, 并对其中一些情况进行预估和判断。但结果表明, 即使在 ka 较低时, 为了得到一个较为理想的等离子型斗篷, 仍需要对此散射物体进行精确的动态求解。

本章最后的部分给出了等离子型斗篷一个实际的可能应用, 详尽地分析了利用单层各向同性匀质材料对水中的不锈钢球、铝球以及玻璃球三种散射体在低 ka 的情况下的等离子型斗篷设计, 对这三种散射体进行隐身具有一定的实际意义, 而本章的相关技术将在此方面有潜在应用。此外, 对于一个水中的铝球还设计了一个 10 层的等离子型斗篷以消除在 $ka = 2.5$ 处的散射场, 结果表明此斗篷在 ka 为 0.3~3 的区间有较好的鲁棒性。这一示例表明, 一般来说, 散射消除型斗篷的设计方法可以通过采用多层结构来在较高的 ka 处取得明显的隐身效果。本章的研究结果对很多应用场合具有实际意义，比如对空气填充的腔体或者水中特定尺度散射体的散射抑制，以及无干扰声场探测。

致谢 得克萨斯大学奥斯汀分校应用研究实验室，通过独立研究和发展项目提供了这项工作的资金。A. Alù 的部分资金来源于 No. ECCS-0953311。

参 考 文 献

[1] Achenbach, J.D.: Wave Propagation in Elastic Solids. North-Holland, Amsterdam (1993)

[2] Alù, A., Engheta, N.: Achieving transparency with plasmonic and metamaterial coatings. Phys. Rev. E **72**, 016623 (2005)

[3] Alù, A., Engheta, N.: Polarizabilities and effective parameters for collections of spherical nano-particles formed by pairs of concentric double-negative (dng), single negative (sng) and/or double-positive (dps) metamaterial layers. J. Appl. Phys. **97**, 094310 (2005)

[4] Alù, A., Engheta, N.: Plasmonic materials in transparency and cloaking problems: Mechanism, robustness and physical insights. Opt. Express **15**, 3318–3332 (2007)

[5] Alù, A., Engheta, N.: Effects of size and frequency dispersion in plasmonic cloaking. Phys. Rev. E **78**, 045602 (2008)

[6] Alù, A., Engheta, N.: Cloaking a sensor. Phys. Rev. Lett. **102**(23), 233901 (2009)

[7] Alù, A., Engheta, N.: Cloaked near-field scanning optical microscope tip for non-invasive near-field imaging. Phys. Rev. Lett. **105**, 263906 (2010)

[8] Alù, A., Engheta, N.: Cloaking a receiving antenna or a sensor with plasmonic metamaterials. Metamaterials **4**, 153–159 (2010)

[9] Baird, A.M., Kerr, F.H., Townend, D.J.: Wave propagation in a viscoelastic medium having fluid-filled microspheres. J. Acoust. Soc. Am. **105**, 1527–1538 (1999)

[10] Berryman, J.G.: Long-wavelength propagation in composite elastic media I. Spherical inclusions. J. Acoust. Soc. Am. **68**, 1809–1819 (1980)

[11] Cummer, S.A., Popa, B.I., Schurig, D., Smith, D.R., Pendry, J.B., Rahm, M., Starr, A.: Scattering theory derivation of a 3d acoustic cloaking shell. Phys. Rev. Lett. **74**, 024301 (2008)

[12] Faran, J.J.: Sound scattering by solid cylinders and spheres. J. Acoust. Soc. Am. **23**, 405–418 (1951)

[13] Gaunaurd, G.C.: Elastic and acoustic resonance wave scattering. Appl. Mech. Rev. **42**, 143–192 (1989)

[14] Gray, C.G., Nickel, B.G.: Debye potential representation of vector fields. Am. J. Phys. **46**, 735–736 (1978)

[15] Greenleaf, A., Lassas, M., Uhlmann, G.: On nonuniqueness for Calderon's inverse problem. Math. Res. Lett. **10**, 685–693 (2003)

[16] Guild, M.D., Alù, A., Haberman, M.R.: Cancellation of the acoustic field scattered from an elastic sphere using periodic isotropic layers. J. Acoust. Soc. Am. 2374 (2010)

[17] Guild, M.D., Alù, A., Haberman, M.R.: Cancellation of acoustic scattering from an elastic sphere. J. Acoust. Soc. Am. **129**(3), 1355–1365 (2011)

[18] Guild, M.D., Haberman, M.R., Alù, A.: Plasmonic cloaking and scattering cancellation for electromagnetic and acoustic waves. Wave Motion **48**, 468–482 (2011)

[19] Hickling, R.: Analysis of echos from a solid elastic sphere in water. J. Acoust. Soc. Am. **34**, 1582–1592 (1962)

[20] Hickling, R.: Analysis of echos from a hollow metallic sphere in water. J. Acoust. Soc. Am. **34**, 1124–1137 (1964)

[21] Kinsler, L.E., Frey, A.R., Coppens, A.B., Sanders, J.V.: Fundamentals of Acoustics, 4th edn. Wiley, New York (2000)

[22] The Mathworks, Inc.: Optimization Toolbox (2009)

[23] Milton, G.W., Briane, M., Willis, J.R.: On cloaking for elasticity and physical equations with a transformation invariant form. New J. Phys. **8**(248) (2006)

[24] Norris, A.N.: Acoustic cloaking theory. Proc. R. Soc. A **464**, 2411–2434 (2008)

[25] Norris, A.N., Nagy, A.J.: Acoustic metafluids made from three acoustic fluids. J. Acoust. Soc. Am. **128**, 1606 (2010)

[26] Pendry, J.B., Li, J.: An acoustic metafluid: Realizing a broadband acoustic cloak. New J. Phys. **10**, 115032 (2008)

[27] Pendry, J.B., Schurig, D., Smith, D.R.: Controlling electromagnetic fields. Science **312**(5781), 1780–1782 (2006)

[28] Pierce, A.D.: Acoustics: An Introduction to Its Physical Principles and Applications. Acoustical Soc. of America (1989)

[29] Scandrett, C.L., Boisvert, J.E., Howarth, T.R.: Acoustic cloaking using layered pentamode materials. J. Acoust. Soc. Am. **127**, 2856 (2010)

[30] Torrent, D., Sánchez-Dehesa, J.: Acoustic cloaking in two dimensions: A feasible approach. New J. Phys. **10**, 063015 (2008)

[31] Tricarico, S., Bilotti, F., Alù, A., Vegni, L.: Plasmonic cloaking for irregular objects with anisotropic scattering properties. Phys. Rev. E **81**, 026602 (2010)

[32] Vasquez, F.G., Milton, G.W., Onofrei, D.: Active exterior cloaking. Appl. Math. Sci. 1–4 (2009)

[33] Zhou, X., Hu, G., Lu, T.: Elastic wave transparency of a solid sphere coated with metamaterials. Phys. Rev. B **77**, 024101 (2008)

第11章 对流体表面波和等离子体激元的隐身术

M. Kadic, M. Farhat, S. Guenneau, R. Quidant, S. Enoch

摘要 在本章中，我们利用线性表面流体波 (LSW) 和表面等离激元 (SPP) 之间在控制方程上的类比，通过几何变换达到控制它们轨迹的目的。这两条隐身路径最近涌现出来的新领域，称之为变换声学和变换等离子体学。我们首先分析 LSW 的隐身机制，它是通过由许多按同心排列的包围着刚性柱体的小扇形柱所组成的球体隐身斗篷实现的。水波斗篷表现出有效各向异性流体的行为。我们实验上发现，低黏度和有限密度的流体 (methoxynonafluorobutane) 所包围的刚性圆柱体放置在离 10Hz 频率的声源两倍波长距离时，它的反向散射大为降低了。我们从理论上研究并数值计算了结构化金属表面对 SPP 而言的伪装隐身，而且我们制作了在金属板上按准保角网格排列的二氧化钛的电介质区块结构的等离子体隐身伪装并且用实验在可见光频率范围内证实了它的效果。

11.1 引　言

　　过去的数年中，全球许多研究小组都在探讨超构材料控制电磁波 (以及其他类型的波，如声波和弹性波) 传播的可能性。后来，负折射率和亚波长成像的进展，

M. Kadic·S. Guenneau·S. Enoch(✉)
Institut Fresnel, CNRS, Aix-Marseille Universite, Campus Universitaire de Saint-Jerome,
13013 Marseille, France
e-mail: stefan.enoch@fresnel.fr

M. Farhat
Institute of Condensed Matter Theory and Solid State Optics, Friedrich-Schiller-Universitat Jena,
D-07743 Jena, Germany
e-mail:mohamed.farhat@uni-jena.de

R. Quidant
ICFO-Institut de Ciéncies Fotóniques, Mediterranean Technology Park, 08860 Castelldefels,
Barcelona, Spain
e-mail:romain.quidant@icfo.es

R. V. Craster, S. Guenneau(eds.), *Acoustic Metamaterials*,
Springer Series in Materials Science 166, DOI 10.1007/978-94-007-4813-2_11,

使得目标物体能够躲避电磁波的照射而变得 "看不见"。第一个隐蔽目标的方法是 Engheta 和 Alù[2] 在 2005 年通过研究某种等离子体材料把电介质或导体的目标伪装成隐身而设计的。该技术在很大程度上有赖于对散射进行的补偿，基于低介电常数材料制成的外壳局部具有负极化的原理。它在设计参数、几何形状和工作频率方面都是相当成功的。

这方面的唯一问题是缺乏实验的验证，不仅如此，还要预先知道隐蔽目标的电磁特性。接着，我们将使用时空变换作为新材料的设计工具，它是实现隐身的另一种选项。这种理念的基本思想是一个对超构材料进行空间变换的模拟。根据 Fermat 原则，我们需要把待变换 (虚拟电磁) 空间里沿直线轨迹的光线，变成在 (真实) 实验室空间中所期望的弯曲方式。因此，人们可以使用一种更有效的方式去设计具有各种特性的材料，从而让光线绕道传播达到隐身的目的。

2006 年，Pendry，Schurig 和 Smith 理论上预计，一定尺度的目标被一种超构材料包围后，电磁波可能无法发现它 [28]。随后，一个国际研究小组和他们一起用环状同心排列的裂坏谐振器 (SRR) 组成的超构材料实现了这个想法 [32]，使得一个铜质圆柱体在一个特定的微波频率 (8.5GHz) 的入射平面电磁波中变得看不见。使用基于几何光学的软件，在远场极限处的电磁场如数值计算预期那样出现平坦的波前行为 [28]。重要的是，与这个变换光学几乎同时，Leonhardt 提出针对隐身的保角光学法 [18]，虽然它仅适用于二维几何形状，因为它在很大程度上依赖于复杂的分析以及射线光学，即适用于远场的范围。到目前为止，在极近场情况下可实现隐身的唯一证据纯粹是数值结果 [37]。

McPhedran，Nicorovici 以及 Milton 当年对隐身问题的解决提出一个完全不同的路径。这个小组研究了利用反常共振，在包有负介电常数材料的圆柱体附近放置数个线形源，他们发现这不过是一个 Pendry 透镜的圆柱版本而已 [26]。这些研究人员把这种伪装现象归结为与等离子体场有关的异常局部共振 [23,24]。

当光通过与波长相比显得很小的孔时，光的透射现象是 Ebbesen 等 [8] 在 20 世纪 90 年代中后期阐明的非凡物理效应。然而，一些更早的前驱工作是鲜为人知的 (例如，把理论和实验结合在一起的工作 [5])。Pendry，Martin-Moreno 和 Garcia-Vidal 在 2004 年表明人们通过结构化的表面 [27] 均质化可以随意地操控表面等离子体。依照同样的思路，与等离子体超构材料有关的隐身的创新方法得到了令人惊讶的结果 [3,4,10,33]。这些工作包括了为了对隐蔽目标物体对电磁波的散射进行补偿的适当反相位极性的等离子壳，在电偶极子处的等离谐振抵消了外部电场。在 2008 年，Smolyaninov，Hung 和 Davis 获得了波长为 532nm 由高分子材料制作成的伪装物的 SPP 使散射极大地减小的结果。近来，Baumeier，Leskova 和 Maradudin 从理论和实验上证实了利用 SPP 可望在波长 632.8nm 时把目标物体的散射降低到可观的程度 [4]。然而，这两个实验都依赖于等离子体伪装的谐振特性。

　　在本章中的第一个部分，我们证明可以设计出柱状声学斗篷对线性表面液体波 (LSW) 的隐身结果。我们构建了一个结构性的材料使表面波在赫兹频率的范围内发生弯曲。隐身斗篷所表现的一种特征是有效流体呈现横向各向异性的剪切黏度。在 11.2 节中，我们设计了一个金属结构板，在可见光和近红外的光谱使表面等离子体激元 (SPP) 发生弯曲。这种隐身斗篷是从准保角网格推论出来的，因而几乎也是各向同性的。这种对水波及电子波传播轨迹控制能力的提高，得益于坐标变换和保角光学等新兴领域的技术，并开创了表面物理的新局面。

11.2　流体表面波的声学隐身

　　在本节中，我们用有效介质的方式来伪装流体表面波，其工作在一个相当宽的频带，这与共振超材料不一样，例如，随空间变化的人造材料 [32]。在开始讨论隐身之前，我们回顾一下水波满足控制方程以及相关假设，这种假设让人想起那些在线性光学领域工作的熟悉的科学家，换句话说，人们如何能使 Navier-Stokes 方程摆脱非线性的假定？

11.2.1　从 Navier-Stokes 方程到亥姆霍兹方程

　　让我们用 Ω 表示由流体所占据的空间 $\mathbb{R}^3$ 的开放边界。动量守恒导致 Navier-Stokes 方程：

$$\frac{\partial \boldsymbol{u}}{\partial t} + (\boldsymbol{u} \cdot \nabla)\boldsymbol{u} + \frac{1}{\rho}(\nabla p - \mu \nabla^2 \boldsymbol{u}) = \boldsymbol{g}, \text{ 在 } \Omega \text{ 中,} \tag{11.1}$$

式中 $\boldsymbol{u}$ 是速度场，p 是压力，ρ 是流体的密度，$\mu \nabla^2 \boldsymbol{u}$ 代表流体的黏度，$\boldsymbol{g}$ 是重力矢量：$\boldsymbol{g} = -g\boldsymbol{e}_3$，这里 g 表示重力加速度，$\boldsymbol{e}_i$ 是欧几里得的基本矢量。

　　为了简化起见，我们忽略黏度项 $\mu \nabla^2 \boldsymbol{u}$。这样的假设在实验设备中对选择液体会带来特别的制约。进一步假定速度场是非旋度场，因此由与我们流体表面的垂直位移 ξ 有关的势函数 ϕ 推断出来一个简化了的势函数 $\Phi(x_1, x_2, x_3, t) = \Re(\phi(x_1, x_2)\cosh(\kappa x_3)\mathrm{e}^{-\mathrm{i}\omega t})$ 以及 $\xi(r, \theta, t) = \mathcal{R}\left(-\frac{\mathrm{i}\omega}{g}\phi(r, \theta)\mathrm{e}^{-\mathrm{i}\omega t}\right)$，式中 ω 是波的频率，而 ϕ 满足亥姆霍兹方程 (11.10)，κ 是频谱参数。

　　令 $x_3 = \xi(x_1, x_2, t)$ 为自由表面的方程。在 $x_3 = \xi(x_1, x_2, t)$ 位置时所对应的固定大气压力为 p_0。如果忽略表面张力，于是由式 (11.1) 我们可以得到下面有名的伯努利方程：

$$\frac{\partial \Phi}{\partial t} + \frac{|\nabla \Phi|^2}{2} + \frac{p_0}{\rho} + g\xi = f(t), \quad x_3 = \xi. \tag{11.2}$$

假设 $f(t)$ 结合到 ϕ 的表示式中，而且流体的起伏很小，也就是说，$|\xi - h| \ll 1$，这里 h 代表 ξ 的中值，而且 $\left|\dfrac{\partial \xi}{\partial x_j}\right| \ll 1$，$j = 1, 2$，方程 (11.2) 对 t 求导得到下面的线

性方程:

$$\frac{\partial^2 \Phi}{\partial t^2} + g\frac{\partial \xi}{\partial t} = 0, \quad x_3 = h. \tag{11.3}$$

利用小斜率的定律, 因而我们得到

$$u_3 = \frac{\mathrm{d}x_3}{\mathrm{d}t} = \frac{\partial \xi}{\partial t} + \frac{\partial \xi}{\partial x_1}\frac{\partial x_1}{\partial t} + \frac{\partial \xi}{\partial x_2}\frac{\partial x_2}{\partial t} \sim \frac{\partial \xi}{\partial t}, \tag{11.4}$$

利用发散条件 $\nabla \cdot \boldsymbol{u} = 0$ (即不可压缩流体) 以及式 (11.3), 我们得到如下的泊松条件:

$$\frac{\partial^2 \phi}{\partial t^2} + g\frac{\partial \phi}{\partial x_3} = 0, \quad x_3 = h. \tag{11.5}$$

把全部方程结合在一起, 于是 Φ 是下列方程的解:

$$\begin{cases} \nabla^2 \Phi = 0, \quad x_3 \in [0, h], \\ \dfrac{\partial^2 \Phi}{\partial t^2} + g\dfrac{\partial \Phi}{\partial x_3} = 0, \quad x_3 = h, \\ \boldsymbol{n} \cdot \nabla \Phi = 0, \quad x_3 = 0, \end{cases} \tag{11.6}$$

其中最后一式在 $x_3 = 0$ (水池底部的固定表面) 的边界条件代表没有流体的流动。如果我们寻求 $\Phi(x_1, x_2, x_3, t) = f(x_3)\mathrm{e}^{-(\mathrm{i}\omega t - k_1 x_1 - k_2 x_2)}$ 的谐波解, 那么式 (11.6) 中的拉普拉斯方程给出 $f''(x_3) - \kappa^2 f(x_3) = 0$, 式中 $\kappa^2 = \kappa_1^2 + \kappa_2^2$ 是通过对式 (11.6) 中的 Neumann 边界条件进行检查后得到的, 它是迫使势函数 Φ 在自由表面以 $f(x_3) = \cosh(\kappa x_3)$ 消逝的参数。这表明该问题在物理上可以用在流体和空气之间的自由界面上的方程来描述。在自由表面, 线性流体表面波 (LSW) 的确决定于亥姆霍兹方程:

$$\nabla^2 \phi + \kappa^2 \phi = 0, \tag{11.7}$$

式中 ϕ 是通过 $\Phi(x_1, x_2, x_3, t) = \Re(\phi(x_1, x_2)\cosh(\kappa x_3)\mathrm{e}^{-\mathrm{i}\omega t})$ 得到的势函数。我们注意到: 如果该自由表面由浸在流体中的刚性圆柱体做成穿孔的形状, 那么在刚体圆柱体外流体区域内该方程是成立的, 而且它与每个圆柱体表面上无流动的条件 $\dfrac{\partial \phi}{\partial n}$ 结合在一起。这将用在 LSW 中建构隐身的模式中。此外, 从式 (11.6) 的泊松条件, 式 (11.7) 中的频谱参数 κ 和波频率的关系是通过下面的色散关系联系起来的 [1]:

$$\omega^2 = g\kappa(1 + d_c^2 \kappa^2)\tanh \kappa h, \tag{11.8}$$

式中 $d_c = \sqrt{\sigma/(\rho g)}$ 是流体的毛细现象系数。注意在流体-空气界面的表面波传播总是色散的, 与流体中的压力不同。这种表面波的色散特性在等离子体以及金属界面的电子波也有所表现, 我们将在下节中讨论。

11.2.2　通过均质化获取有效各向异性的剪切黏滞度

现在我们的目标是把这一原则扩展到由亥姆霍兹方程 (11.7) 和 Neumann 边界条件所支配的 LSW。我们的目的是把图 11.1 所示的微结构斗篷均质化。该图揭示一个有效的各向异性剪切黏度所支撑的隐身效果。铭记当剪切黏度矩阵是在切线方向 Θ 足够大时，LSW 将围绕斗篷的中心区域弯曲，从而使任何外部观察者观察不到内部目标。

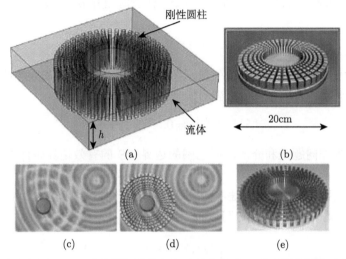

图 11.1　水波隐身原理: (a) 由刚性圆柱体浸入流体高度为 h 的容器中所组成的同心阵列形成结构性隐身物的几何外貌图; (b) 隐身物的组合图; (c) 和 (d) 是无隐身伪装和有伪装物时的水波散射; (e) 用于实验的微结构伪装物工作于 10Hz 的频率

对于这一点，我们注意到，当流体穿过图 11.1 的微结构 [其横截面 Ω_c 被均匀地分隔成大量径向长度为 $\eta(R_2 - R_1)$ 和方位角长度为 $2\pi\eta$ 的小块 ηY，式中 η 是一个小的正实参数] 时经历了快速的周期振荡。为了把这些振荡过滤掉，我们认为亥姆霍兹方程 (11.7) 的势场解可以表示为一个宏观 (慢) 变量 $x = (r, \Theta)$ 和一个微观 (快) 变量 x/η 的多项式求和 [12]:

$$\forall x \in \Omega_c, \quad \phi_\eta(x) = \phi_0\left(x, \frac{x}{\eta}\right) + \eta\phi_1\left(x, \frac{x}{\eta}\right) + \eta^2\phi_2\left(x, \frac{x}{\eta}\right) + \cdots \quad (11.9)$$

这里每一项 $\phi^{(l)}(x, \cdot)$ 对 Y 而言是周期性的。

微分运算在新的标尺下写为 $\nabla = \nabla_x + \dfrac{1}{\eta}\nabla_y$，把与 η 有相同幂指数的项合在一起，我们得到当 η 趋于零的极限情况下均质化的问题 (见文献 [12]):

$$\nabla \cdot ([\mu_{\mathrm{hom}}]\nabla\phi_{\mathrm{hom}}(x)) = \kappa^2\phi_{\mathrm{hom}}(x), \quad \text{在 } \Omega_c \text{ 中}. \quad (11.10)$$

均质方程表明式 (11.7) 的速度势场的解是一个具有非无效部分 (横向剪切) 黏滞各向异性的矩阵:

$$[\mu_{\mathrm{hom}}] = \frac{1}{\mathscr{A}(Y^*)} \begin{pmatrix} \mathscr{A}(Y^*) - \psi_{rr} & \psi_{r\theta} \\ \psi_{\theta r} & \mathscr{A}(Y^*) - \psi_{\theta\theta} \end{pmatrix}. \tag{11.11}$$

式中 $\mathscr{A}(Y^*)$ 代表在周期性结构中一个基本单元 Y 所包围刚性介入物 S (针对 Neumann 的边界条件) 区域 Y^* 的面积, 而 ψ_{ij} 代表对边界 ∂S 积分得到的纠正项:

$$\forall i, j \in \{r, \theta\}, \psi_{ij} = - \int_{\partial S} \psi_i n_j \mathrm{d}s, \tag{11.12}$$

式中 n 是 ∂S 向外的法向的单位矢量, 而 $\psi_j, j \in \{r, \Theta\}$ 是 Y 周期性的势函数, 即下面两个拉普拉斯方程 $(\mathscr{L}_j)$ (直到附加常数) 的独一无二的解:

$$(\mathscr{L}_j) : \nabla^2 \psi_j = 0, \quad \text{在 } Y^* \text{ 内}. \tag{11.13}$$

这些所谓的附加问题是和介入物所包围的边界 ∂S 的有效边界条件 $\dfrac{\partial \psi_j}{\partial n} = n \cdot e_j$ 一起的。这里 e_r 和 e_Θ 是极坐标系统 (r, Θ) 中的单位矢量。

所有的关系式在一起表明速度势场带有各向异性黏度矩阵的式 (11.1) 的解, 它的非无意义 (横向剪切) 的部分可以按下式计算:

$$[\mu_{\mathrm{hom}}] = \frac{1}{\mathscr{A}(Y^*)} \begin{pmatrix} \mathscr{A}(Y^*) + 0.7 & 0 \\ 0 & \mathscr{A}(Y^*) + 7.2 \end{pmatrix}, \tag{11.14}$$

该式表明该有效流体在 Θ 方向呈强烈的各向异性。

11.2.3　LSW 隐身物的数值计算

在本小节中, 我们给出了一个隐身物的一些数值计算结果, 借此说明由声子晶体纤维制作的声学斗篷 (图 11.1 和图 11.2) 当障碍物靠近声源时隐身物对声振动 (由圆柱形的点源产生的声辐射) 产生的影响。

正如 11.2.2 节中详细介绍的, 我们首先取代了微结构斗篷, 改换成有效的横向各向异性流体, 其同质剪切黏度是由两个附加问题 (11.13) 的方程 (11.14) 推导出来的数值解。这为我们提供了隐身机制的定性图片, 如图 11.2 右下方图所示。然后, 我们将同样的散射问题的各向异性理论和其数值解渐近理论进行比较。我们建模的完整微结构斗篷如图 11.2 右上图所示。我们注意到渐近解和数值解的结果非常接近。

根据变换声学, 有效流体应当通过变化的密度 ρ 以及变化的径向和方位角剪切黏度 μ_{rr} 和 $\mu_{\Theta\Theta}$(减少参数的灵感来自 Cummer 和 Shalaev 小组的工作 [6,7]) 进行特征化。这些要求似乎超出了实验的实际可能性。尽管如此, 我们可以在径向长

度引进一些变化, 因为这种改进使得斗篷出现流体有效的各向异性。它的剪切黏滞度 (极坐标系统中的对角矩阵) 是

$$\mu'_{rr} = \left(\frac{R_2(r - R_1)}{(R_2 - R_1)r} \right)^2, \quad \mu'_{\theta\theta} = \left(\frac{R_2}{R_2 - R_1} \right)^2, \tag{11.15}$$

式中 R_1 和 R_2 分别代表圆环的内径和外径。重要的是有效流体的密度 $\rho' = \rho$; 也就是说, 它并未显示出明显的作用。图 11.3 表示障碍物有或没有隐身物理想情况下的仿真比较。

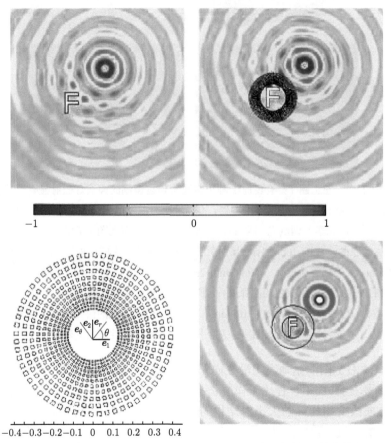

图 11.2 上图: 归一化波长为 $\lambda = c/\gamma$ 的点声源辐射造成的速度势 u 的实数部分 $\mathrm{Re}(\phi)$ 的 2D 图, 左上图是有 F 形障碍物存在时的结果, 而右上图是 F 形障碍物被微结构隐身物包围时的结果; 下图: 左下图是放大的微结构伪装物的几何结构图, 而右下图是电磁参数由 5~10 决定的伪装物 (内外边界为 $r = R_1 = 0.164$ 和 $r = R_2 = 0.4$) 引起的衍射图案。注意右上图和右下图的相似性。重要的是, 半径已被归一化了, 而且通过 2.5m 的因子与图 11.3 产生了关联 (彩图见封底二维码)

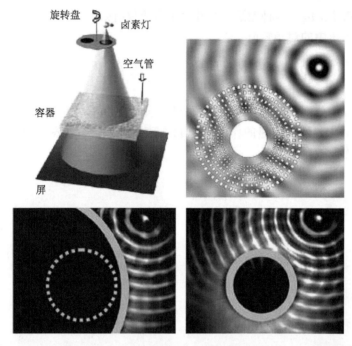

图 11.3　左上图 (实验装置): 利用穿孔旋转盘调制的卤素灯照射盛有液体 (methoxynonafluorobutane) 的透明容器。由局域压力激发的表面波由于压在小管中的空气的关系, 表面波的频率与调制光 (频闪效应) 的频率同步; 右上图 (模拟): 谐波声源在频率为 10Hz 产生的表面波通过 100 个刚性扇面所组成的斗篷后产生的衍射图。流体在容器中的深度 $h = 9$mm, 其毛细管长度 $d_c = 0.95$mm; 左下图: 一个半径为 38mm 的刚性圆筒被结构性斗篷 (它的外轮廓线为粗灰色的圆弧线) 包围所产生的衍射图快照, 该斗篷如图 11.2 所示, 内外半径各为 $R_1 = 41$mm 和 $R_2 = 100$mm。右下图: 衍射图案的快照是刚性圆筒自身产生的衍射图 (为对比起见, 左下图虚线勾画出刚性圆筒的轮廓)

　　图 11.3 右上图清楚地表明沿径向和方位角方向整齐地排列着大量 (100 个) 的弯曲扇形物, 当其曲率半径比工作波长小时就能把表面波控制得很好。我们也证实沿径向方向改变扇面体的大小对结果的影响, 从而在数值上查实它对隐身效果会有进一步的改进。我们发现设计一个具有相同扇区获得的隐身斗篷能很好地控制速度场, 但是如果只是增大扇面体大小, 那么流体粒子的切向波速度将随着它们到斗篷中心的距离增加而线性增加。我们的数值结果表明, 当隐身物是由相同扇面组成时, 横向速度不变, 因此, 在隐身物的后面 (由于相位移动) 出现的阴影揭示了存在隐藏的目标物体。我们还查证出由 256 个弯曲扇面组成的隐身物 (图 11.2 右上方) 比 100 个更恰当。但是由流体的黏滞度造成的限制与均质化带来的局限是矛盾的, 我们不得不在利用传统方法实现的隐身物时找折衷。

11.2.4 LSW 隐身的实验测量

关于实验的装置，我们建议读者参照图 11.3，该图清楚地表明频率为 10Hz 的声源在距离 100 个刚性柱形块组成的隐身物 (如图 11.2 所示) 几个波长外的地方反向散射的确减小了。

用于实验的液体是 methoxynonafluorobutane。之所以选择它是基于其物理性能，尤其是它具有低运动黏度 [1] ($\nu = \mu/\rho$=0.61mm^2/s)，这样，我们可以忽略式 (11.1) 中斗篷外 $\nabla^2 u$ 的影响。它的小表面张力 σ =13.6N/cm 和大密度 ρ=1.529g/mL 确保得到小的毛细长度 $d = \sigma/(\rho g)$= 0.95mm。该容器盛有 9mm 深的液体。

实验背后的基本原理是很简单的：卤素灯的光通过一个穿孔的旋转盘调制照射在盛有液体的透明容器中。由于在小管子中激发的空气脉冲的频率与光调制的频率相同 (利用频闪效应)，由此局域压力产生了表面波。表面波引起流体的局部弯曲于是使横向的外来光线折射。因此，我们可以在屏幕上看到暗和亮的可视化的液体表面波。需要注意的是液体的低黏度是特别重要的，否则，我们无法用水产生这样的结果。因为当水的黏滞度较大时，在隐身物的微结构内水的剖面十分平坦，很像薄渠道 [1]，水无法流动起来。

11.3   光学伪装的表面等离子体激元

在本节中，我们将利用变换光学的工具讨论两边都是各向异性但是符号相反的介质常数的介质之间的表面等离子体激元 (SPP) 的传播现象。我们确定从坐标变换得来的各向异性的介电常数和磁导率的张量在决定 SPP 传播特性的色散关系中所起的作用。使用此概念和准保角映射的理念，我们用非匀质结构的弯曲布拉格镜来模仿一个平直布拉格镜，即等离子体斗篷。这种新颖的概念通过光刻技术，在实验室内实现了这种结构。对 SPP 在两个结构中的传播的测量是通过泄漏辐射的设置实现的。

11.3.1 表面等离子体激元 (SPP) 简介

麦克斯韦的理论表明，电磁波可以沿金属和电介质之间的界面传播。这些波与金属表面上的自由电子的等离子体振荡有关。它们被称为表面等离子体激元 [29]。在界面处，电磁场沿着垂直于界面方向指数型地衰减，这是表面波的特征，在水动力学中我们也遇到过 (在 11.2 节我们曾经把它描述为线性表面流体波)。图 11.4 是描述这种在界面产生的振荡和电场指数式衰减的示意图。这种为 20 世纪 Wood[36] 介绍的表面模式，在电子能量谱损耗 (衰减全反射：ATR) 方面有深入的研究 [17,31]。等离子体对于折射系数特别敏感，与金属表面或表面的不平整度形成明显对比，因此在物理、化学和生物学都有许多应用。

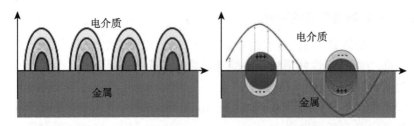

图 11.4　电磁场在金属–电介质界面扩张的示意图: (左图) 内界面的深色部分对应于磁场强
度最大的区域; (右图) 电场的极化及其对应的电荷分布

　　把表面等离子体考虑为在电介质和金属之间的界面上的电磁场的扩展，我们将探讨振荡能量和波矢量之间的关系。这个波通过色散关系和波矢量发生关系。让我们来考虑两个半无限界面 (图 11.4)，一个由电介质组成，另一个则由金属组成。该界面定义为 xy 面，z 则垂直于界面。等离子体沿 x 方向扩展，这意味着该系统对于 y 方向是不可逆的。我们发现从麦克斯韦方程及其边界条件得到的表面等离子体的存在条件。

　　因此，SPP 仅存在于 TM 的偏振光。在此情况下，我们有一个在 $z = 0$ 上下沿 x 方向传播的磁场的一般形式:

$$
\begin{cases}
\boldsymbol{H}_2 = (0, \boldsymbol{H}_{y2}, 0)\exp[\mathrm{i}(k_{x2}x - \omega t) - k_{z2}z], & z > 0, \\
\boldsymbol{H}_1 = (0, \boldsymbol{H}_{y1}, 0)\exp[\mathrm{i}(k_{x1}x - \omega t) + k_{z1}z], & z < 0,
\end{cases}
\tag{11.16}
$$

为了在界面 $z = 0$ 处保持倏逝波形式，$\Re(\kappa_{z1})$ 和 $\Re(\kappa_{z1})$ 必须是正数。这里，ω 是波频率，t 是时间，而 k_{xi} 和 k_{zi} 是界面之上 $(i = 2)$ 或之下 $(i = 1)$ 沿 x 和 z 方向波矢量的分量 (有可能是复数)。

　　对于麦克斯韦方程的解需要满足在 $z = 0$ 处切向分量连续的边界条件，还要求 $k_{x1} = k_{x2} = k_x$ 以及下列的色散关系:

$$
k_{z1} = \sqrt{k_x^2 - \varepsilon_i \left(\frac{\omega}{c}\right)^2}, \quad \frac{k_{z1}}{\varepsilon_1} + \frac{k_{z2}}{\varepsilon_2} = 0,
\tag{11.17}
$$

式中 c 是真空中的光速，ε_1 是上半部电介质的介电常数，ε_2 是下半部金属的介电常数。

　　沿 x 方向传播矢量的色散关系是

$$
k_x = \frac{\omega}{c} \left(\frac{\varepsilon_2 \varepsilon_1}{\varepsilon_2 + \varepsilon_1}\right)^{1/2},
\tag{11.18}
$$

如果我们现在把金属的介电函数考虑为一个复数，于是得到 k_x 为复数的结果。我们注意到 SPP 仅能存在于金属和电介质之间的界面，而且只存在于有限的频率范围，此外，必须满足以下的关系: $\Re(\varepsilon_1)\Re(\varepsilon_2) < 0$。我们注意到，SPP 的传播长度可以很容易从下式计算出来:

$$L = \frac{1}{2k_x''} = \frac{c}{\omega}\left|\frac{\varepsilon_1' + \varepsilon_2}{\varepsilon_1'\varepsilon_2}\right|^{3/2}\frac{\varepsilon_1'^2}{\varepsilon_1''}, \tag{11.19}$$

式中 c 是真空中的光速，($'$) 记号表示复数物理量的实数部分。介质中表面等离子体的倏逝波形态与其介电常数有关。金属中的透入深度取决于

$$z_m = \frac{\lambda}{2\pi}\left(\frac{|\varepsilon_1' + \varepsilon_2|}{\varepsilon_1'^2}\right)^{1/2}, \tag{11.20}$$

而介质中的透入深度取决于

$$z_d = \frac{\lambda}{2\pi}\left(\frac{|\varepsilon_1' + \varepsilon_2|}{\varepsilon_2'^2}\right)^{1/2}, \tag{11.21}$$

利用这些关系，我们注意到，SPP 在 700nm $< \lambda <$ 900nm 在空气–金界面中的传播具有以下属性: 渗透深度在金属中为 20nm$< z_m <$ 30nm，而在电介质中为 500nm $< z_d <$ 800nm，波的传播长度为 30000nm$< L <$50000nm。它清楚地显示，主要的电磁能量位于电介质区域的一侧。我们将在本章的最后一节使用这些属性。

应当指出的是，我们需要利用入射的电磁场去生成 SPP，这本身就是一个不平凡的任务。图 11.5 显示当电磁场从下方的电介质 (玻璃) 的衬底以临界角入射到玻璃–金的界面后在金属–金薄层激励的 SPP。在这种情况下，对应于玻璃基板 SPP 激发的临界角可以容易地在文献 [22] 中找到答案。

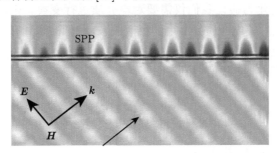

图 11.5　在薄的金属膜上借助于从电介质–玻璃入射的平面电磁波当入射角为临界角时产生 SPP 的模拟结果。本图引自文献 [22]

2006 年推出的变换光学首先是由 Pendry 等对电磁波提出的 [28]。此理念已被用来实现光的隐身技术和在地毯 (包括把平直面弯曲) 下隐身的想法。基本思想包括将空间变换和在此空间中的物理属性 (介电常数和磁导率) 建立起关联性。之所以能这样做，是因为我们注意到，麦克斯韦方程组在坐标系统变换后是不变的。因此，可以找出坐标变化与物理性质 (介电常数和磁导率) 变化之间的关系，这中间包含雅可比矩阵 [25,35] 的应用。

这使我们得到介电常数和磁导率的各向异性和异质张量。控制波的传播轨迹的另一种方法是光的保角变换，它由 Leonhardt[18] 于 2006 年推出，后来由 Pendry 在 *Science* 杂志发表论文讨论同样的问题。Leohardt 指出此方法受二维几何严重制约，因为它所依靠的复分析数学理论，因此，自那时以来，由 Li 和 Pendry 主推将类似方法与换光学方法 [19] 结合，并设计二维隐身地毯 [19,20,30,34] 为目标的保角变换，以及三维 [9] 的几何形状的结合。在下文中，我们将把这个概念延伸到等离子体。

11.3.2　从变换光学到变换等离子体

本小节，我们将把利用几何变换工具从处理和控制电磁场扩大到表面等离子体的方面。因此，我们首先回顾原先的介电常数和磁导率在坐标系 (x, y, z) 中都是标量，它们在新坐标系 (u, v, w) 中将会是 [25]

$$\underline{\underline{\varepsilon'_j}} = \varepsilon_j \boldsymbol{T}^{-1}, \quad \underline{\underline{\mu'_j}} = \mu_j \boldsymbol{T}^{-1}, \quad \boldsymbol{T} = \frac{\boldsymbol{J}^{\mathrm{T}} \boldsymbol{J}}{\det(\boldsymbol{J})}, \tag{11.22}$$

式中 $\det(\boldsymbol{J})$ 是从坐标系 (u, v, w) 变换到 $(x(u, v, w), y(u, v, w), z(u, v, w))$ 的雅可比矩阵 $\boldsymbol{J} = \partial(x, y, z)/\partial(u, v, w)$ 的行列式。我们强调变换域和坐标系最初是在直角坐标系内进行的，而不是相反。另外，在等离子体范围内，$j = 1$ 指的是变换后的金属区域，而 $j = 2$ 则是电介质区域。

然而，我们发现金属中的透入深度 (11.20) 远比电介质 (11.21) 小。因此，我们可以把这个问题简化为假设我们仅需要对电介质进行变换。让我们推导表面等离子体在金属和变换后的电介质界面上的色散关系，我们注意到有关的介电常数和磁导率的对角线张量表示为 $\varepsilon' = \mathrm{diag}(\varepsilon_{xx2}, \varepsilon_{yy2}, \varepsilon_{zz2})$ 和 $\mu' = \mathrm{diag}(\mu_{xx2}, \mu_{yy2}, \mu_{zz2})$。由第一个麦克斯韦方程，我们得到

$$\begin{cases} \nabla \times \boldsymbol{H}_2 = -\mathrm{i}\omega\varepsilon_0 \underline{\underline{\varepsilon'}} \boldsymbol{E}_2, & z > 0, \\ \nabla \times \boldsymbol{H}_1 = -\mathrm{i}\omega\varepsilon_0 \varepsilon_1 \boldsymbol{E}_1, & z < 0, \end{cases} \tag{11.23}$$

这里，$\varepsilon_0\mu_0 = c^{-2}$ 而 $\boldsymbol{H}_j$ 定义为

$$\begin{cases} \boldsymbol{H}_2 = (0, H_{y2}, 0)\exp\{\mathrm{i}(k_{x2}x - \omega t) - k_{z2}z\}, & z > 0, \\ \boldsymbol{H}_1 = (0, H_{y1}, 0)\exp\{\mathrm{i}(k_{x1}x - \omega t) + k_{z1}z\}, & z < 0, \end{cases} \tag{11.24}$$

式中 $\Re(k_{z1})$ 和 $\Re(k_{z2})$ 必须是整数，因为在 $z = 0$ 的上下界面中磁场必须是倏逝场。于是

$$\begin{cases} \boldsymbol{E}_2 = -\dfrac{c}{\omega} H_{y2} \left(\dfrac{k_{z2}}{\varepsilon_{xx2}}, 0, \dfrac{k_{x2}}{\varepsilon_{zz2}} \right) \exp\{\mathrm{i}(k_x x - \omega t) - k_{z2}z\}, & z > 0, \\ \boldsymbol{E}_1 = -\dfrac{c}{\omega} H_{y1} \left(\dfrac{k_{z1}}{\varepsilon_1}, 0, \dfrac{k_{x2}}{\varepsilon_1} \right) \exp\{\mathrm{i}(k_x x - \omega t) - k_{z1}z\}, & z < 0, \end{cases} \tag{11.25}$$

式中 $E_j = (E_{xj}, 0, E_{zj})$。横向波数可通过其他麦克斯韦方程求解

$$
\begin{cases}
\nabla \times \boldsymbol{E}_2 = \mathrm{i}\omega\mu_0\underline{\underline{\mu'}}\boldsymbol{H}_2, & z > 0, \\
\nabla \times \boldsymbol{E}_1 = \mathrm{i}\omega\mu_0\boldsymbol{H}_1, & z < 0,
\end{cases}
\tag{11.26}
$$

由此得到

$$
k_{zl} = \sqrt{\varepsilon_{xx2}\left(\frac{k_x^2}{\varepsilon_{zz2}} - \mu_{yy2}\left(\frac{\omega}{c}\right)^2\right)}, \quad j = 1, 2.
\tag{11.27}
$$

在 $z = 0$ 处的边界条件要求切向分量连续，因而我们有

$$
\frac{k_{z1}}{\varepsilon_1} + \frac{k_{z2}}{\varepsilon_{xx2}} = 0.
\tag{11.28}
$$

把式 (11.27) 代入式 (11.28)，我们得到对于表面等离子体，在金属和变换得到的异质各向异性介质之间界面的局部色散关系。

为了简便起见，$\varepsilon_1 = 1 - \dfrac{\omega_p^2}{\omega^2 + \mathrm{i}\gamma\omega}$ 具有在金属 ($z < 0$) 中的 Drude 形式，式中 ω_p 是等离子态自由电子气体的等离子体频率 (2175THz)，而 γ 是特征振荡频率，大约为 4.35THz。

因此我们证明了在简单情况下变化的介电常数 ε' 和磁导率 μ' 假设可以用对角线张量 $\varepsilon' = \mathrm{diag}(\varepsilon_{xx2}, \varepsilon_{yy2}, \varepsilon_{zz2})$ 和 $\mu' = \mathrm{diag}(\mu_{xx2}, \mu_{yy2}, \mu_{zz2})$ 的形式表示，在各向异性界面，表面极化色散关系可以表示为 [30]

$$
k_x = \frac{\omega}{c}\sqrt{\frac{\varepsilon_{zz2}\varepsilon_1(\mu_{yy2}\varepsilon_1 - \varepsilon_{xx2})}{\varepsilon_1^2 - \varepsilon_{xx2}\varepsilon_{zz2}}}.
\tag{11.29}
$$

这个 SPP 存在的充分必要条件比通常的表达式 (11.18) 更为丰富和贴切，而且它仅要求沿 y 方向的磁性，这和 SPP 场的磁分量极性是平行的。

11.3.3　等离子体隐身的数值分析

本小节我们打算分析这个 SPP 和一个特殊的各向异性异质之间在出现三维隐身斗篷时的相互作用 [9,30]，得出下面的几何变换：

$$
\begin{cases}
x' = \dfrac{x_2(y) - x_1(y)}{x_2(y)}x + x_1(y), & 0 < x < x_2(y), \\
y' = y, & a < y < b, \\
z' = z, & 0 < z < +\infty,
\end{cases}
\tag{11.30}
$$

式中 x' 是拉长的垂直坐标。十分明显，线性几何变换代表从水平轴 $x = 0$ 的区间 (a, b) 变换到曲线 $x' = x_1(y)$，而保持曲线 $x' = x_2(y)$ 不变。重要的是，在这个段落和 x_1 之间存在一对一的对应关系。曲线 x_1 和 x_2 假定是可导的，于是斗篷在其内

部边界上不会出现任何奇点。对称张量 $\underline{\varepsilon}'$ 和 $\underline{\mu}'$ 完全由直角坐标系五个非零项所组成：

$$\underline{\varepsilon}' = \underline{\mu}' = \begin{pmatrix} \alpha\left(1+\left(\dfrac{\partial x}{\partial y'}\right)^2\right) & -\dfrac{\partial x}{\partial y'} & 0 \\ -\dfrac{\partial x}{\partial y'} & \alpha^{-1} & 0 \\ 0 & 0 & \alpha^{-1} \end{pmatrix}, \tag{11.31}$$

式中 $\alpha = (x_2 - x_1)/x_2$，而且 $\boldsymbol{J}$ 是变换的雅可比矩阵。进一步，x 对 y' 的导数为

$$\frac{\partial x}{\partial y'} = x_2 \frac{x' - x_2}{(x_2 - x_1)^2} \frac{\partial x_1}{\partial y'} + x_1 \frac{x_1 - x'}{(x_2 - x_1)^2} \frac{\partial x_2}{\partial y'}. \tag{11.32}$$

　　我们强调，这种隐身地毯对电磁波和等离子场都能同样出色地工作。图 11.6 和图 11.7 让我们看到射线光学处于极限时的直观情况。有限单元的数值模拟显示于图 11.8。

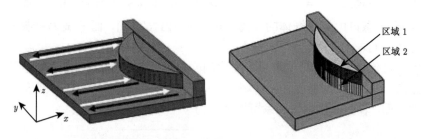

图 11.6　左图：SPP 从左侧入射 (白线) 产生的衍射图。SPP 入射到弯曲的反射体上然后反射回来 (黑线)，经过坐标变换后 (灰色和深蓝色线) 从等离子体斗篷反射，就像从平面镜反射一样。右图：如果人们想在界面上下完全控制 SPP，则需要使用如图所示的两种不同的介质 (彩色线)(彩图见封底二维码)

　　很明显，对于平的镜子 [图 11.8(a)] 或罩上隐身斗篷的弯曲镜子 [图 11.8(b)]，波前都正好相同。这是由于变换介质对于任何适合麦克斯韦方程组的解都是适合的这一事实。我们注意到，新斗篷内部材料不仅是异质各向异性的 (参见图 11.9)，而且也是有磁性的，就当前的技术进展而言这似乎还是遥不可及的。

　　然而，利用基于 Li 和 Pendry 所研究的二维斗篷 [19] 的准保角网格，这些要求可以有所放宽。我们在图 11.10 中显示与先前工作有关的斗篷的准保角网格。记住实验需要一种特定的电介质 (眼下是 TiO_2)。我们把一些颗粒放在准网格上，并且使这些颗粒大小最佳化以便使散射最小化和反射 SPP 波前的平坦度最大化。

　　二维数值模拟如图 11.11 所示，三维数值模拟如图 11.12 所示，结果表明，对于等离子隐身，我们的准保角方法是有效的。

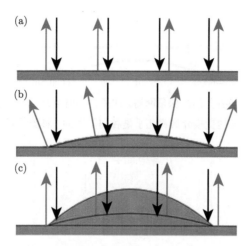

图 11.7　SPP 从顶部入射时产生的衍射。(a)SPP 入射到平的反射体；(b)SPP 入射到弯曲的
反射体；(c) 在弯曲反射体上覆盖隐身物对弯曲反射体进行补偿

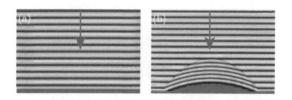

图 11.8　SPP 从上部 (磁场) 向下入射时产生的衍射模拟：(a) SPP 照射在平直的反射体
上；(b) SPP 照射在弯曲反射体上，不过它覆盖了几何变换得到的斗篷

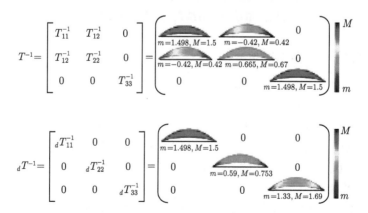

图 11.9　上图：等离子体隐身物的度量张量的变化；下图：等离子体斗篷的对角线度量张量
(可望用于实验中)(彩图见封底二维码)

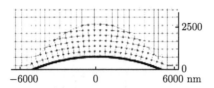

图 11.10　与斗篷几何变换有关的准保角网格。注意在网格节点上必须要有正确的角度，因为
　　　　这代表着相关的变换介质将几乎是各向同性的 (彩图见封底二维码)

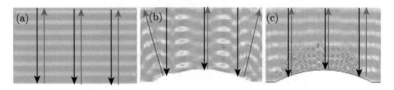

图 11.11　SPP 衍射的二维数值模拟：(a) 平直的镜子；(b) 弯曲的镜子；(c) 弯曲镜子套上超
　　　　构材料 (TiO$_2$ 做成的圆柱体枕形物) 的结果，波长为 800nm (彩图见封底二维码)

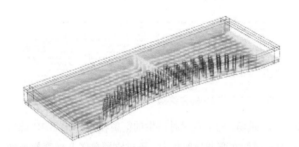

图 11.12　SPP 在弯曲镜面套上超构材料 (T$_i$O$_2$ 做成的圆柱体枕形物) 后在波长为 800nm
　　　　时三维数值模拟衍射结果 (彩图见封底二维码)

11.3.4　等离子体隐身的实验测量

　　为了使所使用的参数在实验上和计算时彼此吻合，我们采用的是金质表面和
TiO$_2$ 纳米结构组合的结构。

　　首先使用电子束刻蚀法和离子刻蚀法在 60nm 厚的铝膜上制造出月牙形地毯
的相应的 TiO$_2$ 柱状物。在第二步的离子刻蚀中，我们加入了布拉格型的弯曲镜面
反射体 (在 150nm×150nm 区域内形成 15 条金线周期性地以 SPP 的半波长的距离
相隔)，它们作为被隐藏的目标物体 (图 11.13 右图)。所得到的 TiO$_2$ 粒子是锥形的
($h = 200$nm，$r = 210$nm)，这正是我们把它们刻蚀成各向异性的目的。

　　如图 11.13 左图所示，SPP 发射到离反射体 44μm 远的 200nm 宽的一行波纹
状介电薄膜 TiO$_2$ 上。SPP 在以介电薄膜为衬底的金薄膜上传播，并衰减式地辐射
在电介质基体上。利用旨在转换 SPP 场的高数值孔径收集这种泄漏的辐射。此外，

为了清楚起见，我们使用了共轭 (傅里叶变换) 面的空间滤波器以便把从激励源来的直接光和散射光抑制掉，使之与斗篷性能区分开。最初打算在平直和弯曲匀质金属台阶式镜面处对 SPP 反射，但效果不好，因为 SPP 向开放的空间辐射。我们于是决定不用平直和弯曲的布拉格镜，取而代之，打算使用周期性排列的金属纹路结构，呈现大得多的反射率。

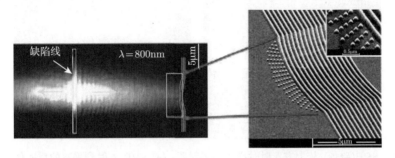

图 11.13　SEM 的显微结构由一步到位的光刻技术制作。缺陷线被用来从左到右向构建物 (斗篷和凸起物) 发射 SPP。斗篷是由 TiO$_2$ 的锥体组成的，它的放大图见右图

图 11.14 是泄漏辐射显微镜 (LRM)，SPP 沿金–空气界面传播并与制作在金表面的不同结构相互作用，把 SPP 的分布转换为图像就是 LRM 的功能。在一个裸露的弯曲的布拉格镜情况下，反射的 SPP 将传播到不同的方向，该方向取决于它们与镜子法线方向之间的相对角度 [图 11.15(c) 中的绿线]，这也导致了弯曲的波阵面。反之，加上月牙形的 TiO$_2$ 斗篷后衍射图就被重塑了，得到与布拉格镜平直镜的情况 [参照图 11.15(b)] 几乎一样的平面波前。偏下微小的横向调整只是为了

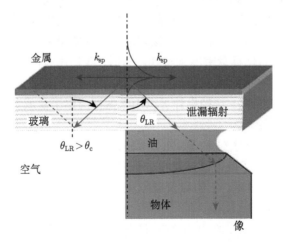

图 11.14　泄漏辐射原理图。SPP 在薄膜表面传播时，它会泄漏到电介质基体中去。对泄漏实施变换将为我们提供在界面传播的表面场的直接信息

对制造中出现的缺陷进行修补。此外，数据分析被用于对由月牙形的 TiO_2 地毯引起的波前曲率的变化进行量化。将图 11.15(b) 使用地毯的弯曲镜面与图 11.15(c) 无地毯的弯曲镜面进行比较，我们发现两种情况数值平均后曲线下的面积下降到 1/3.7，如图 11.15(d) 所示。

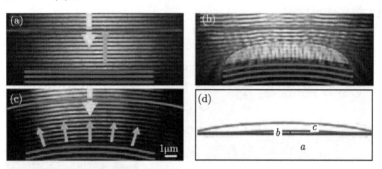

图 11.15　SPP(磁场) 从上方入射时产生的衍射图。(a) SPP 入射到平直的反射体；(c) SPP 入射到弯曲的反射体；(b) 隐身物覆盖在弯曲反射体前面几乎抵消来自弯曲反射体的反射；(d) 三种情况下衍射的对比 (彩图见封底二维码)

11.4　LSW 和 SPP 隐身的结束语

在 11.2 节中，我们针对流体表面波 (LSW) 伪装隐身的问题提出了初步的设想。我们对空气和流体之间的自由界面上的电磁学和声学伪装隐身中的波传播机理进行了深入的研究。我们提出由大量扇形排列在流体表面以准周期的方式组成的斗篷式广谱微结构设计。对于这一点，我们使用多尺度渐近方法推导出均质的线性 Navier-Stokes 方程。我们发现，该均质流体在实验室中可以用一个二阶张量 (广义剪切黏度) 和简化标量密度来实现。然后，我们用有限元的方法进行数值计算，证实了一个刚性的障碍物被 100 个和 200 个同心周期性穿孔层包围，因而使得 LSW 几乎无法被觉察。这种设计可以用来保护离岸平台或者海岸线，避免规模较大的海浪如海啸的冲击。

在 11.3 节中，我们对 Li 和 Pendry 所提倡的表面等离子激元 (SPP) 的扩充地毯式的伪装技术，进行了数值模拟和实验研究。我们设计了基于变换等离子体和准保角映射原理的伪装技术，它的数值模拟和实验验证有效性可以一直延伸到可见光波段。

我们的研究结果显示，在自由空气-流体界面的线性流体波和金属表面的电子波之间在物理学上存在着很强的类比性。一个领域内的进展可能激发出对另一个领域的激情。实际上，正是 LSW 的隐身工作，才促成变换等离子体[11,13-16,21,30]

方面取得的研究成果。

参 考 文 献

[1] Acheson, D. J.: Elementary Fluid Dynamics. Oxford University Press, Oxford (1990)

[2] Alù, A., Engheta, N.: Achieving transparency with plasmonic and metamaterial coatings. Phys. Rev. E **72**, 016623 (2005)

[3] Alù, A., Engheta, N.: Achieving transparency with plasmonic and metamaterial coatings. Phys. Rev. E **72**, 016623 (2005)

[4] Baumeier, B., Leskova, T. A., Maradudin, A. A.: Cloaking from surface plasmon polaritons by a circular array of point scatterers. Phys. Rev. Lett. **103**, 246809 (2009)

[5] Bliek, P. J., Deleuil, R., Botten, L. C., McPhedran, R. C., Maystre, D.: Inductive grids in the region of diffraction anomalies-Theory, experiment, and applications. IEEE Microw. Theory Tech. **28**(10), 1119-1125 (1980)

[6] Cai, W., Chettiar, U. K., Kildiev, A. V., Shalaev, V. M.: Optical cloaking with metamaterials. Nat. Photonics **1**, 224 (2007)

[7] Cummer, S. A., Schurig, D.: One path to acoustic cloaking. New J. Phys. **9**, 45 (2007)

[8] Ebbesen, T. W., Lezec, H. J., Ghaemi, H. F., Thio, T., Wolff, P. A.: Extraordinary optical transmission through sub-wavelength hole arrays. Nature **391**, 667-669 (1998)

[9] Ergin, T., Stenger, N., Brenner, P., Pendry, J. B., Wegener, M.: Three-dimensional invisibility cloak at optical wavelengths. Science **328**, 337-339 (2010)

[10] Garcia de Abajo, F. J., Gomez-Santos, G., Blanco, L. A., Borisov, A. G., Shabanov, S. V.: Tunneling mechanism of light transmission through metallic films. Phys. Rev. Lett. **95**, 067403 (2005)

[11] Huidobro, P. A., Nesterov, M. L., Martin-Moreno, L., Garca-Vidal, F. J.: Transformation optics for plasmonics. Nano Lett. **10**, 1985-1990 (2010)

[12] Jikhov, V. V., Kozlov, S. M., Oleinik, O. A.: Homogenization of Differential Operators and Integral Functionals. Springer, New York (1994)

[13] Kadic, M., Dupont, G., Guenneau, S., Enoch, S.: Controlling surface plasmon polaritons in transformed coordinates. J. Mod. Opt. **58**(12), 994-1003 (2011)

[14] Kadic, M., Dupont, G., Guenneau, S., Enoch, S.: Plasmonic wormholes: Defeating the early bird. http://arxiv.org/abs/1102.2372

[15] Kadic, M., Dupont, G., Chang, T. M., Guenneau, S., Enoch, S.: Curved trajectories on transformed metal surfaces: Beam-splitter, invisibility carpet and black hole for surface plasmon polaritons. Photonics Nanostruct. **9**(4), 302-307 (2011)

[16] Kadic, M., Guenneau, S., Enoch, S.: Transformational plasmonics: Cloak, concentrator and rotator for SPPs. Opt. Express **18**(11), 12027-12032 (2010)

[17] Kretschmann, E., Raether, H.: Radiative decay of nonradiative surface plasmons excited by light. Z. Naturforsch. A **23**, 2135-2136 (1968)

[18] Leonhardt, U.: Optical conformal mapping. Science **312**, 1777-1780 (2006)

[19] Li, J., Pendry, J. B.: Hiding under the carpet: A new strategy for cloaking. Phys. Rev. Lett. **101**, 203901 (2008)

[20] Liu, R., Ji, C., Mock, J. J., Chin, J. Y., Cui, T. J., Smith, D. R.: Broadband ground-plane cloak. Science **323**, 366 (2008)

[21] Liu, Y., Zentgraf, T., Bartal, G., Zhang, X.: Transformational plasmon optics. Nano Lett. **10**, 1991-1997 (2010)

[22] Maier, S.: Plasmonics: Fundamentals and Applications. Springer, New York (2007)

[23] Milton, G. W., Nicorovici, N. A. P.: On the cloaking effects associated with anomalous localised resonance. Proc. R. Soc. Lond. A **462**, 3027 (2006)

[24] Nicorovici, N. A. P., Milton, G. W., McPhedran, R. C., Botten, L. C.: Quasistatic cloaking of two-dimensional polarizable discrete systems by anomalous resonance. Opt. Express **15**, 6314-6323 (2007)

[25] Nicolet, A., Remacle, J. F., Meys, B., Genon, A., Legros, W.: Transformation methods in computational electromagnetics. J. Appl. Phys. **75**, 6036-6038 (1994)

[26] Pendry, J. B.: Negative refraction makes a perfect lens. Phys. Rev. Lett. **85**, 3966 (2000)

[27] Pendry, J. B., Martin-Moreno, L., Garcia-Vidal, F. J.: Mimicking surface plasmons with structured surfaces. Science **305**, 847 (2004)

[28] Pendry, J. B., Schurig, D., Smith, D. R.: Controlling electromagnetic fields. Science **312**, 1780-1782 (2006)

[29] Rather, H.: Surface Plasmons. Springer, Berlin (1988)

[30] Renger, J., Kadic, M., Dupont, G., Acimovic, S., Guenneau, S., Quidant, R., Enoch, S.: Hidden progress: Broadband plasmonic invisibility. Opt. Express **18**(15), 15757-15768 (2010)

[31] Ritchie, R. H.: Plasma losses by fast electrons in thin films. Phys. Rev. **106**, 874-881 (1957)

[32] Schurig, D., Mock, J. J., Justice, J. B., Cummer, S. A., Pendry, J. B., Starr, A. F., Smith, D. R.: Metamaterial electromagnetic cloak at microwave frequencies. Science **314**, 977-980 (2006)

[33] Smolyaninov, I. I., Hung, Y. J., Davis, C. C.: Two-dimensionalmetamaterial structure exhibiting reduced visibility at 500 nm. Opt. Lett. **33**, 1342-1344 (2008)

[34] Valentine, J., Li, J., Zentgraf, T., Bartal, G., Zhang, X.: An optical cloak made of dielectrics. Nat. Mater. **8**, 569-571 (2009)

[35] Ward, A.J., Pendry, J. B.: Refraction and geometry in Maxwell's equations. J. Mod. Opt. **43**, 773-793 (1996)

[36] Wood, R. W.: On a remarkable case of uneven distribution of light in a diffraction grating spectrum. Philos. Mag. **4**, 396 (1902)

[37] Zolla, Z., Guenneau, S., Nicolet, A., Pendry, J. B.: Electromagnetic analysis of cylindrical invisibility cloaks and the mirage effect. Opt. Lett. **32**, 1069 (2007)

第12章 变换弹性动力学及外部有源声学隐身

Fernando Guevara Vasquez, Graeme W. Milton,
Daniel Onofrei, Pierre Seppecher

摘要 本章由三节组成。在 12.1 节中我们首先回顾坐标变换的弹性动力学方程。该方法使用坐标变换使我们能操控弹性材料中波的传播。然后，我们研究了变换的质量–弹簧网络模型的效果。"扭矩弹簧" 可以实现变换网络，本章引入的这种弹簧，作用力与位移成比例，但是位移并不是沿着弹簧端子的方向。本章认为变换网络可能带来的均值化，有可能在隐身中具有潜在的应用。在 12.2 节和 12.3 节，我们提出的隐身方法是外挂有源装置，它可用来抵消目标附近的入射声场，而在远离有源装置的地方不至于产生明显的声场。在 12.2 节中，我们把拉普拉斯方程求解外部隐身的问题重新处理为函数多项式近似的求解问题。有显式解的情况可以在离开有源隐身装置固定的距离处对更大的物体伪装，这与以前显式解的情况不同。在 12.3 节中，我们考虑求解有源外部隐身问题以及相应的三维亥姆霍兹方程。我们的方法是使用格林公式和球面出射波的加法定理来设计和模拟格林公式中单层和双层势函数的影响。

F. Guevara Vasquez·G. W. Milton·D. Onofrei
Department of Mathematics, University of Utah, Salt Lake City, UT 84112, USA

F. Guevara Vasquez
e-mail: fguevara@math.utah.edu

G. W. Milton (✉)
e-mail: milton@math.utah.edu

D. Onofrei
e-mail: onofrei@math.utah.edu

P. Seppecher
Institut de Mathématiques de Toulon, Université de Toulon et du Var, BP 132-83957
La Garde Cedex, France
e-mail: seppecher@imath.fr

R. V. Craster, S. Guenneau (eds.), *Acoustic Metamaterials*,
Springer Series in Materials Science 166, DOI 10.1007/978-94-007-4813-2_12,

坐标变换可用于操控由麦克斯韦和亥姆霍兹方程所描绘的各种场。在 12.1 节中, 我们专注于变换弹性动力学。我们的想法是通过设计适当的坐标和位移变换去操控弹性介质波。与麦克斯韦和亥姆霍兹方程相反, 弹性动力学方程在这些变换下不是不变的。在这里, 我们回顾变换的弹性动力方程, 然后讨论空间变换对质量弹簧网络模型的影响。为了实现变换的网络, 我们引入 "扭矩弹簧", 这时, 弹簧的力与位移成正比并沿着弹簧末端所决定的方向运动。我们从变换网络中可能的一些同质化的方案着手以便讨论在弹性介质中操控波的传播作为隐身的手段。

之后, 我们来看一种隐身方式, 它基于外挂的有源装置 (而非无源的复合材料) 产生的声场去抵消入射声场的作用原理。和大多数在变换中所发生的情况不一样, 这里的 "外挂" 并不是用斗篷把隐身目标完全包围起来。我们这里提出两种外挂有源的隐身方法: 一种为适用于二维的拉普拉斯方程 (12.2 节), 另一种为适用于三维的亥姆霍兹方程 (12.3 节)。

在 12.2 节提出的适用于拉普拉斯方程的隐身方式也适用于准静态 (低频) 区域, 过去也部分地在文献 [19, 23] 中提出过。我们首次改动的设计是一个有源隐身装置的问题, 它是用多项式函数逼近的经典问题。这个理论方法表明有可能用一个外挂装置把入射声场中的目标隐蔽起来。后来, 我们用多项式的方法得到一个显式的解, 并确定其收敛区域取决于多项式的项数。这种收敛区域限制了隐身区域的大小, 而且与文献 [19, 23] 中给出的明确的多项式方式相比, 这里我们提出的新的解决方案允许人们在一个固定的距离把大目标进行隐身。

继承文献 [55] 的想法, 我们还讨论了如何能在隐藏一个目标的同时, 为另一个目标造成光学错觉 [28]。

接下来在 12.3 节, 我们考虑亥姆霍兹方程, 并使用和文献 [22] 相同的技术, 表明对于三维问题, 能够使用 4 个装置对目标进行隐身, 而且让目标与外部隔离。我们的方法是基于格林公式, 使用一个解析场确保可以重现特定的单层和双层包围的体积内部的势函数。然后我们对球面传出的波使用相加定理对位于隐身区外的几个多极源 (隐身装置) 所产生的单层或多层势场进行汇聚。我们判断该器件场的收敛区域, 并确定有四个部分的伪装物的明确的几何结构。

本章的三节基本上彼此独立, 可以分别阅读。

12.1 变换弹性动力学

首先由 Greenleaf, Lassas 和 Uhlmann 在传导方程的情况下发现了变换型隐身术 [17,18]。与此同时, Leonhardt 意识到, 变换型隐身术适用于几何光学 [29], 而 Pendry, Schurig 和 Smith[47] 意识到, 变换型隐身术在固定的频率时对麦克斯韦方程适用, 从而引起了广泛的兴趣。已经发现, 变换型隐身术也适用于亥姆霍兹方程所支配的声学领域 [5,9,15,43]，只要能够实现各向异性密度 [36,49] 或五模材料 [25,37,43]。这些方面的发展 [1,4,6,16] 都依靠传导方程，麦克斯韦方程组，以及亥姆霍兹方程的不变形式，并为严格的证明 [15,26,27] 所证实。坐标变换麦克斯韦方程组的不变性导致其他的应用，例如，场集中器 [48]，场旋转器 [7]，透镜 [50]，超散射 [54] (以及文献 [41])。"变换光学"现在用来描述这个特定的研究领域，例如，在 *New Journal of Physics* 新的特刊 [31] 中专门介绍了隐身和变换光学。完美的 Pendry 透镜 [46] 可以被视为空间反折叠的变换结果 [30]，而与反常共振 [38,39,42] 有关的折叠变换也可形成相关的隐身。

在很大程度上，上述问题是如何构建具有所需各向异性介电常数 $\varepsilon(x)$ 和各向异性磁导率 $\mu(x)$ 的超构材料以及相应的变换光学设计，通常我们需要 $\varepsilon(x) = \mu(x)$。最近文献 [35] 表明，基于 Bouchitté 和 Schweizer 的工作 [2]，即实际张量 (ε, μ) 的任何组合似乎是现实的，至少理论上是这样。

人们好奇的是，普通弹性动力学方程在坐标变换时一般无法维持自己原有的形式。无论是否有新的项进入方程 [36]，如果采取 Willis 所引入形式 [53] 的方程来描述复合材料的平均弹性动力学行为 (它们类似于电磁的双各向异性方程 [51])，或者使用弹性张量场来描述，在坐标变换后都不保持其形式不变性 [3,44]。尽管如此，如文献 [34] 所示以及下面的进一步探讨，我们希望，满足新方程的超构材料在一定情况下可以通过其近似响应来构建。

12.1.1　连续变换弹性动力学

基于 Norris 和 Shuvalov 的工作 [44]，我们证明弹性动力学方程

$$-\nabla \cdot (\boldsymbol{C}(\boldsymbol{x})\nabla \boldsymbol{u}) = \omega^2 \rho(\boldsymbol{x})\boldsymbol{u} \tag{12.1}$$

按照以下的变换要求，将

$$\boldsymbol{x}' = \boldsymbol{x}'(\boldsymbol{x}), \quad \boldsymbol{u}'(\boldsymbol{x}'(\boldsymbol{x})) = (\boldsymbol{B}^{\mathrm{T}}(\boldsymbol{x}))^{-1}\boldsymbol{u}(\boldsymbol{x}) \tag{12.2}$$

变换为

$$-\nabla' \cdot (\boldsymbol{C}'(\boldsymbol{x}')\nabla'\boldsymbol{u}' + \boldsymbol{S}'(\boldsymbol{x}')\boldsymbol{u}') + \boldsymbol{D}'(\boldsymbol{x}')\nabla'\boldsymbol{u}' - \omega^2(\rho'(\boldsymbol{x}')\boldsymbol{u}') = 0 \tag{12.3}$$

式中张量 $\boldsymbol{C}'$, $\boldsymbol{S}'$, $\boldsymbol{D}'$, ρ' 由 $\boldsymbol{x}'$, $\boldsymbol{B}(\boldsymbol{x})$ 和它们的导数函数所决定。位移的变换是由 $\boldsymbol{B}(\boldsymbol{x})$ 决定的，它可以选择为任何逆矩阵值的函数 [引入逆转置矩阵 $(\boldsymbol{B}^{\mathrm{T}}(\boldsymbol{x}))^{-1}$ 以简化下述公式]。

事实上，我们首先需要注意的是

$$\nabla \boldsymbol{u} = \frac{\partial u_j}{\partial x_i} = \frac{\partial (u'_p B_{pj})}{\partial x_i} = \frac{\partial x'_m}{\partial x_i}\frac{\partial u'_p}{\partial x'_m}B_{pj} + \frac{\partial B_{pj}}{\partial x_i}u'_p$$

$$= \boldsymbol{A}^{\mathrm{T}}(\nabla'\boldsymbol{u}')\boldsymbol{B} + \boldsymbol{G}'\boldsymbol{u}' \tag{12.4}$$

其中 $\boldsymbol{A}$ 和 $\boldsymbol{G}$ 是张量, 它们的元素是

$$A_{mt} = \frac{\partial x'_m}{\partial x_i}, \quad G_{ijp} = \frac{\partial B_{pj}}{\partial x_i} \tag{12.5}$$

对于域 Ω 内所有平滑的矢量值测试函数 $\boldsymbol{v}(\boldsymbol{x})$, 方程 (12.1) 意味着

$$
\begin{aligned}
0 &= \int_{\Omega} [-\nabla \cdot (\boldsymbol{C}(\boldsymbol{x})\nabla\boldsymbol{u}) - \omega^2\rho(\boldsymbol{x})\boldsymbol{u}] \cdot \boldsymbol{v}\mathrm{d}\boldsymbol{x} \\
&= \int_{\Omega} [\boldsymbol{C}(\boldsymbol{x})\nabla\boldsymbol{u} : \nabla\boldsymbol{v} - \omega^2\rho(\boldsymbol{x})\boldsymbol{u} \cdot \boldsymbol{v}]\mathrm{d}x \\
&= \int_{\Omega'} [\boldsymbol{C}(\boldsymbol{x})(\boldsymbol{A}^{\mathrm{T}}(\nabla'\boldsymbol{u}')\boldsymbol{B} + \boldsymbol{G}\boldsymbol{u}') : (\boldsymbol{A}^{\mathrm{T}}(\nabla'\boldsymbol{v}')\boldsymbol{B} + \boldsymbol{G}\boldsymbol{v}') \\
&\quad - \omega^2\rho(\boldsymbol{x})(\boldsymbol{B}^{\mathrm{T}}\boldsymbol{u}') \cdot (\boldsymbol{B}^{\mathrm{T}}\boldsymbol{v}')]a^{-1}\mathrm{d}\boldsymbol{x}' \\
&= \int_{\Omega'} [\boldsymbol{C}'(\boldsymbol{x}')\nabla'\boldsymbol{u}' : \nabla'\boldsymbol{v}' + \boldsymbol{S}'(\boldsymbol{x}')\boldsymbol{u}' : \nabla'\boldsymbol{v}' + (\boldsymbol{D}'(\boldsymbol{x}')\nabla'\boldsymbol{u}') \cdot \boldsymbol{v} \\
&\quad - \omega^2(\boldsymbol{\rho}'(\boldsymbol{x}')\boldsymbol{u}') \cdot \boldsymbol{v}']\mathrm{d}\boldsymbol{x}' \\
&= \int_{\Omega'} [-\nabla' \cdot (\boldsymbol{C}'(\boldsymbol{x}')\nabla'\boldsymbol{u}' + \boldsymbol{S}'(\boldsymbol{x}')\boldsymbol{u}') + \boldsymbol{D}'(\boldsymbol{x}')\nabla'\boldsymbol{u}' - \omega^2(\boldsymbol{\rho}'(\boldsymbol{x}')\boldsymbol{u}') \cdot \boldsymbol{v}']\mathrm{d}\boldsymbol{x}' \quad (12.6)
\end{aligned}
$$

式中测试函数 $\boldsymbol{v}(\boldsymbol{x})$ 亦已变换成 $\boldsymbol{v}'(\boldsymbol{x})$, 同样地, $\boldsymbol{u}(\boldsymbol{x})$ 变换成 $\boldsymbol{u}'(\boldsymbol{x})$

$$\boldsymbol{v}'(\boldsymbol{x}'(\boldsymbol{x})) = (\boldsymbol{B}^{\mathrm{T}}(\boldsymbol{x}))^{-1}\boldsymbol{v}(\boldsymbol{x}), \tag{12.7}$$

另外, $a(\boldsymbol{x}'(\boldsymbol{x})) = \det\boldsymbol{A}(\boldsymbol{x})$, 而 $\boldsymbol{C}'(\boldsymbol{x}')), \boldsymbol{S}'(\boldsymbol{x}'), \boldsymbol{D}'(\boldsymbol{x}')$ 以及 $\boldsymbol{\rho}'(\boldsymbol{x}')$ 都是张量, 它们的元素为

$$
\begin{aligned}
C'_{ijk\ell} &= a^{-1}A_{ip}B_{jq}A_{kr}B_{\ell s}C_{pqrs}, \\
S'_{ijk} &= a^{-1}A_{ip}B_{jq}G_{rsk}C_{pqrs} = a^{-1}A_{ip}B_{jq}\frac{\partial B_{ks}}{\partial x'_r}C_{pqrs}, \\
D'_{kij} &= a^{-1}G_{pqk}A_{ir}B_{js}C_{pqrs} = S'_{ijk}, \\
p'_{ij} &= a^{-1}B_{ik}B_{jk}\rho - a^{-1}\omega^{-2}G_{pqt}G_{rsj}C_{pqrs} \\
&= a^{-1}B_{ik}B_{jk}\rho - a^{-1}\omega^{-2}\frac{\partial B_{iq}}{\partial x'_p}\frac{\partial B_{js}}{\partial x'_r}C_{pqrs}.
\end{aligned} \tag{12.8}
$$

由式 (12.6) 我们直接看到式 (12.1) 变换到式 (12.3)。

备注 12.1 变换弹性动力学方程 (12.3) 可以写成等同的 Willis 方程 [53]

$$
\begin{aligned}
\nabla' \cdot \boldsymbol{\sigma} &= -\mathrm{i}\omega\boldsymbol{p}', \\
\boldsymbol{\sigma}' &= \boldsymbol{C}'(\boldsymbol{x}')\nabla'\boldsymbol{u}' + (\mathrm{i}/\omega)\boldsymbol{S}'(\boldsymbol{x}')(-\mathrm{i}\omega\boldsymbol{u}'), \\
\boldsymbol{p}' &= \boldsymbol{\rho}'(\boldsymbol{x}')(-\mathrm{i}\omega\boldsymbol{u}') + (\mathrm{i}/\omega)\boldsymbol{D}'(\boldsymbol{x}')\nabla'\boldsymbol{u}',
\end{aligned} \tag{12.9}
$$

式中应力 $\boldsymbol{\sigma}'$ 是否对称不仅取决于位移梯度 $\nabla'\boldsymbol{u}'$, 而且取决于速度 $-\mathrm{i}\omega\boldsymbol{u}'$, 而动量 $\boldsymbol{p}'$ 不仅取决于速度 $-\mathrm{i}\omega\boldsymbol{u}$, 而且取决于位移梯度 $\nabla'\boldsymbol{u}'$。

备注 12.2　如果我们希望转换的弹性张量 $C'(x)$ 都具备一般的对称性, 即

$$C'_{ijk\ell} = C'_{jik\ell} = C'_{k\ell ij}, \tag{12.10}$$

那么我们就需要对变换进行限制, 使得 $B = A$。这就是 Milton, Briane 和 Willis[36] 所分析的特例。

　　备注 12.3　正如 Norris 和 Shuvalov[44] 所发现的那样, 在特定的情况下 $B = I$, 变换 (12.9) 可以简化为

$$C'_{ijk\ell} = a^{-1} A_{ip} A_{kr} C_{pjr\ell}, \quad S' = D' = 0, \quad \rho' = a^{-1} \rho I, \tag{12.11}$$

上述情况相当于正常弹性动力学, 具有各向同性的密度矩阵 ρ', 但是弹性张量 C' 满足主对称的条件 $C'_{ijkl} = C'_{klij}$。这正是 Brun, Guenneau 和 Movchan[3] 在其二维特例中分析的情况。

　　从变换弹性的规则衍生而来, 变换光学获得了许多应用, 包括伪装和折叠变换。问题的关键是, 波在经典介质中传播时在新的抽象坐标系 x' 可以出现一个奇怪的行为。如果我们能够设计出能满足变换系统中一系列方程的特殊介质, 那么我们就能够使波在真实的物理空间展现出一种奇特的行为。

12.1.2　离散变换弹性动力学

　　事实上存在着变换 (12.11) 的离散型版本。假设我们有一个弹簧网络, 它可能是一个无限的网格, 在一个可数节点中的位置 $x_1, x_2, x_3, \cdots, x_n, \cdots$ 上有质量 $M_1, M_2, M_3, \cdots, M_n, \cdots$, 并在该位置上的位移是 $u_1, u_2, u_3, \cdots, u_n, \cdots$。设 k_{ij} 代表弹簧在节点 i 与 j 之间的弹簧常数。假设弹簧在一般情况下没有损耗, 所有邻近节点对之间都通过一个弹簧连接。令 F_{ij} 表示施加在节点 i 和 j 之间的力。胡克定律告诉我们

$$F_{i,j} = -F_{j,i} = k_{i,j} n_{i,j} [n_{i,j} \cdot (u_j - u_i)], \tag{12.12}$$

式中

$$n_{i,j} = \frac{x_j - x_i}{|x_j - x_i|} \tag{12.13}$$

是沿着 $x_j - x_i$ 方向的单位矢量。在没有任何外力作用在节点上时, 不存在惯性力, 牛顿第二定律表示为

$$\sum_j F_{i,j} = -M_i \omega^2 u_i. \tag{12.14}$$

现在我们考虑一个变换 $x' = x'(x)$ 及其相关的逆变换 $x = x(x')$。在此变换下, 节点的位置变换到 $x'_1, x'_2, x'_3, \cdots, x'_n, \cdots$, 这里 $x'_i = x'(x_i)$。为简单起见, 我们专注

于对应于 $\boldsymbol{B} = \boldsymbol{I}$ 的情况, 这时, 力、质量和位置的变换根据的是

$$\boldsymbol{F}'_{ij} = \boldsymbol{F}_{ij}, \quad M'_i = M_i, \quad \boldsymbol{u}'_i = \boldsymbol{u}_i. \tag{12.15}$$

变换后, 牛顿第二定律保持以下简洁的形式:

$$\sum_j \boldsymbol{F}'_{ij} = -M'_i \omega^2 \boldsymbol{u}'_i, \tag{12.16}$$

式 (12.12) 变换为

$$\boldsymbol{F}'_{i,j} = -\boldsymbol{F}'_{j,i} = k'_{i,j} \boldsymbol{v}'_{i,j}[\boldsymbol{v}'_{i,j} \cdot (\boldsymbol{u}'_j - \boldsymbol{u}'_i)] \tag{12.17}$$

式中

$$k'_{i,j} = k_{i,j}, \quad \boldsymbol{v}'_{i,j} = \frac{\boldsymbol{x}(\boldsymbol{x}'_j) - \boldsymbol{x}(\boldsymbol{x}'_i)}{|\boldsymbol{x}(\boldsymbol{x}'_j) - \boldsymbol{x}(\boldsymbol{x}'_i)|}. \tag{12.18}$$

因此, 在新的坐标系 $\boldsymbol{x}'_i$ 中, 系统由类似于弹簧质量模型的经典系统的方程所支配, 但是弹簧的响应已和常规弹簧不再相同。力与反作用力的原理 $\boldsymbol{F}'_{j,i} = -\boldsymbol{F}'_{i,j}$ 仍旧成立, 但是在一般情况下, 力 $\boldsymbol{F}'_{i,j}$ 的方向与 $\boldsymbol{x}'_i$ 和 $\boldsymbol{x}'_j$ 之间的连线方向并不平行。

现在, 我们希望构建一个固定频率下依据式 (12.16) 和式 (12.17) 所支配的真实网络。为了达到这个目标, 我们需要构建一个由经典的质量和弹簧组成的对任何单位向量 $\boldsymbol{v}'_{ij}$ 响应满足式 (12.17) 的二端网络。我们称这两个终端网络为 "扭力弹簧"。除去普通的弹簧力以外, 还有一个扭矩施加在弹簧上。

12.1.3 扭矩弹簧

扭矩弹簧是一个按照式 (12.17) 响应的二端网络, 它的特征在于: 在两个端点的节点 $\boldsymbol{x}_1$, $\boldsymbol{x}_2$ 所施加的力沿着 $\boldsymbol{v}_{1,2}$ 的方向, 但是该力可以随着连接 $\boldsymbol{x}_1$ 和 $\boldsymbol{x}_2$ 线的方向不同或者弹簧常数 $k_{1,2}$ 的不同而改变。由 Milton 和 Seppecher 的工作 [40] 证实扭矩弹簧的存在, 他们提供了一个多端质量弹簧网络在单一频率的响应的完整特征解。

多端质量弹簧网络对频率的响应的完整特征解随后由 Guevara Vasquez, Milton 和 Onofrei 获得 [21]。下面我们感兴趣的是构建两个对扭矩弹簧作出响应的终端网络。在这种情况下, 除了过去提供的工作外, 有可能构建一个简单的结构。

考虑图 12.1 的网络。对于这个设计, 我们先从 $\boldsymbol{x}_1$, $\boldsymbol{x}_2$ 和一个与 $\boldsymbol{x}_1 - \boldsymbol{x}_2$ 不平行的单元向量 $\boldsymbol{v} = \boldsymbol{v}_{12}$ 着手 (正常的弹簧可以看作 $\boldsymbol{v}$ 平行于 $\boldsymbol{x}_1 - \boldsymbol{x}_2$)。选择 $\rho > 0$, 定义 $\boldsymbol{y}_1 = \boldsymbol{x}_1 + \rho \boldsymbol{v}$, $\boldsymbol{y}_2 = \boldsymbol{x}_2 + \rho \boldsymbol{v}$, 并选择一个沿着和 $\boldsymbol{v}$ 以及 $\boldsymbol{x}_1 - \boldsymbol{x}_2$ 不同方向的矢量 $\boldsymbol{w} \neq 0$。定义 $\boldsymbol{z}_1 = \boldsymbol{y}_1 + \boldsymbol{w}$, $\boldsymbol{z}_2 = \boldsymbol{y}_2 + \boldsymbol{w}$, $\boldsymbol{t}_1 = \boldsymbol{z}_1 + \boldsymbol{v}$, $\boldsymbol{t}_2 = \boldsymbol{z}_2 + \boldsymbol{v}$。成对的点 $(\boldsymbol{x}_1, \boldsymbol{y}_1)$, $(\boldsymbol{x}_2, \boldsymbol{y}_2)$, $(\boldsymbol{y}_1, \boldsymbol{y}_2)$, $(\boldsymbol{y}_1, \boldsymbol{z}_1)$, $(\boldsymbol{y}_2, \boldsymbol{z}_2)$, $(\boldsymbol{z}_1, \boldsymbol{z}_2)$, $(\boldsymbol{z}_1, \boldsymbol{t}_1)$, $(\boldsymbol{z}_2, \boldsymbol{t}_2)$ 是和常数

为 k 的普通弹簧的交点。质量 (小写 m 用来代表它们是扭矩弹簧的内部质量) 仅附着在节点 t_1 和 t_2 上。所有的节点除去 x_1 和 x_2 以外都是内部的节点，表示不受外力的作用。

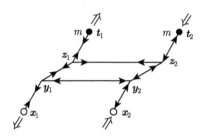

图 12.1　扭矩弹簧的示意图。空心圆代表终端节点，而实心圆可以是终端节点或附着质量的内部节点。直线代表弹簧，大箭头代表作用在节点上在瞬间的一个外力或惯性力，每个弹簧上的两个小箭头给出弹簧施加给最接近的箭头节点力的方向

让我们用 T 记作弹簧 (x_1, y_1) 之间的张力，如果弹簧拉伸为正值，反之，压缩为负值，也就是说，弹簧施加 vT 在端点 x_1，而施加 $-vT$ 在端点 y_1。

在节点 y_1 力的平衡保持一个张力 T'，在弹簧 $(y_1, y_2), (y_1, z_1)$ 的张力 T'' 则以纯几何方式计算。很容易分别检查出在弹簧 $(x_2, y_2), (y_2, z_2), (z_1, z_2), (z_1, t_1)$ 和 (z_2, t_2) 里在 y_2, z_1 和 z_2 节点处给出的张力为 $-T, -T'', -T', T, -T$。

当一个张力被确定后，其他所有的张力将逐一被确定，首先考虑桁架：节点 x_1, x_2, t_1, t_2 的位移 u_1, u_2, w_1, w_2 的一个标量线性组合将影响 T，当且仅当此标量线性组合消失时，$T = 0$。很容易检查组合是 $(u_2 - u_1 - w_2 + w_1) \cdot v$，因为位移离开这个零数值 (松散模式) 时，在弹簧中不产生任何张力，这时，它们使弹簧长度的一阶位移没有改变。因此存在一个常数 K (与 k 成正比)，使得 $T = K(u_2 - u_1 - w_2 + w_1) \cdot v$。最后牛顿定律 (12.14) 在节点 t_1, t_2 分别给出 $T = m\omega^2 w_1 \cdot v$ 和 $T = m\omega^2 w_2 \cdot v$，因而 $T = K(u_2 - u_1) \cdot v + 2TKm^{-1}\omega^{-2}$。我们从中得出这样的结论：

$$T = \frac{Km\omega^2}{m\omega^2 - 2K}(u_2 - u_1) \cdot v. \tag{12.19}$$

扭矩弹簧在端子 1 和 2 施加的力 F_1 和 F_2 因而分别为

$$F_1 = -F_2 = Tv = k'v[v \cdot (u_2 - u_1)], \quad k' = \frac{Km\omega^2}{m\omega^2 - 2K}, \tag{12.20}$$

这正好是式 (12.17) 所需要的。如果我们想要 K' 是正的，应该选择 m 和 K 以便 $m\omega^2 - 2K > 0$。

还有许多其他产生扭矩弹簧的结构。另外一种结构和普通弹簧的设计十分相似，如图 12.2 所示。在二维结构中，最好挑选图 12.1，因为可以减少组合扭矩弹簧

时的弹簧交叉点的数目。另外，如果我们想在比方两个平行的界面之间加入扭矩弹簧，它也是最好的选择。

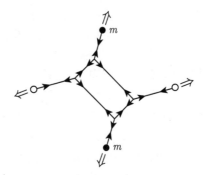

图 12.2 另一种构造的扭矩弹簧。直线表示弹簧，圆、大箭头和小箭头与图 12.1 具有相同的含义

这里所描述的扭矩弹簧相当宽松。当需要把它们和其他元件集成在一起时，人们往往需要给弹簧添加额外的附件，如果扭矩弹簧是在一个三维网络中使用，那么当下的平面结构可以延伸出去。提供这些额外弹簧的弹簧常数应该非常小，这通过对扭矩弹簧的响应进行一个小的扰动就可以实现，正如文献 [21] 所表明的那样。

在组装扭矩弹簧的网络时，内部弹簧之间或者一个扭矩弹簧的内部节点与内部弹簧之间或者内部节点或其他扭矩弹簧的内部节点之间可能会发生交叉。既然我们可以灵活地移动每个扭矩弹簧的内部节点，我们只需要关注在两个弹簧之间的交叉，或一个弹簧的交叉点和节点之间的交叉点。在三维的情况下，如果一个弹簧和另一个弹簧或节点交叉，我们可以通过弹簧的等效桁架更换一个或两个弹簧，以避免这种情况的发生。接下来，在二维情况下如果弹簧与节点交叉，我们可以再次更换弹簧等效桁架从而避免这种情况的发生。那么，如果在二维情况下两个弹簧相交，它们必须要么重叠要么交叉：如果它们重叠，我们可以用弹簧的等效桁架使它们相互进行替换；而如果它们交叉，我们可以 (在线性弹性的框架内) 在交叉点放置一个节点，并适当选择加盟弹簧的弹性系数，使它们像两个无相互作用响应的弹簧一样，详情见 Milton 和 Seppecher [40] 的例 3.15。

12.1.4 离散型网络扭矩弹簧的同质化

如 12.1.2 节所表明的那样，弹簧原有的网络与节点的位置 x_1, x_2, x_3, $\cdots$, x_n, $\cdots$ 和弹簧常数 k_{ij} 依照等效的方式对扭矩弹簧的网络节点的位置 x_1', x_2', x_3', $\cdots$, x_n', $\cdots$ 进行响应。由式 (12.18) 给出扭矩弹簧参数。如果弹簧的原有网络对有效弹性张量场 $C(x)$ 进行同质化，那么扭矩弹簧的新网络对有效弹性张量场 $C'(x)$ 按照式 (12.11) 进行同质化，假定变换 $x'(x)$ 只对宏观尺度产生变化。特别是，扭矩弹簧的同质化网络中的应力场是不对称的，不只是受到局部应变的影响，而且也受到微旋转场的影响。

这个同质化的过程中存在一些实际障碍。假设为了简化，我们处在二维的情况中，即原来的网络由一个三角形的在均匀负荷下及键长相同的弹簧所组成，为了在所有的弹簧中有相同的张力，并且该转换是刚性旋转，即 $\boldsymbol{x}' = \boldsymbol{R}\boldsymbol{x}$，式中 $\boldsymbol{R}^{\mathrm{T}}\boldsymbol{R} = \boldsymbol{I}$。节点 $\boldsymbol{x}_i$ 的位移 $\boldsymbol{u}_i$，根据变换，存在一个均匀的膨胀，$\boldsymbol{u} = \alpha\boldsymbol{x}_i$。如果 i 和 j 是网络中相邻的节点，那么 $\boldsymbol{u}'_i - \boldsymbol{u}'_j$ 在幅度上和 h 成正比。另一方面，为了使线上每单位长度上的牵引力在每个扭矩弹簧保持恒定，那么在每一个扭矩弹簧中的张力也必须和 h 成正比。因此，扭矩弹簧的弹簧常数 $K' = Km\omega^2/(m\omega^2 - 2K)$ 必须和 h 基本上是独立无关的。此外，我们不希望与扭矩弹簧相关联的单元面积的质量密度过大 (否则重力会很显著)。如果 m 和 h^β 成正比，这里 $\beta \geqslant 2$，就可以满足上述要求。由于

$$K = \frac{k'm\omega^2}{2k' + m\omega^2} \tag{12.21}$$

我们看到 K 也应该和 h^β 成正比，以及当 h 很小时 $2K$ 会接近 $m\omega^2$。

因此，每个扭矩弹簧非常接近共振。如果在一个频率满足上述条件，它不会在邻近频率也满足该条件。因此，超构材料仅在极窄的频率波段中能正常运作。在连接长度为 h 量级时的三维网络有类似的情况。因此，$\boldsymbol{u}'_i - \boldsymbol{u}'_j, T, k'$ 和 m 需要分别和 h, h^2 及 h^β 成正比，而且这里要求 $\beta \geqslant 3$ 从而避免在 $h \to 0$ 时出现无限大的质量密度 (T 必须和 h^2 成比例以便保持表面单位面积上的牵引力为常数)。另外，根据式 (12.21)，当 h 很小时，K 必须接近 $m\omega^2/2$。

在三维空间中的另一种方法是，在每个扭矩弹簧中同时避免使用质量。这可以通过把扭矩弹簧具有质量 (如图 12.1 中的节点 $\boldsymbol{t}_1$ 和 $\boldsymbol{t}_2$) 的内部节点钉扎到刚性晶格的方法实现 (设计时在扭矩弹簧内避免弹簧中的交叉点)。这样的钉扎相当于设置了 $m = \infty$，而且每个扭矩弹簧有一个与质量无关的弹簧常数 $k' = K$。因此，所得到的超构材料能在所有频率运作。注意在线性弹性范围内，对于刚性晶格，每个扭矩弹簧施加的是转矩，而不是力。如果刚性晶格 (可能只适用有限度) 本身不固定，我们需要给超构材料施加外力从而使得在刚性晶格内没有净总扭矩。

更严重的是线性弹性的有效性问题，至少当我们使用这里所建议的扭矩弹簧时更需重视这个问题。牵涉到质量设计的一个典型特征是，当弹簧变换时则不要移动内部的质量 m 的位置。这说明了力量的平衡 $\boldsymbol{F}'_{i,j} = -\boldsymbol{F}'_{i,j}$。然而，当终端变换了一个与扭矩弹簧尺寸相当大小的距离时，质量会移动得十分显著。此外，如果我们钉扎存有质量的扭矩弹簧的内部节点至刚性晶格，这就限制了扭矩弹簧端子相对于晶格的运动。显然，对于超构材料的运作，位移 $\boldsymbol{u}'_i$ 必须小于 h。当 h 很小时，这严重地限制了线性弹性应用于超构材料中波的振幅大小。因此，这里所描述的超

构材料可能是实际上唯一感兴趣的, 因为这时的 h 不会太小。这与正常的弹性动力的均质化的网络形成对比, 后者使用线性弹性, 要求相邻节点 i 和 j 的位移差 $u_i' - u_j'$ 小于 h。

12.2 外挂有源伪装的准静态定则

我们表明, 对拉普拉斯方程, 有可能使用一个器件产生的声场去抵消一个局部区域内的入射声场, 而不去干扰远离该器件的入射声场。我们的研究结果推广到准静态 (低频) 区域。因此, 任何 (非谐振) 位于所述区域内的目标, 其中的声场与其他声场的相互作用之小是可忽略不计的, 它被用来作为隐身的目的。在这里, 我们把一个隐身装置设计与多项式函数的近似处理的经典问题联系在一起。然后, 我们提出了一个伪装物的设计是基于一族多项式。还表明, 我们的解决方案能很容易对伪装目标进行修正, 或者使另一个目标产生错觉 (如在文献 [28] 中的错觉光学)。

12.2.1 外挂有源伪装设计

继文献 [19] 提出的想法后, 我们首先要求, 由装置 (声源) 产生的声场需要满足在预定的区域将目标隐身起来。这里, 我们采用 $B(\boldsymbol{x}, r) \subset \mathbb{R}^2$ 的记号, 表明中心为 $\boldsymbol{x} \in \mathbb{R}$, 半径 $r > 0$ 的一个开放的球体。

令 $B(\boldsymbol{c}, a)$ 及 $r > 0$, $\boldsymbol{c} \in \mathbb{R}^2$ 是我们想隐藏的对象区域 (斗篷区域)。隐身装置是一个位于 $B(0, \delta)$ 内的有源信号 (对电磁波而言是天线, 对声波而言应是声源), 其中 $\delta \ll 1$。根据先验知识, 假设入射 (探测) 势函数是 u_0, 该器件是一个在 $B(\boldsymbol{c}, a)$ 区域内的外挂有源的伪装物, 该装置激励的势函数为 u 以至于

i. 总的势函数 $u + u_0$ 在隐身区域 $B(\boldsymbol{c}, a)$ 非常小。

ii. 该器件的势函数 u 在区域 $B(0, R)$ 外非常小 (对于 $R > 0$)。

因此, 如果预先已知接收 (探测) 场的大小, 那么外挂有源伪装物不仅能隐藏它本身, 也能隐藏放置在区域 $B(\boldsymbol{c}, a)$ 内的任何 (非谐振) 目标。事实上, 任何在区域 $B(\boldsymbol{c}, a)$ 内的目标与非常弱的声场有相互作用, 而且装置所产生的声场在远离装置后将非常小。

当轴线作一个合适的旋转之后, 我们可以不失一般性地假定 $\boldsymbol{c} = (\rho, 0)$ 以及 $\rho > 0$。如同在文献 [9] 一样, 我们在设计我们的隐身伪装物时需要满足下列条件:

$p > a + \delta$, 有源装置放置于 $B(\boldsymbol{c}, a)$ 之外,

$R > a + p$, 隐身效果的观察点应放在远处. (12.22)

12.2.2　传导率方程

接下来，按照文献 [19, 23] 的要旨，我们对外挂有源伪装问题给出更严格的二维传导率方程，并证明它的可行性。其结果可以很容易地推广到准静态范围。

定理 12.1　令 a, $\boldsymbol{c}$, R 和 δ 满足式 (12.22)，于是，对于任何 $\varepsilon > 0$ 和任何谐波势能 u_0，总存在一个函数 $g_0\colon \mathbb{R}^2 \to \mathbb{R}$ 和一个势能 $u\colon \mathbb{R}^2 \to \mathbb{R}$，满足

$$\begin{cases} \Delta u = 0, & \text{在 } \mathbb{R}^2\backslash\overline{B(0,\delta)} \text{ 中,} \\ u = g_0, & \text{在 } \partial B(0,\delta) \text{ 上,} \\ |u| < \varepsilon & \text{在 } \mathbb{R}^2\backslash B(0,R) \text{ 中,} \\ |u + u_0| < \varepsilon, & \text{在 } \overline{B(\boldsymbol{c},a)} \text{ 中.} \end{cases} \tag{12.23}$$

- $\mathbb{R}^2\backslash B(0,\delta)$ 变换到 $B(0,1/\delta)$,
- $\mathbb{R}^2\backslash B(0,R)$ 变换到 $B(0,1/R)$,
- $B(\boldsymbol{c},a)$ 变换到 $B(\boldsymbol{c}^*,\alpha)$, 这里

$$\alpha = \frac{a}{|p^2 - a^2|}, \quad \boldsymbol{c}^* = (\beta,0), \quad \beta = \frac{p}{p^2 - a^2}.$$

不同区域及其所对应的变换如图 12.3 所示。因此，问题 (12.3) 等同于寻找 g_0 和 u，以便

$$\begin{cases} \Delta \bar{u} = 0, & \text{在 } B(0,1/\delta) \text{ 中,} \\ \bar{u} = \bar{g}_0, & \text{在 } \partial B(0,1/\delta) \text{ 上,} \\ |\bar{u}| < \varepsilon, & \text{在 } \overline{B(0,1/R)} \text{ 中,} \\ |\bar{u} + \bar{u}_0| < \varepsilon, & \text{在 } \overline{B(\boldsymbol{c}^*,\alpha)} \text{ 中.} \end{cases} \tag{12.24}$$

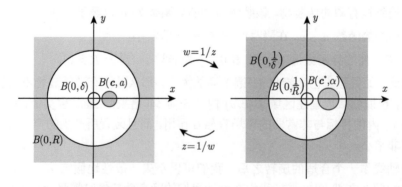

图 12.3　Kelvin 定理 12.1 的区域 (左图) 以及逆变换的区域 (右图)。除了在灰色地带外，该装置的声场处处是时谐场，红色代表负的入射声场，绿色代表零声场。获得 Springer-SBM 的许可并转载自文献 [23] (彩图见封底二维码)

由和式 (12.23) 有关的函数 g_0 及 u_0，我们得到 $\bar{g}_0(z) = g_0(1/z)$ 以及 $\bar{u}_0(z) = u_0(1/z)$，因此 $\bar{u}_0$ 除原点以外在所有空间中都是谐波。下面，我们观察逆变换的必要条件 (12.22)

$$\frac{1}{R} < \beta - \alpha, \quad \text{两个球 } B(0,1/R) \text{ 和 } B(c^*,\alpha) \text{ 相互不接触,}$$
$$B + \alpha < \frac{1}{\delta}, \quad \text{两个球 } B(0,1/\delta) \text{ 和 } B(c^*,\alpha) \text{ 相互不接触.} \tag{12.25}$$

令 $\widetilde{U}_0$ 是 $\widetilde{u}_0$ 在 $B(c^*,\alpha)$ 中的解析延伸，来自谐波共轭，因此 $\widetilde{u}_0$ 是 $\widetilde{U}_0$ 的实数部分。由于 $\widetilde{U}_0$ 的解析性，我们用 Q_0 近似 $\widetilde{U}_0$ (例如，对 $\widetilde{U}_0$ 的级数进行截取)，于是

$$|\widetilde{U}_0 - Q_0| < \frac{\varepsilon}{2}, \quad \text{在 } \overline{B(c^*,\alpha)} \text{ 中.} \tag{12.26}$$

我们立刻得到了 $\widetilde{u}_0$ 的近似表示式

$$|\widetilde{u}_0 - q_0| < \frac{\varepsilon}{2}, \quad \text{在 } \overline{B(c^*,\alpha)} \text{ 中,} \tag{12.27}$$

式中 $q_0 = \Re(Q_0)$，也就是说它是 Q_0 的实数部分。由于 $\widetilde{U}_0$ 可以用多项式获得很好的近似，因此，当 $\widetilde{u}_0$ 是一个多项式的实数部分时，考虑式 (12.24) 已经足够了。

$$\begin{cases} \Delta \widetilde{u} = 0, & \text{在 } B(0,1/\delta) \text{ 中,} \\ \widetilde{u} = \widetilde{g}_0, & \text{在 } \partial B(0,1/\delta) \text{ 上,} \\ |\widetilde{u}| < \varepsilon & \text{在 } \overline{B(0,1/R)} \text{ 中,} \\ |\widetilde{u} + \bar{q}_0| < \varepsilon/2, & \text{在 } \overline{B(c^*,\alpha)} \text{ 中.} \end{cases} \tag{12.28}$$

换句话说，问题 (12.28) 等同于发现一个在 $B(0,1/R)$ 内的谐波函数 $\widetilde{u}$，它在 $B(c^*,\alpha)$ 趋近于 q_0，但是在 $B(0,1/R)$ 内实际上趋近于 0。

现在让我们回顾根据 Walsh 的近似谐波理论的典型结果 (见文献 [14, p.8])。

辅助定理 12.1　(Walsh) 令 K 是在 $\mathbb{R}^2$ 中的致密集，因而 $\mathbb{R}^2 \backslash K$ 是连通的。因此，对于在包括 K 在内的开放集内的任何一个谐波函数 w，以及每一个 $d > 0$，总存在一个时谐的多项式 q 以至于 $|w - q| < d$。

Walsh 的辅助定理表明问题 (12.28) 确实存在着一个时谐解。的确，从设计的要求 (12.25) 出发，存在 $0 < \xi \ll 1$ 以至于

$$\frac{1}{R} + \xi < \beta - \alpha - \xi. \tag{12.29}$$

因此，利用辅助定理 12.1 以及 $k = \overline{B(0,1/R)} \cup \overline{B(c^*,\alpha)}$，我们发现对于任何一个 $0 < d \ll 1$ 的小参数以及满足

$$w = \begin{cases} 0, & \text{在 } B\left(0, \frac{1}{R} + \xi\right) \text{ 中} \\ -q_0, & \text{在 } B(c^*, \alpha + \xi) \text{ 中} \end{cases} \tag{12.30}$$

的函数 w 存在一个时谐多项式 q 以至于位于 K 上 $|q - w| < d$. 我们得出的结论是问题 (12.28) 存在一个时谐解, 这表示定理 12.1 的陈述成立.

12.2.3　在零频率附近的显式多项式解

虽然严格的数学定理 12.1(得自 Walsh 辅助定理) 没有给出有源装置 (天线) 所需势函数的显式表达式, 但是在文献 [19](参见文献 [23]) 中, 给出了问题 (12.24) 的多项式的解. 不幸的是, 根据 $a < (2 + 2\sqrt{2})^{-1}p$, 隐身区域的半径 a 在文献 [19, 23] 的多项式解决定了离开原点 p 的距离. 因此, 利用文献 [19, 23], 如果隐身目标离开原点足够远, 我们只能对大目标进行隐身. 在这里, 我们要指出的是, 延伸以前的结果 [19,23] 是一种猜测, 以便可以使隐身的目标有更大的区域和更大的尺寸. 这通过数值模拟得到验证 (图 12.4 和图 12.5).

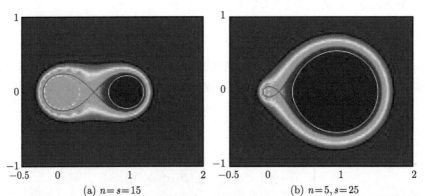

(a) $n = s = 15$　　　　　　　　　　　　(b) $n = 5, s = 25$

图 12.4　多项式 $\beta = 1$ 时的 $P_{n,s}$ 等高线图. 白色实线是 $|P_{n,s}(z)| = 10^{-2}$ 声级的集合, 从而被隐身的区域可能是落在这个级别的圆盘内部. 白虚线是 $|P_{n,s}(z) - 1| = 10^{-2}$ 的水平集合. 该器件的范围很小, 落在里面的圆圈内. 红色曲线为 $D_{\beta,L}$ 的边界, $P_{n,s}$ 是当 $n \to \infty$ 和 $s \to \infty$ 时的收敛推测区, 这里 $s/n = 1$ 以及 5 (文献 [23] 证明 $n = s$ 的情况). 彩色的色阶是按对数从最低处的 0.01(暗蓝色) 开始直到最高级的 100(暗红色), 绿色表示为 1 (彩图见封底二维码)

推测 12.1　如同在定理 12.1 中的证明所使用的一样, 设 $\boldsymbol{c}^* = (\beta, 0)$. 对于 $L > 0$, 任何与组件相连并包含原点的圆盘 S_1

$$D_{\beta,L} = \left\{ z \in \mathbb{C}, |z - \beta|^L |z| < \frac{\beta^{L+1} L^L}{(L+1)^{L+1}} \right\}, \tag{12.31}$$

任何在集合 $D_{\beta,L}$ 并包含点 $\boldsymbol{c}^*$ 的连接组件以及 $\varepsilon > 0$ 的圆盘 S_2, 存在两个正整数 s 和 n 使得 $|s/n - L| < \varepsilon$ 以及多项式 $P_{n,s}: \mathbb{C} \to \mathbb{C}$, 其定义为

$$P_{n,s}(z) = \left(1 - \frac{z}{\beta}\right)^s \sum_{j=0}^{n-1} \left(\frac{z}{\beta}\right)^j \binom{s+j-1}{j}, \tag{12.32}$$

满足

$$|P_{n,s} - 1| < \varepsilon, \ \text{在} \ \partial S_1 \ \text{上}; |P_{n,s}| < \varepsilon, \ \text{在} \ \partial S_2 \ \text{上}. \tag{12.33}$$

此外, 式 (12.33) 的近似性质当 S_1 或 S_2 不包含在 $D_{\beta,L}$ 内时是不成立的。

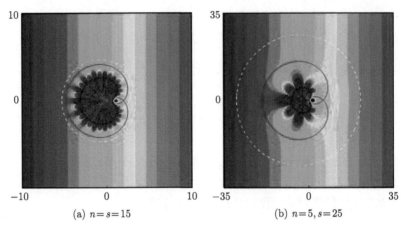

(a) $n = s = 15$ (b) $n = 5, s = 25$

图 12.5 当入射声场的 $u_0(x, y) = x$ 和 $\beta = 1$ 时的有源隐身装置所产生总声场的实数部分。白色实线、白色虚线和红色线是图 12.4 所对应的 Kelvin 逆变换。伪装区域内黑色小散射体是一个中心在 $(p, 0)$ 和半径为 r 几乎谐振的圆盘，它的电介质系数 ε 为: (a) $p = 1.1$, $r = 0.2$ 时, $\varepsilon = -0.99$; (b) $p = 1.7$, $r = 0.9$ 时, $\varepsilon = -0.998$。在 (a) 中的线性色阶是从 -10 (深蓝色) 直到 10 (暗红色)。在 (b) 该线性色阶是从 -35 直至 35 (彩图见封底二维码)

备注 12.4 为了弄明白我们之所以期待多项式的 $P_{n,s}$ 满足式 (12.33)，我们注意 $z = \beta$ 是多项式 $P_{n,s}$ 的 s 的重根。从围绕 $z = \beta$ 附近的泰勒级数，我们可以期待在围绕 β 的一个非常小的圆盘内 $P_{n,s} \approx 0$ (符号 $\approx$ 表示针对上限的近似值)。现在函数

$$g(z) = \left[\sum_{j=0}^{n-1} \left(\frac{z}{\beta} \right)^j \begin{pmatrix} s + j - 1 \\ j \end{pmatrix} \right] - \left(1 - \frac{z}{\beta} \right)^{-s},$$

在 $z = 0$ 有多重根, 也就是说, 当 $k = 0, \cdots, n-1$ 时, $g^{(k)}(0) = 0$。这是因为根据 $g(z)$ 的定义, 求和项对应于泰勒级数 $(1 - z/\beta)^{-s}$ 的前 n 项。因此, 根据 Leibniz 法则, $z = 0$ 是多项式 $P_{n,s} - 1 = (1 - z/\beta)^s g(z)$ 的 n 次多重根, 另外, 我们可以期望在原点附近的足够小的圆盘范围内 $P_{n,s} \approx 1$。可以把 $P_{n,s}$ 作为特殊 Hermite 多项式, 满足

$$P_{n,s}(0) = 1,$$
$$P_{n,s}^{(k)}(0) = 0, \quad k = 1, \cdots, n-1,$$
$$P_{n,s}^{(k)}(\beta) = 0, \quad k = 0, \cdots, s-1.$$

备注 12.5　为了证实区间 $D_{\beta,L}$ 是 $P_{n,s}$ 当 $n \to \infty$ 以及 $s \to \infty$ 和 $s/n \to L$ 时的收敛区间，让我们考虑单整数 $L > 0$ 以及 $s = nL$ 时的特殊情况。于是，求和项 (12.32) 的定义为 $P_{n,nL}(z)$ 的最后一项是

$$\left(1 - \frac{z}{\beta}\right)^{nL} \left(\frac{z}{\beta}\right)^{n-1} \binom{n(L+1)-1}{n-1},$$

它当 $n \to \infty$ 时在 $D_{\beta,L}$ 外部是发散的，因为

$$\binom{n(L+1)-1}{n-1}^{\frac{1}{n-1}} \to \frac{(L+1)^{L+1}}{L^L}, \quad n \to \infty,$$

它是从 Stirling 的公式得来的，详情见文献 [45] 的 5.11 节。因此，$P_{n,Ln}$ 的收敛区域包括了全部的 $D_{\beta,L}$。

对于某些 Q_0 的多项式，我们从式 (12.33) 推断出

$$Q_0 P_{n,s} - Q_0 \approx 0, \text{ 在 } \partial S_1 \text{ 上}; \quad Q_0 P_{n,s} - Q_0 \approx -Q_0, \text{ 在 } \partial S_2 \text{ 上}, \tag{12.34}$$

因此，通过构造 $W = Q_0 P_{n,s} - Q_0$ 的实部是式 (12.28) 的解，这里 $S_1 = B(0, 1/R)$ 以及 $S_2 = B(c^*, \alpha)$。在特定的情况下，$n = s$ (即 $L = 1$)。推测 12.1 已被文献 [23] 证实，参见文献 [19]。

图 12.4 展示了在 $\beta = 1$、不同 n 和 s 时的多项式 $P_{n,s}$ 的等高线图。由红色的花生形状包围的区域代表当 $n \to \infty$，$s \to \infty$ 和 $s/n \to L$ 时函数 $P_{n,s}$ 的收敛区域 $D_{\beta,L}$ 的推测范围。在 $D_{\beta,L}$ 的左侧，$P_{n,s}$ 被推测为收敛到 1，而在 $D_{\beta,L}$ 的右侧，$P_{n,s}$ 被推测为收敛到零。右侧实心白圈内的区域表示该区域是被伪装的，而在左侧的虚线白圆圈内的区域表示观察者所在的位置。现在，我们提出了基于推测 12.1 的有源的斗篷设计。

备注 12.6　假设 u_0 是一个预先确定的输入调和势。设 n 和 s 是这样选择的，以至于 $W = Q_0 P_{n,s} - Q_0$ 的实数部分是式 (12.28) 的解 (回顾 Q_0 是多项式 $\tilde{U}_0$ 在 $B(c^*, \alpha)$ 多项式的逼近值)。让 S 是一个紧凑地包括两个圆盘 $S_1 = B(0, 1/R)$ 和 $S_2 = B(c^*, \alpha)$ 的复平面有界的区域。接着，我们所提出的伪装策略是：由一个位于 $B(0, \delta)$ 的有源器件 (天线) 产生的势在集合 $\{z \in \mathbb{C}, 1/2 \in \partial S\}$ 内等于 $W(1/z)$ 的实部。由式 (12.27)，原有物理结构 (从天线加上 u_0 的场) 势的总和非常近似于 $(W + Q_0)(1/z)$，从而确保了在 $B(c, a)$ 内几乎为零场区，而且 $B(0, R)$ 的外部场是极其小的微扰。

图 12.5 是在对图 12.4 的结构进行背向反演后表明隐身装置 (用黑实线表示) 是如何工作的图形。在这里，入射场是 $u_0(x, y) = x$，我们要隐蔽的物体几乎是一

个谐振盘。显然，有源器件产生必要的场去取消隐身区域中的场，而在远场 (白色虚线圆圈之外) 却只有非常小的影响。借助于相同程度的多项式，当 $s = 5n$ [图 12.5(b)] 时，我们可以隐藏比 $s = n$ [图 12.5(a)] 时大四倍的目标。缺点是该伪装术迫使在非对称 $L > 1$ 的情况对 $\partial B(0, R)$ 使用大的 R，相比于在 $L = 1$ 的对称情况下只需较小的 R。例如，要获取设备场使得 $|u| < 10^{-2}$，当 $s = 5n$ [图 12.5(b)] 时 R 大致必须比 $s = n$ [图 12.5(a)] 时要大五倍。

12.2.4 扩展和应用

现在，我们要把以前的结果延伸到 $\mathbb{R}^2 \backslash \overline{B(0, R)}$ 有源的输入场的情况。

备注 12.7 定理 12.1(对于推测 12.1，我们有一个明晰解) 的研究对应于设在无限远处的源产生的输入场 u_0。更一般的情况是源设置在 $\mathbb{R}^2 \backslash \overline{B(0, R)}$ 附近，它的处理与上述情况类似。事实上，问题依旧是找到满足式 (12.23) 的 g_0 和 u，或等价于满足式 (12.24) 的 $\overline{g}_0$ 和 $\overline{u}$，这里，在 $B(0, 1/R)$ 内 $\overline{u}_0(z) = u_0(1/z)$ 为谐波。我们仍然可以用在 $B(c^*, \alpha)$ 内的多项式近似处理它的解析扩展 $\widetilde{U}_0$，其证明参见定理 12.1。

虽然我们在这里的重点是伪装，同样的想法可以应用于幻觉光学，借此人们想通过模仿的响应 (散射) 去隐藏一个目标。

备注 12.8 令 u_1 是一个我们想模仿的对目标的响应，即在一个 $D_1 \subset \mathbb{R}^2$ 集内的任意一个谐波得以存在 $\mathbb{R}^2 \backslash B(0, R) \in D_1$。假设使用以前相同的符号，对任何 (预先已知的) 探测场 u_0，在 $\mathbb{R}^2$ 内存在一个函数 $g \in C(\partial B(0, \delta))$，使得在 $B(0, \delta)$ 的声源 (天线) 产生的声场满足：

i. 在隐身区域 $B(c, a)$ 内总的声场 $u + u_0$ 非常小。

ii. 该设备的声场 u 在 $\mathbb{R}^2 \backslash B(0, R)$ 区域内接近 u_1。

备注 12.8 是从 Kelvin 逆变换和引理 12.1 通过类似定理 12.1 的证明的论据得到的。使用类似于备注 12.7 的那些想法，备注 12.8 的结果可以推广到在 $\mathbb{R}^2 \backslash \overline{B(0, R)}$ 的区域内有声源以及入射场的情况。

为了说明备注 12.8，我们假定声场 u_1 被选择为当入射场为 u_0 时对不均匀场 $\Im$ 的响应。于是，备注 12.8 表示当探测 u_0 时，位于远场的观察者检测到不均匀场 $\Im$，不论是否包含在 $B(c, a)$ 内，而且不能检测到有源幻觉声源。这造成在 $B(c, a)$ 内目标是一个不均匀场 $\Im$ 的幻觉。

12.3 外挂有源伪装的亥姆霍兹方程

以前在文献 [19, 20] 中我们设计了隐身设备，使得在需要隐身的区域产生接近一个负的相应声场，于是在远离装置处，声场由于外来声场和有源声场彼此抵消而消失得无影无踪。Miller[33] 提出了一种基于格林方法的有源伪装物：单层和双层势场施加到隐身区域的边界，以抵消隐身区域内的入射场，而不是辐射波。采用格林方法的想法在区域内抵消波在声学中是众所周知的 (见文献 [13，24，32])。Jessel 和 Mangiante[24] 表明，通过在表面附近设置声源的分布，从而取代在表面的一层和双层势场的格林方法，可以达到相同的效果。我们做法的不同之处在于在隐身区域之外的多极化的声源，因此不把隐身区域完全封闭起来。在文献 [19，20] 中，隐身装置是由数值方法求解具有线性约束的最小二乘问题。我们的伪装方法容易推广到多个频率 [20]，但需要预先知道关于入射波的特性。Zheng，Xiao 和 Chan [55] 使用同样的原理来实现有源器件的光学错觉 [28]，也就是使目标看起来是另一个不同的物体。

然后在文献 [22] 我们发现格林方法可以用于设计装置从而可以达到和文献 [19，20，55] 的有源器件类似的伪装或错觉的效果。在单层和双层中的势场需要重新在区域内产生一个平稳场，而在界外得到由格林方法给出的零声场，并且可以使用另外的适用向外传播的球面波的公式来取代几个多极化源。此外，如果除了我们想模仿如文献 [55] 所述的从目标来的散射场，一个类似的过程可以被使用。

我们在文献 [19，20，22] 设计的有源隐身装置是二维的。在这里，我们要把文献 [22] 的结果延伸到三维的亥姆霍兹方程。

声波压力场 $u(\boldsymbol{x})$ 是亥姆霍兹方程的解：

$$\Delta u + k^2 u = 0, \quad \boldsymbol{x} \in \mathbb{R}^3,$$

式中 $k = 2\pi/\lambda$ 是波数，$\lambda = 2\pi c/\omega$ 是波长，c 是波的传播速度 (假定为常数)，而 ω 是角频率。为了下面的讨论，让我们回顾对于三维亥姆霍兹方程中要使用的辐射格林函数：

$$G(\boldsymbol{x}, \boldsymbol{y}) = \frac{\exp[\mathrm{i}k|\boldsymbol{x} - \boldsymbol{y}|]}{4\pi|\boldsymbol{x} - \boldsymbol{y}|}. \tag{12.35}$$

另一个隐含的假设是，频率 ω 不是我们希望隐藏的散射体的谐振频率。

12.3.1　格林公式伪装

如 Miller[33] 所指出，有可能通过产生伪装掩盖由 $D \in \mathbb{R}^3$ 所限定的区域内的目标，入射波 (探测场) 是

$$
\begin{aligned}
u_d(\boldsymbol{x}) &= \int_{\partial D} \mathrm{d}S_{\boldsymbol{y}} \{-(\boldsymbol{n}(\boldsymbol{y}) \cdot \nabla_{\boldsymbol{y}} u_i(\boldsymbol{y})) G(\boldsymbol{x}, \boldsymbol{y}) + u_i(\boldsymbol{y}) \boldsymbol{n}(\boldsymbol{y}) \cdot \nabla_{\boldsymbol{y}} G(\boldsymbol{x}, \boldsymbol{y})\} \\
&= \begin{cases} -u_i(\boldsymbol{x}), & \boldsymbol{x} \in D \\ 0, & \text{其他}, \end{cases}
\end{aligned} \tag{12.36}
$$

因此，总声场 $u_i + u_d$ 是亥姆霍兹方程在 $\boldsymbol{x} \in \partial D$ 的解，它在 D 内部消散殆尽而在 D 外部则和 u_i 难以区分。由于声波到达隐身区域 D 内的散射体实际上是零，因此

由此产生的散射场也大致为零。为清楚起见，我们假定该区域是一个多面体。我们在这里给出的参数可以很容易被修正而适用于带有 Lipschitz 边界的其他区域，就像格林方法对这些区域是有效的一样 [11]。

备注 12.9 格林公式 (12.36) 要求 u_i 是亥姆霍兹方程在域 D 内的一个 C^2 的解。当 u_i 是一个亥姆霍兹方程在 D 外部的辐射解时，类似恒等式成立。在此情况下，装置的声场 u_d 在 D 域内消失，而在 D 域外和 $-u_i$ 是相同的。在我们提出的隐蔽物外原则上用来和一个已知的声源进行抵消，而且可能伴随着 D 域内的散射体。如果辐射场 u_l 被用来作为从已知目标来的散射场，该原则可以被用在错觉光学中 [28,55]。

12.3.2 外挂有源伪装

这里我们的主要想法是实现和格林隐身方法相似的效果，但是和格林方法不一样的是完全没有被单极和偶极子包围的隐身区域 $\partial \mathrm{D}$。我们通过位于某些点 x_l 的多极装置对应的各个 ∂D 的 ∂D_l 面上替换在每个单层和双层中的势函数实行 "开放斗篷"。每一个装置产生了以下形式的向外球面波的线性组合：

$$u_d(\boldsymbol{x}) = \sum_{l=1}^{n_{\mathrm{dev}}} \sum_{n=0}^{\infty} \sum_{m=-n}^{n} b_{l,n,m} V_n^m(\boldsymbol{x} - \boldsymbol{x}_l), \tag{12.37}$$

式中 n_{dev} 是有源装置 (或 ∂D 的面数) 的数目，而 $V_n^m(\boldsymbol{x})$ 是对于 $\boldsymbol{x} \neq 0$ 时如下定义的辐射球面波：

$$V_n^m(\boldsymbol{x}) = \mathrm{h}_n^{(1)}(k|\boldsymbol{x}|) \mathrm{Y}_n^m(\hat{\boldsymbol{x}}).$$

式中 $\mathrm{h}_n^{(1)}(t)$ 是一类球面汉克尔函数 (见文献 [45, 10.47 节])，而 $\mathrm{Y}_n^m(\hat{\boldsymbol{x}})$ 是单位球 $S(0,1)$ 上的一个点 $\hat{\boldsymbol{x}} \equiv \boldsymbol{x}/|\boldsymbol{x}|$ 上的球面调和函数。在球面坐标中，我们所使用的球面调和函数定义为 [8]

$$\mathrm{Y}_n^m(\theta, \phi) = \sqrt{\frac{2n+1}{4\pi} \frac{(n-|m|)!}{(n+|m|)!}} \mathrm{P}_n^{|m|}(\cos\theta) \mathrm{e}^{\mathrm{i}m\phi}, \tag{12.38}$$

式中仰角 $\theta \in [0, 2\pi]$，而方位角 $\phi \in [0, 2\pi]$。这里 $\mathrm{P}_n^{|m|}(t)$ 是与此有关的勒让德函数

$$\mathrm{P}_n^m(t) = (1-t^2)^{m/2} \frac{\mathrm{d}^m \mathrm{P}_n(t)}{\mathrm{d}t^m},$$

式中 $n = 0, 1, 2, \cdots$，而 $m = 0, 1, 2, \cdots, n$，它用阶数为 n 的勒让德多项式表示，其归化值为 $\mathrm{P}_n(1) = 1$。式 (12.38) 的定义确保球面调和函数 Y_n^m 具有 $L^2(S(0,1))$ 的当量。

取代一个面所产生声场的工具为下列的额外公式 (见文献 [8] 中的定理 2.10)：

$$G(\boldsymbol{x}, \boldsymbol{y}) = \mathrm{i}k \sum_{n=0}^{\infty} \sum_{m=-n}^{n} V_n^m(\boldsymbol{x}) \overline{U_n^m(\boldsymbol{y})} \tag{12.39}$$

这意味着我们可以用位于原点的多极声源去模拟一个位于 $\boldsymbol{y}$ 的声源。多极展开式中的系数是整个球面波的数值：

$$U_n^m(\boldsymbol{x}) = \mathrm{j}_n(k|\boldsymbol{x}|)\mathrm{Y}_n^m(\hat{\boldsymbol{x}}),$$

式中 $\mathrm{j}_n(t)$ 是球贝塞尔函数 [45]。多极展开式 (12.39) 在 $|\boldsymbol{x}| > |\boldsymbol{y}|$ 的致密集中是均匀收敛的。

我们现在讨论本节的主要结果。

定理 12.2　位于 $\boldsymbol{x}_l \notin \partial D$，$l = 1, \cdots, n_{\mathrm{dev}}$ 的多极源可以用来再现区域

$$A = \bigcup_{l=1}^{n_{\mathrm{dev}}} B\left(\boldsymbol{x}_l, \sup_{\boldsymbol{y}\in\partial D_l} |\boldsymbol{y}-\boldsymbol{x}_l|\right),$$

外的格林公式的隐身。式中 $B(\boldsymbol{x}, r)$ 是中心为 $\boldsymbol{x}$，半径为 r 的封闭球。式 (12.37) 中的系数 $b_{l,n,m}$ 由下式给出：

$$
\begin{aligned}
b_{l,n,m} =\mathrm{i}k \int_{\partial D_l} \mathrm{d}S_{\boldsymbol{y}} \{ (-\boldsymbol{n}(\boldsymbol{y}) \cdot \nabla_{\boldsymbol{y}} u_i(\boldsymbol{y})) \overline{U_n^m(\boldsymbol{y}-\boldsymbol{x}_l)} \\
+ u_i(\boldsymbol{y})\boldsymbol{n}(\boldsymbol{y}) \cdot \nabla_{\boldsymbol{y}} \overline{U_n^m(\boldsymbol{y}-\boldsymbol{x}_l)} \}.
\end{aligned}
\tag{12.40}
$$

证明　把积分 (12.26) 拆分成多面体 ∂D 的每个面 ∂D_l 的积分，并将应用中心位于相对应的 x_l 的加法定理 (12.39)，我们得到

$$
\begin{aligned}
u_d(\boldsymbol{x}) =\mathrm{i}k \sum_{l=1}^{n_{\mathrm{dev}}} \int_{\partial D_l} \mathrm{d}S_{\boldsymbol{y}} (-\boldsymbol{n}(\boldsymbol{y}) \cdot \nabla_{\boldsymbol{y}} u_l(\boldsymbol{y})) \sum_{n=0}^{\infty} \sum_{m=-n}^{n} V_n^m(\boldsymbol{x}-\boldsymbol{x}_l) \overline{U_n^m(\boldsymbol{y}-\boldsymbol{x}_l)} \\
+ u_l(\boldsymbol{y})\boldsymbol{n}(\boldsymbol{y}) \cdot \nabla_{\boldsymbol{y}} \sum_{n=0}^{\infty} \sum_{m=-n}^{n} V_n^m(\boldsymbol{x}-\boldsymbol{x}_l) \overline{U_n^m(\boldsymbol{y}-\boldsymbol{x}_l)}.
\end{aligned}
\tag{12.41}
$$

于是，在 $\boldsymbol{x} \notin A$ 内改换求和以及式 (12.41) 的顺序，我们就能得到结果 (12.40)。对于积分 (12.41) 的第一项，这个变换被证明是合理的，因为在区域 A 以外的致密序列求和 (12.39)(对所有的装置都成立) 是均匀收敛的。

对于积分 (12.41) 的第二项，我们应该表明求和项在致密序列 A 外部是均匀收敛的，因此，上述的变化也是合理的。为了看到其均匀收敛，把乘积 $V_n^m(x-x_l)\nabla_y\overline{U_n^m(y-x_l)}$ 分解成两项，它们对应于梯度中的两项

$$
\begin{aligned}
\nabla_{\boldsymbol{y}} U_n^m(\boldsymbol{y}) =k\hat{\boldsymbol{y}}\mathrm{j}_n'(k|\boldsymbol{y}|)\mathrm{Y}_n^m(\hat{\boldsymbol{y}}) + \mathrm{j}_n(k|\boldsymbol{y}|)\frac{|\boldsymbol{y}|^2 I - \boldsymbol{y}\boldsymbol{y}^{\mathrm{T}}}{|\boldsymbol{y}|^3}(\nabla\mathrm{Y}_n^m)(\hat{\boldsymbol{y}}) \\
=g_{n,m}^{(1)}(\boldsymbol{y}) + g_{n,m}^{(2)}(\boldsymbol{y}),
\end{aligned}
\tag{12.42}
$$

式中 I 是 3×3 的单位矩阵。

对于式 (12.42) 梯度项的第一项，我们用三角及 Cauchy-Schwarz 不等式求其极限

$$\left| \sum_{m=-n}^{n} V_n^m(\boldsymbol{x}-\boldsymbol{x}_l) \overline{g_{n,m}^{(1)}(\boldsymbol{y}-\boldsymbol{x}_l)} \right|$$

$$\leqslant k|h_n^{(1)}(k|\boldsymbol{x}-\boldsymbol{x}_l|)\mathrm{j}_n'(k|\boldsymbol{y}-\boldsymbol{x}_l|)|$$

$$\times \left(\sum_{m=-n}^{n} |\mathrm{Y}_n^m(\widehat{\boldsymbol{x}-\boldsymbol{x}_l})|^2 \right)^{\frac{1}{2}} \left(\sum_{m=-n}^{n} |\mathrm{Y}_n^m(\widehat{\boldsymbol{y}-\boldsymbol{x}_l})|^2 \right)^{\frac{1}{2}}.$$

利用圆球谐波的求和定理 (见文献 [8] 的定理 2.8)

$$\sum_{m=-n}^{n} |\mathrm{Y}_n^m(\hat{\boldsymbol{y}})|^2 = \frac{2n+1}{4\pi}, \quad \text{对任意 } \hat{\boldsymbol{y}} \in S(0,1),\ n = 0,1,\cdots, \tag{12.43}$$

我们得到以下在 $n \to \infty$ 时所作的估值:

$$\left| \sum_{m=-n}^{n} V_n^m(\boldsymbol{x}-\boldsymbol{x}_l) \overline{g_{n,m}^{(1)}(\boldsymbol{y}-\boldsymbol{x}_l)} \right|$$

$$\leqslant k|h_n^{(1)}(k|\boldsymbol{x}-\boldsymbol{x}_l|)\mathrm{j}_n'(k|\boldsymbol{y}-\boldsymbol{x}_l|)|\frac{2n+1}{4\pi}$$

$$= \mathscr{O}\left(\frac{|\boldsymbol{y}-\boldsymbol{x}_l|^{n-1}}{|\boldsymbol{x}-\boldsymbol{x}_l|^{n+1}} \right), \tag{12.44}$$

上面最后的方程源于当固定 $t > 0$ 以及大的序列号 n 时的贝塞尔函数的渐近表达式 (见文献 [45] 的 10.19 节)

$$|\mathrm{j}_n'(t)| = nt^{n-1}/(2n+1)!!(1 + \mathscr{O}(1/n))$$

$$|\mathrm{h}_n^{(1)}(t)| = (2n-1)!!t^{-n-1}(1 + \mathscr{O}(1/n)),$$

式中 $(2n+1)!! \equiv 1 \cdot 3 \cdot \cdots \cdot (2n+1)$ 是双阶乘。

对于在式 (12.42) 梯度中的第二项，求和项的极限是

$$\left| \sum_{m=-n}^{n} V_n^m(\boldsymbol{x}-\boldsymbol{x}_l) \overline{g_{n,m}^{(2)}(\boldsymbol{y}-\boldsymbol{x}_l)} \right|$$

$$\leqslant 2 \left| h_n^{(1)}(k|\boldsymbol{x}-\boldsymbol{x}_l|)\frac{\mathrm{j}_n(k|\boldsymbol{y}-\boldsymbol{x}_l|)}{|\boldsymbol{y}-\boldsymbol{x}_l|} \right|$$

$$\times \left(\sum_{m=-n}^{n} |\mathrm{Y}_n^m(\widehat{\boldsymbol{x}-\boldsymbol{x}_l})|^2 \right)^{\frac{1}{2}} \left(\sum_{m=-n}^{n} |(\nabla Y_n^m)(\widehat{\boldsymbol{y}-\boldsymbol{x}_l})|^2 \right)^{\frac{1}{2}}.$$

利用圆球谐波的求和定理 (12.43) 和它们的梯度公式 [见文献 [8] 的例 (6.56)]

$$\sum_{m=-n}^{n} |(\nabla \mathrm{Y}_n^m)(\hat{\boldsymbol{y}})|^2 = \frac{n(n+1)(2n+1)}{4\pi}, \quad \text{对任意 } \hat{\boldsymbol{y}} \in S(0,1), \tag{12.45}$$

我们得到渐近表达式

$$\left| \sum_{m=-n}^{n} V_n^m(\boldsymbol{x}-\boldsymbol{x}_l) \overline{g_{n,m}^{(2)}(\boldsymbol{y}-\boldsymbol{x}_l)} \right|$$

$$\leqslant 2 \left| \mathrm{h}_n^{(1)}(k|\boldsymbol{x}-\boldsymbol{x}_l|) \frac{\mathrm{j}_n(k|\boldsymbol{y}-\boldsymbol{x}_l|)}{|\boldsymbol{y}-\boldsymbol{x}_l|} \right| \left(\frac{2n+1}{4\pi} \right)^{\frac{1}{2}} \left(\frac{n(n+1)(2n+1)}{4\pi} \right)^{\frac{1}{2}}$$

$$= \mathcal{O}\left(\frac{|\boldsymbol{y}-\boldsymbol{x}_l|^{n-1}}{|\boldsymbol{x}-\boldsymbol{x}_l|^{n+1}} \right), \tag{12.46}$$

这里我们使用了一个当 $t > 0$ 时的固定值，而且 $n \to \infty$ (见文献 [45] 的 10.19 节)

$$|\mathrm{j}_n(t)| = t^n/(2n+1)!!(1 + \mathcal{O}(1/n)), \quad |\mathrm{h}_n^{(1)}(t)| = (2n-1)!!t^{-n-1}(1 + \mathcal{O}(1/n)).$$

因为当 $\boldsymbol{x} \notin A$ 时我们有 $|\boldsymbol{y}-\boldsymbol{x}_l| < |\boldsymbol{x}-\boldsymbol{x}_l|$，式中 $l = 1, \cdots, n_{\text{dev}}$，我们发现式 (12.44) 和式 (12.46) 的估值对于式 (12.41) 的第二项给出均匀收敛的强函数。现在我们完成了证明。

12.3.3　一组具有 4 个装置的外挂斗篷系列

定理 12.2 没有保证隐身区域 $D\backslash A$ 不是空的。我们在这里展示了如何建构基于格林方法应用到正四边形的具有非空 $D\backslash A$ 的伪装系列。我们还确定在这个系列中为了实现最大伪装范围，该装置的位置应放在哪里。

考虑一个周长为 $S(0,\sigma)$ 的正四面体，其顶点是 $\boldsymbol{a}_1, \cdots, \boldsymbol{a}_4$。我们对设备 $\boldsymbol{x}_1, \cdots, \boldsymbol{x}_4$ 在 $S(0,\sigma)$ 进行定位，这里 $\delta > \sigma$，使得 $\boldsymbol{x}_l$ 不至于面对顶点，即 $\boldsymbol{x}_l$ 和 $\boldsymbol{a}_l$ 是四边形形成的平面的对边，而不是包含 $\boldsymbol{a}_l$ 的边。为简单起见，我们还要求 $\boldsymbol{x}_l - \boldsymbol{a}_l$ 垂直于这个平面。图 12.6 勾画出该结构。简单的几何参数表明，由区域 A 所定义的该球的半径都等于

$$r(\sigma,\delta) = \left(\left(\sigma - \frac{\delta}{3} \right)^2 + \frac{8}{9}\delta^2 \right)^{\frac{1}{2}}. \tag{12.47}$$

此外，适合伪装区域的最大球体为

$$r_{\text{eff}}(\sigma,\delta) = \delta - r(\sigma,\delta). \tag{12.48}$$

对于固定的 δ，当 $\sigma = \delta/3$ 时我们获得最大可能的隐身范围，它对应的情况是，在区域 A 内定义的球的每三个点轻触四面体的顶点 $\boldsymbol{a}_l$。因此，对于固定的 δ，我们

能够在伪装区域内装下的最大球体的半径是

$$r_{\mathrm{eff}}^* = \left(1 - \frac{2\sqrt{1}}{3}\right)\delta \approx 0.057\delta. \tag{12.49}$$

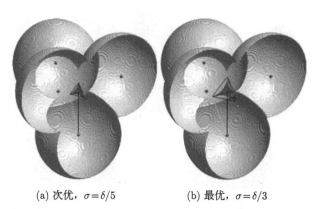

(a) 次优，$\sigma = \delta/5$ (b) 最优，$\sigma = \delta/3$

图 12.6　基于伪装术的 12.3.3 节中所涉及的四面体 (红色) 的结构图。红色线的距离指的是外接球的半径 σ 到四面体的距离。黑色线的距离是从原点到装置的距离 δ。绿色线距离 $r(\sigma, \delta)$ 是从一个设备到最近的 D 顶点的距离。定理 12.2 的区域 A 外表面为灰色，它已经被切割到露出的红色伪装区域 $D \backslash A$。这四个装置都用星号表示 (彩图见封底二维码)

12.3.4　数值实验

图 12.7 是采用在 12.3.3 节中描述的设置方法实现伪装的模拟结果。我们用的入射场是沿 $\hat{\boldsymbol{k}} = [1,1,1]/3$ 方向传播的平面波 $u_i(\boldsymbol{x}) = \exp[ik\hat{\boldsymbol{k}} \cdot \boldsymbol{x}]$。我们首先把求和公式 (12.37) 中的求和项截取到 $n < N$，从而计算定理 12.2 中的装置的声场。贯穿我们所有的数值计算，我们决定 N 的大小是通过如下的试探 (通过数值实验)：

$$N(\delta) = \lceil 1.5k\delta \rceil, \tag{12.50}$$

实现的。式中 $\lceil x \rceil$ 是大于或等于 x 的最小整数。在积分 (12.40) 时我们所使用的一个简单的积分规则对于四面体 D 表面的统一三角区域划分上的线性函数是准确的，我们选择了正交点的数量，以便每个波长至少有八个点。由球产生的散射场首先通过评估在 ϕ 和 θ 方向点数相同的网格上的入射声场 (或装置产生的声场，这应该视情况而定) 来计算，然后利用取样定理找出前几个球面调和分量的系数 [10]。

正如图 12.7 第 1 排所示，在远离 A 的地方，装置声场 u_d 几乎为零，而在 $D \backslash A$ 的伪装区域内，它和入射声场差不多相同。图 12.7 的第 2 排和第 3 排显示了在有声学软性 (符合各向同性 Dirichlet 的边界条件) 并且球心位于原点，半径为 $3r_{\mathrm{eff}}^*(\delta)$ 的球 (也即一个比我们在 12.3.3 节中预期要大的散射体) 存在时的全部场的结果。

当伪装装置是无源的情况时 (第 3 排)，球的散射场揭示了球的位置。当它是有源装置时 (第 2 排)，散射场基本上是被抑制了，该场在远离 A 处与平面波无法区分开。

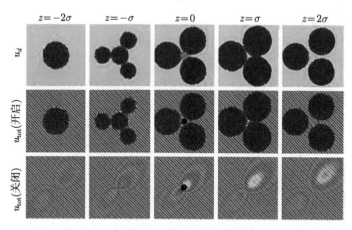

图 12.7　声场实数部分在不同 z 时的片段，最佳的情况出现在 $\delta = 3\sigma$，其中 $\delta = 6\lambda$。在第 1 排所显示的是装置的声场 u_d，远离装置时它接近零而在原点时它差不多为 $-u_i$。第 2 排和第 3 排所显示的是当有源装置是开启时和关闭时散射体存在时的总声场。散射体是一个球心位于原点，半径为 $3r_{\mathrm{eff}}^*(\delta)$ 的声学软性球。尽管散射软性球并未完全包含在四面体 D 内，但是如果有源装置开启时散射场被极大地抑制了，因而我们几乎检测不到散射球的存在。彩色标度是线性的，从 -1 (深蓝色) 到 1(深红色)，每一个格子是 $10\lambda \times 10\lambda$ 的大小而且 z 轴放置于中心 (彩图见封底二维码)

当 $t \to 0$ 时，$h_n^{(1)}(t) = \vartheta(t^{-n-1})$ (参见 [45，§10.52])，我们预计当我们靠近装置的位置 x_l 时，装置的声场 u_d 会急剧增加。这种急剧上升对应于图 12.7 中第 1 排和第 2 排的 "海胆"，此时，即使对求和项 (12.27) 实行截取，我们观察到非常大的波幅度因而很难实现。幸运的是，我们可以通过 (希望如此) 在装置某些扩展的表面上更多可控的单层和双层势函数来取代这些大的声场。

我们在图 12.8 中画出 "扩展的装置"，展示了当装置的声场比输入声场幅度大 5(或 100) 倍时的声级集合。至少对于在图 12.8 中考虑的特殊结构 ($\delta = 6\lambda$)，这些表面类似于围绕在 x_l 的各个装置球面。扩展装置使隐身区域 (图 12.8 中红色部分) 和背景介质之间没有联系。这就是为什么我们把这样的伪装方法称为 "扩展伪装"。

我们也考虑对于图 12.9 中大 δ 时的扩展装置。这里我们查看扩展装置在 $S(0, \delta)$ 的横截面，这个 12.3.3 节中的结构是四面体 D 的情况。在 $\delta = 3\sigma$ 的最佳情况下，期待的隐身区域 $D \backslash A$ 以及 $\mathbb{R}^3 \backslash A$ 在四面体的顶点相遇。我们看到扩展装置 (图 12.9

中黑色部分) 随着 δ 而增长, 而其中断了隐身区域与外部的联系。障碍物的中心似乎和四面体的顶点相重合。$S(0,\sigma)$ 不被扩展装置在 $S(0,\sigma)$ 上面横截面笼罩的部分面积也是图 12.10(b) 的部分。由于开放的相对面积似乎单调地随着 δ/λ 增大而下降。需要进一步的调查去发现隐蔽物中开放区的收缩是否与我们的试探 (12.50) 选取的 N 值有关。

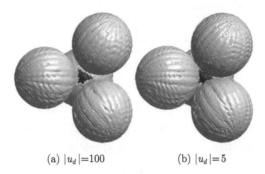

(a) $|u_d|=100$ (b) $|u_d|=5$

图 12.8   灰色代表 $|u_d|$ 的等高图而暗红色代表 $|u_d + u_i| = 10^{-2}$ 的等高图。在这里, 向量 $(0,0,1)$ 垂直于页面。按照格林方法, 在灰色表面通过表面上的单层和双层上的势场有望取代灰色球面中的大声场。为了把暗红色区域隐藏起来, 这些扩展的装置仅需要激励最多如我们所绘制的等高图上的声场, 而无需将它们完全围起来 (彩图见封底二维码)

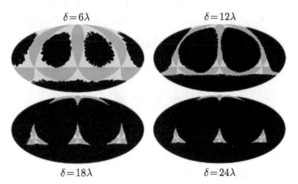

$\delta=6\lambda$ $\delta=12\lambda$

$\delta=18\lambda$ $\delta=24\lambda$

图 12.9   当最佳值 $\sigma = \delta/3$ 时黑色代表声级 $|u_d| \geqslant 10^2$ 的横截面, 灰色阴影代表 $|\boldsymbol{x}| = \sigma$ 的球面区域 A。这里我们使用和 Mollweide 方案同样的面积 (如文献 [12])。在最佳情况下, 形成区域 A 的四个球外的三角形在单个点上会合, 它们正好是四面体 D 的顶点。注意在上述情况中, 在第 1 排中有着 4 个显著的扩展装置。最左和最右的亮点对应于根据方案要求把单一的装置拆分成两个时的结果

最后, 我们在图 12.10(a) 给出对于不同 δ 值时的伪装斗篷性能的量化结果。这些措施表明, 该装置在隐身区域产生的声场接近负的入射场, 而在隐身区域之外它是非常小的。

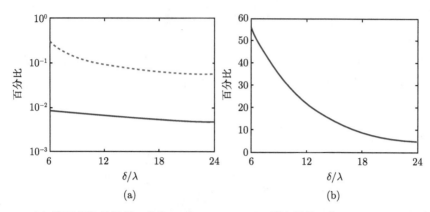

图 12.10 (a) 隐形伪装的性能。虚线：$\|u_i + u_d\| / \|u_i\|$，其当量是 $L^2(S(0, r^*_{\text{eff}}(\delta)))$，用来衡量在隐身区域内与入射场有多么接近。实线：$\|u_d\| / \|u_i\|$，其当量是 $L^2(S(0, 2\delta))$，衡量器件场离开装置后有多么小。(b) 不同 δ 值 $(0, \sigma = \delta/3)$ 时的扩展装置外围横截面与 S 球面积的百分比

致谢　我们十分感谢 Michael Bentley，因为他指出本章早期版本中的一个错误。GWM 感谢来自 Toulon-Var 大学的支持。GWM 和 DO 感谢美国国家科学基金会通过 DMS-0707978 所给予的资助支持。FGV 感谢美国国家科学基金会通过 DMS-0934664 所给予的资助支持。FGV，GWM 和 DO 感谢数学科学研究所，其中这份手稿的部分工作是在那里完成的。12.3 节中的装置和散射场的计算是在由 Mark Wieczorek 领导的免费提供球谐库的 SHTOOLS (http://www.ipgp.fr/~wieczor/SHTOOLS/SHTOOLS.html) 那里完成的。

参 考 文 献

[1] Alú, A., Engheta, N.: Plasmonic and metamaterial cloaking: Physical mechanisms and potentials. J. Opt. A, Pure Appl. Opt. **10**, 093002 (2008)

[2] Bouchitté, G., Schweizer, B.: Homogenization of Maxwell's equations in a split ring geometry. Multiscale Model. Simul. **8**(3), 717-750 (2010)

[3] Brun, M., Guenneau, S., Movchan, A.: Achieving control of in-plane elastic waves. Appl. Phys. Lett. **94**, 061903 (2009)

[4] Cai, W., Shalaev, V.: Optical Metamaterials: Fundamentals and Applications. Springer, Dordrecht (2010)

[5] Chen, H., Chan, C. T.: Acoustic cloaking in three dimensions using acoustic metamaterials. Appl. Phys. Lett. **91**, 183518 (2007)

[6] Chen, H., Chan, C. T.: Acoustic cloaking and transformation acoustics. J. Phys. D, Appl. Phys. **43**(11), 113001 (2010). doi:10.1088/0022-3727/43/11/113001

[7] Chen, H., Hou, B., Chen, S., Ao, X., Wen, W., Chan, C. T.: Design and experimental realization of a broadband transformation media field rotator at microwave frequencies. Phys. Rev. Lett. **102**, 183903 (2009)

[8] Colton, D., Kress, R.: Inverse Acoustic and Electromagnetic Scattering Theory. Applied Mathematical Sciences, 2nd edn. vol. 93. Springer, Berlin (1998)

[9] Cummer, S. A., Schurig, D.: One path to acoustic cloaking. New J. Phys. **9**, 45 (2007)

[10] Driscoll, J. R., Healy, D. M. Jr.: Computing Fourier transforms and convolutions on the 2-sphere. Adv. Appl. Math. **15**(2), 202-250 (1994). doi:10.1006/aama.1994.1008

[11] Evans, L. C., Gariepy, R. F.: Measure Theory and Fine Properties of Functions. Studies in Advanced Mathematics. CRC Press, Boca Raton (1992)

[12] Feeman, T. G.: Portraits of the Earth. Mathematical World, vol. 18. Am. Math. Soc., Providence (2002)

[13] Ffowcs Williams, J. E.: Review lecture: Anti-sound. Proc. R. Soc. A **395**, 63-88 (1984)

[14] Gardiner, S. J.: Harmonic Approximation. London Mathematical Society Lecture Note Series, vol. 221. Cambridge University Press, Cambridge (1995). doi:10.1017/CBO9780511526220

[15] Greenleaf, A., Kurylev, Y., Lassas, M., Uhlmann, G.: Full-wave invisibility of active devices at all frequencies. Commun. Math. Phys. **275**, 749-789 (2007)

[16] Greenleaf, A., Kurylev, Y., Lassas, M., Uhlmann, G.: Cloaking devices, electromagnetic wormholes, and transformation optics. SIAM Rev. **51**(1), 3-33 (2009)

[17] Greenleaf, A., Lassas, M., Uhlmann, G.: Anisotropic conductivities that cannot be detected by EIT. Physiol. Meas. **24**, 413-419 (2003)

[18] Greenleaf, A., Lassas, M., Uhlmann, G.: On non-uniqueness for Calderón's inverse problem. Math. Res. Lett. **10**, 685-693 (2003)

[19] Guevara Vasquez, F., Milton, G. W., Onofrei, D.: Active exterior cloaking for the 2D Laplace and Helmholtz equations. Phys. Rev. Lett. **103**, 073901 (2009). doi:10.1103/PhysRevLett.103.073901

[20] Guevara Vasquez, F., Milton, G. W., Onofrei, D.: Broadband exterior cloaking. Opt. Express **17**, 14800-14805 (2009). doi:10.1364/OE.17.014800

[21] Guevara Vasquez, F., Milton, G. W., Onofrei, D.: Complete characterization and synthesis of the response function of elastodynamic networks. J. Elast. **102**(1), 31-54 (2011). doi:10.1007/s10659-010-9260-y

[22] Guevara Vasquez, F., Milton, G. W., Onofrei, D.: Exterior cloaking with active sources in two dimensional acoustics. Wave Motion **48**, 515-524 (2011). arXiv:1009.2038[math-ph]

[23] Guevara Vasquez, F., Milton, G. W., Onofrei, D.: Mathematical analysis of two dimensional active exterior cloaking in the quasistatic regime. Anal. Math. Phys. **2**, 231-246 (2012)

[24] Jessel, M. J. M., Mangiante, G. A.: Active sound absorbers in an air duct. J. Sound Vib. **23**(3), 383-390 (1972)

[25] Kadic, M., Bückmann, T., Stenger, N., Thiel, M., Wegener, M.: On the practicability of pentamode mechanical metamaterials. Appl. Phys. Lett. **100**(19), 191901 (2012)

[26] Kohn, R. V., Onofrei, D., Vogelius, M. S., Weinstein, M. I.: Cloaking via change of variables for the Helmholtz equation. Commun. Pure Appl. Math. **63**(8), 973-1016 (2010)

[27] Kohn, R. V., Shen, H., Vogelius, M. S., Weinstein, M. I.: Cloaking via change of variables in electric impedance tomography. Inverse Probl. **24**, 015016 (2008)

[28] Lai, Y., Ng, J., Chen, H., Han, D., Xiao, J., Zhang, Z. Q., Chan, C. T.: Illusion optics: The optical transformation of an object into another object. Phys. Rev. Lett. **102**(25), 253902 (2009). doi:10.1103/PhysRevLett.102.253902

[29] Leonhardt, U.: Optical conformal mapping. Science **312**, 1777-1780 (2006)

[30] Leonhardt, U., Philbin, T. G.: General relativity in electrical engineering. New J. Phys. **8**, 247 (2006)

[31] Leonhardt, U., Smith, D. R.: Focus on cloaking and transformation optics. New J. Phys. **10**, 115019 (2008)

[32] Malyuzhinets, G. D.: One theorem for analytic functions and its generalizations for wave potentials. In: Third All-Union Symposium onWave Diffraction, Tbilisi, 24-30 September 1964, abstracts of reports. (1964)

[33] Miller, D. A. B.: On perfect cloaking. Opt. Express **14**, 12457-12466 (2006)

[34] . Milton, G. W.: New metamaterials with macroscopic behavior outside that of continuum elastodynamics. New J. Phys. **9**, 359 (2007)

[35] Milton, G. W.: Realizability of metamaterials with prescribed electric permittivity and magnetic permeability tensors. New J. Phys. **12**, 033035 (2010)

[36] Milton, G. W., Briane, M., Willis, J. R.: On cloaking for elasticity and physical equations with a transformation invariant form. New J. Phys. **8**, 248 (2006)

[37] Milton, G. W., Cherkaev, A. V.: Which elasticity tensors are realizable? ASME J. Eng. Mater. Technol. **117**, 483-493 (1995)

[38] . Milton, G. W., Nicorovici, N. A. P.: On the cloaking effects associated with anomalous localized resonance. Proc. R. Soc. A, Math. Phys. Sci. **462**, 3027-3059 (2006)

[39] Milton, G. W., Nicorovici, N. A. P.,McPhedran, R. C., Cherednichenko, K., Jacob, Z.: Solutions in folded geometries, and associated cloaking due to anomalous resonance. New J. Phys. **10**, 115, 021 (2008)

[40] Milton, G. W., Seppecher, P.: Realizable response matrices of multiterminal electrical, acoustic, and elastodynamic networks at a given frequency. Proc. R. Soc. A, Math. Phys. Sci. **464**(2092), 967-986 (2008)

[41] Nicorovici, N. A., McPhedran, R. C., Milton, G. W.: Optical and dielectric properties of partially resonant composites. Phys. Rev. B **49**, 8479-8482 (1994)

[42] Nicorovici, N. A. P., Milton, G. W., McPhedran, R. C., Botten, L. C.: Quasistatic cloaking of twodimensional polarizable discrete systems by anomalous resonance. Opt. Express **15**, 6314-6323 (2007)

[43] Norris, A. N.: Acoustic cloaking theory. Proc. R. Soc. A **464**, 2411-2434 (2008)

[44] Norris, A. N., Shuvalov, A. L.: Elastic cloaking theory. Wave Motion **48**, 525-538 (2011)

[45] Olver, F. W. J., Lozier, D. W., Boisvert, R. F., Clark, C. W. (eds.) NIST Handbook of Mathematical Functions, U. S. Department of Commerce National Institute of Standards and Technology, Washington (2010)

[46] Pendry, J. B.: Negative refraction makes a perfect lens. Phys. Rev. Lett. **85**, 3966-3969 (2000)

[47] Pendry, J. B., Schurig, D., Smith, D. R.: Controlling electromagnetic fields. Science **312**, 1780-1782 (2006)

[48] Rahm, M., Schurig, D., Roberts, D. A., Cummer, S. A., Smith, D. R., Pendry, J. B.: Design of electromagnetic cloaks and concentrators using form-invariant coordinate transformations of Maxwell's equations. Photonics Nanostruc. **6**, 87-95 (2008). doi:10.1016/j.photonics. 2007.07.013

[49] Schoenberg, M., Sen, P. N.: Properties of a periodically stratified acoustic half-space and its relation to a Biot fluid. J. Acoust. Soc. Am. **73**(1), 61-67 (1983)

[50] Schurig, D.: An aberration-free lens with zero F-number. New J. Phys. **10**, 115034 (2008)

[51] Serdikukov, A., Semchenko, I., Tretkyakov, S., Sihvola, A.: Electromagnetics of Bianisotropic Materials, Theory and Applications. Gordon & Breach, Amsterdam (2001)

[52] Stoer, J., Bulirsch, R.: Introduction to Numerical Analysis, 3rd edn. Texts in Applied Mathematics, vol. 12. Springer, New York (2002). Translated from the German by Bartels, R., Gautschi, W. and Witzgall, C.

[53] Willis, J. R.: Variational principles for dynamic problems for inhomogeneous elastic media. Wave Motion **3**, 1-11 (1981)

[54] Yang, T., Chen, H., Luo, X., Ma, H.: Superscatterer: Enhancement of scattering with complementary media. Opt. Express **16**, 18545-18550 (2008). doi:10.1364/OE.16.018545

[55] Zheng, H. H., Xiao, J. J., Lai, Y., Chan, C. T.: Exterior optical cloaking and illusions by using active sources: A boundary element perspective. Phys. Rev. B **81**(19), 195116 (2010). doi:10.1103/PhysRevB.81.195116

英中文对照

A

Acoustic band gap 声学带隙

Acoustic beam 声束

Acoustic carpet cloak 声学斗篷

Acoustic cloak 声学隐身

Acoustic cloak shell 声学隐身外壳

Acoustic hyperlens 声学超透镜

Acoustic imaging 声成像

Acoustic impedance 声学阻抗

Acoustic lens 声学透镜

Acoustic metafluids 声学超构流体

Acoustic metamaterial 声学超构材料

Acoustic resonance 声学共振

Acoustic resonators 声学谐振器

Acoustic source 声源

Acoustic transmission 声发射

All-angle-negative refraction (AANR) 全角度
  负折射

Anisotropy 各向异性

Anomalous resonance 异常谐振

Antenna 天线

Array 阵列

B

Band gap 带隙

Beams 束

Bending stiffness 弯曲劲度

Bending waves 弯曲波

Bloch eigenmodes 布洛赫本征模式

Bloch vector 布洛赫矢量

Bloch wave 布洛赫波

Born approximation 玻恩近似

Bragg 布拉格

Broad band 宽带

Broadband acoustic cloaking 宽带声学隐身

Bulk modulus 体模量

C

Camouflaging 伪装

Capacitance 电容

Chaotic cavity 混沌腔

Checkerboard 棋盘

Circuit models 电路模型

Clamped 钳制的

Cloaking 隐身斗篷

Cloaking shell 斗篷壳

Composite 组成

Conductivity 传导

Constitutive vector 基本矢量

Crystal fiber 晶体纤维

Cut-off 截止

D

Density 密度

Density of state 态密度

Dielectrics 电介质

Diffraction limit 衍射极限

Dispersion 色散

Dispersion relationship 色散关系

Dissipation 消散

E

Earthquake 地震

Effective density 有效密度

Elastic 弹性

Elastic constitutive tensor 弹性张量

Elastodynamic cloaking 弹性动力学隐身

Electromagnetics 电磁学

Q

Quasi-periodic 准周期性的

R

Rayleigh criterion 瑞利判据

Rayleigh limit 瑞利极限

Rayleigh waves 瑞利波

Resolution 分辨率

Resonance 谐振

Resonator 谐振器

Rigid wall 刚性壁

S

Scaled variable 标量变量

Seismic 地震的

Seismology 地震学

Shear 剪切的

Shear displacement 切向位移

Shear waves 剪切波

Shell 壳

Singular 奇特的

Snell-Descartes law 斯涅耳–狄斯卡特定律

Sound 声

Space folding 空间折叠

Split ring resonator 开口环振荡器

Spring-mass model 弹簧–质量模式

Standing waves 驻波

Stop band 禁带

Stress 应力

Stress free 无应力

Stress tensor 应力张量

Subwavelength 亚波长

Superlens 超透镜

T

Tensor 张量

Thin bridge 连结

Time reversal 时间反转

Time reversal mirror 时间反转镜

Tomography 断层扫描

Torque springs 扭矩弹簧

Transmission 透射

Transmission condition 传递条件

Transverse electromagnetic waves 横向电磁波

Trapped modes 陷阱模式

Two-scale homogenization 二级均化

U

Ultra-refraction 超折射

Ultrasound 超声

V

Viscosity 黏滞性

W

Waves 波

Wood 木

Y

Young modulus 杨氏模量

《现代声学科学与技术丛书》已出版书目

(按出版时间排序)